단백질 실험 핸드북

분류 · 정제, 질량분석, 항체제작, 분자 간 상호작용 해석 등의 기본원리와 최신 프로토콜 수록

편집/竹縄忠臣

역자/강호일

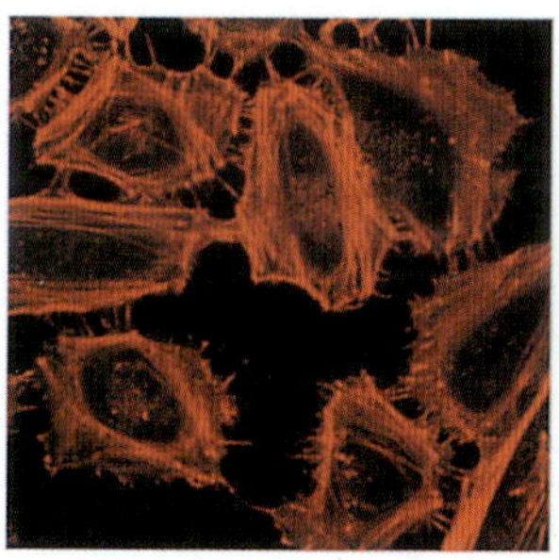

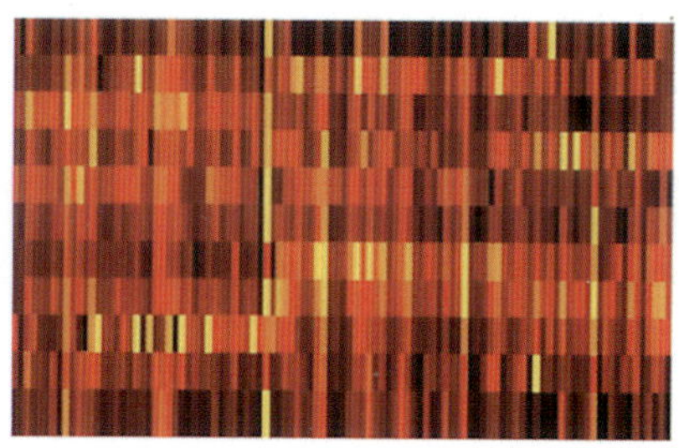

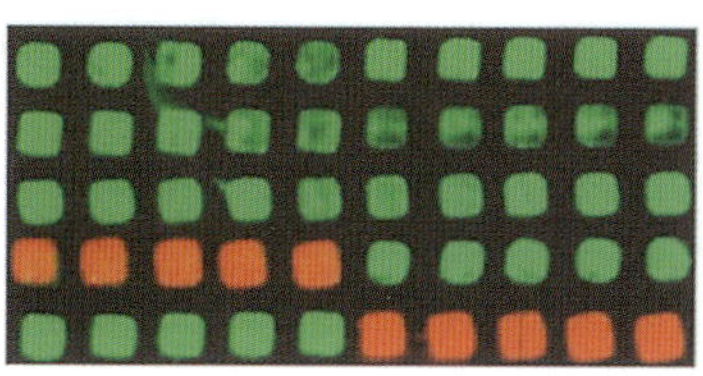

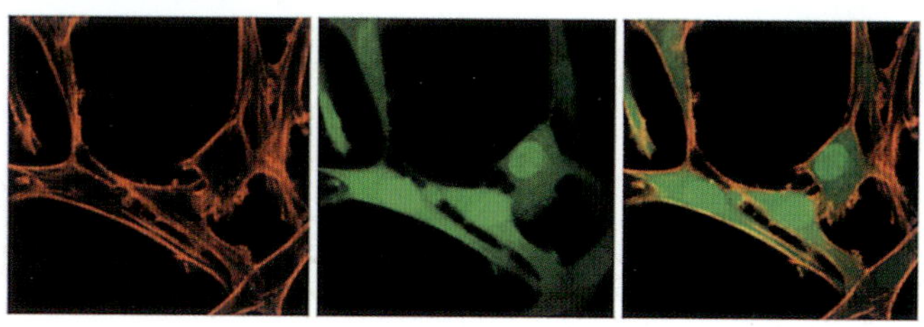

월드사이언스
www.worldscience.co.kr

단백질실험 핸드북

인　쇄 · 2007년　3월　5일
발　행 · 2007년　3월　15일
역　자 · 강 호 일
발행인 · 박 선 진
발행처 · 도서출판 **월드사이언스**
서울특별시 동작구 사당5동 240-15
등록일자 · 1987년 12월 14일
등록번호 · 3-136
TEL · (02) 581-5811~3
FAX · (02) 521-6418
E-mail · worldscience@hanmail.net
URL · http://www.worldscience.co.kr

정가 20,000원
ISBN 978-89-5881-085-8

「이 도서의 국립중앙도서관 출판시도서목록(CIP)은 e-CIP 홈페이지
(http://www.nl.go.kr/cip.php)에서 이용하실 수 있습니다.(CIP제어번호: CIP2007000566)」

서 문

최근 전 세계적으로 프로테움 해석이 각광을 받고 있습니다. 프로테움 (protein과 genome을 조합한 용어이며, 세포 내에서 발현하고 있거나 발현 가능성이 있는 모든 단백질을 지칭) 해석이 세간의 주목을 받기까지에는 아마도 단백질의 동정이나 펩티드의 배열을 mass spectrometry로 결정하는 방법이 실용화 수준까지 개량되었기 때문일 것입니다.

생체 내에서는 다수의 유전자로부터 만들어지는 다양한 종류의 단백질이 기능을 발휘하여 생명유지에 기여하고 있으나, 이들 단백질의 구조나 기능 규명은 지금까지 방대한 시간과 노력을 필요로 하며, 개별적으로 분리하여 해석할 수밖에 없었습니다. 그러나 최근 미량의 단백질 단편의 질량을 정확히 측정할 수 있게 되었기 때문에, 각종 전기영동이나 크로마토그래피를 조합하여 분리한 소량의 단백질을 단편화 하고 그의 질량을 측정하여, 얻어진 데이터를 인간 게놈 해석으로부터 추정되는 단백질의 아미노산 배열 데이터와 비교하고 동정하는 것이 가능하게 되었습니다.

그 때문에 단백질 실험에 익숙하지 않은 연구자라도, 발생이나 분화에 따른 변화에서 질병에 의한 변화까지, 단백질 수준에서 전반적으로 해석할 수 있게 되었으며, 약제투여 전과 후의 단백질의 변화나 어떤 단백질의 결손세포에서의 단백질의 발현변화 등, 여러 가지 분야에 응용될 수 있게 되었습니다.

그러나 프로테움 해석에 그다지 진보되지 않은 영역도 있습니다. 아직까지 단백질의 발현이나 정제에 관해서는 유력한 방법이 개발되었다고 할 수 없으며, 여전히 시행착오의 단계에 머물러 있습니다. 어떤 단백질은 어떠한 방법을 사용하더라도 잘 발현되지 않고, 정제도 경험에 의존하는 경우가 많기 때문입니다.

그러나 전체적인 흐름에 비추어 볼 때 프로테움 해석에 대한 수요는 앞으로 지금보다 훨씬 확대될 것으로 전망될 것으로 생각되어, 국내에서 이 분야의 연구를 진행하고 있는 연구자들에게 도움을 주기 위해 이번에 일본의 YODOSHA 출판사에서 출간된 "단백질 실험 핸드북" 을 번역 출간하게 되었습니다.

이 책에는 단백질 실험에 대한 일반적인 방법뿐만 아니라, 최근에 개발된 새로운 방법까지도 수록하였으며, 단백질 실험에 대해 지금부터 배우려는 학생이나 연구자를 포함하여, 단백질 실험에 숙련된 연구자에게도 도움이 되는 힌트가 많이 수록되어 있습니다. 아무쪼록 이 책이 생화학, 분자생물학, 의학, 약학, 농학 등의 연구 분야의 학생이나 관련 연구자의 발전에 조금이나마 도움이 되었으면 합니다.

2007년 2월

강 호 일

단백질 실험 핸드북

분류·정제, 질량분석, 항체제작, 분자 간 상호작용
해석 등의 기본원리와 최신 프로토콜 수록

차 례

제7장 단백질의 검출

제8장 동물세포에서의 단백질의 발현과 응용

제9장 단백질 간 상호작용 분석과 단백질 성질의 해석

Contents

표지사진 해설

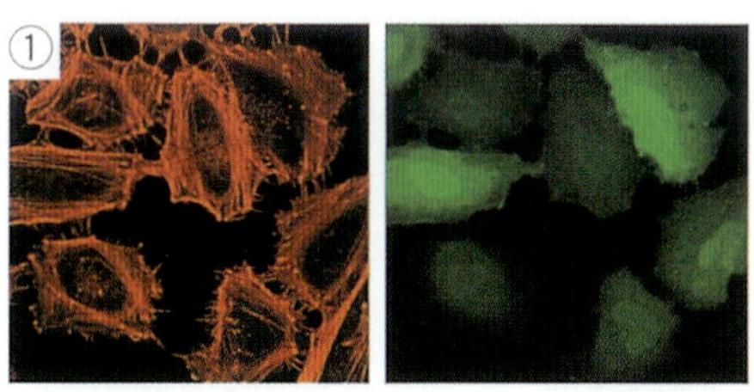

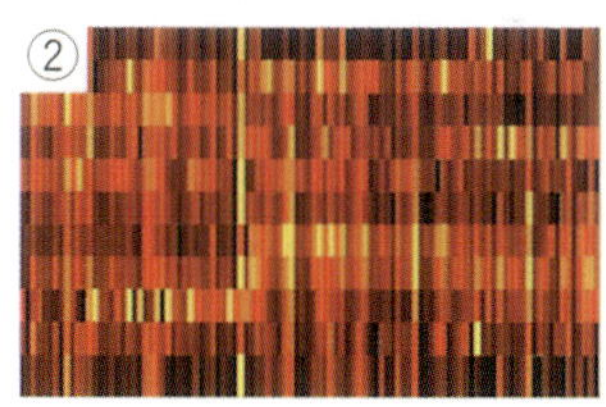

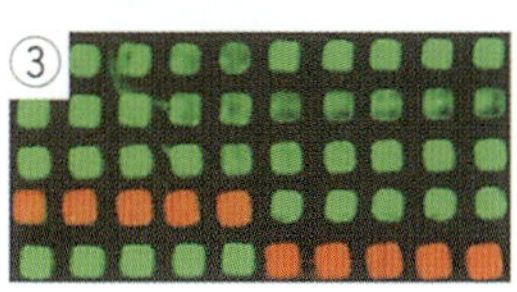

① 아데노바이러스에 의한 유전자도입 실험 예 (본문 191 페이지 참조)

② Loop peptide library에 의한 단백질의 검출 : Plate에 고정화 한 loop peptide (peptide microarray라고 부름)와 단백질의 상호작용을 형광강도의 변화로 모니터링 하여 (protein fingerprint) 단백질을 검출할 수 있다

③ 항체를 고정한 protein chip (TeleChem International 회사)의 형광항체에 의한 검출 (본문 262 페이지 참조)

④ NIH3T3 세포로의 GFP 유전자의 도입 (본문 186 페이지 참조)

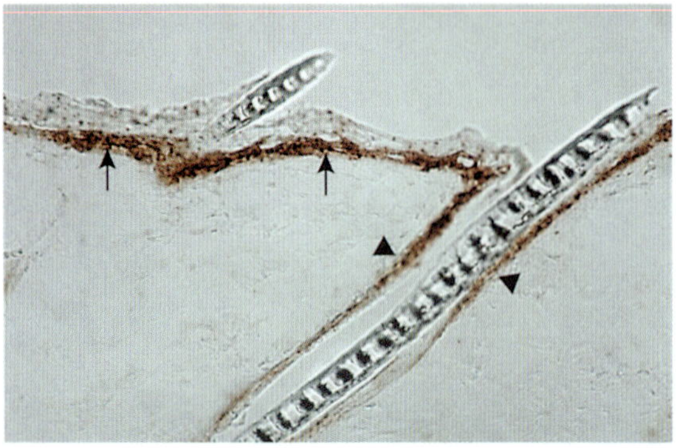

1 **제작한 항체를 이용한 면역조직염색**
화살표로 표시한 부위가 표피, 삼각형으로 표시한 부위가 모포 (본문 91 페이지 참조)

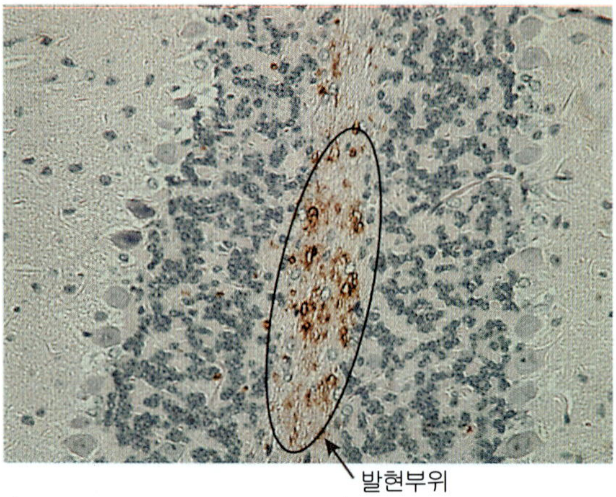

2 **PLC δ 3 항체를 이용한 면역조직화학 염색**
Affinity column을 이용하여 PLC δ 3 항체를 정제하였다. 얻어진 항체를 이용하여 마우스 소뇌의 면역조직화학 염색을 실시한 결과, 유수신경섬유에 있어서 시그널이 나타났다 (본문 105 페이지 참조)

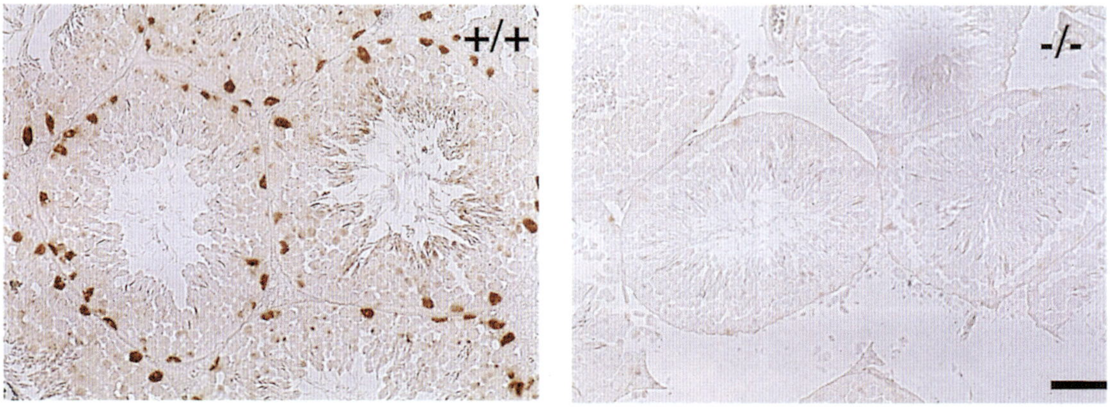

3 **항 PLC δ 4 항체를 이용한 마우스 난소 절편의 염색**
야생형 (+/+) 및 PLC δ 4KO (−/−) 마우스의 난소 절편을 항 PLC δ 4 항체를 이용하여 면역염색 하였다. 야생형의 절편에서만 PLC δ 4 특이적인 시그널이 나타났다 (본문 161 페이지 참조)

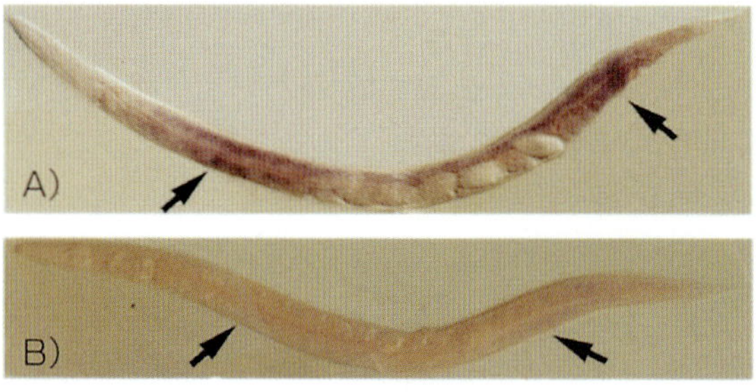

4 ***In situ* hybridization에 의한 mRNA 발현 부위의 동정** (본문 166 페이지 참조)

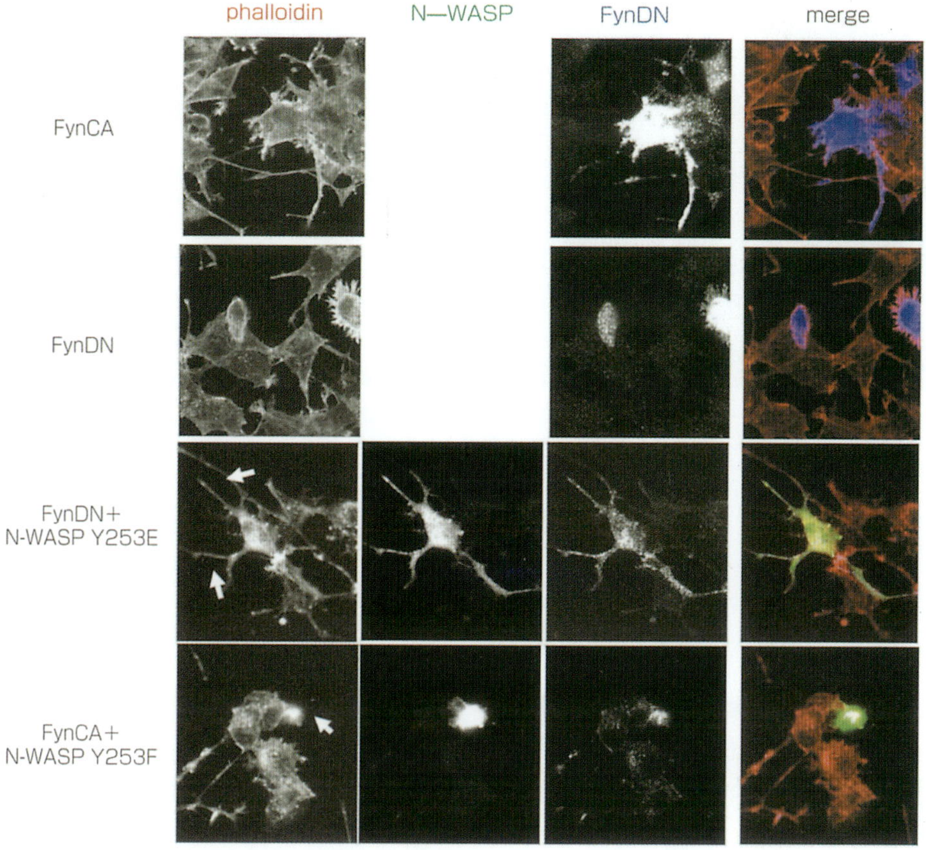

5 Fyn에 의한 신경돌기의 신장과 N-WASP의 인산화

FynCA (활성화형)의 발현은 신경돌기를 신장한다. FynDN (불활성화형)의 발현은 신경돌기 형성을 억제한다. 인산화 mimic 변이의 N-WASP Y253E의 발현으로 FynDN에 의한 억제는 해제된다 (화살표). 반대로 FynCA에 의한 신경돌기 신장은 인산화 되지 않은 변이체 N-WASP Y253F로 억제된다 (화살표). 이들 결과는 Fyn이 N-WASP를 인산화 하는 것이 신경돌기 신장에 중요한 것을 나타낸다 (본문 126 페이지 참조)

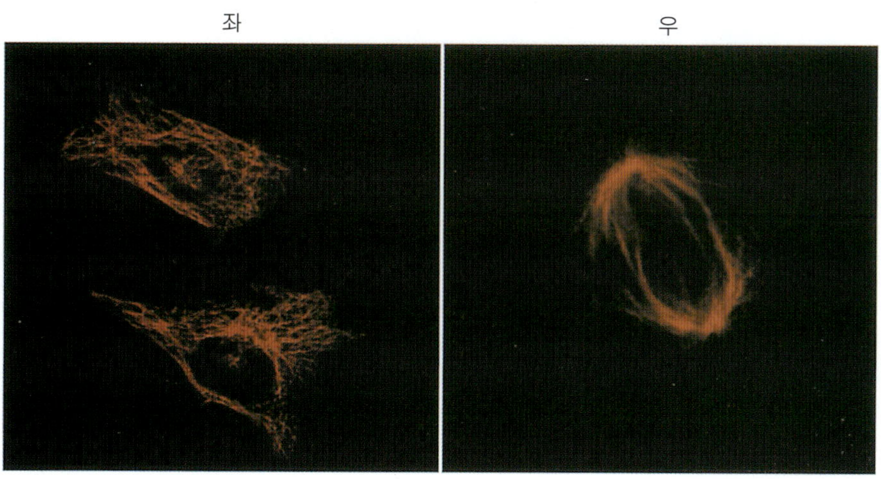

6 Hela 세포에 있어서 미소관의 관찰

(본문 174 페이지 참조)

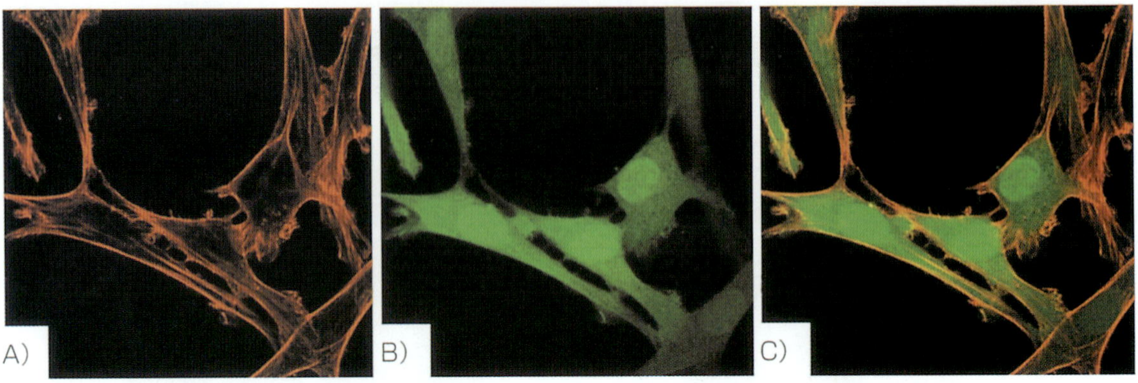

7 NIH3T3 세포로의 GFP 유전자의 도입
A) rhodamine–phalloidin, B) GFP, C) A와 B의 화상을 병합한 것 (본문 186 페이지 참조)

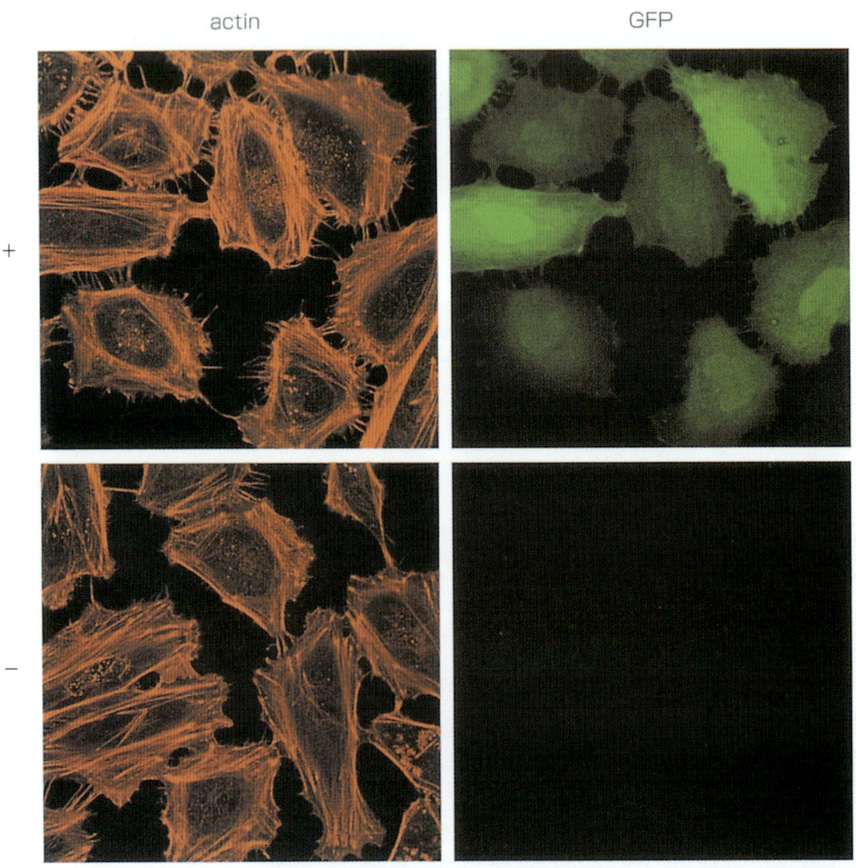

8 아데노바이러스에 의한 유전자 도입 실험 예 (본문 191 페이지 참조)

9 형광 및 색소 단백질을 발현하는 생물
(본문 200 페이지 참조)
A) *Aequorea Victoria* (http://www1.ocn.ne.jp/~moguri99/owan.files/image004.jpg 로부터 인용)
B) *Discosoma* Sp.
C) *Heteractis crispa* (사진제공 : Walter Veneruz)

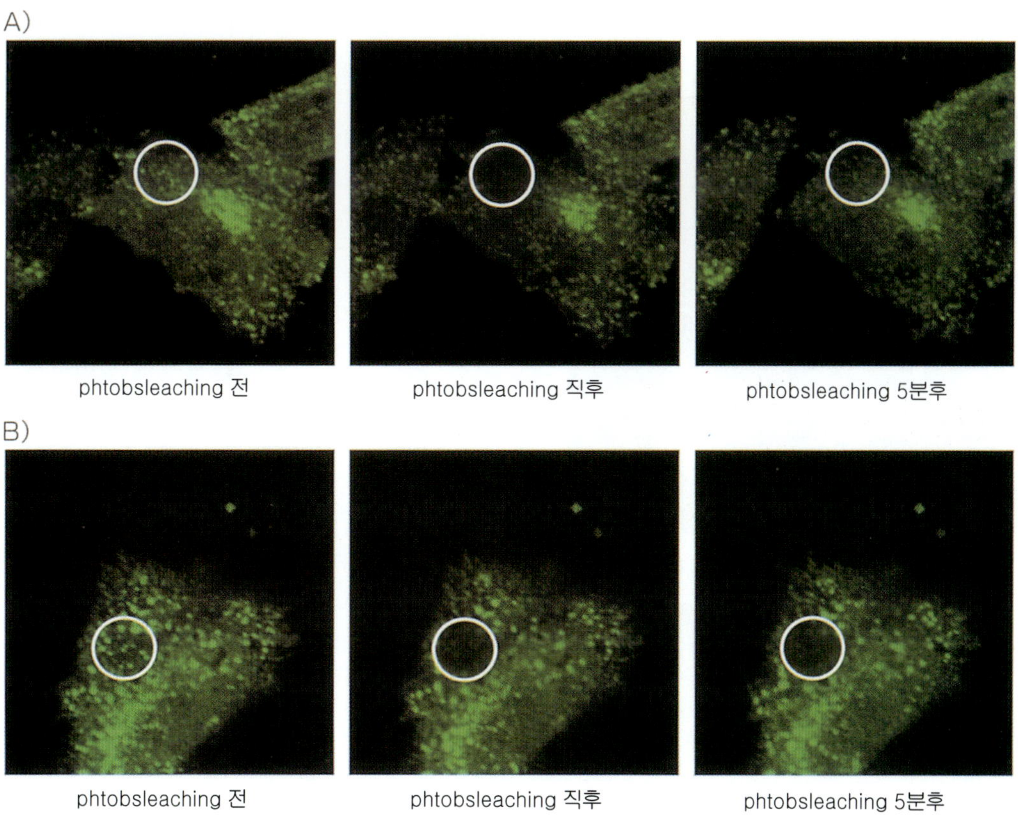

10 EGFP-clathrin-light chain에 의한 소포수송의 관찰 (본문 204 페이지 참조)

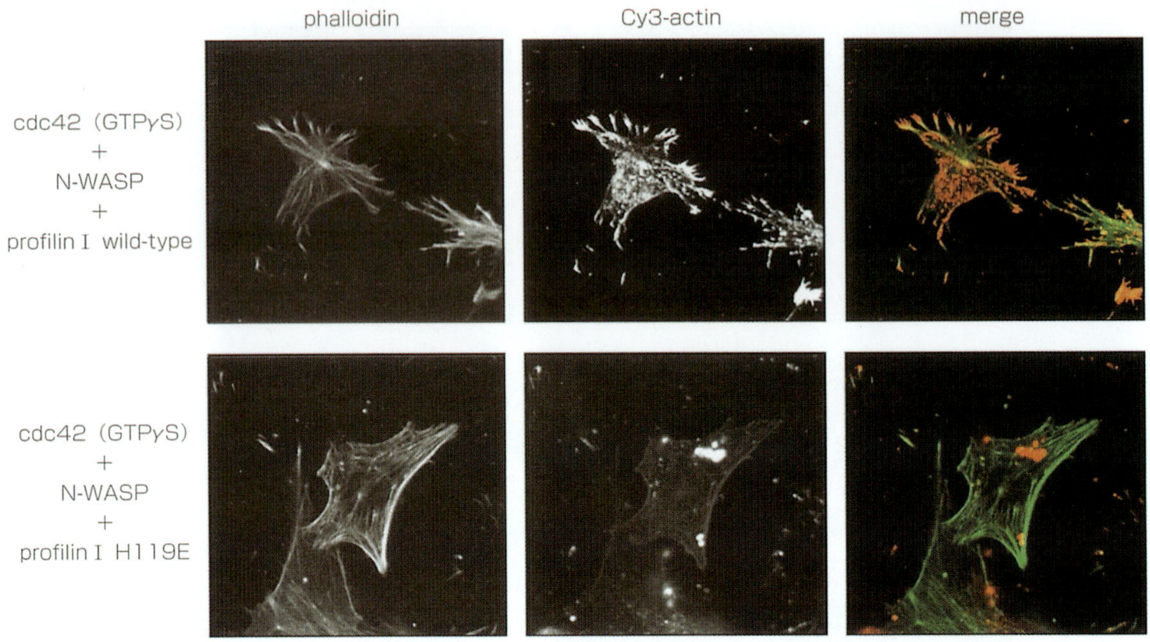

11 세포막 투과성 처리한 세포에 있어서 actin의 중합을 Cy3 label 한 actin으로 검토하였다
cdc42에 의해 활성화 된 N-WASP에 의한 actin의 중합에는 profilin이 필요한 것을 알 수 있다
(본문 213 페이지 참조)

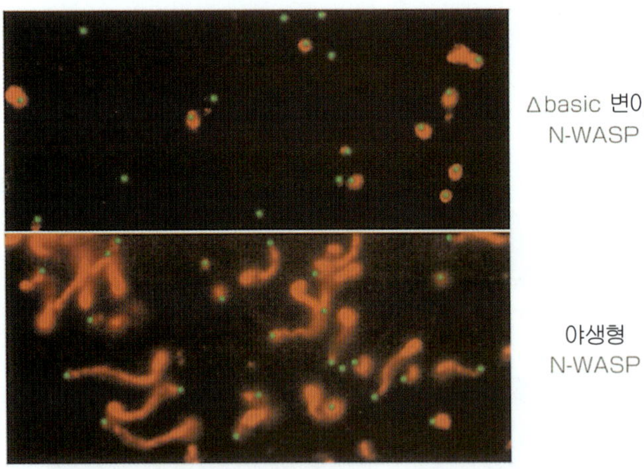

12 소 뇌 추출액 중에 있어서 N-WASP로 코팅한 beads의 actin comet 형성
Actin을 rhodamine으로 label 한 것으로 관찰하였다. Actin 중합에 의해 comet이 형성되어 있는 것을 알 수 있다. Basic 조성이 actin comet 형성에 필수적이다 (본문 213 페이지 참조)

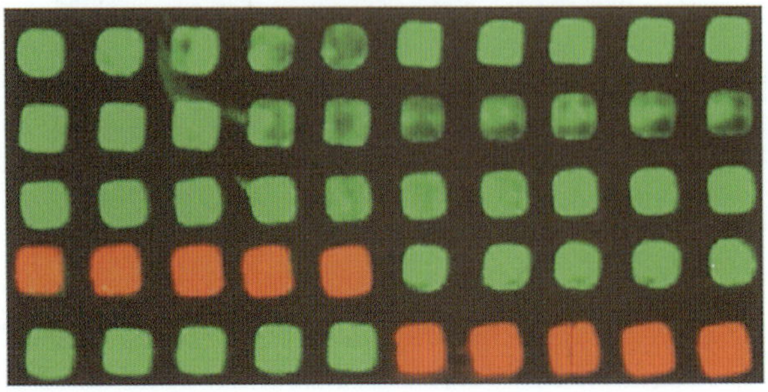

13 항체를 고정한 protein chip의 형광항체에 의한 검출
TeleChem International 회사 홈페이지 (http://arrayit.com/Products/Buffers/Printing_Buffers/PPB/ppb.html)로부터 인용 (본문 262 페이지 참조)

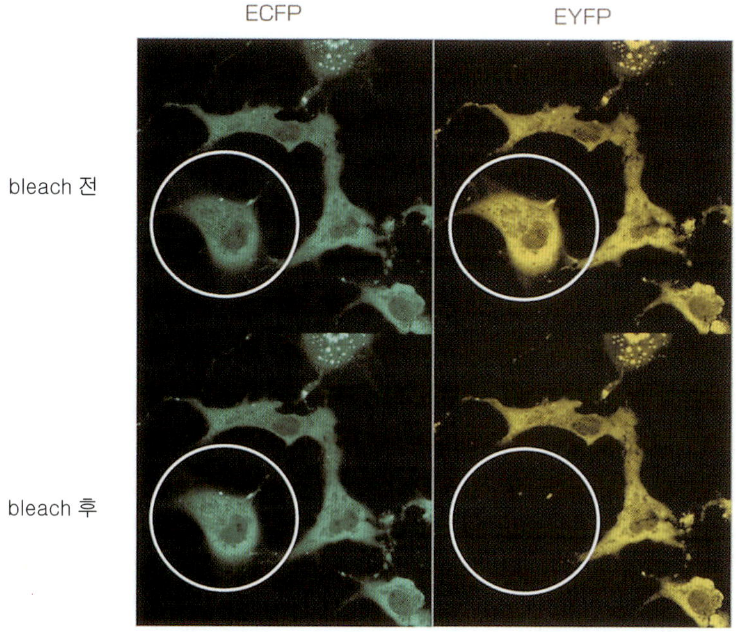

14 N-WASP chimera 단백질에 있어서 FRET의 검출
본문 218 페이지 참조

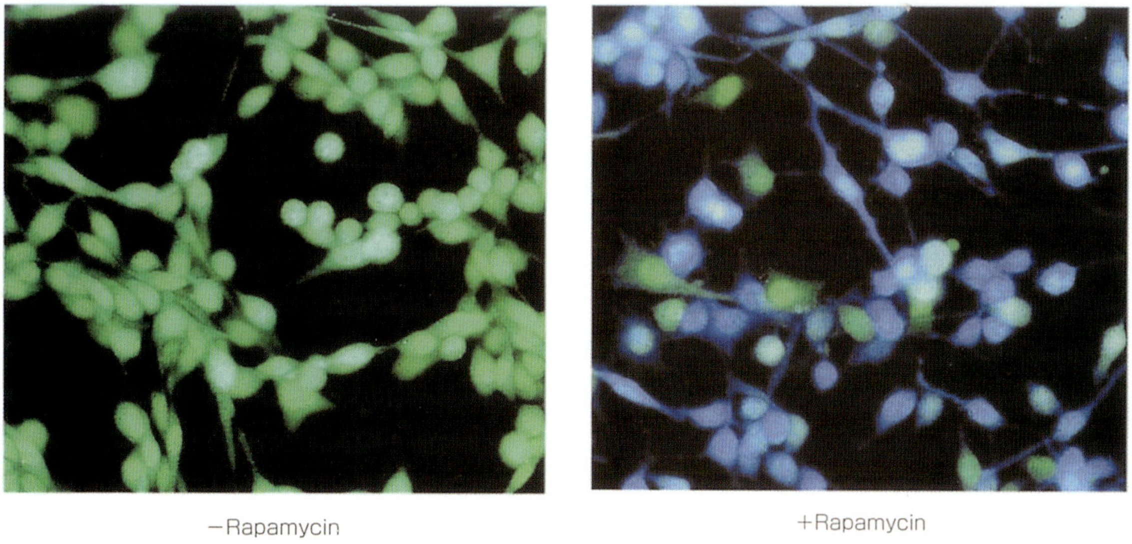

15 PCA 법을 이용한 FKBP12와 FRAP과의 상호작용 검출의 예
C2C12 세포에 FKBP-12-β 197과 ω 198-FRB (FRAP 내의 FKBP 결합 domain)을 같이 발현시켜, 50 nM rapamycin을 첨가하고 2시간 후에 관찰하였다. Rapamycin을 첨가하지 않는 세포에서는 세포 내에 삽입된 CCF2가 녹색의 형광을 나타내는 것에 비해, rapamycin 첨가 후의 세포에서는 β-lactamase 활성에 의해 CCF2가 분해되어 청색의 형광을 나타내고 있다 (본문 256 페이지 참조)

역자 프로필

강호일 박사

일본 동경대학 약학박사 (1992)
프랑스 국제암연구기관, IARC Fellowship (1993)
일본 동경대학 의과학연구소, 문부교관 조수 (1995)
미국 Texas 대학 M.D Anderson 암센터, Project Investigator (1996)
식품의약품안전청, 보건연구관 (현재)

제1장

단백질의 연구전략

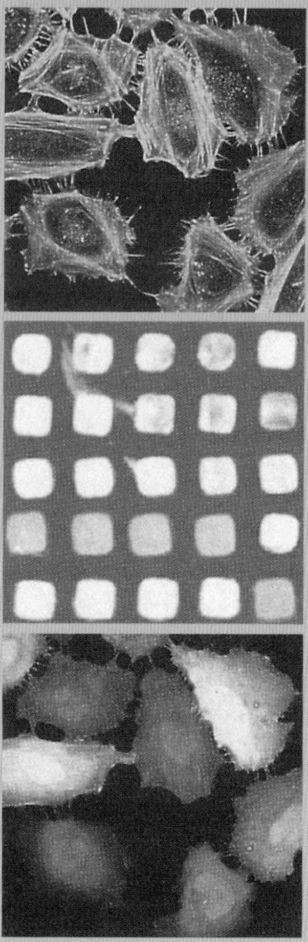

제 1 장

단백질 연구전략

서론

최근 수년간의 기술혁신에는 눈부신 부분이 있다. 유전자의 연구에서는 사람이나 마우스의 게놈해석이 거의 끝나고, 게놈의 데이터베이스로부터 기능 미지의 여러 단백질의 존재를 예측할 수 있게 되었다. 그 덕분에 유전자가 code 하는 모든 단백질에 대해 단백질 정제를 거치지 않고, 유전자 측면에서 연구하는 것이 점차 가능해지고 있다.

단백질 연구에 있어서 기존에 커다란 비중을 차지하며, 가장 곤란하고 귀찮았던 단백질의 1차 구조해석, 아미노산 배열결정이 mass spectrometry (MS)의 눈부신 진보에 의해 미량으로도 간단히 실시될 수 있게 되었으며, 단백질 연구의 수단도 큰 폭으로 변화하게 되었다. 가장 큰 변화는 게놈이나 cDNA의 데이터베이스로부터 상동성 (homology) 검색 등으로 자신이 관심이 있는 유전자를 발견하고, code 하는 단백질을 인공적으로 발현시켜, 기능해석을 할 수 있는 방법이 주류가 되고 있는 점이다. 기존의 연구에서는 목적으로 하는 단백질을 정제하고, 그의 1차 구조정보에 근거하여 cDNA를 취득하고 단백질을 발현시키는 방법으로 실험을 진행하여, 유사한 유전자를 발견하는 방향으로 진행한다. 이와 같은 방법은, 우선 미량으로만 단백질로서 발현하는 분자는 정제가 어렵기 때문에 연구의 그물에서 빠져나가 버린다. 그러나 게놈으로부터 거슬러 올라가면 아무리 미량으로 발현하는 단백질이라도 동일하게 취급할 수 있다. 극단적으로 말하면, 미량의 분자일수록 누락되어 있을 가능성이 높고, 보물을 발견할 수 있는 가능성이 높다. 또한 유사한 단백질이 발견되어 있지 않은 경우에도 동일하게 효과적이다.

이 방법을 사용했다 하더라도 단백질의 기능해석을 하기 위해서는 최종적으로 단백질의 정제가, 이전과 같은 정도의 고도의 기술을 필요로 하지 않을 정도까지 필요하다.

생체 내에서는 단백질이 복수의 단백질과 복합체를 형성하고 기능을 나타내는 경우가 많다. 이와 같은 복합체를 형성하고 있는 단백질을 발견하려는 경우, 복합체를 정제하는 방법이 가장 효과적이다. 본 방법은 효모의 two-hybrid 시스템을 사용함으로써, 복합체 전체를 동시에 한꺼번에 취급할 수 있다는 점에서 우수하다. 어느 경우에 있어서도, 단백질을 정제한다고 하는 단백질을 취급하는데 있어서 기본은 현재에 있어서도 필요하며 (2장 참조), 단백질의 기능해석에 필요한 3종류의 강력한 무기가 유전자, 정제 단백질, 항체라는 점은 오늘날에도 변함이 없다.

단백질의 정제

10년 정도의 이전까지는 미지의 단백질을 전기영동 상에서 균일하게 될 때까지, 완전히 정제하여 기능해석을 실시하는 것이 주류가 되었다. 그러나 오늘날에는 이 방법을 사용하는 빈도가 적어지고 있다. 조직으로부터 단백질을 정제하는 경우에 있어서도, SDS-PAGE에 의한 전기영동 상에서 어느 band가 목적의 단백질인지만 알 수 있다면, 잘라 내어 protease로 가수분해 하고, 직접 LC-MS나 TOF-MS로 peptide의

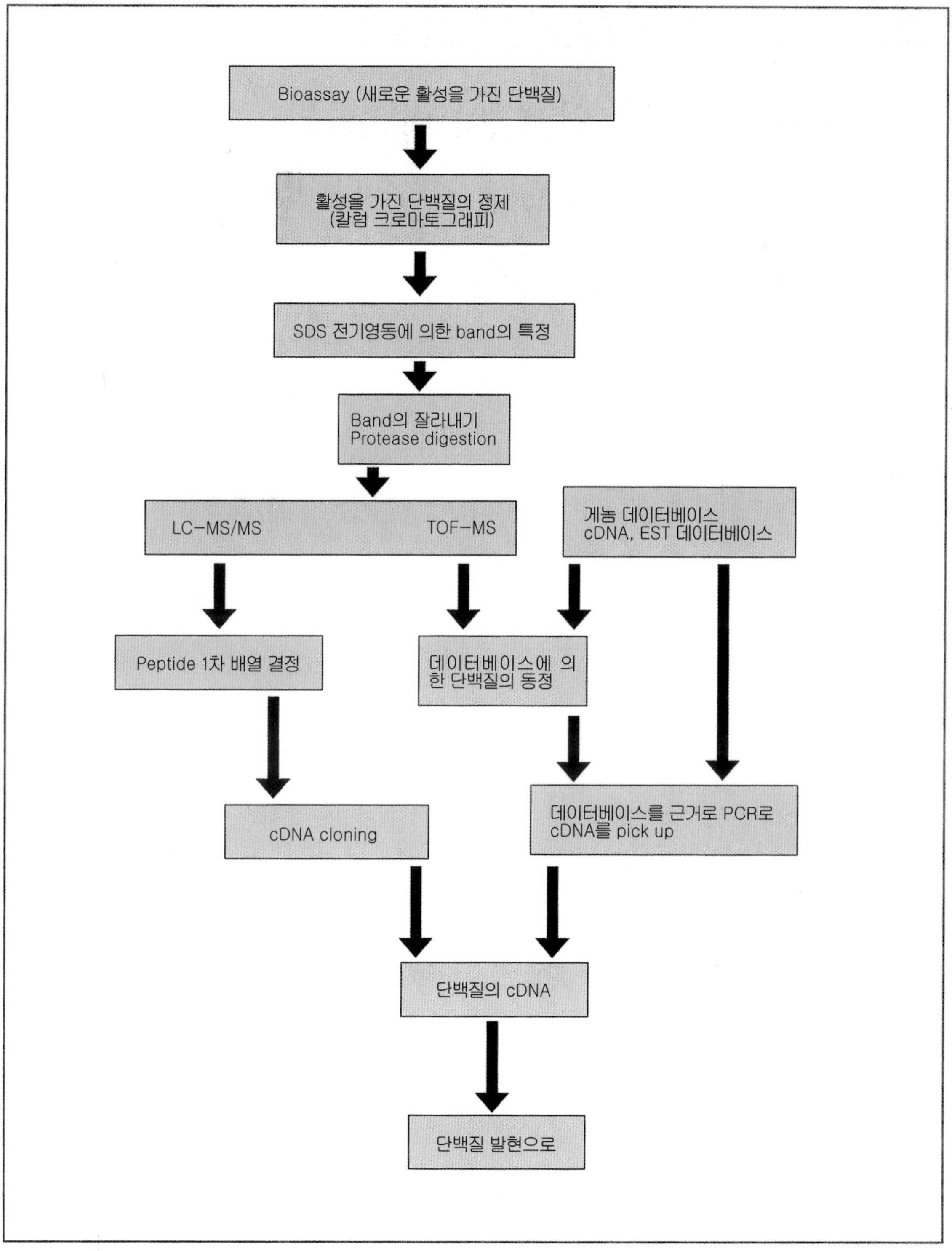

그림 1. 단백질 정제와 cDNA cloning

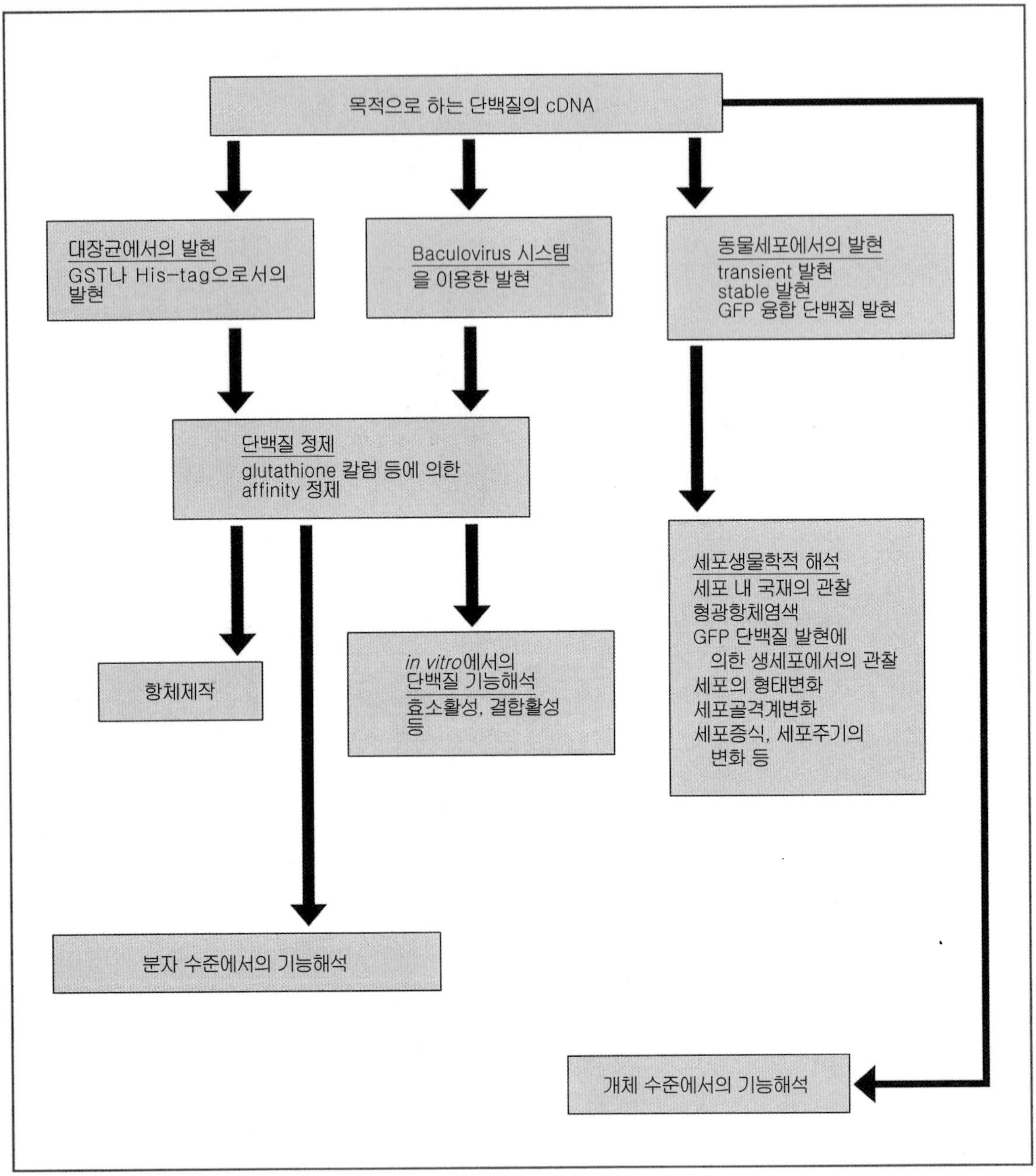

그림 2. cDNA로부터 단백질 기능해석으로

1차 구조를 결정하거나, 데이터베이스에 접근하여 단백질을 특정하는 방법을 사용하는 쪽으로 변화하고 있다(3장 참조).

역으로 왕성해진 점은 게놈 또는 EST로부터 목적으로 하는 유전자를 특정하고, 발현 벡터를 구축하여 단백질을 발현시켜서 새로운 기능을 조사하는 것이다. 이 경우 복잡한 칼럼 조작 등은 필요로 하지 않고 출발점은 cDNA이다. cDNA를 대장균이나 포유동물에 발현시킨 단백질을 간단하게 정제하기 위해서 거의 대부분의 경우, GST (glutathione S-transferase)나, His-tag이 결합된 융합 단백질로서 발현시켜, glutathione 칼럼이나 nickel beads로 정제하는 방법이 사용된다 (6장 참조). 항체 제작용의 단백질을 정제하고 싶은 경우, GST 융합 단백질은 GST에 대한 항체를 만들기 쉽고, His-tag은 분자량이 작아 항체가 만들어지기 어렵기 때문에 His-tag이 결합된 단백질을 발현시켜 항원으로 한다. His-tag이 결합된 단백질을 항원으로 제작한 항체는 GST 융합 단백질에 의한 affinity chromatography로 정제하는 것이 좋다. 단백질의 기능해석에 들어가기 전에 반드시 항체를 제작해 두는 것이 바람직하다 (4장 참조). 그림 1에 단백질의 정제와 유전자 클로닝의 관계를 나타내었다.

단백질의 기능해석과 세포 내 국재 (localization)

단백질의 기능해석은 크게, ① 정제 단백질을 이용하여, *in vitro*에서의 활성재현, ② 세포 레벨에서의 기능해석, ③ 개체에 있어서 기능해석으로 나눌 수 있다.

보통은 ①에서 ③으로 향한 기능해석을 실시하는 것이 보통이다. 목적으로 하는 단백질을 대장균이나 Baculovirus의 계를 이용하여 발현시켜, 균일하게 될 때까지 정제하고, 예상되는 활성, 예를 들면 효소활성의 측정이나 actin 중합에 대한 영향 등의 활성을 측정한다 (6장 참조). 단백질에 따라서는 대단히 발현되기 어려운 것이나, 발현되어도 분해되기 쉬운 것 등으로 인해 검출되지 않은 경우가 많다. 그러한 경우 많이 실시되어지는 것은, 여러 융합 단백질로 발현시켜 보거나, 대장균의 발현으로 소용없는 경우는 Baculovirus 계에서 시험하여 보고, 그래도 소용없는 경우는 포유동물로의 발현을 시험해 본다. 동물세포에서만 발현되고, 발현단백질을 항체로 면역 침강한 것을 사용해야만 되는 경우도 있다. 대장균에서 발현이 되었다고 해도 활성이 상실되어 있는 경우도 있기 때문에 주의가 필요하다.

다음에는 세포에 발현시켜, 형태의 변화나 증식의 변화를 조사한다. 그러나 제일 우선 항체를 이용하여, 세포의 내재성 단백질의 형광염색을 실시하고, 세포 내 국재를 관찰한다 (7장 참조). 이 단백질의 국재가 세포에 과잉발현 시킨 경우의 국재와 같다는 것을 확인한 후, 비로소 정상적인 생리기능을 추정할 수 있다. 또한 GFP에 융합시킨 단백질을 발현시키고, 살아 있는 그대로의 세포에 자극을 준 경우의 세포 내 국재의 변화를 조사하는 방법으로 단백질이 가진 기능을 예측한다 (8장 참조). 이 경우에도 가능한 한 발현을 낮게 하고, 이상한 국재가 되지 않도록 한다. 더욱더 자세하게 단백질의 기능을 조사하기 위해서는 대량으로 정제한 단백질을 모아, 결정구조해석이나 NMR을 이용한 고차구조해석을 실시한다. 개체에서의 기능해석에는 녹아웃 마우스를 제작한다. 그러나 구조해석에는 대량의 단백질이 필요하며, 녹아웃 마우스의 제작에는 오랜 기간이 필요하다. 그림 2에 유전자로부터 단백질 기능해석에 대한 흐름을 나타내었다.

단백질 수식

각각의 단백질이 가진 기능은 여러 가지 방법으로 조절되고 있다. 그의 주된 것이 번역 후 수식이라 부르는 것에 의해 활성조절과 분자 간 상호작용에 의한 다른 분자와의 결합에 의한 조절이다. 전자는 인산화, 아세틸화와 같이 자극을 받아 dynamic 하게 수식을 받는 경우와 당 사슬이나 지질의 부가와 같은 비교적 안정한 형태의 수식이 있다. 생체 내에서 중요한 역할을 수행하고 있는 신호전달분자는 자극에 응답하여 여러 가지 인산화를 받아, 활성을 제어하거나 분자 간 상호작용에 의해 신호를 하류로 전달한다. 따라서 포스트 게놈의 단백질 연구로서 단백질 수식 (주로 인산화)의 연구는 단백질의 제어기전을 해명하는데 있어서 필수적이다 (5장 참조). 단백질의 어느 아미노산이 인산화를 받는지도 앞에서 기술한 mass spectrometry로 간단히 해명할 수 있게 되었다. 앞으로의 단백질 연구에서는 신호전달분자의 신호 네트워크에 대한 상세한 해석으로 단백질 간의 관련성이 해명되고, 여러 가지 생체기능의 조절에 대한 단백질 군의 관여를 규명하는 연구가 점점 활발해질 것이다 (9장 참조).

제2장

단백질 정제법

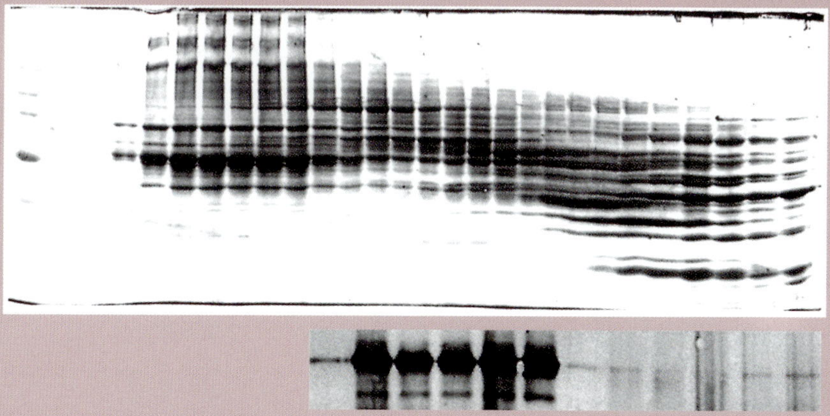

제2장

1. 단백질 정제를 시작하기 전에

단백질은 세포의 주성분이며, 세포의 형태나 구조를 결정하고, 분자식별이나 분자상호작용 등 세포 내 생리기능의 대부분을 담당하고 있다.

따라서 목적으로 하는 단백질의 구조나 기능을 조사하기 위해서는 그의 단백질을 입수할 필요가 있으며, 대량의 재료로부터 추출, 정제하는 것이 기존의 단백질 실험의 기본이었다. 그러나 최근의 유전공학의 발전은 단백질 본래의 성질을 해석하기 위한 대량 정제로부터 단백질의 1차구조인 아미노산 배열을 결정하기 위한 부분정제로 단백질 정제의 목적이나 방법을 크게 변화시켜 왔다. 실제로 아미노산 배열을 기본으로 cDNA를 클로닝하고, 단백질로 발현시킴으로써, 단백질의 기능해석이나 구조해석, 또한 항체제작 등도 가능하게 되지만, 발현단백질의 정제나 항체의 정제 등, 여러 가지 재료로부터 단백질을 추출, 정제하는 수단은 꼭 필요한 것이다.

또한 단백질이 복합체를 형성하여 세포 내에서 특이적인 기능을 발휘하고 있는 사실이 명확해지고 있는 요즈음, 그의 기능단백질 복합체를 있는 그대로 추출하는 수단으로도 단백질 정제의 필요성이 다시 부각되고 있다. 이러한 새로운 국면을 맞아, 각각의 분리수단의 특징과 원리를 잘 이해하고, 목적에 적합한 단백질의 정제법을 선택하는 것은 대단히 중요한 것이다.

서론

생체 내에서의 단백질의 기능은, 구성 아미노산의 화학적 성질에 따라 결정된다. 즉 각각의 구성 아미노산의 전해로 단백질의 소수성, 친수성 등의 물리화학적인 성질이나 생리활성의 차이가 생긴다. 따라서 용액의 pH에 의해서도, 단백질의 전하, 용해도, 생리활성은 크게 변화한다 (그림 1). 산성 단백질 (총 전하가 0이 되는 pH : pI〈7)은 중성에서 음의 전하를 가지며, 염기성 단백질 (pI〉7)은 중성에서 양의 전하를 가지고, 세포질이나 세포 외에서 용존 하는 단백질은 친수성 아미노산이 풍부하다. 한편 막 단백질 등은 소수성 아미노산이 풍부하기 때문에 보통의 완충액 중에서는 불용성이다.

정제를 위한 예비지식

1 단백질의 취급

단백질의 변성이나 단백질 분해를 최소한으로 억제하는 것이 단백질 실험에서의 기본이다. 따라서 단백질은 아래와 같은 고안 등이 필요하다.

- 1~4℃의 저온에서 처리, 보존한다.
- 가능한 한 단시간에 처리한다.
- 제일 적합한 안정적인 pH로 유지한다.
- 안정화 시약을 첨가한다.
- Protease 저해제를 첨가한다.
- 격렬한 교반 등은 실시하지 않는다.
- 장기보존의 경우에는 동결보존이나 건조 보존한다.

그러나 여기서 주의해야 할 점은, 단백질 고유의 활

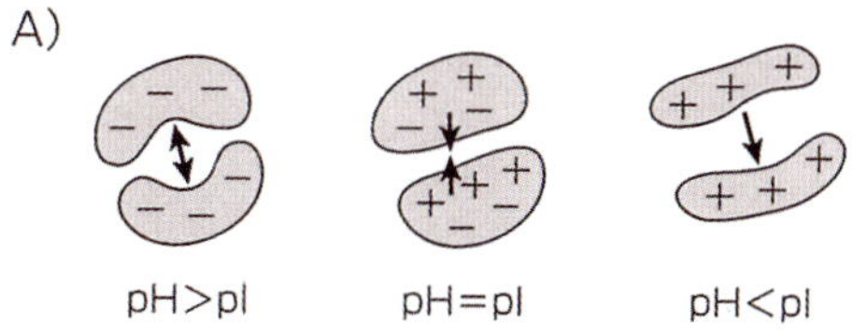

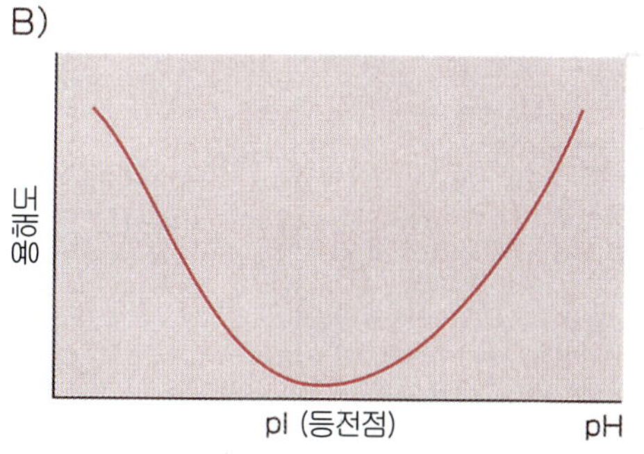

그림 1. 단백질의 등전점 (pI) 부근에서의 정전기적 인력 (A)와 용해도 (B)

표 1 완충액 (Buffer)의 성질

완충액	pKa	최적안정 pH (사용가능한 pH 범위)	
Glycine−HCl	2.35	1.85~2.85 (±0.5)	장시간 보존으로 불용물이 생기는 경우가 있다
Acetate−NaOH	4.76	4.26~5.26 (±0.5)	
MES−NaOH	6.15	5.65~6.65 (±0.5)	비교적 고가이다
PIPES−NaOH	6.8	6.30~7.65 (±0.5)	비교적 고가이다
MOPS−NaOH	7.15	6.65~7.65 (±0.5)	우수한 완충능력이 있지만, 비교적 고가이다
Phosphete−NaOH	7.22	6.72~7.72 (±0.5)	· Ca^{2+}, Mg^{2+} 등의 다가 양이온과 불용성의복합체를 형성한다 · 농도, 완충액의 이온조성의 변화에 의한 pH의 변동이 크다
HEPES−NaOH	7.55	7.05~8.05 (±0.5)	세포독성이 낮기 때문에 세포배양 시 자주 이용된다
Tris−HCl	8.13	7.80~8.80 (±0.5)	Tris의 아미노기에 의한 생세포나 엽록체의 산소발생계, 전자 전달계에 있어서 독성이나 저해작용이 있다
Borate−NaOH	9.24	8.74~9.74 (±0.5)	
Glycine−NaOH	9.57	9.07~10.07 (±0.5)	

성 최적조건과 최적 안정화 조건이 반드시 일치하지 않는다는 것이다. 예를 들면, 동결이나 건조에 의해 활성이 상실이 되거나, 단백질 복합체로서만 활성을 가지는 것이 많으며, 정제의 단계가 진행됨에 따라 활성을 상실되는 것도 있다.

2 완충액 (Buffer)

단백질을 취급하는 조작에서 가장 중요한 것은, 항상 최적 pH를 선택하는 것이며, 그를 위해서는 완충액이 필수적이다. 단백질 용액으로서의 완충액은, 단백질의 안정화나 활성, 또는 그의 단백질을 사용하는 실험조작의 조건에 맞추어야 하며 대부분의 경우, 사용하는 pH에 따라 완충액의 종류가 결정된다. 완충액이 가진 완충능력은 그의 pKa (해리정수의 역대수)에서 최대가 되며, 거기에서 멀어지면 낮아지게 된다. 일반적으로는 pKa ± 0.5 정도의 pH 범위에서 효과적인 완충작용이 얻어진다. 표 1에 사용빈도가 높은 완충액의 pKa 수치를 나타내었지만, 온도, 완충제의 농도, 혹은 완충액의 이온 조성에 따라 pH는 약간 변동한다.

3 방부제

정제도중의 시료나 크로마토그래피용의 칼럼류를 무균적으로 취급하는 것은 실제로 어려운 일이며, sodium azide [사용농도 0.05~0.1% (w/v)]는 단백질 용액의 방부제로서 자주 사용되고 있지만, 중금속과 반응하여 염을 형성한다는 단점이 있다. Sodium

표 2 Protease 저해제

저해제	용해의 용매	사용온도
■ Serine protease		
DFP (M.W.=184.1)	2-propanol	0.1~1.0 mM
pMSF (M.W.=174.2)	DMSO	0.1~1.0 mM
p-APMSF (M.W.=216.2)	H_2O	10~20 μM
STI (M.W.=20, 100)	H_2O	10~100 ㎍/㎖
Leupeptin (M.W.=460)	H_2O	5~50 μM
Cymostatin (M.W.=607.7)	DMSO	10~100 μM
Antipain (M.W.=677.6)	H_2O	2~10 μM
Benzemidine (M.W.=174.6)	H_2O	0.5~5 mM
■ Metalloprotease		
EDTA-Na_2 (M.W.=372.2)	H_2O	0.5~5.0 mM
EGTA (M.W.=380.4)	H_2O	0.5~5.0 mM
Phosphoramidon (M.W.=579.6)	DMSO	10~50 μM
■ Cysteine protease		
E-64 (M.W.=357.4)	DMSO	0.14~28 μM
■ Asparaginic acid protease		
Pepstatin (M.W.=685.9)	ethanol	1 μM

1) DFP : diisopropyl fluorophosphates, PMSF : phenylmethylsulfonyl fluoride, p-APMSF : 4-amidino-phenyl-methane sulfonyl fluoride, STI : sotbean trypsin inhibitor, DMSO : dimethyl sulfoxide
2) Leupeptin과 Antipain은 cysteine protease를 저해한다.
3) Leupeptin은 trypsin, cathepsin, plasmin, papain을, chymostatin은 chymotrypsin계 효소를, Antipain은 trypsin, cathepsin A/B, papain을 주로 저해한다.
4) Metalloprotease 계는 기본적으로 chelate 시약이기 때문에, 목적 단백질이 2가 금속을 가지는 경우에는 사용할 수 없다.
5) PMSF나 DMF는 신경독성이 있기 때문에 취급에 주의할 것.
6) 표에 기재한 protease 저해제는 대개 중성의 완충액에서 수분에서 수 시간 내에 분해되는 것이 많기 때문에 사용 시에 조제하는 것을 기본으로 한다.

azide 대신에 사용될 수 있는 것은, bromo-nitro-dioxane과 methylisothiazolone의 혼합물이 Micro protect라는 이름으로 Roche Diagnostics 회사로부터 판매되고 있다.

4 Protease 저해제

Protease에 의한 분해나 불활성화는, 추출로부터 정제 초기단계에서 일어나는 경우가 많고, 몇 가지의 protease 저해제를 혼합하여 사용한다. 자주 사용되는 protease 저해제를 표 2에 나타내었다.

5 SH 기 보호제, 산화방지제

효소의 활성부위는, 보통과 다르게 반응성이 높은 SH 잔기 등을 포함하고 있어, 그것이 효소의 촉매작용에 있어서 중요한 역할을 수행하고 있다. 특히 이들 SH 잔기는 산화되기 쉽고, 효소의 비활성화의 원인이 된다. 본래 세포 내에 있어서 이 SH 잔기는, 환원적 환경 및 다른 SH 잔기를 포함한 분자에 의해 보호되고 있어, 2-mercaptoethanol (사용농도 1~10 mM) 이나 DTT (사용농도 0.1~1 mM)와 같은 SH 기 함유 시약을 용액 중에 첨가하여 산화를 방지한다.

6 그 이외의 단백질 안정화 인자

글리세롤 (사용농도 20~30%)이나 다가 수산기 화합물 (sucrose : 사용농도 10%)은 단백질의 여러 변성 조건에 대하여 단백질의 안정화 효과를 보인다. 또한 이 정도의 농도를 포함한 용액은, 점도 등도 그 정도로 문제가 되지 않고, 대강의 조작으로 이용가능하다. 실제로, 정전기적 상호작용에 의존하고 있는 이온교환 크로마토그래피 등도 유속을 조금 내리는 것만으로 글리세롤의 존재에 의한 분리능의 악영향은 거의 받지 않는다.

또한 단백질 용액의 농도를 올리는 것은 단백질을 안정화 시키는 유익한 방법이다. 농축된 단백질 쪽이 명확하게 안정하며, BSA (소 혈청 알부민) 등을 희박한 단백질 용액에 첨가하는 방법도 자주 이용되고 있다.

참고문헌

1) 宮崎 香, 西 望 : 無敵のバイオテクニカルシリーズ「改訂　タンパク質実験ノート」(岡田雅人, 宮崎 香 編), 上巻, pp13-28, 羊土社, 1999
2) 宮崎 香 : バイオマニュアルUPシリーズ「分子生物学研究のためのタンパク実験法 改訂第2版」(竹縄忠臣 編), pp17-27, 羊土社, 1998

2. 정제의 진행방법

이 방법으로 무엇을 해석할 수 있을까?

어떤 생리적인 역할을 담당하는 불특정의 단백질을 동정하는 경우에는, 그의 생리적인 활성을 유지하는 정제방법을 생각하지 않으면 안 된다. 또한 특정의 단백질에 있어서도, 해명해야 할 목적에 따라 그의 단백질의 정제 방법이나 단계, 진행방법이 변한다. 따라서 각각의 목적에 따른 단백질 정제의 진행방법을 정하는 것은, 단백질 실험의 가장 기본적인 사항이다.

서론

단백질 정제의 기본은, 생리활성이나 기능을 지닌 목적의 단백질을, 가능한 한 불활성화 시키지 않으며, 가능한 한 높은 순도로, 가능한 한 높은 회수율로, 더욱이 가능한 한 간단한 수단으로 얻는 것이다.

정제법의 조립

각 분리수단의 특징을 표 1에 나타내었지만, 단백질의 추출과 조분획의 방법은 본 장의 3을 참고하고, 크로마토그래피에 의한 정제는 본 장의 4를 참조하며, 전기영동에 의한 정제법은 3장의 2를 참조하기 바란다. 각 분리수단과 정제의 목적을 생각하여, 어느 정제방법을 사용할 수 있는가를 검토한 후에, 정제법을 조립할 필요가 있다.

더욱이, 정제단계에서의 시간단축은 가장 중요한 정제인자가 된다. 실제로 정제할 때마다 변동이 생기는 것은 시간이 너무 걸리기 때문이기도 하며, 불활성화의 제일 큰 원인이 된다. 조절 가능하다면, 하나의 분리단계로부터 다음의 단계로 계속해서 진행하는 수단을 생각하는 편이 좋다.

중간처리를 포함하지 않는 가능한 일반적인 일련의 정제 순서를 그림 (다음 페이지 아래)에 나타내었지만, 각 방법의 처리량과 분리능을 고려하여, 최적의 정제 순서를 정한다.

단, 유기용매나 이온농도 등이 흡착의 강도를 변동시켜 버리는 경우도 있어 주의해야 한다.

대부분의 경우, 효과적인 정제방법을 확립하기 위해서는, 다소의 시행착오를 각오해야 한다. 실제로 단백질의 정제는 시간과 노력과 체력을 시험하는 작업이기도 하다. 단백질이 이미 정제되어 있는 경우에는, 그의 정제법을 우선적으로 참고할 것을 권장한다.

참고문헌

1) 宮崎 香, 西 望：無敵のバイオテクニカルシリーズ,「改訂 タンパク質実験ノート」(岡田雅人, 宮崎 香 編), 上巻, pp13-28, 羊土社, 1999
2) Scopes, R. K. (塚田欣司 訳) ：新·タンパク質精製法, pp279-292, シュプリンガー・フェアラーク東京, 1995

표 1 단백질의 분리수단

방법	원리	분리능	상태	처리능
■ 조분획				
황산 암모니움 분획	용해도	저	미변성	대
유기용매 침전	용해도	저	미변성/변성	대
등전점 침전	용해도	저	미변성/변성	대
막분획	분자 사이즈	저	미변성	대
■ 크로마토그래피				
친화성	특이적 결합성	고	미변성	대
군 특이적 친화성	특이적 결합성	고	미변성	대
이온 교환	전하	중	미변성	대
겔 여과	분자 사이즈	중	미변성	중
역상	소수성	고	변성	소
소수	소수성	중	미변성	중
Hydroxyapatite	전하	중	미변성	중
■ 전기영동법				
SDS-PAGE	분자 사이즈	고	변성	소
등전점 전기영동	등전점	고	미변성	소
이차원 전기영동	분자 사이즈/등전점	고	변성	소

1) 대규모의 정제에서는, 우선 황산 암모니움 분획 등의 전처리나 연질 크로마토그래피로 시료의 용량을 적게 한 후, FPLC나 HPLC로 이동하는 것이 보통이다.
2) 1차 구조의 분석이나 항체 제작과 같은 변성 단백질로도 좋은 경우에는 역상 크로마토그래피와 SDS-PAGE가 유용한 수단이 되며, 특히 단백질의 동정이 목적인 경우에는, 목적 단백질을 명확히 확인할 수 있는 단계이면, 어느 단계에서라도 SDS-PAGE 분리를 실시할 가치가 있다.
3) 또한 단백질을 활성을 가진 그대로 분리하고 싶은 경우에는, 친화성 크로마토그래피나 이온 교환 크로마토그래피, 겔 여과, 소수성 크로마토그래피 등을 그의 원리에 따라 조합하는 것이 보통이다. 특히 정제효율이 높은 친화성 크로마토그래피를 제일 먼저 실시하는 방법도 좋다.
4) 역상 크로마토그래피 : 변성조건 하에서 단백질을 분리하는 경우의 최종단계에서 이용된다. 특히 peptide나 작은 단백질에 대해 높은 분리능을 나타낸다 (부분 아미노산 배열 결정을 위한 시료를 정제할 때 자주 이용된다 : 3장 3 참조)
5) Hydroxyapatite chromatography : Hydroxyapatite, Ca_{10} $(PO_4)_6(OH)_2$의 Ca^{2+}와 PO_4^{3-}가 단백질 표면의 카르복실기와 아민 그룹에 대하여 정전기적으로 상호작용하여 복합체를 형성한다. 단백질의 성상에 따라 이들의 결합능력과 분리능력이 달라진다. 인산기에 친화성을 가진 단백질이나 항체, 단일사슬과 이중사슬의 DNA 분리 등에 자주 이용된다.

정제방법		계속 실시할 조작
·조추출액	→	황산 암모니움 침전 유기용매 침전 친화성 크로마토그래피
·황산 암모니움 침전	→	겔 여과 소수성 크로마토그래피 고정화 금속 크로마토그래피
·이온 교환	→	친화성 크로마토그래피 황산 암모니움 분획 유기용매 분획 소수성 크로마토그래피
·친화성 크로마토그래피	→	이온 교환 크로마토그래피 황산 암모니움 침전 소수성 크로마토그래피

왼쪽의 정제방법을 실시한 후, 계속해서 오른 쪽 조작 중 어느 하나를 실시할 수 있다.

제2장 단백질 정제법

3. 단백질의 추출과 분획

이 방법으로 무엇을 해석할 수 있을까

정제에 있어서 목적 단백질의 최종 회수율은 수 %에서 수십 %에 그치는 경우가 많다. 따라서 재료의 선택, 재료로부터 단백질의 추출, 단백질의 분획이라는 정제의 초기단계는 목적 단백질의 회수율을 결정하는 가장 중요한 포인트가 된다.

머리말

단백질 정제에 사용할 수 있는 종이나 세포, 조직을 선택하여 신선한 재료를 입수하는 것부터 단백질 정제가 시작된다. 또한 세포나 조직의 파쇄, 추출, 분획에도 여러 가지 방법이 있으며, 그에 대한 각각의 주의가 필요하지만, 여기에서는 배양동물세포에 있어서 세포질에 존재하는 가용성 단백질의 추출과 막 계의 단백질의 가용화와 추출을 나타낸다. 또한 단백질의 분획법으로 황산 암모니움 분획과 한외여과에 의한 분획을 소개한다.

i) 배양동물세포로부터의 추출

배양세포를 실험재료로서 사용하는 경우는 단일세포가 생산하는 단백질만을 분리, 분석하는 것이 가능하기 때문에, 추출로부터 정제까지 실험이 훨씬 용이하다. 그러나 배양조건 등에 의해서 단백질의 질적인 변화가 생기는 경우도 자주 있다. 더욱이 목적에 따라서는 대량배양을 하지 않으면 충분한 재료를 얻을 수 없는 것이 결점이다.

i)-1 세포질에 존재하는 가용성 단백질의 추출

초음파처리를 이용한 추출의 예를 나타내었다.

준비물

1) 시료, 기구

- 동물세포 (사람 섬유육종세포 HT1080, 마우스 섬유아세포 NIH3T3 등)
- 원심분리기
- Cell scraper (Costar 회사, cell scraper, No. 3010)
- 초음파처리기 (TAITEC 회사, ULTRAS HOMOGENIZER)

2) 시약

- PBS (phosphate-buffered saline)
- 추출 완충액

  10~100 mM의 중성 완충액 (Tris, HEPES, 인산 완충액 : pH 6.8~8)
- PBS

		최종농도
NaCl	8.0 g	(137 mM)
KCl	0.2 g	(2.7 mM)
Na_2HPO_4	2.9 g	(8.1 mM)
KH_2PO_4	0.2 g	(1.5 mM)

증류수를 첨가하여 total 1 ℓ로 만든다

·추출 완충액 (20 mM HEPES 완충액, pH 7.5인 경우)

HEPES	4.77 g	(20 mM)

10 N NaOH로 pH 7.5로 조정한 후, 증류수를 첨가하여 total 1ℓ로 만든다

프로토콜

① 15 ㎜ dish에서 90% 정도 포화되기까지 세포를 배양한다

② 배지를 버리고, 15 mℓ의 냉각 PBS로 2회 세포를 세정한다

③ 10 mℓ의 냉각 PBS를 첨가하여, cell scraper로 세포를 긁어낸다

④ 세포현탁액을 원심분리용 튜브에 옮기고, 원심분리 (1,000 rpm, 5분, 4℃)로 세포를 모은다

⑤ 모은 세포에 1 mℓ 추출완충액을 첨가하고*1, 초음파 처리하여 세포를 완전히 파쇄한다*2

> *1 : 목적 단백질이 세포질 분획의 가용성 단백질인 경우에는, 비교적 농도가 진한 세포현탁액 (15 ㎜ dish에 대하여 0.5~1mℓ 정도)으로 강하게 파쇄한다
> *2 : 보통 0.5~2분간의 초음파 처리로 세포를 완전히 분산시킨다. 열이 발생하기 때문에 세포를 냉각하면서 조작한다

⑥ 파쇄된 용액을 40,000 rpm, 60분, 4℃에서 초원심분리 한다

⑦ 상등액을 회수하여, 세포질 분획의 가용성 단백질 용액으로 한다

i)-2 세포막에 존재하는 막 단백질의 가용화와 추출

막 단백질은 표재성과 내재성의 어느 한쪽으로 분류된다.

A) 표재성 막 단백질

표재성 단백질은 막의 표면에 느슨하게 결합하고 있다. 게다가 막 자체는 가용화 되지 않는 온화한 처리에도 보통 방출된다. 이 경우는 다음 처리의 한 가지 혹은 두 가지 이상의 조합으로 추출할 수 있다.

- 초음파 파쇄
- 초음파 1~10 mM의 EDTA, EGTA와 같은 금속 chelate 제
- 낮은 이온 강도로 온화한 알칼리 조건 (pH 8~9)
- 희석한 비이온성 계면활성제
- n-Butanol과 같은 유기용매의 저농도
- 1 M NaCl과 같은 높은 이온강도
- Phospholipase 처리

B) 내재성 막 단백질

내재성 막 단백질은 막의 안에 들어 있기 때문에, 단백질을 추출하기 위해 막 자신을 가용화 할 필요가 있다. 그래서 한 번 가용화 된 이후의 응집을 방지하기 위해서라도 가용화 한 단백질에 계면활성제 등을 첨가할 필요가 있다. 보통 이용되는 계면활성제를 표 1에 나타내었다.

여기에서는 온화하고, 많은 크로마토그래피의 작업을 방해하지 않는 비이온성 계면활성제 (Triton X-100, NP-40 등)에 의한 동물세포의 막 단백질의 가용화와 추출의 예를 나타내었다.

준비물

1) 시료, 기구

「1 세포질에 존재하는 가용성 단백질의 추출」의 경우와 동일

2) 시약

·가용화 완충액 (1% Triton X-100이 들어 있는 20 mM HEPES 완충액, pH 7.5의 경우)

		(최종농도)
HEPES	4.77 g	(20 mM)

10 N NaOH로 pH 7.5로 조정한 후, Triton X-100 10 mℓ (1%)와 증류수를 첨가하여 total 1ℓ로 만든다

프로토콜

① 「1 세포질에 존재하는 가용성 단백질의 추출」의 프로토콜에 준해, 제일 마지막의 초원심분리 후의 침전물을 준비한다

② 가용화 완충액을 첨가하고*, 5~30 분간 배양하여 세포막을 용해시킨다

> * 10 ㎜ dish에 대하여 1~2 mℓ 정도의 가용화 완충액을 첨가한다.

③ 강한 pipetting이나 homogenizer로 균일화 한다

표 1 단백질의 가용화에 이용되는 계면활성제

계면활성제	미셀	계면미셀농도 (mM)	회합 수
■비이온성			
Brij35 (M.W.=1,225)	49,000	0.09	40
Nonidet P-40 (NP-40) (M.W.=602)	90,000	0.29	149
Octyl b-glucoside (M.W.=292.4)	8,000	23~25	27
Triton X-100 (M.W.=628)	90,000	0.24	140
Triton X-114 (M.W.=537)	–	0.21	–
Tween 20 (M.W.=1,228)	–	0.06	–
Tween 80 (M.W.=1,310)	76,000	0.012	60
Emulgens 911 (M.W.=694)	–	–	–
■양이온성			
CHAPS (M.W.=615)	6,150	8~10	10
CHAPS (M.W.=631)	–	8	–
■음이온성			
Cholate (M.W.=431)	1,800	13~15	4
Deoxyclolate (M.W.=415)	4,200	4~6	10
SDS (M.W.=288)	18,000	6~8	62

1) 가용화 때의 계면활성제의 농도는 계면미셀농도 이상을 첨가할 필요가 있다. 비이온성의 계면활성제는 계면미셀농도가 낮기 때문에 0.1~1% (w/v)에서 사용된다.
2) 막 단백질은 SDS와 같은 음이온성 계면활성제로 가용화 되지만, 거의 모두 불가역적으로 변성되어 버린다. 변성된 단백질이 좋다고 하더라도, 보통의 분리방법에는 이용하는데 적합하지 않은 경우가 많으며, 미셀의 크기 때문에 투석으로 제거하는 것도 어렵게 된다. 이러한 결점을 없앤 것으로 양이온성의 CHAPS 등이 현재 많이 이용되고 있으며, 가용화 후, 투석이나 겔 여과 칼럼으로 제거할 수도 있다. 단, pH가 7 이하가 되면 용해도가 낮아지기 때문에 주의한다.

④ 세포용해액을 초원심분리기로, 40,000 rpm, 60분간 또는 미량 냉각원심분리기로 15,000 rpm, 30분간 원심분리 한다

⑤ 원심분리 후의 상등액을 막 단백질 용액으로 한다

실험 예

HT 1080 세포, 15 ㎜ dish 1장에 20 mM HEPES 완충액 (pH 7.4), 0.5 ㎖을 첨가하여 세포질 단백질을 추출하였다. 더욱이 1% Triton X-100이 들어 있는 20 mM HEPES 완충액 (pH 7.4) 1 ㎖을 첨가하여, 최종 원심분리 후의 상등액을 가용성 막 단백질로서, 침전물을 핵이나 골격계 등의 불가용성 단백질로 하였다. 각 분획의 단백질의 양을 합하여, SDS-PAGE 하고, Coomassie 염색과 막 단백질인 EGF receptor의 항체염색으로 분획의 정도를 확인하였다 (그림 1).

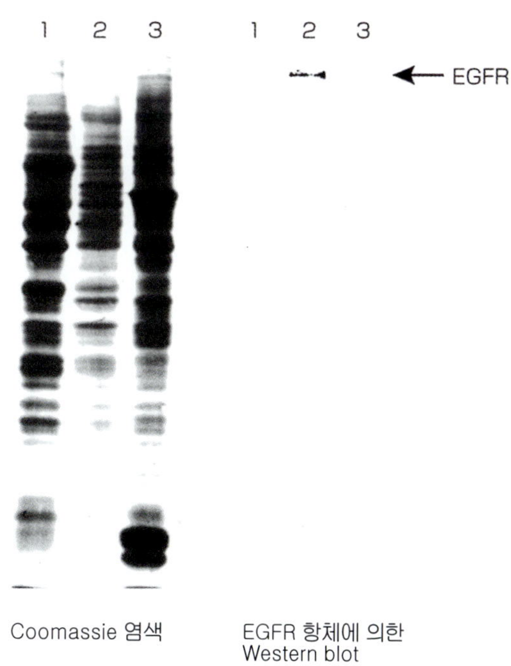

그림 1. HT 1080 세포를 이용한 세포질 및 막 단백질의 추출과 분획
1. 세포질 단백질 분획
2. 막 단백질 분획
3. 불가용성 단백질 분획

memo

제일 처음부터 세포질 단백질 및 막 단백질을 함께 추출하고 싶은 경우는, dish에 부착한 상태의 세포에, 세포 용출액으로 1% Triton X-100을 함유한 용출 완충액을 직접 첨가하여 회수해도 좋다. 또한 콜라겐, 라미닌, 파이브로넥틴 등의 세포외 매트릭스 (ECM) 단백질은 dish 표면에 침착되어 있기 때문에, 이와 같은 세포외 매트릭스 단백질을 추출하는 경우는, dish 상의 세포를 PBS 세정 후, 10 mM EDTA/PBS로 배양하여 (EDTA 처리), pipetting 함으로써 세포를 떼어낸다. EDTA 대신으로 20 mM 수산화 암모니움을 사용하든지, 1% Triton X-100/PBS, 2M 요소/1 M NaCl, 다음에 8 M 요소로 연속적으로 세포를 추출하는 방법도 있다.

ii) 조분획

대량의 시료를 칼럼 크로마토그래피 등으로 분리하기 전에 대강의 분획이나 농축을 목적으로 조분획을 실시한다. 가장 많이 사용되고 있는 것은, 황산 암모니움에 의한 염석이며, 단백질의 용해도는 저농도의 염의 첨가로 증가하고 (염용 : salting in), 더욱이 염농도를 올리면 역으로 저하한다 (염석 : salting out) (그림 2). 따라서 일정한 염농도로 침전하는 단백질을 원심으로 분리하는 것이 가능하게 된다. 동일한 방법으로, 유기용매에 의한 침전법, pH 변성에 의한 침전법 (등전점 침전) 등이 있지만, 유기용매의 침전력은 일반적으로 아세톤, 에탄올, 프로판올, 메탄올의 순이다. 대부분의 단백질은 40% (v/v) 정도의 에탄올로 침전하지만, 염기성 단백질은 60~80%의 에탄올에도 침전하지 않는 경우도 있다. 유기용매에 의한 침전은 황산 암모니움 침전에 비해 단백질의 변성은 일어나기 쉽지만, 단백질의 변성을 가능한 한 억제하고 싶은 경우에는 −20℃로 냉각한 에탄올이 많이 이용된다. 표 2는 단백질 용액에 첨가하는 고형 황산 암모니움의 양과 포화도와의 관계를 나타낸 것이다. 여기에서는 황산 암모니움에 의한 조분획의 예를 나타내었다.

준비물

1) 기구, 기계

- magnetic stirrer
- magnet bar

2) 시약

- 황산 암모니움

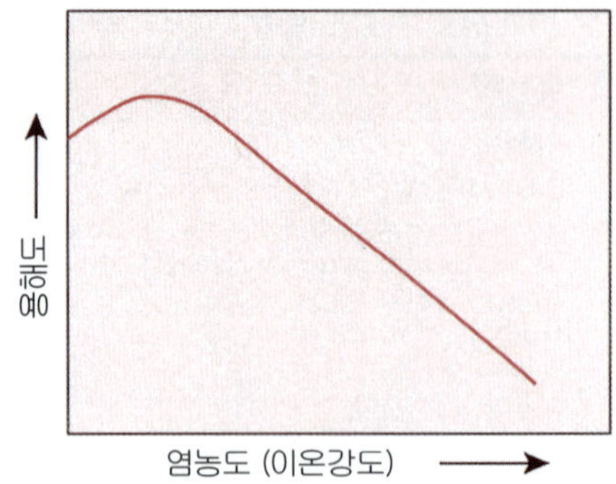

그림 2. 이온강도에 의한 단백질의 용해도 변화

프로토콜

30~50% 포화 황산 암모니움으로 염석한 예를 나타내었다. 아래의 모든 조작은 저온 (0~4℃)에서 실시한다.

① 200 mℓ 비커에 100 mℓ 샘플 용액을 준비하고 magnet bar를 넣는다

② magnetic stirrer 위에 비커를 세팅한다

③ stirrer로 교반하면서 17.6 g의 황산 암모니움 (1 ℓ에 대하여 176 g : 30% 포화)을 서서히 첨가하고*, 완전히 용해시킨다

> ☞ * 황산 암모니움을 천천히, 서서히 첨가함으로써 황산 암모니움의 농도가 부분적으로 진하게 되는 것을 방지한다.

④ 30분 이상 방치한 후*, 15,000 rpm으로 30분간 원심분리 한다

> ☞ * 단백질의 농도가 낮은 경우는 하룻밤 방치하는 것도 좋다.

⑤ 상등액을 비커에 옮긴다. 상등액 1 ℓ에 대하여 127 g의 황산 암모니움 (50% 포화)을 첨가하여* 염석한다

> ☞ * 황산 암모니움을 천천히, 서서히 첨가함으로써 황산 암모니움의 농도가 부분적으로 진하게 되는 것을 방지한다.

⑥ 30분 이상 방치한 후*, 15,000 rpm으로 30분간 원심분리 한다

> ☞ * 단백질의 농도가 낮은 경우는 하룻밤 방치하는 것도 좋다.

표 2 고형 황산 암모니움 첨가에 의한 % 포화도의 조정

		황산 암모니움의 최종농도 (% 포화)															
		10	20	30	33	35	40	45	50	55	60	65	70	75	80	90	100
		시료 1 ℓ 에 첨가할 수 있는 황산 암모니움의 양 (g)															
시료의 황산암모니움 초기 농도 (% 포화)	0	56	114	144	176	209	243	277	313	351	390	430	472	516	561	662	767
	10		57	86	118	150	183	216	251	288	326	365	406	449	494	592	694
	20			29	59	91	123	155	189	225	262	300	340	382	424	520	619
	25				30	61	93	125	158	193	230	267	307	348	390	485	583
	30					30	62	94	127	167	198	235	273	314	356	449	546
	33					12	43	74	107	142	177	214	252	292	333	426	522
	35						31	63	94	129	164	200	238	278	319	411	506
	40							31	63	97	132	168	205	245	285	375	469
	45								32	65	99	134	171	210	250	339	431
	50									33	66	101	137	176	214	302	392
	55										33	67	103	141	179	264	353
	60											34	69	105	143	227	314
	65												34	70	107	190	275
	70													35	72	153	237
	75														36	115	198
	80															77	157
	90																79

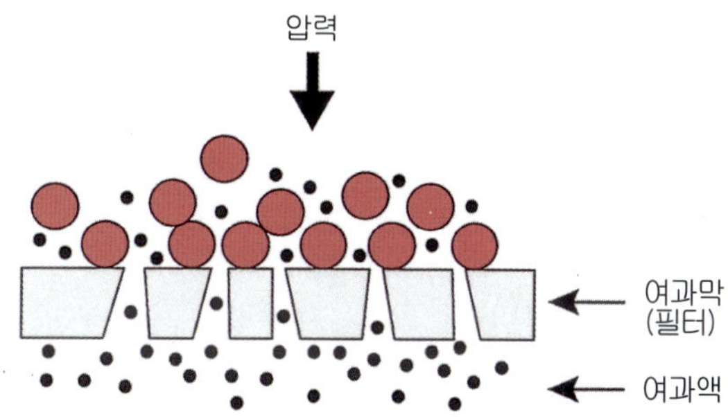

그림 3. 한외여과의 원리

교반형 한외여과장치나 원심형 한외여과장치의 한외여과막 위에 시료를 넣은 후, 가압하든지 원심분리 함으로써, 일정 크기 이하의 분자는 막을 통과하지만, 그 이상 크기의 분자는 통과하지 못하고 막 위에서 농축된다.

⑦ 상등액을 제거한다

⑧ 침전물에 소량의 완충액을 첨가하여 완전히 용해시키고, 30~50% 포화 황산 암모니움 분획으로 한다

⑨ 탈염한다

> ☞ 이온 교환 크로마토그래피, affinity chromatography, 전기영동 등, 고농도의 염이 방해하는 조작을 실시하는 경우에는 투석 혹은 겔 여과로 탈염한다.

iii) 한외여과

저농도 단백질 용액의 농축이나 대강의 분획을 목적으로, 일정한 크기 이하의 분자는 통과하지만, 그 이상의 크기의 분자는 통과하지 못하는 한외여과막을 이용하여, 막 위에 단백질을 농축하는 방법 (그림 3)이며, 여러 가지 제품이 시판되고 있다. 농축뿐만 아니라 완충액의 교환 등에도 사용할 수 있지만, 목적 단백질이 막에 흡착되어 버리는 경우가 있으며, 각각의 막의 종류를 미리 조사할 필요가 있다.

참고문헌

1） 中村正彦：無敵のバイオテクニカルシリーズ「改訂タンパク質実験ノート」（岡田雅人，宮崎 香 編），上巻，pp59-80，羊土社，1999

2） 宮崎 香：バイオマニュアルUPシリーズ「分子生物学研究のためのタンパク実験法　改訂第 2 版」（竹縄忠臣 編），pp17-27，羊土社，1998

4. 칼럼 크로마토그래피에 의한 정제

1) 이온교환 크로마토그래피

이 방법으로 무엇을 해석할 수 있을까

이온교환 크로마토그래피는 단백질이 가진 각각의 총 전하 (±, 및 그의 대소)의 차이를 이용하여, 목적의 단백질을 반대의 하전기를 가진 담체에 정전기적으로 결합시켜, 분리, 정제하는 방법이다.

서론

이온교환 크로마토그래피 (ion-exchange chromatography)는 대량의 샘플을 한번에 칼럼에 거는 것이 가능하며, 일반적으로 분리능도 높기 때문에 단백질 정제의 초기 단계에서 이용되는 경우가 많다. 단 이온 교환체와 단백질간의 흡착은 완충액의 pH와 이온강도에 크게 의존한다. 따라서 이온교환 크로마토그래피로 단백질을 효율적으로 분리하기 위해서는 미리 완충액의 종류나 pH 등, 목적 단백질을 칼럼에 흡착시키는 조건과 용출하기 위한 염농도 등의 조건을 정확하게 파악해 둘 필요가 있다*.

> * 조건검토용의 이온교환체로서 Amersham Biosciences 회사로부터 HiTrap IEX Selection Kit가 판매되고 있다. 양이온 교환체 (SP, CM)와 음이온 교환체 (Q, DEAE, ANX)가 세트로 되어 있으며 저렴하고, 샘플을 소량씩 시험할 수 있다.

원리

단백질은 등전점 (총 전하가 0이 되는 pH, pI)보다 높은 pH에서 (−)로 하전되고, 낮은 pH에서 (+)로 하전된다 (그림 1). 한편 이온교환 크로마토그래피에 이용되는 이온교환체 (담체)에는 양이온교환체와 음이온교환체의 2종류가 있으며, 각각에 반대부호의 이온인 대이온 (Na^+, Cl^- 등)이 정전기적으로 결합되어 있다 (표 1). 따라서 목적의 단백질이 (+)로 하전되는 염기성 단백질의 경우는 (−) 전하를 가진 담체 (양이온교환체)에 결합시키고, (−)로 하전되는 산성 단백질의 경우에는 (+)의 전하를 가진 담체 (음이온교환체)에 결합시킨다. 결합의 강도는 단백질의 총 전하의 크기에 따라 강해진다. 결합한 단백질은 용출 완충액의 이온 강

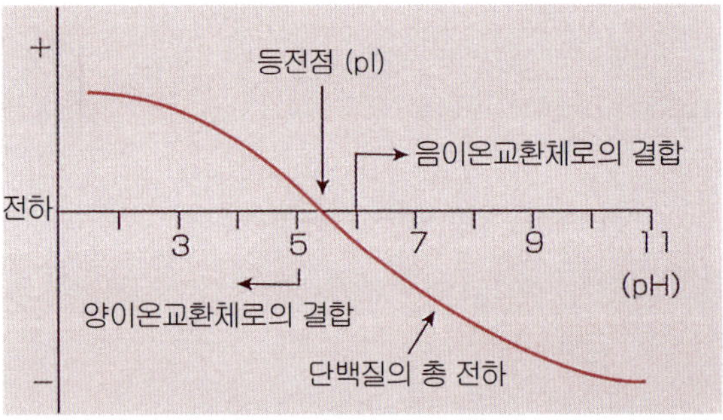

그림 1. pH에 의한 단백질의 총 전하의 변화와 이온교환체로의 흡착

표 1 이온교환체의 종류와 하전기

	이온교환체	하전기의 구조
강음이온교환체	Q (quaternary ammonium)	$-CH_2N^+(CH_3)_3$
	QAE (quaternary aminoethyl)	$-OCH_2CH_2N^+H(CH_2CH_3)_2CH_2CH(OH)CH_3$
약음이온교환체	DEAE (diethylaminoethyl)	$-OCH_2CH_2N^+H(CH_2CH_3)_2$
강양이온교환체	S (methyl sulphonate)	$-CH_2SO_3^-$
	SP (sulphopropy)	$-CH_2CH_2CH_2SO_3^-$
약양이온교환체	CM (carboxymethyl)	$-OCH_2COO^-$

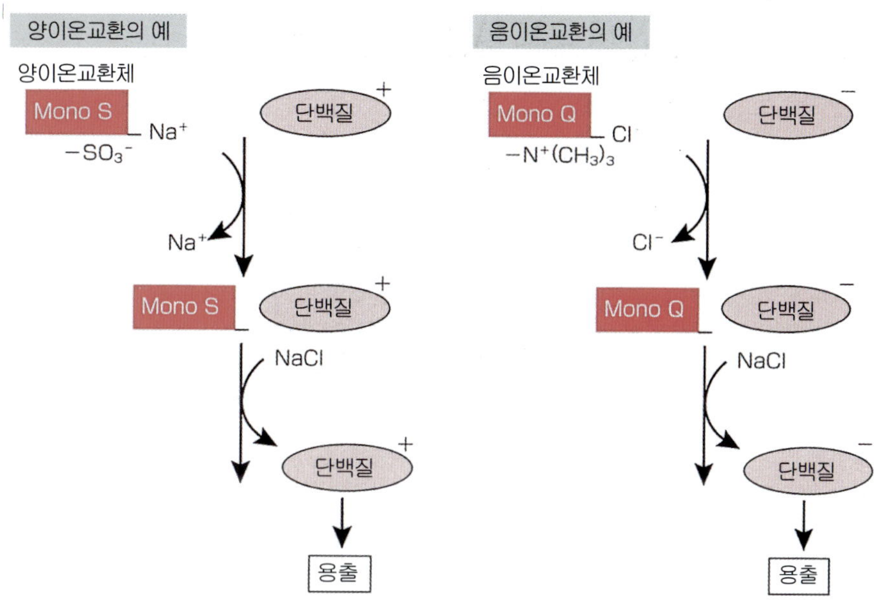

그림 2. 이온교환체의 이미지

담체에는 각각 하전기가 있으며 (표 1), 그의 하전기에는 대이온 (Na^+, Cl^- 등)이 정전기적으로 결합되어 있다. 거기에 단백질을 흘리면 대이온과 같은 총 전하를 가진 단백질에 의해 담체로부터 대이온이 떨어지고 (요컨대 대이온과 단백질이 교환됨), 단백질이 담체에 정전기적으로 결합한다. 이 결합의 강도는 단백질의 총 전하의 크기에 따라 강해지게 된다. 결합한 단백질은 용출 완충액의 이온강도 (염 농도)를 농도 기울기로 서서히 높이면, 결합이 약한 단백질로부터 결합이 강한 단백질의 순서로 서서히 대이온으로 치환되고 용출된다.

도 (염농도)를 서서히 높이면, 결합이 약한 단백질부터 결합이 강한 단백질의 순서로 용출된다 (그림 2).

준비물

1) 시료

· 샘플 : pH를 체크하고, 필요하다면 조정을 실시한다. 미리 원심분리 혹은 0.22~0.45 ㎛의 필터에 통과시켜 시료중의 불순물, 미립자를 제거한다.

2) 시약

아래를 표준으로 각 칼럼에 적합한 완충액 (표 2)를 준비한다*.

〈양이온교환〉

개시 완충액 : 농도 50 mM 이하, pH 3~8

용출 완충액 : 개시 완충액 + 1 M NaCl 등의 염

〈음이온교환〉

개시 완충액 : 농도 50 mM 이하, pH 4~10

용출 완충액 : 개시 완충액 + 1 M NaCl 등의 염 (0.22~0.45 ㎛의 필터에 통과시켜 시료중의 불순물, 미립자를 제거하여 둔다)

* 완충액의 pH는, 양이온교환체를 사용하는 경우에는 목적 단백질의 pI (등전점)보다 0.5 이상 낮은 pH 범위로 조정하고, 음이온교환체를 사용하는 경우에는 목적 단백질의 pI 보다 0.5 이상 높은 pH 범위로 조정하는 것이 기본이다.

표 2 이온교환체에 이용되는 완충액

〈양이온교환〉

pH 범위	완충액	농도	대이온
3.8~4.3	formate	50 mM	Na^+, Li^+
4.3~4.8	succinate (butanedioic acid)	50 mM	Na^+
4.8~5.2	acetate	50 mM	Na^+, Li^+
5.0~6.0	maionate	50 mM	Na^+, Li^+
5.5~6.7	MES	50 mM	Na^+, Li^+
6.7~7.6	phosphate	50 mM	Na^+
7.6~8.2	HEPES	50 mM	Na^+, Li^+
8.2~8.7	BICINE	50 mM	Na^+

〈음이온교환〉

pH 범위	완충액	농도	대이온
4.5~5.0	N−methylpiperazine	20 mM	Cl^-
5.0~6.0	piperazine	20 mM	Cl^- $HCCO^-$
5.5~6.0	L−histidine	20 mM	Cl^-
5.8~6.4	bis−Tris	20 mM	Cl^-
6.4~7.3	bis−Tris propane	20 mM	Cl^-
7.3~7.7	triethanolamine	20 mM	Cl^- OAc^-
7.5~8.0	Tris	20 mM	Cl^-
8.0~8.5	N−methyldiethanolamine	20 mM	SO_4^{2-}
		50 mM	Cl^-
		50 mM	OAc^-
8.4~8.8	diethanolamine	20 mM at 8.4 50 mM at 8.8	Cl^-
8.5~9.0	1,3−diaminopropane	20 mM	Cl^-
9.0~9.5	ethanolamine	20 mM	Cl^-
9.5~9.8	piperazine	20 mM	Cl^-
9.8~10.3	1,3−diaminopropane	20 mM	Cl^-

3) 기구·기계

- HPLC 시스템 (또는 FPLC 시스템) (그림 3)
- Fraction collector
- 이온교환체 칼럼

☞ 본 연구실에서는 다음을 이용하고 있다.
- HPLC 시스템 (또는 FPLC 시스템)
  pump : Intelligent HPLC pump PU−2080형 (일본분광)
  recorder : Intelligent Integrator−807−IT (일본분광)
  UV monitor
  sample injector
- pump : PeriStar pump (Bio−Rad 회사, Amersham Biosciences 회사)
- fraction collector : RediFrac (Amersham Biosciences 회사)
- collection tube

4) 칼럼 세정용 시약

NaCl, NaOH, HCl, 초산 등 각 칼럼의 세정에 정해진 농도의 시약을 준비하고, 0.22 ㎛의 필터에 통과시켜 미립자 등을 제거하여 둔다.

프로토콜

① 이온교환칼럼을 세정한다

☞ 칼럼은 정제의 전후에 각 칼럼에 적절한 유속으로 NaCl, NaOH, HCl이나 초산 등의 순으로 세정하고, 담체를 원래의 대이온 상태로 되돌리는 것이 기본이다. 또한 장기간 사용하지 않는 경우는 물보다 에탄올 등으로 보존하는 편이 좋다.

② 완충액을 흘려 칼럼을 평형화 한다

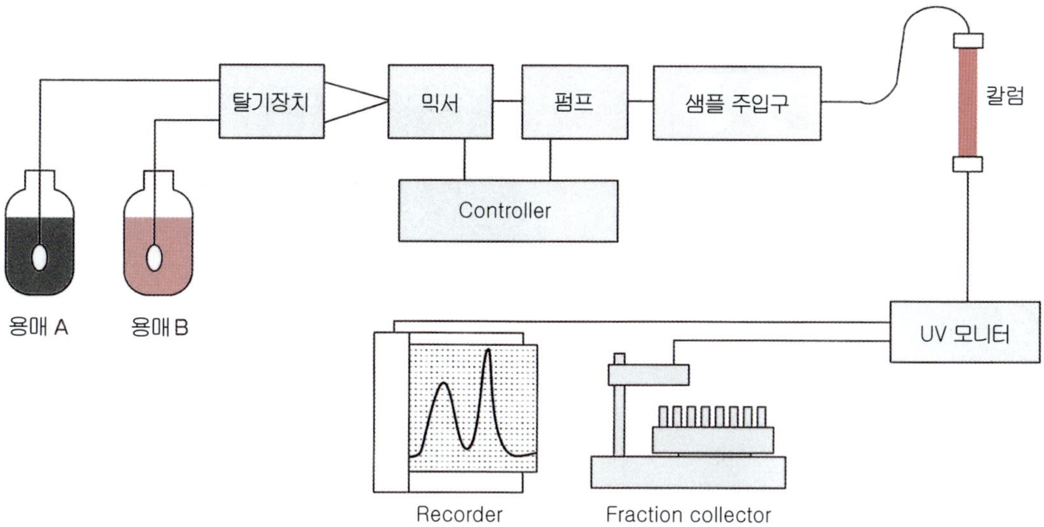

그림 3. HPLC 시스템의 개요도

HPLC (high performance 또는 high pressure liquid chromatography) 시스템은, ① 완충액 중의 용존 기체를 제거하는 탈기장치, ② 펌프의 유속이나 완충액의 혼합비를 제어하는 controller, ③ controller의 제어에 따라 완충액을 혼합하는 믹서, ④ 그의 완충액을 보내는 펌프, ⑤ 샘플을 칼럼에 주입하기 위한 샘플 주입구 (injector), ⑥ 샘플을 분리하기 위한 칼럼, ⑦ 용출된 단백질을 제거하는 UV 모니터, ⑧ 그것을 기록하는 recorder, ⑨ 용출된 단백질을 회수하기 위한 fraction collector 로 구성되어 있다. 소량이나 미량의 단백질을 신속하게 정제할 수 있는 정확도가 높은 시스템이다. 정밀한 기기이기 때문에, 샘플이나 완충액은 0.22 μm 또는 0.45 μm의 필터로 걸러 사용하며, 시스템 내에 기포가 들어가지 않도록 하는 등, 여러 가지 주의가 필요하다.

☞ 완충액을 칼럼의 bed volume의 5배량 정도씩 개시 완충액 → 용출 완충액 → 개시 완충액 순으로 흘리고, HPLC의 펌프에 연결하는 루프 내에 개시 완충액과 용출 완충액을 채워 둘 것. 이렇게 해 두지 않으면, 용출 시, 완충액이 칼럼에 도달하기까지 loss가 발생하기 때문에 설정한 조건대로 용출되지 않는다.

③ 샘플을 이온교환칼럼에 첨가한다

☞ 샘플이 소량 (10 mℓ 정도)인 경우는 샘플 injector로부터, 그 이상의 양인 경우는 PeriStar pump 등을 사용하여 첨가한다. 또한 샘플의 첨가로부터 추출까지는 일정한 유속으로 실시하는 것이 바람직하다.

④ 비흡착 단백질 등을 개시 완충액으로 세정하여 제거한다

☞ UV 모니터로 확인하면서, 배출되는 단백질이 없어질 때까지 (칼럼의 bed volume의 5~10배 이상) 개시 완충액을 흘린다.

⑤ 기울기 (gradient) 프로그램, UV 모니터의 파장 (289 nm)을 확인하고, 용출의 개시와 동시에 기록용지와 fraction collector의 시작 버턴을 누른다

⑥ 개시 완충액과 용출 완충액을 기울기를 주면서 흘려, 칼럼에 흡착한 단백질을 용출시킨다

⑦ 용출 단백질을 목적에 맞는 방법으로 확인한다

memo

(기울기에 대해서)

칼럼에 결합한 단백질을 분리·용출하기 위해서는 완충액의 이온강도 (염농도)를 서서히 높여 갈 필요가 있으며 (그림 2), 보통은 개시 완충액과 용출 완충액을 합한 농도구배 (기울기)를 이용한다. 칼럼에 흘린 완충액의 혼합비가, 용출개시 때에, 개시 완충액 100 : 용출 완충액 0으로, 용출종료 때에, 개시 완충액 0 : 용출 완충액 100이 되도록, HPLC의 프로그램 등을 설정함으로써, 일정한 비율로 용출 시의 염농도가 높아질 수 있는 구배 (선형 기울기)를 걸어, 각 염농도에 적합한 총 전하를 가진 단백질이 서서히 용출하게 된다.

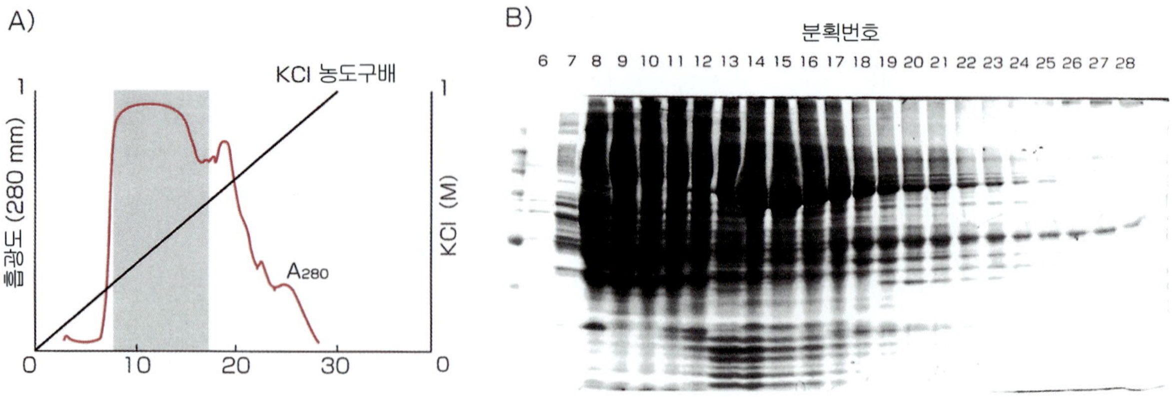

그림 4. 이온교환체의 실험 예

A) KCl 농도와 단백질의 용출패턴, B) 용출 단백질의 분획상황 (CBB 염색), C) 목적 단백질을 Western blot으로 검출

실험 예

돼지 뇌의 lysate를 겔 여과 크로마토그래피 (본 장 4-II 참조) 후, 목적 단백질의 fraction을 음이온 교환체, Mono Q (Amersham Biosciences 회사)에 결합시키고, 용출한 예를 나타내었다.

30분에 KCl의 농도가 1 M이 되도록 기울기를 걸어, 유속 0.7 mℓ/분으로 용출을 실시하였다.

용출된 단백질을 SDS-PAGE 후, Coomassie blue 염색, Western blot에 의해 목적 단백질의 검출을 확인한 결과, 0.3~0.6 M의 KCl에서 목적 단백질이 용출되는 것을 알 수 있었다 (그림 4).

맺음말

이온교환 칼럼은 비교적 분리능이 높고, 한번에 많은 샘플을 분리하는 것이 가능하지만, 저자의 경험에 의하면, 다른 칼럼과 병용하여, 어느 정도 분리한 단백질을 신중하게 칼럼에 거는 편이 역시 잘 분리된다.

참고문헌

1) 竹縄忠臣 編：バイオマニュアルUPシリーズ「分子生物学研究のためのタンパク実験法 改訂第2版」，羊土社，1998

2) 岡田雅人，宮崎 香 編：無敵のバイオテクニカルシリーズ「改訂 タンパク質実験ノート」上巻，羊土社，1999

3) Shawn Doonan : Methods in Molecular Biology™ volume59 - Protein Purification Protocols, Humana Press, 1996

4) 日本生化学会 編：新生化学実験講座1- タンパク質 I 分離・精製・性質，東京化学同人，1990

제2장 단백질 정제법

4. 칼럼 크로마토그래피에 의한 정제

II) 겔 여과 크로마토그래피

이 방법으로 무엇을 해석할 수 있을까

겔 여과 크로마토그래피는 단백질을 분자량의 크기로 분리하는 방법으로 단백질의 상태를 파괴하지 않는 가장 일반적인 크로마토그래피이다. 크기 배제 크로마토그래피(size-exclusion chromatography)라고도 부른다.

서론

겔 여과 크로마토그래피 (gel filtration chromatography)는, 단백질을 분자량의 크기로 분리한다는 가장 단순한 크로마토그래피로서, 조정제로부터 중간정제, 최종정제까지의 어느 단계에서도 실시할 수 있다*. 세포나 조직으로부터 단백질을 정제하기 위한 것만 아니라, 항체의 정제나 재조합 단백질의 분리, 천연 peptide의 정제 등, 폭 넓은 목적으로 이용된다. 단, 항체에 샘플을 결합시키는 크로마토그래피와는 다르며, 샘플의 양이 분리능에 크게 영향을 주기 때문에, 한번에 apply 할 수 있는 샘플의 양은 담체 용적의 5% 미만 (2%가 일반적임)으로 제한되어 있다. 또한 분획 후의 샘플의 양은 분획 전보다 많아지기 때문에, 목적에 따라 어느 정제단계에 겔 여과를 실시할 것인지를 고려할 필요가 있다.

> * 시판의 겔 여과 칼럼 (표 1)의 경우는, 중간정제 이후에 이용하는 편이 좋지만, open 칼럼 (Bio-Rad 회사, Econo-Column 등)에 겔 여과용 담체를 채워, PeriStar pump 등으로 완충액을 흘리는 시스템을 만들면, 초기정제에 조분획의 샘플을 분획하는 것도 가능하다.

원리

겔 여과에 이용되는 담체 (겔)는 다양한 망목상 구조를 가진다. 큰 분자는 겔 내부의 망목에는 들어가지 못하기 때문에, 겔 입자끼리의 간격을 통과하여 이른 시간에 용출된다. 중정도의 분자는 겔 내부의 큰 망목을 통과하며, 작은 분자는 더욱 세밀한 망막을 통과하여 용출되기 때문에, 그만큼 용출시간은 늦어지게 된다 (그림 1).

준비물

1) 시료

· 샘플 : 충분하게 가용화 하고*, 미리 0.22~0.45 ㎛의 필터에 통과시켜 시료중의 불순물, 미립자를 제거하여 둔다

> * 샘플은 완전히 가용화 해 둘 것. 가용화가 불충분하면 단백질이 응집 등에 의해 고분자화 되어 버리기 때문에 정확하게 분리할 수 없게 된다.

2) 시약

· 0.1~0.5 M 이상의 염 (NaCl 등)을 포함한 Tris

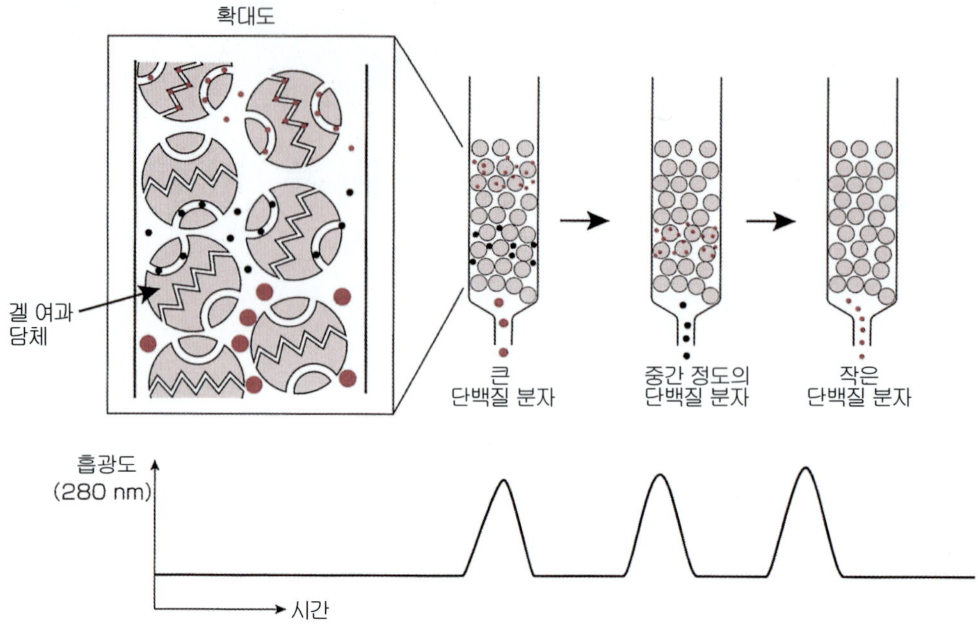

그림 1. 겔 여과의 이미지

겔 여과 담체는 다양한 망막상 구조를 가지고 있다. 이와 같은 담체 (겔)에 단백질을 흘리면, 우선 겔의 내부에 들어갈 수 없는 큰 단백질 분자가 용출되고, 다음에 겔 내부의 큰 망목을 통과해 온 중간 정도의 단백질 분자가 늦게 용출되며, 마지막에 겔 내부의 세밀한 망목까지 통과하여 온 작은 단백질이 용출된다.

표 1 대표적인 시판의 겔 여과 크로마토그래피용의 겔

제조업체명	상품명	재질
연질 겔		
Amersham Biosciences	Sephadex G10–G200	dextran
	Sephacryl 100–400]	acryldextran
	Sepharose CL2B–6B	agarose
Chisso	Cellulofine GCL	cellulose
Bio–Rad	Bio–Gel P2–P100	acrylamide
	Bio–Gel A0.5m–A 150m	agarose
Tosoh	TSKgel cellulose CW	cellulose
	TSKgel Toyopearl HW	친수성 vinylpolymer
HPLC/FPLC		
Amersham Biosciences	Superdex 30pg–200ng	dextran
	Superose 6, 12	agarose
Tosoh	TSKgel G2000–G4000 SW	친수성 silica
Bio–Rad	Biosil SEC	친수성 silica
SynChrom	SynChropac GPC	친수성 silica
Millipore	PROTEIN PAK	친수성 silica
Showa Denko	Shodex WS. KW	친수성 silica
Asahi Kasei	Asahipak	친수성 polymer

각 겔에는 분획범위가 다른 제품이 몇 가지 출시되어 있다.

등의 완충액*

> ☞ * 단백질이 안정하다면 어떤 완충액이라도 사용가능.
> 염은 칼럼으로의 비특이적인 단백질의 흡착을 방지하기 위해 반드시 넣을 것.

· 분자량 마커* : 미리 0.22~0.45 ㎛의 필터에 통과시켜 시료중의 불순물, 미립자를 제거하여 둔다

> ☞ * 마커는 샘플에 사용한 것과 같은 완충액에 용해한다. 또한 2개 이상 마커를 사용하는 경우는, 2배 이상의 분자량 차이의 것을 사용하여 용출위치를 조사하면 좋다. 단, Blue Dextran 2000 (Promega 회사)은, 알부민 등의 단백질에 결합하는 성질이 있기 때문에, 단독으로 사용할 것 (Blue Dextran 2000을 사용할 수 없는 칼럼도 있기 때문에 주의를 요함).

3) 기구·기계

본 연구실에서 사용하고 있는 것을 아래에 나타내었다.

〈Prepac column을 사용하는 경우〉

· HPLC 시스템 (일본분광)

펌프 (Intelligent HPLC pump)
탈기장치 (3-Line Degasser)
믹서 (Ternary gradient unit)
UV 모니터 (Intelligent UV/VIS detector)
레코더 (Intelligent integrator)
샘플 주입기
샘플 loop

〈Open 칼럼을 사용하는 경우〉

· 빈 칼럼 : Econo-Column (Bio-Rad 회사)
· 겔 여과 담체 : Sephacryl S-300 (Amersham Biosciences 회사)
· 펌프 : 제어장치 기능이 있는 격막압력계 (일본정밀과학사)
· UV 모니터 : BIO MINI UV monitor (ATTO 회사)
· 레코더 : MINI Recorder (ATTO 회사)

〈그 이외〉

· Fraction collector : RediFrac (Amersham Biosciences 회사)
· Collection tube

프로토콜

1 Prepac column 및 HPLC의 경우

① 완충액을 칼럼의 용적의 2~3배량, 적절한 유속으로 흘려, 칼럼을 평형화 한다

> ☞ 유속은 사용하는 칼럼에 지정이 있는 경우는 그의 범위 내에서, 지정이 없는 경우는 다음의 식으로 산출한다.
> 유속 (ml/min) = 선유속 (cm/h) × 칼럼 단면적 (cm^2) ÷ 60

② 샘플 injector의 injection valve를 "load" 위치로 하고, 목적으로 하는 단백질의 크기에 가까운 분자량 마커를 샘플 injection 용의 주사기로 샘플 loop에 주입한다

③ Injection valve를 "inject" 위치로 전환하고, 마커를 칼럼에 흘려, 용출시간을 체크한다

> ☞ 샘플을 칼럼에 흘리기 전에 매번 마커로 용출시간을 확인하는 것이 바람직하지만, 용출조건에 변경이 없는 경우, 한번 마커를 주입하여 용출시간이 확인되면, ②~④는 생략해도 좋다.

④ 샘플 주입용 주사기에 완충액을 넣어 잘 세정하고, ②, ③의 요령으로 샘플 loop, 칼럼에 완충액을 주입하여 잔류 마커를 세정한다

> ☞ UV 모니터 (280 nm)의 흡광도가 충분히 내려가 안정될 때까지.

⑤ 주입용 밸브를 "load"로 하고, 샘플을 샘플 loop에 주입한다

⑥ 주입용 밸브를 "inject"로 하여 샘플을 칼럼에 주입하고, 동시에 fraction collector를 start 시켜 용출 단백질을 회수한다

⑦ 분획된 단백질을 목적에 적합한 방법으로 체크한다

2 Open 칼럼의 경우

1) 칼럼의 준비

① 겔 여과 담체를 비커에 넣고, 1~2배량의 완충액에 잘 현탁한다. 20~30분간 가만히 방치하여, 담체가 침전하면 상등액을 흡인하고 다시 완충액에 현탁한다 (그림 2A). 혹은 완충액에 현탁한 담체를 유리 필터 위에서 흡인 여과한다 (그림 2B). 이 작업을 2~3회 반복하여 미립자 등을

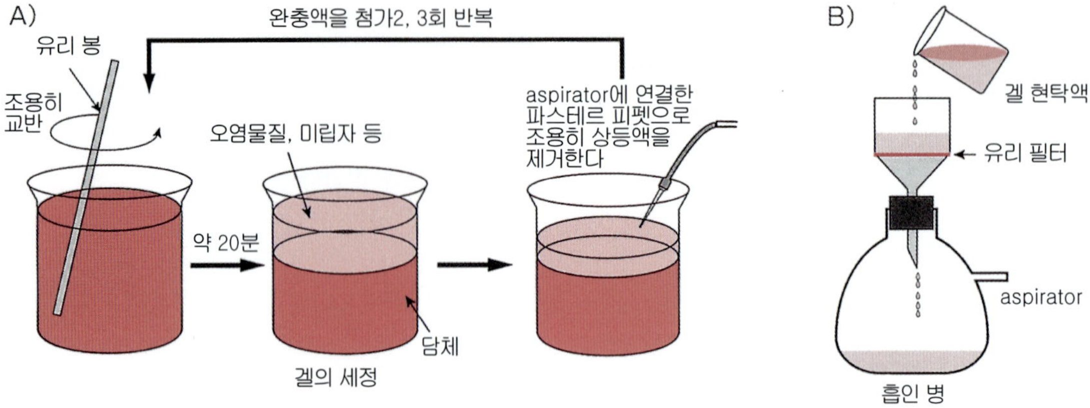

그림 2. 겔 여과 담체의 세정

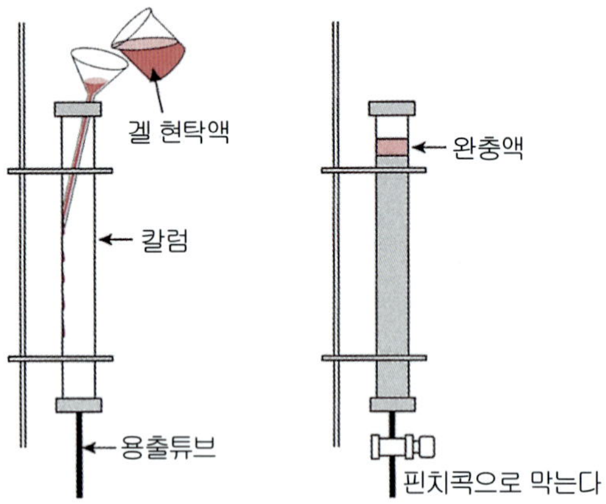

그림 3. 담체의 충진

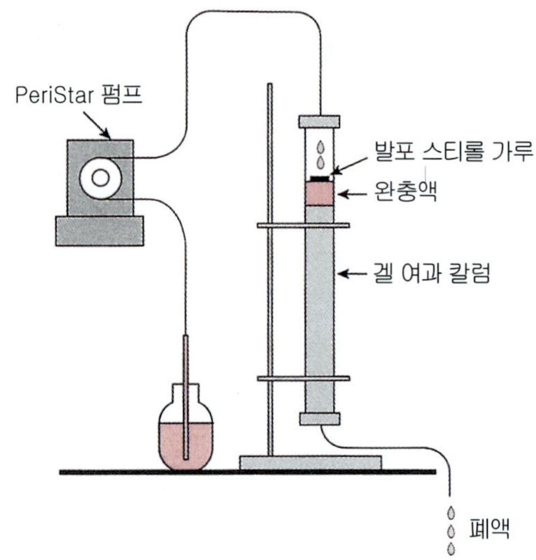

그림 4. 겔 여과 칼럼의 세정 · 평형화

제거한다

② 빈 칼럼의 용출구에 튜브를 연결하고, 칼럼을 스탠드 등에 수직으로 고정한다

☞ 담체를 채운 후에는, 칼럼에 진동을 줄 수 있는 행위는 피하는 것이 좋으며, 또한 나중의 작업에 지장이 생기기 때문에, 용출 측의 튜브는 담체를 채우기 전에 칼럼에 연결하여 둘 것.
겔 여과에서는 담체를 균일하게 충진하는 것이 최대의 포인트이다. 칼럼을 수직으로 하지 않으면 담체가 균일하지 않게 충진되어 버리는 경우가 있기 때문에 주위에 수직인 도구를 이용하여 수직으로 고정한다.

③ 담체를 완충액에 잘 현탁하고, 칼럼의 벽에 조용히 흘리면서 충진한다 (그림 3)

☞ 가능한 한 신속하고 연속적으로 실시할 것. 완충액의 양이 많은 경우는, 용출 측의 튜브를 개방한 채로 여분의 완충액을 배출시키면서 충진한다. 담체가 잘 충진되어 있으면, 담체가 침전되어 가는 과정에서 수평선이 확인된다.

④ 용출 측의 튜브를 핀치콕으로 막고, 담체가 완전히 침전할 때까지 그대로 둔다

☞ 담체가 건조되지 않도록, 용출 측의 튜브는, 완충액이 없어지기 전에 막는다. 또한 담체가 침전할 때까지 움직이지 않는다.

⑤ 담체에 직접 완충액이 접촉하지 않도록, 칼럼 상부의 완충액에 발포 스티로폼 조각 등을 띄워 두며 (그림 4), 완충액을 용적의 5배량 이상, 실

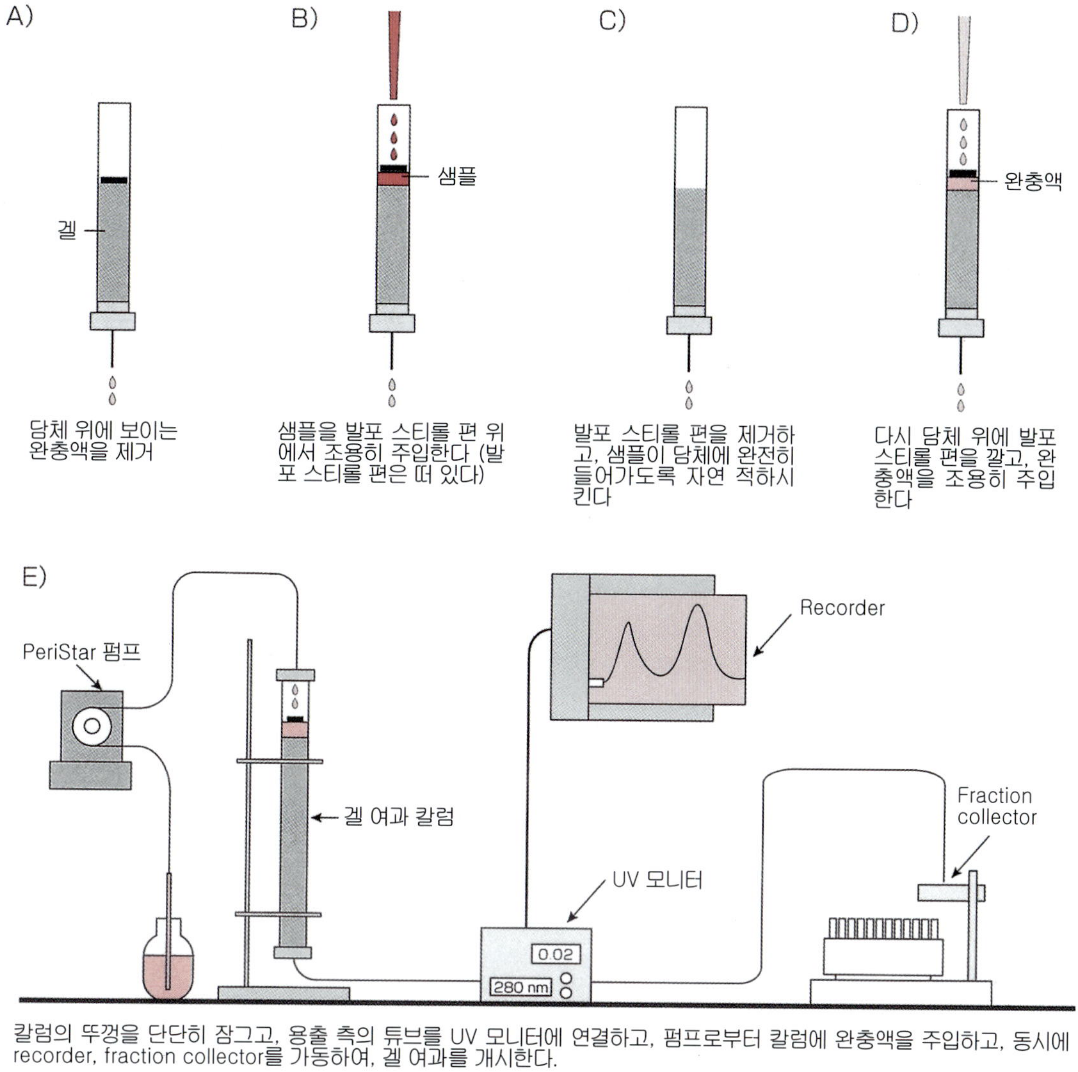

그림 5. Open 칼럼을 이용한 겔 여과의 전체상

제로 샘플을 흘리는 유속으로 흘려, 담체를 겔 여과를 할 수 있는 상태로 만든다

> ☞ 담체의 상부가 완충액 등으로 흐트러지면, 샘플의 겔 여과도 흐트러진 형태로 진행되어 깨끗하게 분획할 수 없게 된다. 이 때문에 완충액이 직접 접촉하지 않도록 하는 고안이 필요하다.
> 중력으로 침전시키는 것만으로는, 아직 담체끼리의 사이가 많이 비어 있기 때문에, 샘플 등을 겔 여과해도 재현성이 얻어지지 않는다. 실제로 완충액을 흘려 압력을 가함으로써 담체가 안정화 된다. 또한 칼럼 상부의 뚜껑은 공기가 새지 않도록 단단히 잠그고, 담체에 충분한 압력이 걸리도록 하는 것이 중요하다.

2) 겔 여과의 개시

① 용출 측의 튜브를 열고, 칼럼으로부터 완충액을 뺀다 (그림 5A)

> ☞ 샘플을 첨가할 때에는, 샘플이 희석되지 않도록 담체 상부의 완충액을 제거한다.

② 샘플과 같은 양의 완충액에 용해한 분자량 마커를 피펫으로 조용히 담체에 중층하고, 발포 스티롤 가루를 제거한다 (그림 5 BC)

> ☞ 발포 스티롤 가루를 그대로 두게 되면, 샘플의 일부가 발포 스티롤 가루와의 사이에 정체되는 등, 담체에 들어가지 않는 경우가 있기 때문에 샘플 첨가 후는 제거하는 편이 좋다.

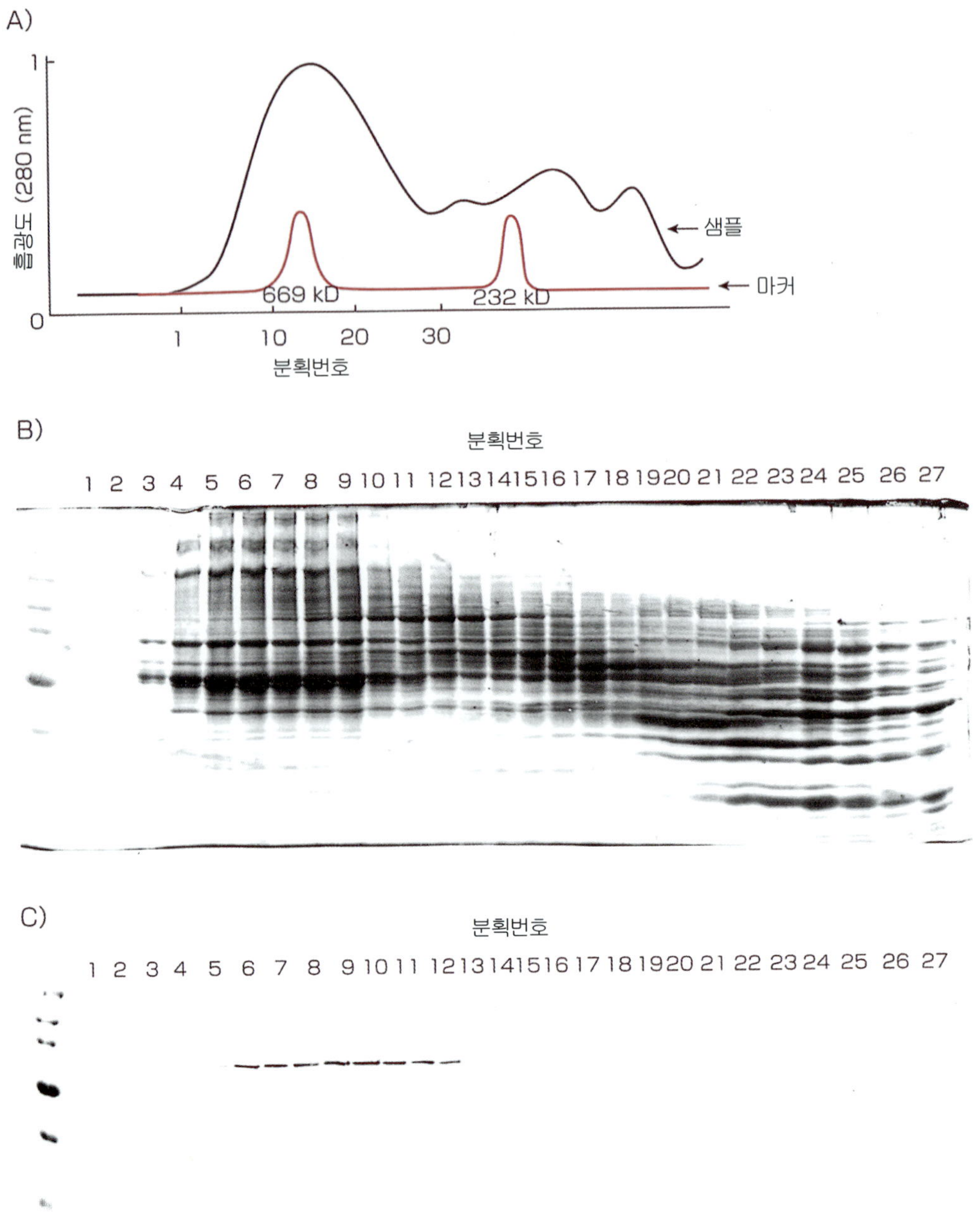

그림 6. 겔 여과의 실험 예
A) 분자량 마커의 용출 패턴과 샘플의 용출 패턴, B) 용출 단백질의 분획상황 (CBB 염색), C) 목적 단백질을 Western blot으로 검출

③ 자연적하에 의해 용액이 담체에 완전히 들어갈 때까지 기다린다 (**그림 5C**)

④ 담체 위에 발포 스티롤 가루를 조용히 깔고, 완충액을 담체로부터 2~3 cm 위에까지 피펫으로 조용히 중층한다 (**그림 5D**)

⑤ 뚜껑을 단단히 잠그고, 완충액을 주입한다. 동시에 용출 측의 튜브를 UV 모니터에 연결하고, 레코더를 작동시킨다 (**그림 5E**)

⑥ 단백질의 용출이 종료되면, 완충액을 주입하여 UV 모니터의 수치가 겔 여과 개시 때의 수치로

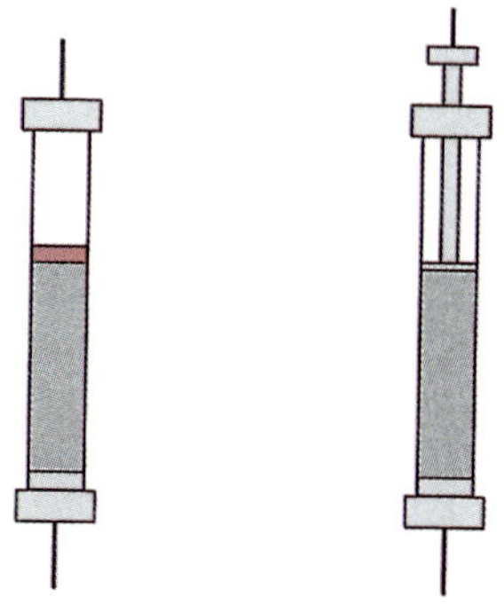

그림 7. Open 칼럼 (A)과 closed 칼럼 (B)

돌아갈 때까지 칼럼을 세정한다

⑦ 세정 종료 후는 용출 측의 튜브를 핀치콕으로 잠그고, 담체의 수 cm 위에까지 완충액이 중층된 상태로 만들어 둔다

⑧ ①~⑤의 요령으로 실제의 샘플을 주입하고, fraction collector로 용출 단백질을 회수한다

⑨ 분획된 단백질을 목적에 적합한 방법으로 체크한다

실험 예

Econo-Column (Bio-Rad 회사)에, Sephacryl S-300 (Amersham Biosciences 회사)을 채운 칼럼을 사용하여, 돼지 뇌의 lysate를 분획한 예를 나타내었다 (그림 6).

유속 3.5 ㎖으로 669 kD와 232 kD 마커를 주입하여 용출시간을 확인한 후, 샘플의 겔 여과를 실시하였다. 분획한 단백질을 SDS-PAGE 후, 겔의 Coomassie blue 염색, Western blot으로 목적 단백질의 검출을 실시한 결과, 목적 단백질이 2~3시간에서 용출되는 것을 확인할 수 있었다.

memo

〈Open 칼럼에 대하여〉

담체를 충진한 칼럼에는, 담체의 상부에 공간이 있는 open 칼럼 (개방 칼럼 : 그림 7A)과 adapter로 공간을 없앤 closed 칼럼 (폐쇄 칼럼 : 그림 7B)이 있다. 시판되고 있는 prepac column (충진완료칼럼)은 모두 closed 칼럼으로, 기본적으로는 이들이 사용하기 쉽고, 정확도도 높다. 그러나 시판의 prepac column의 경우, 담체의 종류나 칼럼의 용량이 정해진 것 밖에 없기 때문에, 반드시 자신의 실험목적에 적합한 칼럼을 입수할 수는 없다. 한편 open 칼럼은 다소 시간과 노력이 소모되지만, 담체의 종류나 용량을 원하는 대로 선택할 수 있기 때문에, 실험목적에 적합한 칼럼을 제작하는 것이 가능하다. 구체적인 제작법에 대해서는 프로토콜을 참조할 것.

맺음말

저자는 직경 5 ㎝, 길이 70 ㎝의 open 칼럼을 사용하여 겔 여과를 실시하고 있다. 칼럼의 직경이 크면 잘 분획할 수 없는 것으로 생각하는 경향이 있지만, 담체를 수평으로 깨끗하게 채우고, 발포 스티롤을 띄우는 등의 고안을 하여, 담체의 상부표면이 흐트러지지 않도록 완충액을 주입하면, 아주 높은 정확도를 필요로 하지 않는 한 문제없이 분획할 수 있다. 샘플의 단백질 농도가 높고, 양이 많은 경우에는 특히 효과적이다.

참고문헌

1) 竹縄忠臣 編 : バイオマニュアルUPシリーズ「分子生物学研究のためのタンパク実験法 改訂第2版」, 羊土社, 1998

2) 岡田雅人, 宮崎 香 編 : 無敵のバイオテクニカルシリーズ「改訂　タンパク質実験ノート」上巻, 羊土社, 1999

3) Shawn Doonan : Methods in Molecular Biology™ volume59 - Protein Purification Protocols, Humana Press, 1996

4) 日本生化学会 編 : 新生化学実験講座1- タンパク質 I 分離・精製・性質, 東京化学同人, 1990

4. 칼럼 크로마토그래피에 의한 정제

III) 소수성 크로마토그래피

이 방법으로 무엇을 해석할 수 있을까

소수성 크로마토그래피는, 단백질의 소수성의 차이에 기초하여 분리정제를 실시하는 방법이며, 정제방법으로서 단독으로 사용하거나, 또한 단백질의 분자량이나 전하의 차이에 의한 다른 크로마토그래피와 조합함으로써, 높은 정제효율을 달성할 수 있다. 일반적으로 담체로의 흡착이 높은 염농도의 조건하에서 실시되기 때문에, 황산 암모니움 침전이나 이온 교환 크로마토그래피 이후의 정제방법에 적합하다. 또한 정제는 단백질의 생체활성을 유지하는 온화한 조건에서 실시할 수 있는 것이 특징이다.

서론

막 결합 단백질, 글로불린, 황산 암모니움 포화가 낮은 범위에서 침전하는 단백질 등, 낮은 염농도에서 강하게 흡착하는 단백질은, 일반적으로 수용성이 낮고, 이온계의 칼럼만으로 분리하는 것이 쉽지 않다. 또한 정제 중의 시료가 높은 염농도의 용액 중에 첨가되어 있는 경우, 투석이나 희석으로 염농도를 낮추는 것 없이, 시료를 미리 고염으로 평형화 한 소수성 칼럼에 흡착시킨 후, 농도구배로 염농도를 낮춤으로써 효율 좋게 분리시킬 수 있다. 실제로 염석침전이나 이온교환 크로마토그래피의 다음 단계로서도 자주 사용되고 있다.

원리

소수성 크로마토그래피 (hydrophobic chromatography)는, 충진제의 소수성기와 단백질의 소수성 부위에 생기는 소수결합이, 단백질 종에 따라 다른 것을 이용한 것이다. 보통 황산 암모니움과 같은 염석효과가 큰 염을 1~2 M 정도 첨가한 완충액을 초기 용리액으로 하고, 단백질을 흡착시킨 후, 염농도를 낮추어 단백질을 선택적으로 이탈시켜 분리한다 (그림 1). 이와 같은 조건에서는 단백질은 일반적으로 변성되지 않고 분리되기 때문에, 역상 크로마토그래피와 비교하여 우수한 것으로 인정되고 있다.

소수성 상호작용은 높은 염농도 이외에, 높은 온도에 의해서도 강화되어, 염농도나 온도를 낮추는 것, 유기용매의 존재, 계면활성제의 존재, pH를 증가시킴으로써 분리할 수 있다.

소수성 크로마토그래피의 흡착체로서는, 짧은 지방족 사슬 (C4~C8)이나 벤질 (페닐)기로부터 구성된 것이 가장 널리 이용되고 있다.

> ☞ 이온교환체보다 거동에 있어서 변화하기 쉽고, 그의 상호작용의 성질 때문에, 분리능은 일반적으로 이온교환 크로마토그래피보다 좋지 않다.

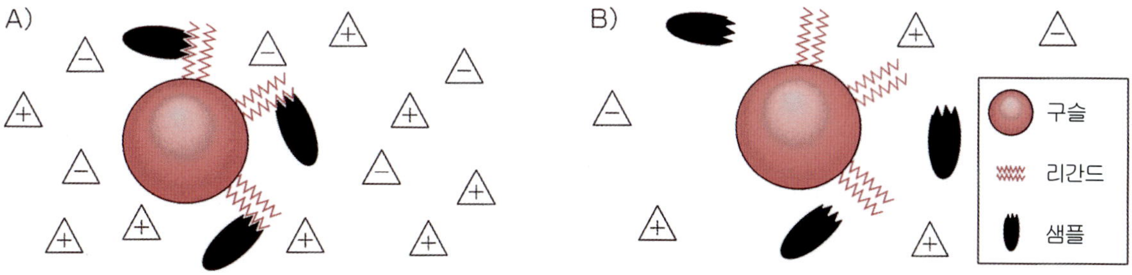

그림 1. 소수성 크로마토그래피의 원리
A) 소수성 단백질은 높은 이온 강도 (고염농도) 용액 중에서 담체에 결합한다
B) 이온 강도를 저하시키면 소수성이 감소하기 때문에 단백질은 용출된다

준비물

1) 기구, 기계

·HPLC 장치 등 : 본 장 4-I), II)와 동일
·소수성 크로마토그래피 칼럼

2) 시약

·개시 완충액
20~100 mM 인산 완충액 + 1~2 M 황산나트륨 등의 염 (pH 7.0)
·용출 완충액
20~100 mM 인산 완충액 (pH 7.0)

프로토콜

① 소수성 칼럼을 세정한다

> ☞ 소수성 칼럼은 일반적으로 20 % 정도의 에탄올에서 보존한다. 따라서 칼럼은 순수한 물 혹은 저염농도의 완충액을 칼럼 체적의 2~5배 주입하여, 에탄올을 제거하는 것이 기본이다. 또한 사용 후의 칼럼은, 순수한 물로써 세정하면, 대부분의 단백질은 용출되며, 그대로 재이용하는 것도 가능하다. 그러나 소수성이 강한 단백질, 지질, 계면활성제 등을 사용한 경우는, 순수한 물로는 용출할 수 없는 경우가 많으며, 1~2 N의 NaOH 또는 HCl로 세정하든지, 알코올, 아세톤 등의 유기용매로 세정한다.

② 개시 완충액을 주입하고, 칼럼을 평형화 한다

> ☞ 칼럼의 평형화나 흡착 시 자주 이용되는 염으로서는, $(NH_4)_2SO_4$나 NaCl 등이 있다.

③ 샘플을 소수성 칼럼에 첨가한다

> ☞ 샘플과 완충액의 이온강도를 높게 하면, 담체와 단백질의 소수적 상호작용이 증가하고, 흡착되기 쉽게 된다. 시료의 양이 많은 경우에는 PeriStar pump의 사용을 권장한다.

④ 비흡착 단백질을 개시 완충액으로 세정하여 제거한다. 세정의 정도는 UV 모니터로 확인한다.

⑤ 개시 완충액과 용출 완충액으로 기울기를 걸면서 흡착한 단백질을 용출한다

> ☞ 보통은 염농도를 낮추어, 소수결합이 약한 순으로 용출시킨다. 그러나 흡착이 견고하여 용출되지 않는 경우는, 다음과 같은 방법을 시도한다.
> · 알코올 등 유기용매를 첨가한다
> · 계면활성제를 첨가한다
> · pH를 변화시킨다

실험 예

세포의 lysate를 이온교환 칼럼 (Q Sepharose HP)으로 분획한 후, 수거한 목적 단백질의 분획 (100 ㎎, 23.8 ㎎)을 HiLoad 16/10 Phenyl Sepharose HP 칼럼 (Amersham Biosciences 회사, 1.6 × 10 cm)을 이용하여 최종 정제하였다 (그림 2).

· 개시 완충액 : 20 mM 인산나트륨 + 0.7 M 황산나트륨 (pH 7.2)
· 시료 첨가 후의 세정 완충액 : 20 mM 인산나트륨 + 0.28 M 황산나트륨 (pH 7.2)
· 용출 완충액 : 20 mM 인산나트륨 (pH 7.2)
· 용출 유속 : 1.7 ㎖/min

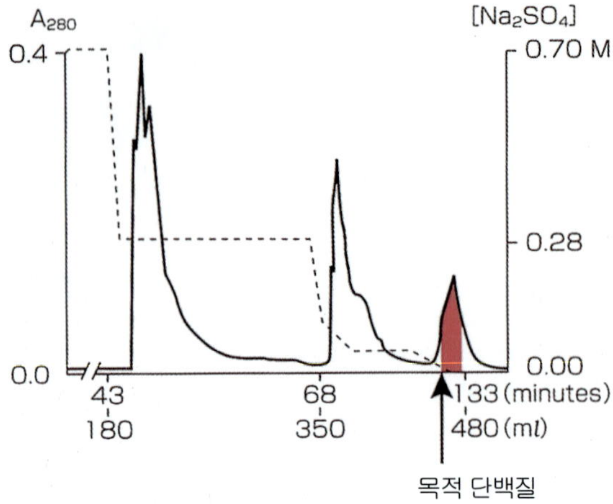

그림 2. HiLoad 16/10 Phenyl Sepharose HP 칼럼에 의한 소수성 크로마토그래피

시료를 칼럼에 첨가한 후, 개시 완충액 (0.7 M 황산나트륨을 포함)으로 비흡착 단백질을 세정하여 제거한 후, 0.28 M 황산나트륨을 포함한 완충액을 주입하여, 소수결합이 약한 단백질 분획을 용출하였다. 더욱이 염농도를 낮추어 목적 단백질을 용출, 회수하였다.

참고문헌

1）竹縄忠臣 編：バイオマニュアルUPシリーズ「分子生物学研究のためのタンパク実験法 改訂第2版」, pp17-27, 羊土社, 1998

2）Bio-Rad社ライフサイエンス総合カタログ, pp58-59, 2002

3）アマシャムバイオサイエンス総合カタログ, pp98-100, 2003

4. 칼럼 크로마토그래피에 의한 정제

IV) 친화성 크로마토그래피

이 방법으로 무엇을 해석할 수 있을까

친화성 크로마토그래피에서의 단백질의 분리는, 담체에 고정화 된 물질 (리간드)과 목적 단백질의 특이적 상호작용에 기초하고 있다. 이 방법에 의해, 목적 단백질의 정제 또는 그의 단백질과 복합체를 형성하는 다른 단백질의 분리도 가능하다.

서론

친화성 크로마토그래피 (affinity chromatography)는 단백질과 특정물질과의 친화성을 이용한 흡착 크로마토그래피이다. 예를 들면, 항체는 항원에, 사이토카인이나 호르몬은 그의 수용체에, 효소는 기질이나 저해제에 특이적으로 결합한다. 이와 같은 특이적 상호작용을 이용하여, 세포나 조직의 lysate로부터 목적 단백질, 또는 그의 단백질과 복합체를 형성하는 다른 단백질을 정제할 수 있다.

친화성 크로마토그래피는 다른 크로마토그래피에 비해 높은 정제효율과 회수율을 가지며, 그와 동시에 한 번에 다량의 시료를 처리할 수 있다. 단, 너무 단백질이 많은 단계에서 친화성 크로마토그래피를 사용하면 비특이적인 흡착이 커지기 때문에 주의해야 한다. 단백질 농도가 높은 재료의 경우는, 여러 종류의 크로마토그래피를 조합하여 목적 단백질의 정제를 실시한다.

또는 목적 단백질이 강하게 친화성 크로마토그래피에 흡착하면 용출이 곤란하게 되고 회수율이 낮아져 버리기 때문에, 생물활성을 유지한 그대로의 단백질 정제가 목적인 경우는 오히려 목적 단백질을 약하게 흡착하는 친화성 크로마토그래피를 사용하는 편이 회수율이 증가할 것이다.

원리

그림 1에 나타낸 바와 같이 친화성 크로마토그래피는 단백질과 리간드와의 특이적 상호작용에 기초하여, 우선 리간드를 (주로 arm을 통하여) 담체에 고정하고, 거기에 단백질 용액을 주입하면 목적의 단백질이 그의 리간드에 결합한다 (흡착). 그의 결합을 절단함으로써 목적 단백질을 정제할 수 있다.

리간드로서는 목적 단백질과 높은 친화성을 가진 물질을 선택한다. 이 상호작용의 특이성이 높으면 높을수록 목적 단백질의 정제효율이 높아진다. 리간드의 고정화에 가장 널리 이용되는 담체로서는 CNBr 활성화 담체가 있다. 그 이외에도 특정의 아미노산, DNA, 색소, lectin 등을 리간드로서, 이들에 친화성을 가진 일군의 단백질을 분리하는 군 특이적 친화성 크로마토그래피도 자주 이용되어, 이들의 군 특이적 친화성 크로마토그래피용의 담체가 많은 제조업체로부터 판매되고 있다 (표 1).

i) 항체 칼럼을 이용하는 친화성 크로마토그래피

항체를 그의 항원인식 활성을 없애지 않고, agarose beads에 공유결합으로 고정하여, 항원 단백질 또는 그의 항원 단백질과 결합하는 다른 단백질을 정제할 수

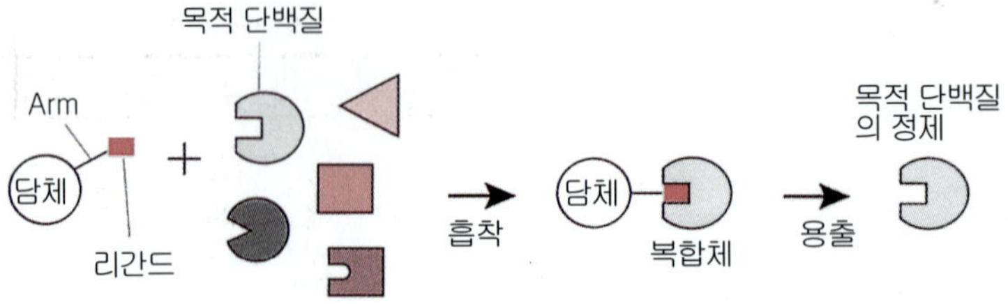

그림 1. 친화성 크로마토그래피의 원리

표 1 시판중인 군 특이적 친화성 크로마토그래피용 담체

담체	응용 예	판매원
protein A	IgG	PIERCE, Amersham Biosciences
(heparin)	fibronectin, FGF, HGF	Amersham Biosciences
(concanavalin A)	당 단백질, 막 단백질	Amersham Biosciences
Procion Red HE-3B)	NADP+ 의존성효소, MMPs, TIMPs	Amersham Biosciences
(Cibacron Blue 3GA)	NADP+ 및 NADP+의존성효소	Amersham Biosciences
(gelatin)	gelatinase, fibronectin	Amersham Biosciences
(lysine)	plasminogen, PA	Amersham Biosciences
(arginine)	프로칼리크레인, 프로토롬빈, PA	Amersham Biosciences
(benzamidine)	serine protease	Amersham Biosciences
(chelating)	스트롬라이신, His-tag 융합단백질	Amersham Biosciences
(glutathione)	GST 융합 단백질	Pharmacia, Amersham Biosciences

Amersham Biosciences 회사를 비롯하여, 많은 제조업체로부터 판매되고 있다.

있다. Protein A와 항체의 결합을 이용한 방법, 또는 CNBr 활성화 agarose beads를 이용하는 방법이 있지만, 여기서는 전자 쪽을 소개한다.

Protein A sepharose는 항체의 Fc 영역을 통해 항체와 결합하기 때문에, antigen binding sites는 완전히 free의 상태, 즉 항원인식 활성을 유지한 상태이다. 항체 칼럼의 제작에는, protein A sepharose를 이용한 방법이 가장 효과적일 것이다.

준비물

1) 기구

- Rotator

2) 시약류

- 항체
- 0.2 M Sodium tetraborate (pH 9.0)
- 0.2 M Glycine (pH 8.0) 또는 0.2 M ethanol amine (pH 8.0)
- Dimethylpimelimidate
- PBS
- NaN_3
- RIPA 완충액
- 용출 완충액

대표적인 용출 완충액을 여기에 제시해 둔다.

① 100 mM triethanolamine (pH 11.5) 또는 100 mM phosphate acid (pH 12.5)
② 100 mM glycine (pH 2.5)
③ 1% SDS, 1% DOC, 2 M Urea, 2 M guanidine HCl 등

☞ ①, ②는 항체 칼럼이 재사용 가능하지만, 때로는 항원 단백질이 떨어지지 않는 경우가 있다. ③은 확실하게 항원 단백질을 회수할 수 있지만, 칼럼은 재사용 불가능하다.

3) 시약의 조제

- 0.2 M Sodium tetraborate (pH 9.0) (최종농도)

sodium tetraborate	20.122 g	(0.2 M)

5 N NaOH로 pH 9.0으로 조정하고 SQ H_2O를 첨가하여 500 mℓ로 만든다. 냉장보존

· 0.2 M Glycine (pH 8.0)

		(최종농도)
glycine	1.5 g	(0.2 M)

5 N NaOH로 pH 8.0으로 조정하고 SQ H_2O를 첨가하여 100 ㎖로 만든다.

· 0.1 M Glycine (pH 2.5)

		(최종농도)
glycine	0.75 g	(0.1 M)

원액 HCl로 pH 2.5로 조정하고 SQ H_2O를 첨가하여 100 ㎖로 만든다. 냉장보존

· RIPA 완충액

		(최종농도)
1 M Tris-HCl (pH 7.4)	5 ㎖	(10 mM)
5 M NaCl	15 ㎖	(150 mM)
0.5 M EDTA (pH 7.4)	5 ㎖	(5 mM)
20% Triton-X-100	25 ㎖	(1%)
10% DOC	50 ㎖	(1%)
10% SDS	5 ㎖	(0.1%)
TLCK	18.5 ㎎	(0.1 mM)
TPCK	35 ㎎	(0.2 mM)
증류수	395 ㎖	
Total	500 ㎖	

☞ SQ H_2O : 고성능의 이온교환수지를 복수 회 통과하고, 더욱이 한외여과막을 통과하여 얻어지는 비저항이 18 MΩ·㎝ 이상의 물

프로토콜

1 항체 칼럼의 제작

① 항체를 protein A sepharose에 혼합하고, 실온에서 1시간 이상 또는 4℃에서 overnight 회전한다. 항체는 protein A sepharose 1 ㎖ 당 2 ㎎ 정도 이용한다

② 10배량의 0.2 M sodium tetraborate (pH 9.0)*1로 beads를 2회 세정*2한다

☞ *1 sodium tetraborate는 대단히 용해하기 어렵기 때문에 미리 준비해 둔다.
*2 beads를 현탁 후, 원심침전 시켜 상등액을 제거한다. 이것을 2회 반복한다. 원심조건 : 3,000 rpm, 10초, 4℃

③ 10배량의 sodium tetraborate에 혼합하고, 10 ㎕를 반응의 검정을 위해 따로 분리해 둔다. 최종농도 20 mM이 되도록 dimethylpimelimidate를 첨가한다

④ 실온에서 30분간, rotator를 이용하여 혼합한다.

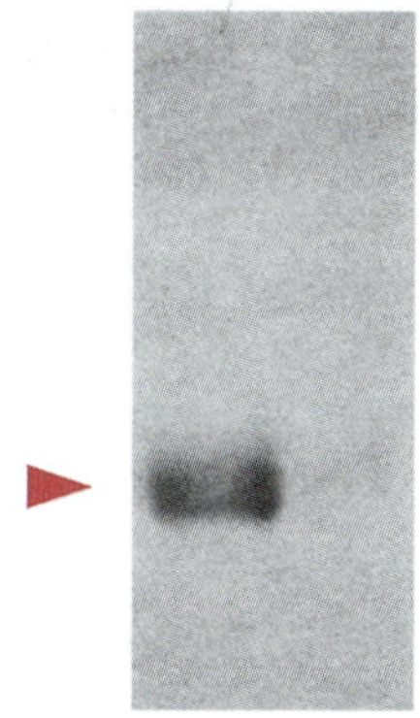

그림 2. 항체 칼럼의 제작
항체를 protein A sepharose에 흡착 후, 약제처리를 실시하여, 공유 결합시켰다. 약제처리 후, IgG H 사슬 밴드 (화살표)가 소실되는 것을 알 수 있다.

반응 후 10 ㎕를 분취하여 반응전의 것과 함께 전기영동 하여, 항체가 충분히 결합하고 있는 것을 확인한다 (그림 2)

⑤ Beads를 0.2 M ethanol amine (또는 0.2 M glycine pH 8.0)으로 세정 후, 더욱이 2시간 ethanol amine으로 혼합하여, blocking을 실시한다. Beads는 10배량 PBS로 세정하고, 0.02% NaN3/PBS로 4℃ 보존한다

2 항체 칼럼을 이용한 항원 단백질, 또한 그의 복합체의 정제

① 세포를 RIPA 완충액에 녹이고, 그의 lysate에 protein A sepharose beads를 100 ㎕/10 ㎖ 첨가하여, 4℃에서 30분간 회전시킨다

② 2,000 rpm, 1분 원심 후의 상등액을 항체 칼럼 beads와 혼합한다. 4℃에서 1~2시간 혼합한다 (overnight라도 좋음)

③ 항체 칼럼 beads를 원심 침전시킨 후, beads를 10배량 RIPA 완충액으로 3~5회 세정한다. 결합 단백질은 100 mM glycine (pH 2.5)으로 용출한다

☞ 용출 완충액으로서 100 mM glycine (pH 2.5)을 사용하였기 때문에, 기본적으로는 재이용 가능. 항체 칼럼 beads는, 사용 후는 Tris 등으로 중화하고, 0.02% NaN_3/PBS로 4℃ 보존한다

④ SDS-PAGE, Western blot으로 분석한다

memo

목적에 따라서는 친화성 크로마토그래피로 분리하기 전에, 이온교환 크로마토그래피나 겔 여과 크로마토그래피로 목적 단백질을 어느 정도 분리한 후, 친화성 크로마토그래피를 실시하는 것이 효과적인 경우도 있다.

실험 예

Actin 세포골격의 제어 단백질인 N-WASP를 정제하였다. 우선 돼지 뇌의 lysate를 이온교환크로마토그래피나 겔 여과 크로마토그래피로 분획하고, N-WASP가 가장 많이 포함되는 분획을 N-WASP 항체 칼럼에 걸어 정제하였다 (그림 3).

그림 3. 항체 칼럼을 이용한 항원 단백질의 정제
항체 칼럼으로부터 용출된 항원 단백질을 Western blot으로 확인하였다.

ii) 융합 단백질의 affinity chromatography

융합 단백질을 CNBr 활성화 agarose beads에 공유 결합시켜, affinity column을 제작하면, 이들 융합 단백질에 결합하는 다른 단백질을 분리, 정제할 수 있다. 유사한 방법으로 융합 단백질의 기본 정제법으로 사용되고 있는 tag을 특이적으로 인식하는 beads를 이용하는 간단한 방법도 있지만, 정제할 때 beads로부터 단백질이 빠져 버리는 경우도 자주 있다.

또한 융합 단백질을 이용한 affinity chromatography의 경우는, tag 유래의 비특이적 단백질이 많이 혼입되는 우려가 있다. 특히, GST 융합 단백질의 경우, GST의 부분이 전체 단백질의 상당한 몰 비를 차지하는 경우도 있으며, 목적이 되는 단백질의 결합을 방지하는 것도 생각할 수 있다. 여기서는 GST 융합 단백질과 GST 부분을 트롬빈으로 절단한 단백질을 CNBr 활성화 agarose beads에 결합시켜, affinity chromatography를 실시한 예를 비교하여 나타내지만, GST 융합 단백질의 정제나 GST tag의 트롬빈 절단법은 6장 1을 참고하기 바란다.

* GST의 경우는 Gulutasephasore 4B이다.

준비물

1) 기구

- Glass filter
- 흡인장치 또는 수류 펌프
- 흡인 병
- Rotator
- Sephacel minicolumn (일본생화학공업)*

* 현재는 입수 불가능하기 때문에, 우리들은 크로막 칼럼 (일본 Muromachi 화학공업)을 이용하고 있다.

2) 시약류

- CNBr 활성화 sepharose 4B (Amersham Biosciences 회사)
- 1 mM HCl
- Coupling buffer
- Blocking buffer
- 세정 buffer
- 칼럼 평형화 buffer
- 칼럼 세정 buffer
- 용출 buffer : 본 실험에서는 항체 칼럼의 경우와 동일하며, 100 mM glycine (pH 2.5)을 사용

3) 시약의 조제

- 1 mM HCl

		(최종농도)
염산 (원액 12 N)	86 μl	(1 mM)

전체 양을 SQ H_2O로 1,000 ml로 만든다

- Coupling buffer

		(최종농도)
$NaHCO_3$	8.4 g	(0.1 M)
NaCl	29.1 g	(0.5 M)

전체 양을 SQ H_2O로 1,000 ml로 만든다 (pH 8.3 조정 불필요). 냉장보존

- Blocking buffer

		(최종농도)
glycine	15 g	(0.2 M)

5 N NaOH로 pH 8.3으로 조정하고, SQ H_2O로 1,000 ml로 만든다. 냉장보존

·세정 buffer

		(최종농도)
초산 (원액 17 N)	5.8 mℓ	(0.1 M)
NaCl	29.1 g	(0.5 N)

5 N NaOH로 pH 4.0으로 조정하고, SQ H_2O로 1,000 mℓ로 만든다. 냉장보존

·칼럼 평형화 buffer

		(최종농도)
1 M Tris–HCl (pH 7.8)	10 mℓ	(10 mM)
0.2 M EDTA	1 mℓ	(0.2 mM)
Total	1 ℓ	

·칼럼 세정 buffer

		(최종농도)
1 M Tris–HCl (pH 7.8)	10 mℓ	(10 mM)
0.2 M EDTA	1 mℓ	(0.2 mM)
5 M NaCl	100 mℓ	(500 mM)
Total	1 ℓ	

사용직전에 최종농도 1 mM이 되도록 PMSF를 첨가한다

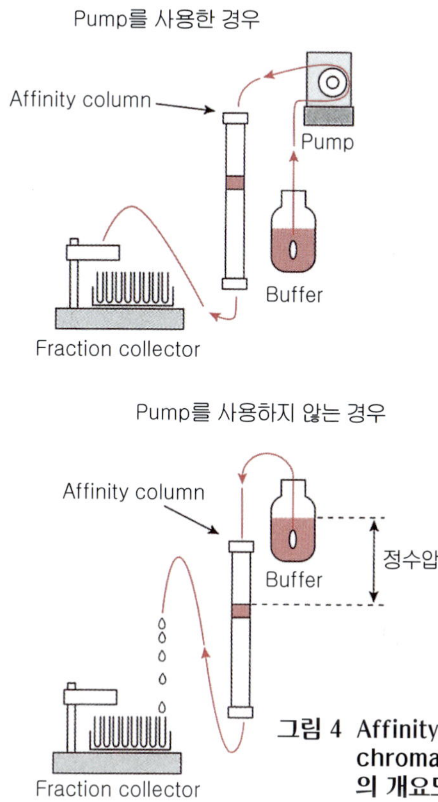

그림 4 Affinity chromatography의 개요도

프로토콜

1 CNBr 활성화 agarose beads를 이용한 affinity column의 제작

① Glass filter에 약 50 mℓ 1 mM HCl을 붓고, 한 번 흡인, 여과하여 filter의 표면 pH를 낮춘다

> ☞ CNBr 활성화 sepharose 4B는 첨가물의 존재 하에서 dry freeze 되어, 제조업체로부터 공급된다. 따라서 우선 그의 첨가물을 pH 2~3의 조건 하에서 제거할 필요가 있다.

② CNBr 활성화 sepharose 4B (1 g)를 비커에 넣고, 약 50 mℓ* 1 mM HCl에 현탁하여, 실온에서 약 15분 이상 팽윤시킨다

> ☞ * CNBr 활성화 sepharose 4B 1 g 당 3.5 mℓ에 팽윤한다.

③ Glass filter 위에서 흡인 여과한다. 흡인을 멈추고, glass filter 위에서 1 mM HCl에 현탁 후, 흡인 여과한다

④ 팽윤시킨 beads를 SQ H_2O로 현탁 후, 흡인 여과한다. 3회 실시한다

> ☞ 보통 beads의 5~10배량의 buffer를 사용한다.

⑤ Beads를 coupling buffer로 현탁 후, glass filter 위에서 흡인 여과한다

> ☞ Coupling buffer를 beads에 첨가하면 beads가 활성화되기 때문에, 즉시 목적의 단백질과 혼합시킨다

⑥ Beads를 15 mℓ 튜브에 옮기고, 융합 단백질 (정제 후, coupling buffer에 투석한 것)과 혼합한다

⑦ Rotator로 천천히 실온에서 2시간, 또는 4℃에서 overnight 교반한다

⑧ CNBr beads를 원심 (3,000 rpm, 4℃, 10초)침전시켜, 상등액을 제거한다

⑨ Beads는 blocking buffer에 현탁 후, 원심 침전시키고, 상등액을 제거한다. 이 세정조작을 3회 실시한다

⑩ Beads를 blocking buffer 10 mℓ과 실온에서 2시간 또는 4℃에서 overnight rotator로 교반한다

⑪ CNBr beads를 원심 침전시키고, 상등액을 제거한다

⑫ Beads를 coupling buffer, 세정 buffer의 순서로 세정한다

> ☞ Beads의 10배량의 buffer를 apply 한다.

⑬ 저온실에서 beads를 약 5배량의 column 평형화 buffer로 충분히 현탁하고, Sephacel

minicolumn에 옮긴다

> ☞ Beads 혹은 충진한 column을 보존할 때에는 0.1% NaN_3/PBS로 4℃에서 보존한다.

2 결합 단백질의 분석

아래의 조작은 모두 저온실에서 실시한다.

① Column을 미리 5배량 이상의 column 평형화 buffer*로 평형화 한다

> ☞ 여기서는, column 평형화 buffer로서 가장 일반적인 Tris base의 buffer를 사용하였지만, column 평형화 buffer는, 샘플 용액을 조제할 때에 사용한 buffer로 한다.

② 그림 4에 나타낸 바와 같이, pump를 사용하여 샘플 용액을 일정한 유속으로, 또는 낙차를 적당히 조절하여 자연 낙하시켜 샘플을 column에 첨가한다

③ 5배량의 column 세정 buffer를 column에 주입한다

④ 염을 제거하기 위해 3배량의 column 평형화 buffer로 column을 세정한다

⑤ 흡착 단백질을 100 mM glycine (pH 2.5)으로 용출한다

> ☞ 혹시 사용한 affinity column의 재이용, 또는 결합 단백질의 정제를 고려하지 않는 경우는, beads에 직접 샘플 buffer를 첨가하는 것이 결합 단백질의 회수율이 좋다.

⑥ 원래의 샘플 용액 및 100 mM glycine 용출분획의 SDS-PAGE, Western blot으로 분석한다

실험 예

GST 융합 단백질과 GST 부분을 thrombin으로 절단한 단백질 (6장 1 참조)을 사용하여 affinity column을 제작하고, 돼지 뇌의 lysate 유래 결합 단백질을 전기영동으로 분석하였다 (그림 5).

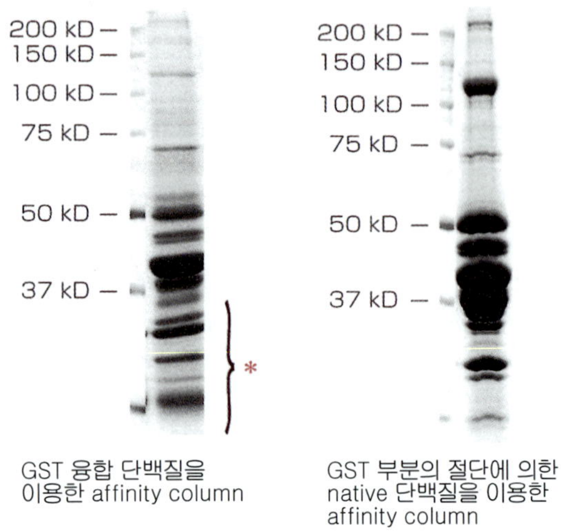

그림 5. Affinity column에 의한 목적 단백질에 결합하는 단백질의 분리
GST 결합 단백질을 이용한 affinity column에서는 GST 유래의 비특이적 흡착 (37 kD 이하 밴드)이 나타나지만, native 단백질을 이용한 affinity column에서는 그의 비특이적 흡착이 제거되어, 목적 단백질과 그의 결합 단백질의 결합이 강하게 되어 있는 것을 알 수 있다.

맺음말

항체 column을 제작할 때에, protein A sepharose를 사용한 경우, 정제의 도중에 항체가 beads로부터 탈락되는 경우가 자주 있다. 이를 개선하는 방법으로, 항체를 CNBr beads에 고정하는 방법이 있다. CNBr 활성화 담체에 리간드를 결합시키는 데에는, CNBr로 agarose의 hydroxy 기를 활성화 시켜, 리간드의 아미노기와 결합시키는 방법이 가장 일반적이다. 그러나 여기서 한 가지 문제가 되는 것이, CNBr beads가 항체의 항원 결합부위에 존재하는 아미노기와 결합하게 되어, 항원을 인식할 수 없게 되는 것이다. 따라서 항체 column의 제작에 있어서 CNBr beads를 사용한 경우는, 정말로 항원을 인식할 수 있는지를 조사할 필요가 있다.

또한 항체 column을 사용하여 그의 항원과 복합체를 형성하는 단백질을 분리, 정제할 때에는, 그의 항체가 인식하는 부위에 복합체를 형성하는 단백질이 결합하고 있을 가능성이 있다. 그 때에는 그의 항체 column에서는 항원과 복합체를 형성하는 단백질의 분리를 할 수 없다. 그의 해결법으로서는, 인식부위를 변경한 몇 개의 항체를 제작하여, affinity column을 실시하는 것이지만, 이것에는 시간과 끈기가 필요하다.

참고문헌

1) 浜口道成：バイオマニュアルUPシリーズ「分子生物学研究のためのタンパク実験法 改訂第2版」(竹縄忠臣 編), pp111-113, 羊土社, 1998

2) 越川直彦, 宮崎 香：無敵のバイオテクニカルシリーズ「改訂 タンパク質実験ノート」上巻, pp124-133, 羊土社, 1999

3) 日本生化学会 編：新生化学実験講座1 タンパク質Ⅰ, 分離・精製・性質, 東京化学同人, 1990

제3장

단백질의 분리와 동정

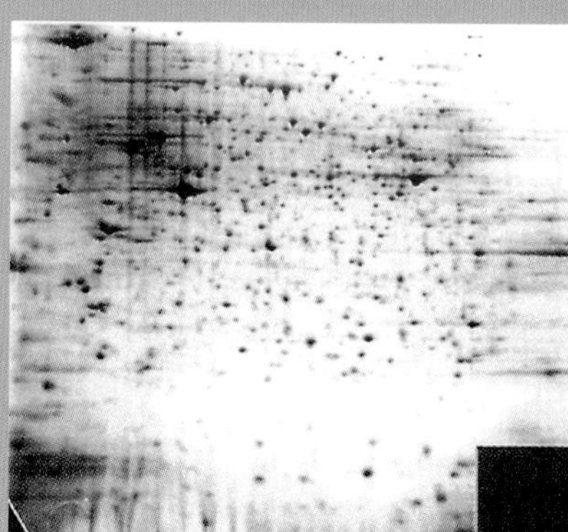

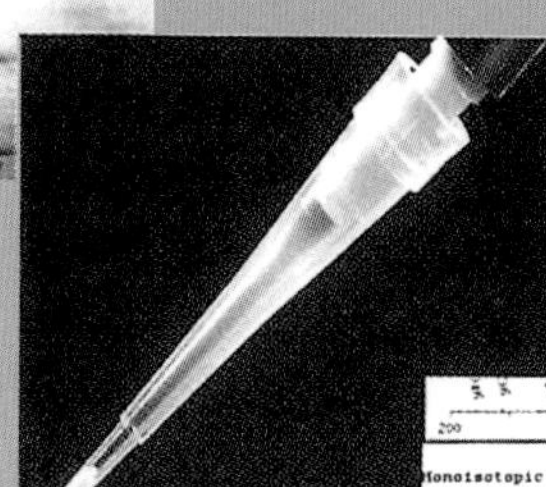

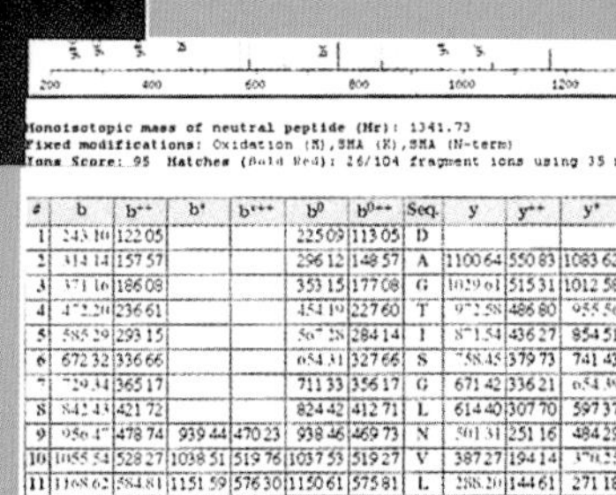

200 400 600 800 1000 1200

Monoisotopic mass of neutral peptide (Mr): 1341.73
Fixed modifications: Oxidation (M),SMA (K),SMA (N-term)
Ions Score: 95 Matches (Bold Red): 26/104 fragment ions using 35 mo

#	b	b++	b*	b*++	b0	b0++	Seq.	y	y++	y*
1	243.10	122.05			225.09	113.05	D			
2	314.14	157.57			296.12	148.57	A	1100.64	550.83	1083.62
3	371.16	186.08			353.15	177.08	G	1029.61	515.31	1012.58
4	472.20	236.61			454.19	227.60	T	972.58	486.80	955.56
5	585.29	293.15			567.28	284.14	I	871.54	436.27	854.51
6	672.32	336.66			654.31	327.66	S	758.45	379.73	741.43
7	729.34	365.17			711.33	356.17	G	671.42	336.21	654.39
8	842.43	421.72			824.42	412.71	L	614.40	307.70	597.37
9	956.47	478.74	939.44	470.23	938.46	469.73	N	501.31	251.16	484.29
10	1055.54	528.27	1038.51	519.76	1037.53	519.27	V	387.27	194.14	370.25
11	1168.62	584.81	1151.59	576.30	1150.61	575.81	L	288.20	144.61	271.18
12							R	175.12	88.06	158.09

제3장 단백질의 분리와 동정

1. 서론

단백질의 대규모 해석에 한정되지 않고, 대부분의 생명과학 연구에 있어서, 어떤 활성을 가진 단백질이나 결합 단백질 등의 동정이 필요하게 되는 경우는 많다. 제 3장에서는 검출감도가 높은 질량분석계 (MS)를 사용하여, 흥미의 대상이 되는 미량의 단백질을 동정하는 방법에 대하여 해설하고자 한다.

게놈 해석이 많은 생물에서 종료되어 가고 있는 요즈음, 실제로 생체 내에서 기능을 가진 단백질을 동정하고, 그의 역할을 명확하게 규명할 필요성이 커지고 있다. 단백질의 동정은 지금까지 목적 단백질을 protease 가수분해, Edman 분해 후, peptide sequencer로 동정하는 방법이 주류였지만, μg 차원의 대량의 목적 단백질을 필요로 하기 때문에, 미량 단백질을 동정하는 것은 곤란하였다. 최근, 질량분석계 (MS)의 성능이 검출감도, 정확도 모두 눈부시게 진보하였고, 또한 게놈해독에 의해 데이터베이스도 충실해지고 있기 때문에, 이것을 미량 단백질 동정의 수단으로 이용하는 것이 가능하게 되었다. 요컨대 목적으로 하는 단백질을 효소로 가수분해 한 peptide 단편의 질량을 높은 감도로 정확하게 측정하고, 이것을 데이터베이스상의 이론치와 조합함으로써, 목적의 단백질을 동정할 수 있게 되었다. 이 방법은 여러 가지 variation은 있지만, 세계적으로 급속하게 보급되고 있으며, 단백질 동정의 표준적인 방법이 되고 있다. 본 장에서는 전기영동으로 분리하면 목적으로 하는 단백질을 분리할 수 있는 정도의 샘플을 출발재료로 상정하여, 그림 1에 나타낸 flow chart에 따라, 목적 단백질을 동정하기까지의 방법을 해설한다.

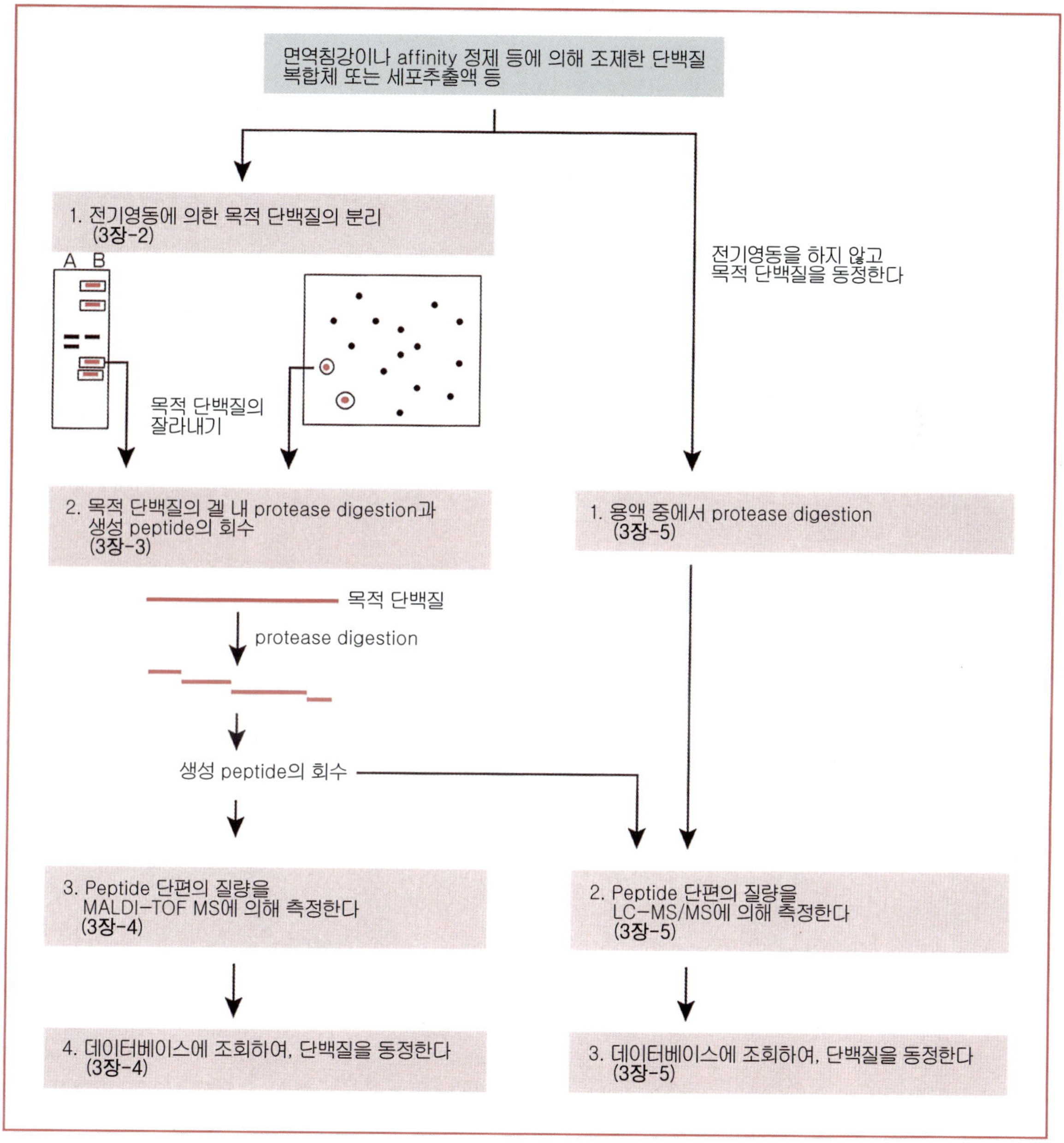

그림 1. 단백질의 분리에서 MS 해석에 의한 동정까지의 흐름

2. SDS 전기영동법 (SDS-PAGE)에 의한 단백질의 분리

이 방법으로 무엇을 해석할 수 있을까

어떤 단백질 혼합용액으로부터 각각의 단백질을 분리할 때에, 분자량, 등전점의 차이를 이용하는 것은 효과적인 수단이 된다. 1차원 전기영동법 (1D-PAGE)은, 단백질의 분자량 차이를 이용하여 분리하는 방법이다. 또한 2차원 전기영동법 (2D-PAGE)은 우선 단백질을 등전점의 차이에 따라 분리하고, 계속해서 단백질의 분자량 차이를 이용하여 분리하는 방법이다. 겔을 이용한 전기영동법은, 분리 후의 단백질을 염색함으로써 band (또는 spot)로서 확인할 수 있으며, 또한 얻어진 「겔 상의 위치정보」는, 겔로부터 추출하여 동정한 단백질이 정확한지 어떤지에 대한 기준이 된다.

i) 1차원 전기영동 (1D-PAGE)

어떤 단백질 혼합용액으로부터 각각의 단백질을 분리할 때에, 단백질의 분자량의 차이를 이용하는 것이 1D-PAGE이다. 본 방법은 겔이 무색투명으로 어떤 염색법에 의해 각각의 단백질을 높은 감도로 band로서 시각적으로 포착하는 것이 가능하며, 또한 acrylamide 농도를 자유롭게 변경함으로써 여러 가지 크기의 단백질에 대응할 수 있다는 등의 장점을 가지고 있다. 또한 나중에 기술하는 2차원 전기영동법 (2D-PAGE)에서는 분리가 어려운 것으로 알려져 있는 소수성 단백질이나 염기성 단백질 등의 분리도 가능하다. 그러나 용액중의 구성 단백질의 종류가 많은 세포 파쇄용액이나 정제의 초기 단계에서는, 각각의 단백질이 완전히 분리되지 않고, 같은 이동도의 band로서 나타나기 때문에, affinity 정제나 면역침강 등의 단계를 거친, 정제단계가 어느 정도 진행된 샘플의 분리에 적합하다.

원리

SDS-PAGE (sodium dodecyl sulfate-polyacrylamide gel electrophoresis)는 1970년에 Laemmli에 의해 개발되었다. 본 방법은 아미노산 측사슬끼리의 결합 (S-S 결합 등)을 절단하여, 아미노산이 다수 연결된 단일사슬의 polypeptide 상태로 만든다. 이것으로 polypeptide 사슬이 길수록 겔의 망에 걸려 이동도가 작게 되고, 짧은 분자일수록 이동도가 크게 된다. 그러나 단백질은 그것을 구성하는 아미노산 조성의 차이에 따라 각각 특유의 전하를 가지기 때문에, 전압을 걸면 각각의 전하에 따라 이동하게 되고, 단백질의 크기 (분자량)의 차이에 의한 분리를 할 수 없다. 거기서 샘플의 단백질의 전하를 똑같이 마이너스로 하기 위해 음이온성 계면활성제인 SDS를 단백질에 결합시켜, 각각의 단백질의 전하를 거의 일정하게 만든 후에 전기영동을 실시한다. 이렇게 함으로써, 단백질을 분자량의 차이로 분리하는 것이 가능하게 된다 (그림 1).

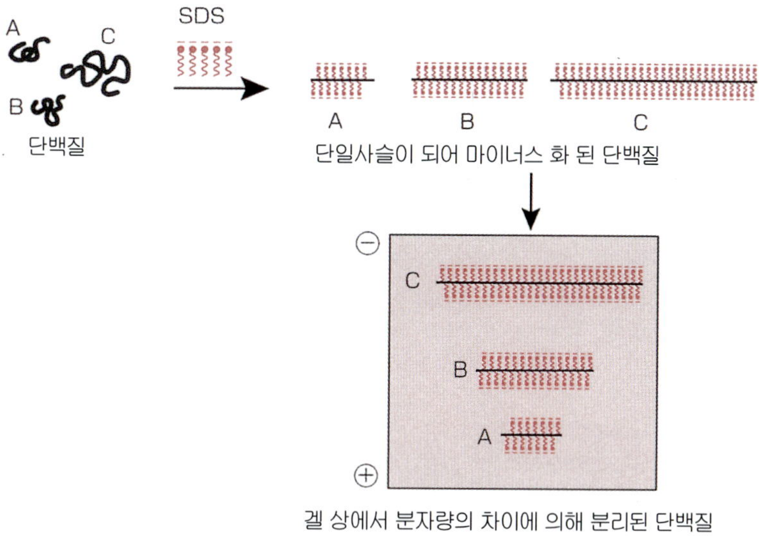

그림 1. 1D-PAGE의 원리

준비물

1) 시약

〈겔 제작용〉

- 30% acrylamide (Nacalai)–0.8% PDA (piperazine diacrylamide : Bio-Rad 회사)

> ☞ PDA가 아닌 *N, N'*–methylen–bis (acrylamide)라도 좋지만, PDA 쪽이 나중에 기술하는 이미다졸–아연 negative 염색에 좋다. 30% acrylamide–0.8% PDA는 4℃에서 차광보존.

- 1.5 M Tris (Nacalai)–HCl (Wako) (pH 8.8 : 분리 겔 용)
- 1 M Tris–HCl (pH 6.8 : 농축 겔용)
- 10% SDS (Nacalai)
- 10% APS (ammonium persulfate : Wako)
- TEMED (*N, N, N', N'*–tetramethylethylendiamine : Nacalai))

2) 시약의 조성

·분리용 겔 용액 (10 mℓ)

		(최종농도)
30% acrylamide–0.8% PDA	4.15 mℓ	(12.5% acrylamide)
1.5 M Tris–HCl (pH 8.8)	2.5 mℓ	(375 mM)
10% SDS	0.1 mℓ	(0.1%)
DDW	3.25 mℓ	
total	10 mℓ	

·농축용 겔 용액 (5 mℓ)

		(최종농도)
30% acrylamide–0.8% PDA	0.85 mℓ	(15.1% acrylamide)
1 M Tris–HCl (pH 6.8)	0.63 mℓ	(0.126 mM)
10% SDS	0.05 mℓ	(0.1%)
DDW	3.47 mℓ	
total	5 mℓ	

·샘플 조제용 buffer (5 × 농도)

		(1 × 사용 시의 최종농도)
1 M Tris–HCl (pH 6.8)	3.125 mℓ	62.5 mM
글리세롤 (Nacalai)	10 mℓ	(10%)
2–mercapto–ethanol (Nacalai)	5 mℓ	(5%)
SDS	2.5 g	(2.5%)
BPB (bromophenol blue : Wako)소량		
상기 화합물을 혼합한 후, DDW로 20 mℓ에 mass up		
total	20 mℓ	

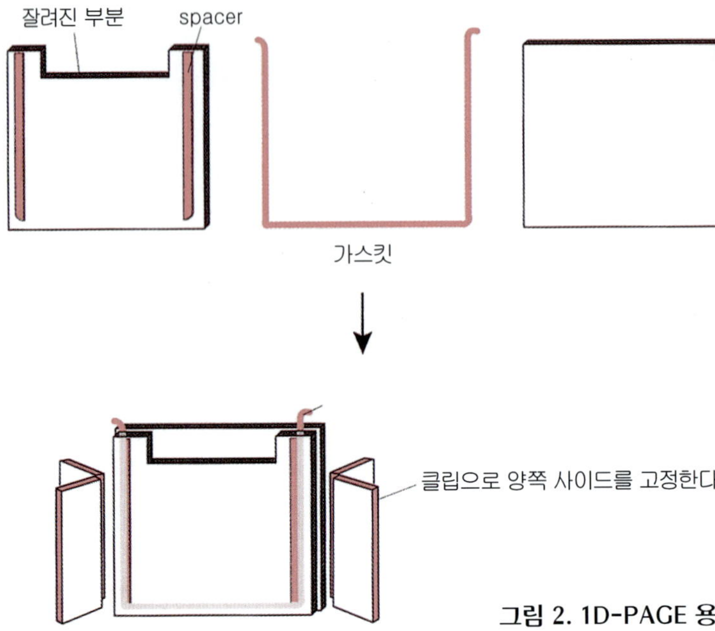

그림 2. 1D-PAGE 용 영동판의 제작

·영동용 buffer

		(최종농도)
Tris	3.0 g	(25 mM)
글리신	14.4 g	(192 mM)
SDS	1.0 g	(0.1%)
DDW로 상기 혼합물을 1 ℓ에 mass up		
total	1 ℓ	

3) 기기

·영동 glass plate (잘려진 홈·spacer 포함과 잘려진 홈·spacer 포함되지 않은 것으로 1 세트)

·comb

·가스킷

·클립 (2개)

·전기영동장치 (Atto 회사 : AE-6531 : Power Supply 일체형)

·플라스틱 tray (염색용, 겔보다 약간 큰 것)

프로토콜

1 영동판의 제작 (그림 2)

① 에탄올을 이용하여 영동 glass plate, 가스킷을 닦는다

② Spacer가 붙은 영동 glass plate의 spacer를 위로 향하게 하고, spacer에 맞추어 가스킷을 둔다

③ Spacer가 붙어 있지 않은 영동 glass plate를 위에서부터 겹치게 한다

④ 겹쳐진 영동판을 세워, 양쪽 끝을 클립으로 고정한다

2 겔의 제작 (12.5% 겔, 8 cm × 9 cm × 1 mm)

① 분리용 겔 용액과 농축용 겔 용액을 각각 제작한다 (준비물 참조)

> ☞ 이 단계에서는 APS와 TEMED는 아직 첨가하지 않는다.

② 분리용 겔 용액에 10% APS : 85 μℓ, TEMED : 13 μℓ의 순서로 첨가하고, 잘 혼합한 후에 영동판에 주입한다 (잘려진 홈에서 2 cm 정도까지)

③ 상부에 DDW를 중층하고*, 겔이 굳어질 때까지 가만히 방치한다 (30분 정도, 겔과 DDW의 경계가 확실히 보일 때까지)

> ☞ * 25G의 주사침 등을 이용하여 천천히 중층한다. 세정 병 등으로 너무 세게 중층하면 겔 용액과 DDW가 혼합되어 겔 농도가 변한다.

④ Comb을 에탄올로 닦는다

⑤ 분리용 겔 상부의 DDW를 버리고, 남은 DDW를 킴와이프로 닦는다

⑥ 농축용 겔 용액에 10% APS : 38 μℓ, TEMED :

10 ㎕의 순서로 첨가하고, 잘 혼합한 후에 분리용 겔 상부에 주입한다 (잘려진 홈 부분까지)

⑦ Comb을 삽입하고, 겔이 굳어질 때까지 가만히 방치한다 (30분 정도)

⑧ Comb을 제거하고, 클립과 가스킷을 분리한다

⑨ 샘플 apply 용의 도랑을 영동용 buffer로 잘 세정한다

> ☞ 세정용 병 등으로 세게 세정하여, 여분의 겔 단편 등을 제거한다.

⑩ 전기영동장치에 세팅한다

⑪ 영동용 buffer를 잘린 홈 부분의 상부에까지 첨가한다

⑫ 샘플 apply 용의 도랑을 영동용 buffer로 잘 세정한다

> ☞ 25G의 주사침 등을 이용하여 세정한다 (혹시 샘플 apply 용의 도랑이 일그러져 있다면, 이 때에 주사침을 사용하여 수정한다).

3 샘플의 조제

① 샘플 용액과 샘플 조제용 buffer (5 × 농도)를 4 : 1이 되도록 혼합한다

② 100℃에서 3분간 가열한다

③ 15,000 rpm에서 1분간 원심분리 하고, 불용물을 제거한다

4 전기영동

① 샘플 apply 용의 도랑에 샘플을 apply 한다 (아래 그림 참조)

> ☞ 샘플 apply 용의 도랑의 제일 하부까지 tip의 끝부분을 삽입하여, 샘플을 apply 하면서 tip의 끝부분을 상부로 이동시키면 샘플을 잘 apply 할 수 있다.

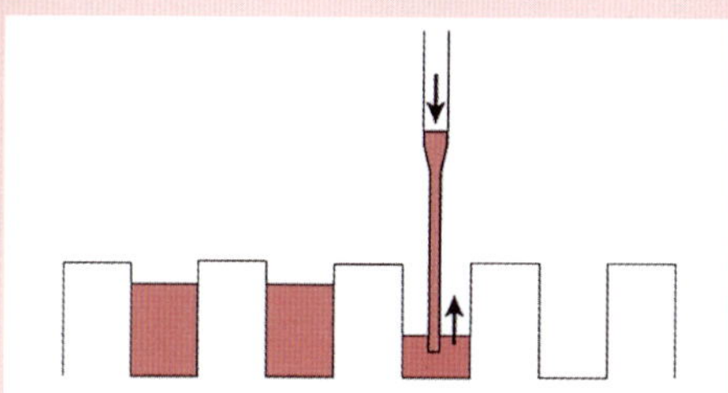

② 농축용 겔은 1장당 20 mA, BPB가 분리용 겔에 들어 있으면 1장당 30 mA로 영동한다

③ BPB가 겔의 하단까지 이동하면 전류를 정지시키고, 영동판을 전기영동장치로부터 이탈시킨다

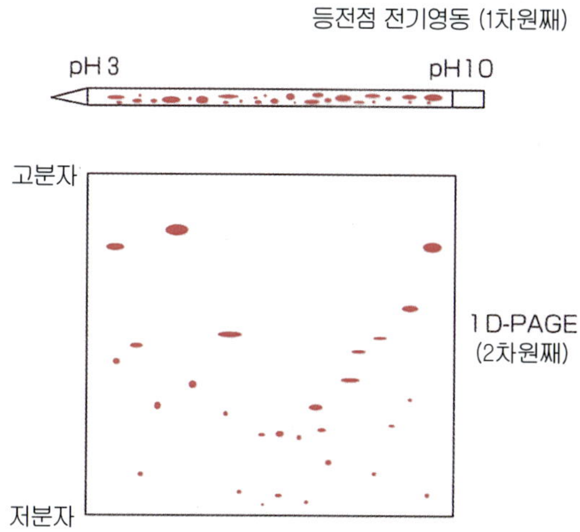

그림 3. 2D-PAGE의 원리

ii) 2차원 전기영동 (2D-PAGE)

2D-PAGE에서는 우선, 샘플에 함유된 단백질을 각각의 등전점 (pI)에 기초하여 pH 구배형성 겔 중에서 분리하고 (등전점 전기영동), 다음에 그의 겔을 샘플로서 1D-PAGE를 실시하여 분자량의 차이로 분리한다 (그림 3). 본 방법은 3,000 종류 이상의 단백질을 한번에 분리할 수 있으며, 염색방법에 따라서는 샘플 중의 포함된 각각의 단백질의 발현량을 계산하는 것도 가능하다. 이 때문에 어떤 조직이나 세포에 있어서 병태나 약제처리 등에 동반된 단백질의 발현변화를, 정량적이면서 전체적으로 탐색할 수 있다. 그러나 일반적으로 염기성 단백질이나 소수성 단백질, 고분자량 단백질의 분리는 좋지 않다는 단점이 있다.

원리

단백질 혼합용액에 포함된 각각의 단백질의 pI의 차이를 이용하여 겔에서 분리하는 영동방법을 등전점 전기영동이라고 한다. 단백질을 구성하고 있는 아미노산 측 사슬이나 아미노 말단, 카르복실 말단의 전하는 pH 조건에 따라 변화하지만, 그의 전하의 총합이 제로가 되는 pH 수치가 등전점이다. 등전점 전기영동을 실시할 때, pH 구배를 형성한 겔이 필요하게 된다. 어떤 단백질 혼합액을 pH 구배 형성 겔에 첨가하여 전기를 통하게 하면, 각각의 단백질은 겔 중을 이동하고, 각각의 pI와 같

은 pH의 위치에 가게 된다. 이전에는 pH 구배 형성 겔의 제작법은 양성담체 (carrier ampholyte)를 겔에 첨가하여 전장을 걸어 pH 구배를 형성하는 방법이었지만, 최근에는 겔 제작 시에 pH 구배를 형성하는 방법 (IPG : immobilized pH gradient)이 개발됨으로써, 분리능, 재현성과 함께 대단히 좋은 결과를 얻을 수 있게 되었다.

준비물

1) 시약

· 샘플 가용화 buffer (−20℃ 보존)

		(최종농도)
요소 (Nacalai)	12.0 g	(8 M)
치오요소 (Wako)	3.8 g	(2 M)
CHAPS (Nacalai)	1.0 g	(4%)
DTT (Nacalai)	0.25 g	(65 mM)
상기 혼합물을 DDW로 25 ㎖에 mass up		
total	25 ㎖	

Protease inhibitor 칵테일 (Complete : Roche)을 1개/25 ㎖이 되도록 첨가한다

· 포화 BPB 용액 : 5 ㎎ 정도를 0.5 ㎖의 DDW에 용해

· IPG 겔 (Immobiline Drystrip, pH 3−10 NL, 18 ㎝ : Amersham Biosciences 회사)

> IPG 겔은 precast의 겔이 시판되고 있다. IPG 겔의 pH 구배는 직선적인 것이나 특정의 pH 범위의 구배를 완만하게 한 것, pH 범위를 한정한 것 등 여러 가지 있기 때문에 목적에 따라 나누어 사용한다. 이론상으로는 IPG 겔은 길면 길수록 분리능이 높아지지만, 그 후의 겔의 취급이나 전기영동장치의 특성 등을 고려하여 최적의 길이를 가진 것을 사용한다.

· Ampholine (pH 3−10, 40% 용액 : Millipore 회사)

> IPG buffer (Amersham Biosciences 회사)나 Pharmalyte 등도 좋다.

· 평형화 buffer (−20℃ 보존)

		(최종농도)
요소 (Nacalai)	36 g	(6 M)
SDS	2 g	(2%)
DTT	1 g	(1%)
글리세롤 (Nacalai)	30 ㎖	(30%)
1 M Tris−HCl (pH 6.8)	5 ㎖	(50 mM)
상기 화합물을 DDW로 100 ㎖에 mass up		
total	100 ㎖	

· 9% 겔 용액

		(최종농도)
30% acrylamide−0.8% PDA	32.0 ㎖	(9% acrylamide)
1.5 M Tris−HCl (pH 8.8)	26.2 ㎖	(367 mM)
DDW	48.8 ㎖	
total	107.0 ㎖	

· 16% 겔 용액 (4℃ 보존)

		(최종농도)
30% acrylamide−0.8% PDA	58.0 ㎖	(16% acrylamide)
1.5 M Tris−HCl (pH 8.8)	26.2 ㎖	(367 mM)
DDW	22.8 ㎖	
total	107.0 ㎖	

· BPB−agarose 용액

5 ㎕의 포화 BPB 용액과 최종농도 1% agarose (전기영동용 : Nacalai)를 영동용 buffer에 녹인다 (전자레인지로 녹여 50℃ 정도로 따뜻하게 해둔다) : 100 ㎖ 조제

· 실리콘 오일 (일본 신월과학 : KF−96L−5CS)

2) 기기

· IPG 겔 팽윤용 tray (Anatech : 3070−00)
· 냉각기능을 가진 IPG 전기영동장치 (Anatech : IPG−IFE Type−P)
· 정전압 정전류 정전력 Power Supply (Anatech : 3800 형)
· 2차원 전기영동장치 1 set (Anatech : 3330−00)
· 전극용 여과지 (Anatech : 3600−12)
· 플라스틱 tray (IPG 겔 평형화 용, 겔보다 조금 큰 것)
· 겔 제작 장치 (Bio−Rad 회사)
· Gradient 겔 제작 장치 (Bio−Rad 회사)
· PeriStar pump (Atto 회사)

프로토콜

여기서는 접착세포 유래 단백질을 해석할 때의 방법을 나타낸다.

1 샘플용액의 조제

> 2차원 전기영동의 성공여부는 모두 이 조작에 달려 있다고 해도 과언이 아니기 때문에, 각각의 샘플에 적합한 가용화 조건을 가용화 buffer의 조성도 포함하여 검토할 것.

① 세포가 80% confluent 상태인 10 cm 배양접시 1장의 배지를 제거하고, PBS로 2회 washing 한다
② PBS를 완전히 제거하고, 1 mℓ의 샘플 가용화 buffer를 첨가한다
③ Scraper로 세포를 모아, 1.5 mℓ 튜브에 회수한다
④ 25G의 주사침에 10회 통과시켜 세포를 homogenize 한다
⑤ Homogenate를 15,000 rpm, 15℃에서 10분간 원심분리 하고, 불용물을 제거한다
⑥ 단백질 농도를 정량한다

> 가용화 buffer에 의한 흡광도의 변화를 보정하기 위해, 검량선 작성에 이용하는 표준 단백질 용액에도 샘플과 같은 양의 가용화 buffer를 첨가하여 측정한다.

2 샘플용액의 첨가와 IPG 겔의 팽윤 (IPG 겔 1장 당 : 그림 4)

① 조제한 샘플 용액 250 μg에 포화 BPB 용액 : 1 μℓ, Ampholine : 7 μℓ를 첨가하여, 최종적으로 340 μℓ가 되도록 샘플 가용화 buffer를 첨가한다
② 15,000 rpm에서 30분간 원심분리 한다 (불용물이 나온 경우는 제거한다)

> 가끔 불용물이 상층에도 나오기 때문에 주의가 필요하다

③ IPG 겔 팽윤용 tray의 도랑에 샘플 용액을 넣는다
④ 미리 실온으로 되돌려 둔 IPG 겔 (DryStrip[*1]의 seal을 벗기고, 겔 면을 아래로 하여 샘플 용액의 위에 올린다[*2]

> *1 끝이 뾰족한 부분이 산성측이다.
> *2 샘플과 겔 면 사이에 기포가 나타날 때에는, 겔을 전후로 움직이게 하여 제거한다 (단 겔 면에는 접촉하지 않도록 한다)

⑤ 실리콘 오일을 2 mℓ 정도 중층하고, 실온에서 6시간 이상 가만히 방치한다

> 샘플의 분해가 걱정이 되는 경우는 4℃라고 상관이 없다 (6시간 정도이면 요소는 석출되지 않는다)

3 IPG 겔 전기영동 (Focusing : 그림 5)

① IPG 전기영동장치를 15℃로 냉각하여 두고, 영동용 tray의 위에 실리콘 오일을 소량 흘려, 플라스틱판을 올린다 (기포가 발생한 경우, 완전히 제거하여 둔다)

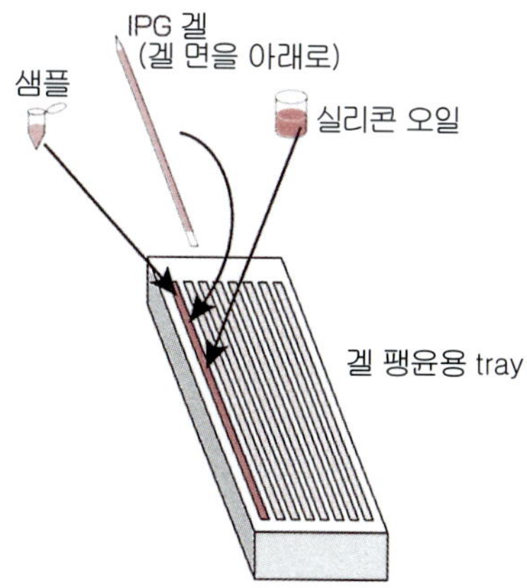

그림 4. 2D-PAGE 용 겔의 팽윤

② 샘플 용액을 흡입하여 팽윤한 IPG 겔을 팽윤용 tray로부터 끄집어내어, 킴와이프 등으로 실리콘 오일을 제거한다
③ IPG 겔의 겔 면을 위로 하여, 플라스틱판의 도랑에 맞추어 올린다 (기포가 발생한 경우, 완전히 제거하여 둔다. 단 겔 면에는 접촉하지 말 것)
④ IPG 겔의 양쪽 끝에 DDW로 적신 전극용 여과지를 올린다
⑤ 전극을 세팅하고, 실리콘 오일을 IPG 겔이 완전히 잠길 때까지 첨가한다
⑥ 영동조건을 아래의 단계로 설정하고, 영동을 개시한다

500 V	2시간	(1,000 Vhr)
700 V	1시간	(700 Vhr)
1,000 V	1시간	(1,000 Vhr)
1,500 V	1시간	(1,500 Vhr)
2,000 V	1시간	(2,000 Vhr)
2,500 V	1시간	(2,500 Vhr)
3,000 V	1시간	(3,000 Vhr)
3,500 V	16시간	(56,000 Vhr)
계	24시간	(67,700 Vhr)

> 단계적으로 전압을 올리는 것과 70,000 Vhr 정도 영동하는 점이 중요하다. 직선적으로 전압을 올릴 수 있는 Power Supply의 경우, 500 V에서 2시간 영동 후, 6시간 걸쳐 3,500 V까지 올려, 이하 동일하게 실시해도 좋다. 또한 샘플에 혼입되어 있던 염을 제거하기 위해, 500 V, 2,000 V, 3,000 V의 단계의 종료 시에 전류를 일시 정지하고, 새롭게 적신 전극용 여과지로 교환하면 좋다 (산성 측과 염기성 측의 분리가 좋게 된다)

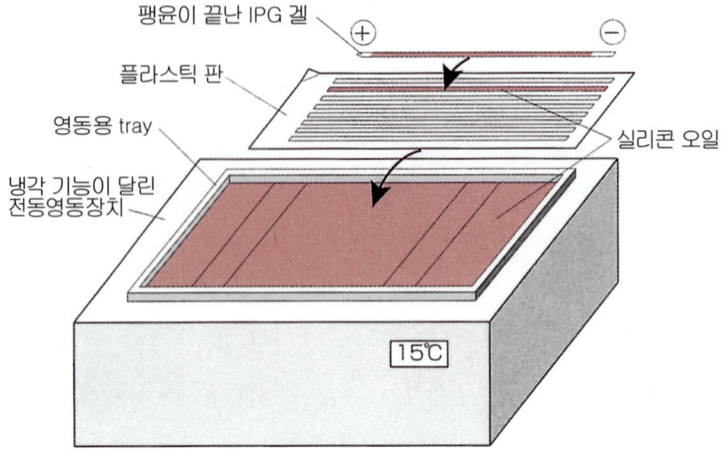

그림 5. IPG 겔 전기영동

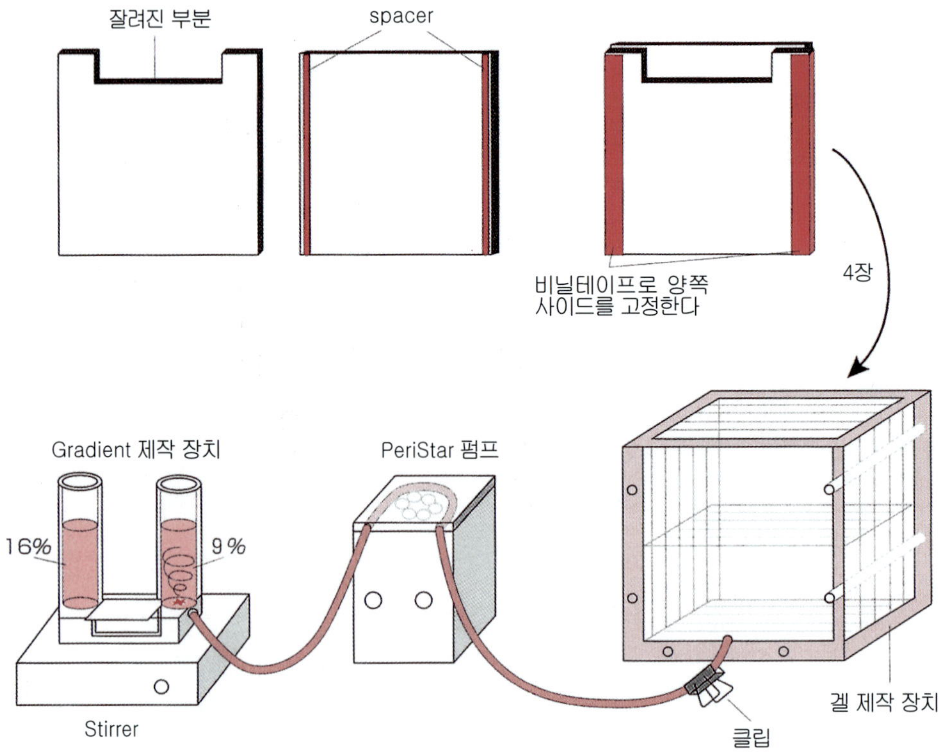

그림 6. Gradient 겔 제작

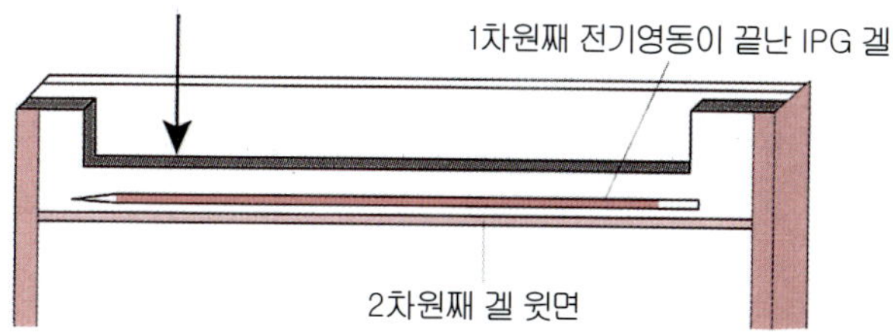

그림 7. 2차원째 전기영동

4 2차원 째 겔의 제작 (9~16% gradient 겔, 19 ㎝ × 19 ㎝ × 1 ㎜, 4장분 : 그림 6)

① 에탄올을 이용하여 영동 glass plate를 닦는다

② Spacer가 붙어 있는 영동 glass plate와 spacer가 없는 glass plate를 조합하여, 양쪽 사이드를 비닐 테이프로 붙인다

③ 조합한 glass plate를 제작 장치에 세팅한다

④ 9% 겔 용액 (107.0 ㎖)과 16% 겔 용액 (107.0 ㎖)을 제작하여, 4℃로 냉각하여 둔다

> ☞ Gradient 겔의 제작에는 어느 정도의 시간이 필요하기 때문에, 냉각하여 두지 않으면 제작 도중에 굳어지기 시작하는 경우가 있다.

⑤ 겔 제작 장치와 gradient 제작 장치를 PeriStar pump를 통하여 연결한다 (겔 용액이 제작 장치로 흘러 들어가지 않도록 튜브를 클립으로 잠근다) (그림 6)

⑥ 각각의 겔 용액을 gradient 제작 장치에 넣어, 10% APS : 420 ㎕, TEMED : 42.2 ㎕씩 첨가하여 잘 혼합한다

⑦ 2가지 겔 용액을 혼합하는 것과 동시에 클립을 벗기고, PeriStar pump를 움직여서, 서서히 혼합되어 가는 겔 용액을 겔 제작 장치로 천천히 주입한다 (10초에 1 ㎝ 정도 용액 면이 올라갈 정도의 속도)

⑧ 겔 용액이 없어지기 직전에 겔 제작 장치의 용액 입구를 클립으로 잠근다 (기포가 들어가지 않도록 한다)

⑨ 상부에 DDW 포화 부탄올을 중층하고, 겔이 굳어질 때까지 1시간 이상 가만히 방치한다

⑩ 겔이 굳으면, DDW 포화 부탄올을 버리고, DDW로 잘 washing 하고, DDW를 중층하고 있는 상태에서 overnight 방치하고, acrylamide를 충분히 중합시킨다

5 평형화와 2차원 째 전기영동

① Focusing이 완료된 IPG 겔을 끄집어내어, 킴와이프 등으로 실리콘 오일을 제거한다

② 미리 평형화 buffer를 넣어 둔 플라스틱 tray에 IPG 겔을 넣고, 실온에서 30분간 incubate 한다

> ☞ 평형화가 부족하면 옆으로 당겨진 spot 패턴이 된다. 또한 일반적으로 평형화의 시간을 길게 하면 크게 희미해진 spot이 되며, 짧게 하면 작고 선명한 spot이 된다.

③ 제작해 둔 2차원 째 겔 상의 DDW를 버리고, 영동용 buffer로 잘 세정한 후, 여분의 영동용 buffer를 킴와이프 등으로 제거한다

④ IPG 겔이 2차원 째의 겔에 겨우 들어갈 정도인 경우는, 평형화가 완료된 IPG 겔의 겔이 없는 부분을 잘라 낸다 (이 때, 산성 측과 염기성 측이 알 수 없게 되지 않도록 주의한다)

⑤ 2차원 째의 겔 상부와 IPG 겔의 측면 사이에 기포가 들어가지 않도록 주의하여 IPG 겔을 넣고, 2차원 째의 겔 상부에 밀착시킨다 (그 때, IPG 겔의 겔 면이 glass plate에 밀착되지 않도록 주의한다)

⑥ 미리 용해하여 보온해 둔 BPB-agarose 용액을 위에서부터 주입하고, 굳어질 때까지 기다린다

> ☞ 마커를 영동하는 경우는 이 때에 분자량 마커 용의 도랑을 제작한다.

⑦ Agarose가 굳어지면 영동장치에 세팅하고, 1장당 30 mA에서 15℃ 정도로 냉각하면서 4~5시간 영동한다

> ☞ 영동판의 양쪽 사이드의 테이프를 붙인 채로, 겔과 glass 판을 완전히 밀착시켜 영동하지 않으면, 스마일링의 원인이 된다.

⑧ BPB가 겔의 하단까지 이동하면 전류를 멈추고, 겔을 끄집어내어 염색한다 (다음의 iii 참조)

iii) 겔의 염색

겔의 염색은 주로 Invitrogen 회사의 Simply Blue Safe Stain 또는 이미다졸-아연 negative 염색 (이하 negative stain)[1]으로 실시하고 있다. 이들 염색방법은 겔을 고정하지 않기 때문에, peptide의 추출이 용이하고, MS 해석을 위한 샘플 조제에 적합하다. 은 염색의 경우, glutaraldehyde로 고정하는 방법은 감도는 좋지만, MS 해석용의 샘플 조제에는 부적당하기 때문에, 보통 다른 방법으로 실시한다[2]. Negative stain은 MS 해석에 적합한 은 염색과 비교하면 거의 같은 정도의 감도이기 때문에, 세포 추출액의 2차원 전기영동이나 단백질 복합체를 면역침강에 의해 조제한 경우 등의 목적 단백질의 양이 적을 것으로 예상되는 경우에 주로 이용되고 있다. GST 융합 단백질 등을 이용한 *in vitro*에서의 결합 단백질의 해석 등의 경우에는 Coommassie 염색을 이용하고 있다. 여기서는 negative stain에 의한 방법을 소개한다.

준비물

- 1% 탄산나트륨 (Wako) 용액
- 200 mM 이미다졸 (Wako)-1% SDS 용액
- 100 mM 초산아연 (Wako) 용액

프로토콜

① 영동판으로부터 겔을 벗겨낸다

② 1% 탄산나트륨 용액을 미리 넣어 둔 플라스틱 tray에 겔을 옮기고, 실온에서 5분간 진탕한다

③ 1% 탄산나트륨 용액을 버리고, 200 mM 이미다졸-1% SDS용액을 첨가하여, 실온에서 30분간 진탕한다

④ 200 mM 이미다졸-1% SDS용액을 버리고, DDW를 첨가하여 실온에서 30초 진탕하고, 겔을 세정한다 (이 조작을 2회 반복한다)

⑤ DDW를 버리고, 100 mM 초산아연 용액을 첨가하여 진탕한다 (5분간 정도에서 겔이 하얗게 되고, 단백질의 band가 보인다)

> ☞ 플라스틱 tray의 검은 표면 (벤치 표면이나 종이 등) 위에 두면 보기 쉽다. 이 방법으로 염색한 겔을 보존용으로 건조시키면 band가 보이지 않게 되기 때문에, 스캐너 등으로 화상을 입력해 둔다 (4℃에서 2주간 정도는 보존가능).

⑥ 100 mM 초산아연 용액을 버리고, 겔을 DDW로 2회 washing 한다

⑦ 겔을 조심스럽게 스캐너 위에 올리고, 화상을 입력한다 (그림 8)

실험 예

마우스 ES 세포 (E14-1)를 10 ㎝ 배양접시에서 배양하고, 가용화 buffer로 가용화 하였다. 샘플 (250 ㎍)을 IPG 겔 (Immobiline DryStrip, pH 3-10 NL, 18 ㎝)로 분리한 후, 9~16% acrylamide 농도의 gradient 겔로 분리하였다. 이미다졸-아연 negative 염색법으로 단백질 spot을 검출하였다 (그림 8).

맺음말

수많은 단백질의 분리방법 중에서 겔 전기영동에 의한 단백질의 분리는, 상당히 이전부터 이용되고 있는 방법의 하나일 것이다. 여러 가지 개량이 계속되고 있으며, 현재에도 가장 효과적인 단백질 분리법의 하나로서 위치를 차지하고 있다. 왜냐하면 이 방법은 각각의 단백질의 특징을 결정하는 요인인 「분자량과 등전점의 차이」를 훌륭하게 이용한 분리방법이기 때문이다. 또한 1D-PAGE이든 2D-PAGE든, 어떤 염색조작으로 단백질을 시각적으로 포착할 수 있다는 점에서, 다른 분리방법보다도 우수하다고 할 수 있다. 1장의 겔에는 각각의 단백질의 분자량이나 등전점의 추정뿐만 아니라, 각각의 단백질의 존재량 등 여러 가지 정보가 포함되어 있다.

최근에는 겔 정보를 화상 데이터로서 입력하고, 이것을 근거로 겔로부터 임의의 band나 spot을 자동으로 잘라내는 시스템도 존재한다. 그러나 보기에는 1개로 보이는 band나 spot라도, 실제로는 수종의 단백질의 혼합물일 경우도 많다. pH 범위가 여러 가지인 IPG 겔을 이용하거나, acrylamide 농도의 설정을 여러 가지로 변경한 gradient 겔을 조합함으로써, 보다 많은 하나의 단백질의 분리가 가능하게 된 것으로 생각된다.

참고문헌

1) Matsui, N. M. et al. : Methods in Molecular Biology, 112 : 307-311, 1999

2) Shevchenko, A. et al. : Anal. Chem., 68 : 850-858, 1996

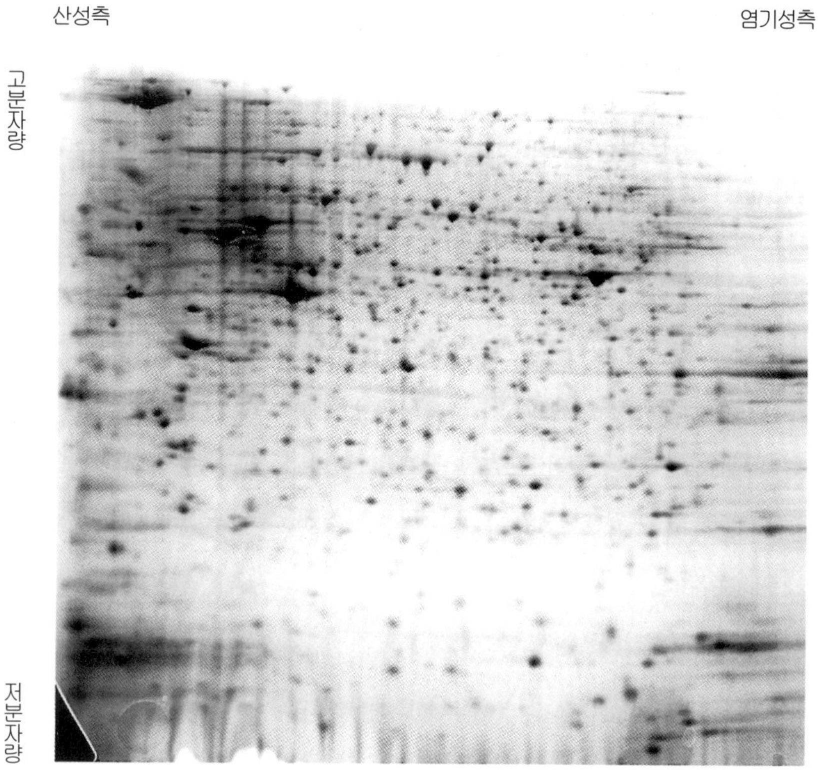

그림 8. 마우스 배성간세포 (ES 세포) 유래 단백질의 2차원 전기영동

3. 목적 단백질의 겔 내 Protease Digestion과 생성 Peptide의 회수

이 방법으로 무엇을 해석할 수 있을까

전기영동 후, 목적으로 하는 단백질 (band 또는 spot)이 발견되어, 그의 동정을 실시하는 경우는 그의 band (또는 spot)를 잘라 내고, 겔 내에서 protease로 digestion 한다. 그 후, 생성 peptide를 회수하고, MS 해석하는 샘플로서 사용한다.

i) 목적 단백질의 겔 내 protease digestion

전기영동 후, 목적으로 하는 단백질이 검출되고, 그의 동정을 실시할 때에는 겔로부터 목적 단백질을 회수해야 한다. 단백질 동정을 위한 MS 해석에서는 목적 단백질 자신의 질량뿐만 아니라 정보가 적기 때문에, 보통 기질 특이성이 확실한 protease로 절단한 peptide의 질량을 측정하여, 그들 질량 수치를 하나의 데이터 세트로서 데이터베이스 검색을 실시하고 동정한다. 본 항에서는 전기영동 후의 겔로부터 목적으로 하는 단백질의 band 혹은 spot을 잘라 내고, 겔 내에서 protease digestion을 실시하고, 겔로부터 peptide를 회수하는 조작에 대하여 해설하고자 한다.

준비물

1) 기구류

- 1.5 ㎖ 플라스틱 튜브 (Treff 회사)
- 감압 건조기

2) 시약류

- 탈염액
- 100% 아세토니트릴
- 환원용 용액
- Dithiothreitol (DTT) (Nacalai Tesque)
- Iodoacetamide (Nacalai Tesque)
- Digestion 용 용액 : trypsin digestion의 경우는 50 mM 중탄산암모니움 용액, Achromobacter protease I digestion의 경우는 50 mM Tris-HCl (pH 8.0)을 사용
- Protease : trypsin (Sigma 회사) 또는 Achromobacter protease I (Wako)
- 알킬화 용액
- Digestion 물질의 용출용액

3) 시약의 조제

- 탈염액

		(최종농도)
중탄산암모니움	0.39 g	(50 mM)
아세토니트릴	30 ㎖	(30%)

DW를 첨가하여 total 100 ㎖로 한다

- 환원용 용액

		(최종농도)
EDTA	0.37 g	(10 mM)
DTT	0.15 g	(10 mM)
중탄산암모니움	0.39 g	(50 mM)

DW를 첨가하여 total 100 ㎖로 한다

· 알킬화 용액 (최종농도)

EDTA	0.37 g	(10 mM)
Iodoacetamide	0.74 g	(40 mM)
중탄산암모니움	0.39 g	(50 mM)

DW를 첨가하여 total 100 mℓ로 한다. 사용 시 제조

· Digestion 용 용액 (Trypsin) (최종농도)

중탄산암모니움	0.39 g	(50 mM)

DW를 첨가하여 total 100 mℓ로 한다

· Digestion 용 용액 (Achromobacter Protease I) (최종농도)

Tris	0.6 g	(50 mM)

DW를 첨가하여 pH 8.0으로 조정한 후 total 100 mℓ로 한다

· Digestion 물질의 용출용액 (최종농도)

TFA	0.1 mℓ	(0.1%)
아세토니트릴	50 mℓ	(50%)

DW를 첨가하여 total 100 mℓ로 한다

프로토콜

① 염색한 샘플 spot (band)을 잘라 내어, 1.5 mℓ 플라스틱 튜브에 넣는다

☞ 겔 단편은 2~3 mm 사각으로 잘라 용액에 잠기게 한다.

② 200 μℓ 탈염액을 첨가하여, 실온에서 20분간 믹서 등으로 진탕하면서 탈염색 처리를 실시한다

③ 마이크로 피펫으로 흡인하여 ②의 용액을 제거한다. ②, ③의 조작을 3회 반복 실시한다

④ 200 μℓ 100% 아세토니트릴을 첨가하여, 실온에서 10분간 방치한다

⑤ 마이크로 피펫으로 흡인하여 ④의 용액을 제거한다

⑥ 200 μℓ 환원용 용액을 첨가하여 65℃, 1시간 방치한다

⑦ 마이크로 피펫으로 흡인하여 ⑥의 용액을 제거한다

⑧ 200 μℓ 알킬화 용액을 첨가하고, 차광상태에서 30분간 실온에 방치한다

⑨ 마이크로 피펫으로 흡인하여 ⑧의 용액을 제거한다

⑩ 200 μℓ digestion 용액을 첨가하고, 실온에서 15분간 방치한다

⑪ ⑩의 용액을 제거한다. ⑧, ⑨의 조작을 2회 반복한다

⑫ 200 μℓ 100% 아세토니트릴을 첨가하고, 실온에서 10분간 방치한다

⑬ ⑫의 용액을 제거한다.

⑭ 100 μℓ 효소 digestion 용액*을 첨가하여 digestion 한다

☞ * 효소 digestion 용액은 digestion 용액에 protease를 최종농도 0.01 mg/mℓ이 되도록 사용 시 조제하여 사용한다.

⑮ 37℃, 하룻밤 방치

⑯ 겔 단편을 남기고, digestion 물질을 튜브에 옮긴다

⑰ 겔 단편에 100 μℓ 용출용액을 첨가하고 10분간 초음파처리를 한다

⑱ ⑰의 용액을 ⑯의 튜브에 옮긴다

⑲ 감압건조기를 이용하여, ⑱의 용액을 10 μℓ 정도까지 농축한다

memo

본 연구실에서는, 이상의 조작을 Montage in-gel digestion kit (Millipore 회사 Cat No LSKGDOO 96, LSKGDZT 96)을 사용하여, 단시간에 간편하게 겔 내 단백질의 digestion 물질을 얻고 있다.

ii) Peptide 단편의 회수 (MALDI-TOF/MS에 이용하는 경우)

Protease digestion 후의 peptide의 분리에는 일반적으로 역상 크로마토그래피가 이용된다. 역상 크로마토그래피는 peptide가 가진 소수성의 강도의 차이에 따라 분리하는 방법으로, 실리카 담체에 탄화수소(C18)를 결합한 것 등이 이용된다. MALDI-TOF MS 해석을 위한 샘플 조제의 경우, 하나의 샘플 중에는 하나의 단백질 유래의 peptide 만이 포함되어 있다는 것이 전제로, 1개 peptide 만이 아니라 peptide의 질량 수치의 데이터 세트를 이용하기 때문에, peptide를 분리한다는 것보다 탈염이나 농축조작의 필요성이 크다. 거기서 tip의 끝 부분에 C18 칼럼이 채워져 있는 Zip

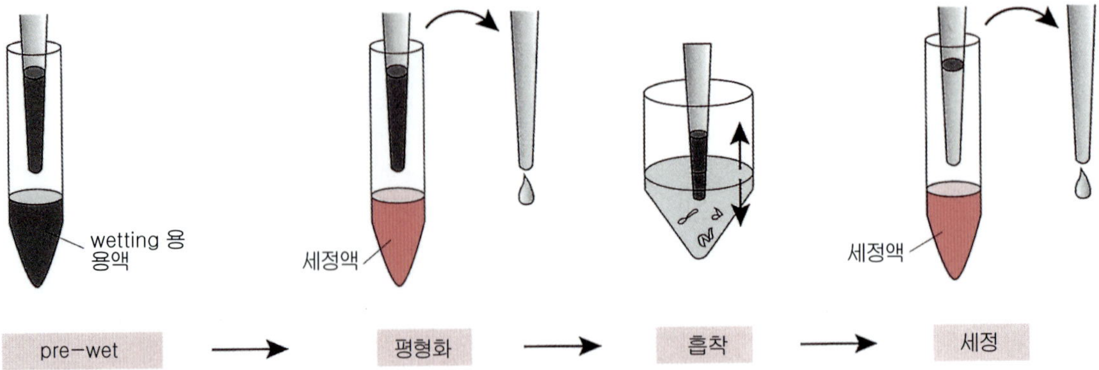

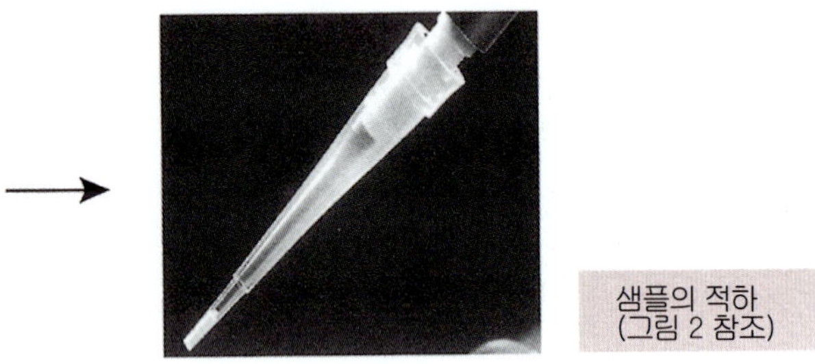

그림 1. Peptide 단편의 회수

Tip (Millipore 회사)를 이용하여 간편하면서 효율적으로 탈염·농축 조작을 실시하고, MS 해석을 위한 샘플을 조제하는 경우가 많다. LC-MS/MS 해석의 경우는 LC로 peptide를 분리하기 때문에 이 조작이 필요 없다.

준비물

1) 기구류

- ZipTipC18 피펫 tip* : Millipore 회사 Cat No ZTC18S096 (96개)
- 질량분석계 샘플 plate

> ☞ ZipTip을 사용하고 있는 동안에는 tip 중에 공기가 들어가지 않도록 주의한다. pipetting을 너무 세게 하지 않고, 천천히 부드럽게 실시한다.

2) 시약류

- 매트릭스 : α-cyano-4-hydroxycinnamic acid (Sigma 회사)
- 아세토니트릴 (HPLC grade, Nacalai Tesque)
- H_2O (HPLC grade, Nacalai Tesque)
- Standard peptide : Angiotensin I, ACTH (clip 1-17), (clip 18-39), (clip 7-39), Insulin (bovine)의 혼합물 (Applied Biosystems)
- 0.1% trifluoroacetic acid (아미노산 배열분석용, Nacalai Tesque)를 포함한 50% 아세토니트릴 용액
- 0.1% trifluoroacetic acid 용액

3) 시약의 조제

- 매트릭스 포화 용액

α-Cyano-4-hydroxycinnamic acid를 10 ㎎/㎖이 되도록 50% 아세토니트릴, 0.1% TFA 용액에 용해하고, 원심분리 하여 녹지 않은 매트릭스를 제거하고, 그의 상등액을 포화 매트릭스 용액으로 사용한다. 본 연구실에서는 매트릭스는 재결정화 한 것을 이용하고 있다

> ☞ 매트릭스 1 g을 3 ㎖의 DMF에 용해하고, 여과한다. 이것에 1 ㎖의 H_2O를 첨가하여, 4℃에서 하룻밤 방치한 후, 결정을 회수하고, 동결건조기로 건조시킨 것을 재결정화 매트릭스로서 이용하고 있다.

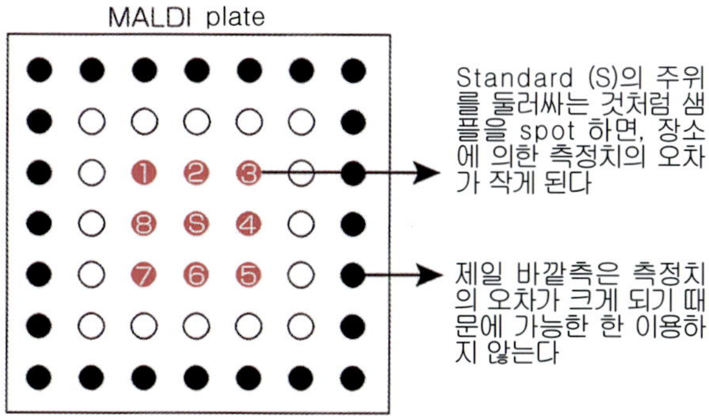

그림 2. MALDI Plate에 샘플의 적하

프로토콜

① 10 μl로 설정한 피펫에 ZipTipC18 피펫 tip을 장착한다

② 0.1% trifluoroacetic acid를 함유한 50% 아세토니트릴 용액을 흡인·배출한다. 이 조작을 3~5회 정도 반복한다 (그림 1 칼럼의 pre-wet)

> ②, ③, ⑤의 배출용액은 폐기하고, 흡인할 때에는 새로운 용액을 흡인한다

③ 0.1% trifluoroacetic acid 용액을 흡인·배출한다. 이 조작을 3~5회 정도 반복한다 (그림 1 칼럼의 평형화)

④ 효소 digestion 화합물 (peptide)의 흡인·배출을 5회 이상 반복하고, 충진 부분에 digestion 화합물을 흡착시킨다 (그림 1 흡착)

⑤ 0.1% trifluoroacetic acid 용액을 흡인·배출한다. 이 조작을 3~5회 정도 반복한다 (그림 1 칼럼의 세정)

⑥ 0.1% trifluoroacetic acid를 함유한 50% 아세토니트릴 용액을 1~2 μl 흡인한다

⑦ 질량분석의 target plate 위에 ⑥의 흡인한 용액을 2~3회 pipetting 한 후, 적하 (그림 1) 한다 (peptide 용출). 이 때 측정치의 보정(calibration)용으로 기지의 standard peptide도 올린다 (그림 2)

> MALDI plate에 spot 하는 장소에 의해서도 측정치가 벗어난다. 특히 제일 바깥쪽이 크게 벗어나기 때문에 절대로 사용하지 않는다. Standard의 1개 옆에 모든 샘플이 있도록 올리는 것이 이와 같은 오차를 줄이는데 도움이 된다 (그림 2).

⑧ 보통의 피펫 tip으로 샘플 용액과 같은 용액량 정도의 매트릭스 용액을 샘플 spot 상에 적하한다

⑨ 샘플 plate 상의 샘플 용액이 건조할 때까지 가만히 방치한다

⑩ 질량분석계로 측정한다 (3장 4 참조)

4. MALDI-TOF MS에 의한 Peptide 질량의 측정 및 데이터베이스 검색에 의한 목적 단백질의 동정

이 방법으로 무엇을 해석할 수 있을까

MALDI-TOF MS는 조작이 간편하고, 많은 샘플을 단시간에 해석하여, 동정할 수 있는 것이 장점이지만, 샘플이 복수의 단백질이 함유되어 있는 혼합물의 경우, 동정이 곤란하기 때문에, 겔 band와 같은 단일 단백질을 깨끗이 분리하는 것이 필요하다.

머리말

MALDI-TOF MS는 몇 개 있는 질량분석 (MS)의 방법 중에서도 가장 일반적으로, 기기만 있으면 가볍게 미량 단백질을 동정할 수 있다. 그러나 해석하는 샘플이 복수의 단백질 유래의 혼합물인 경우, 얻어진 결과로부터 동정하는 것이 곤란하기 때문에, 보통 겔 band와 같은 하나의 단백질로 분리한 것을 하나씩 효소로 digestion 하고, 얻어진 peptide의 질량을 측정한다. 샘플이 깨끗하면 할수록, 또한 양이 많으면 많을수록 동정할 수 있는 확률은 높아진다.

원리

질량분석계는 그림 1에 나타낸 바와 같이, 이온화부, 분리부 및 검출기로 구성되어 있다. 이온화의 방법으로서는 본 항에서 소개하는 MALDI (matrix-assisted laser desorption/ionization)와 나중에 기술하는 ESI (electrospray ionization)가 peptide의 분석을 위해 널리 이용되고 있다. MALDI에서는 샘플을 매트릭스 화합물과 혼합하여 건조시키고, 이것에 레이저를 조사함으로써 peptide를 이온화 한다. 한편 ESI에서는 샘플용액을 도입한 모세관의 끝에 전압을 걸어 주는 것에 따른 정전 분무에 따라 이온화 된다. 보통은 액체 크로마토그래피 (LC)에 접속하여 peptide를 분리하면서, 연속적으로 질량분석을 실시한다. 장치의 세팅이나 조작이 복잡하여 아무것도 모르는 사람이 갑자기 실시하는 것은 어렵지만, 어느 정도 복잡한 화합물이라도 쉽게 측정할 수 있다. 또한 이온 분리부에서는 비행시간형 (TOF : time of flight), 4중극형 (Q : quadrupole) 혹은 이온 트랩형 (IT : ion trap) 등의 방법이 있다. 본 항에서 소개하는 것은 TOF에 의한 것으로, 이것은 가속된 이온이 검출기에 도달하는 비행시간을 측정하고, 질량을 산출한다. 감도 및 정확도 면에서 우수하다. 질량분석법에 의한 단백질의 동정에는 PMF (peptide mass finger printing)법과 MS/MS 법 (tandem MS라고도 함)이 널리 사용되고 있다. PMF란 특정의 단백질을 trypsin 등의 protease로 digestion 함으로써 얻어지는 각 peptide의 질량의 조합이 각각의 단백질에 확률적으로 고유하다는 것을

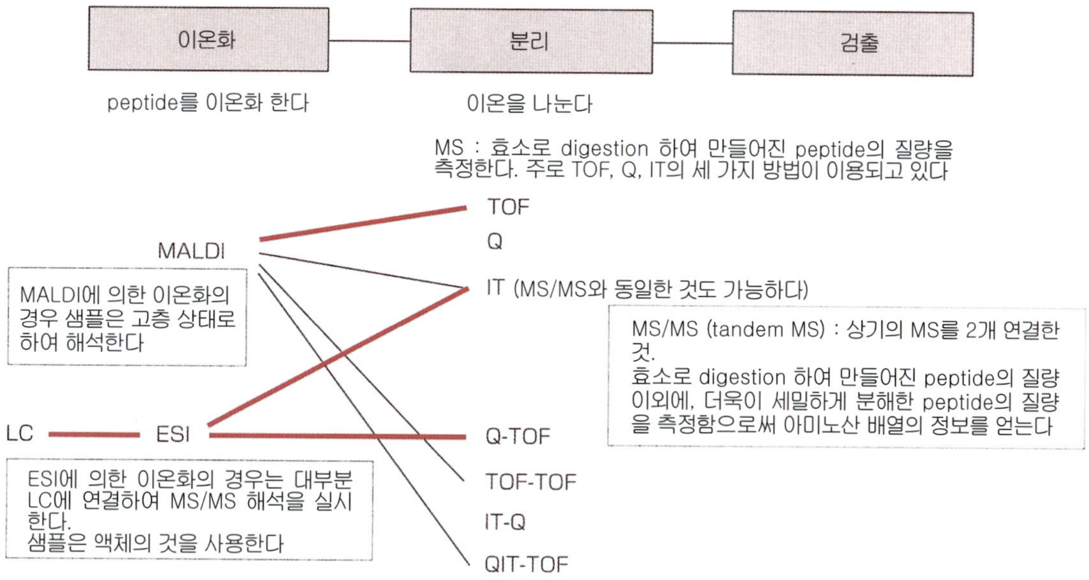

그림 1. 질량분석계 개념도

질량분석계는 보통 이들 방법의 조합의 이름으로 불린다. MALDI-TOF, LC-ESI-Q-TOF 등, 혹은 더욱 간결하게 LC-MS/MS, TOF-MS 등으로 총칭하는 경우도 있다. 주로 자주 이용되는 방법은 선으로 연결하여 표시하였다. 두꺼운 선은 지금까지 특히 자주 이용되고 있는 방법.

MALDI : matrix-assisted laser desoption/ionization, TOF : time-of-flight, Q : quadrupole, IT : ion trap, ESI : electrospray ionization, LC : liquid chromatography

이용한 것이다. 이 질량의 조합을 정보로서 데이터베이스 검색을 실시하고 단백질을 동정한다. 한편 MS/MS법의 경우, 효소 digestion peptide 단편의 질량을 측정하고, 더욱이 각각의 peptide를 질량분석계 중에서 붕괴시켜, 붕괴산물의 질량을 측정함으로써, peptide의 아미노산 배열에 관한 정보가 데이터베이스 검색에 의해 얻어진다 (나중에 기술하는 3장 5 참조). 본 항에서는 MALDI-TOF에 의한 MS 해석 (3장 4)과 LC에 접속한 MS/MS (Q-TOF)에 의한 해석 (3장 5)을 소개한다. 또한 최근 Applied Biosystem 회사로부터 MALDI-TOF/TOF라는 새로운 방법의 tandem MS 해석 장치가 시판되었다. 이 기기에서는 지금부터 기술하는 MALDI-TOF 해석과 완전히 동일한 샘플을 이용하여 MS/MS 해석을 할 수 있다.

준비물

〈기기〉

MALDI-TOF MS : 여기서는 본 연구실에 설치되어 있는 Applied Biosystems 회사의 Voyager DE PRO를 예를 들어 소개한다 (그림 2)

프로토콜

1 MALDI-TOF MS에 의한 Peptide 질량의 측정

① MALDI plate를 질량분석계의 안에 넣는다

② Reflector mode (memo 참조)에서 standard peptide 질량을 측정한다. 측정치가 안정될 때까지 몇 회 장소를 변경하여 측정한다

③ 샘플을 측정한다

④ 얻어진 측정치를 Excel 파일로 보존한다

☞ 측정치는 자동으로 부속된 소프트웨어로 선택하게 할 수 있지만, 정확하게 피크가 선택되지 않는 경우도 있기 때문에, 그 때에는 자신이 피크를 보고 선택한다. 1개로 보이는 피크도 자세히 보면 동위체 이온도 검출되는 경우도 있어 복수의 피크로 되어 있다. 이 때 반드시 제일 왼쪽에 나와 있는 monoisotopic인 것을 선택한다 (3장 5의 그림 8 참조). Monoisotopic이란 peptide를 구성하는 원소가 단일 동위체만으로 구성되어 있는 것을 지칭한다 (13C 등이 포함되어 있지 않은 peptide) (문헌 1).

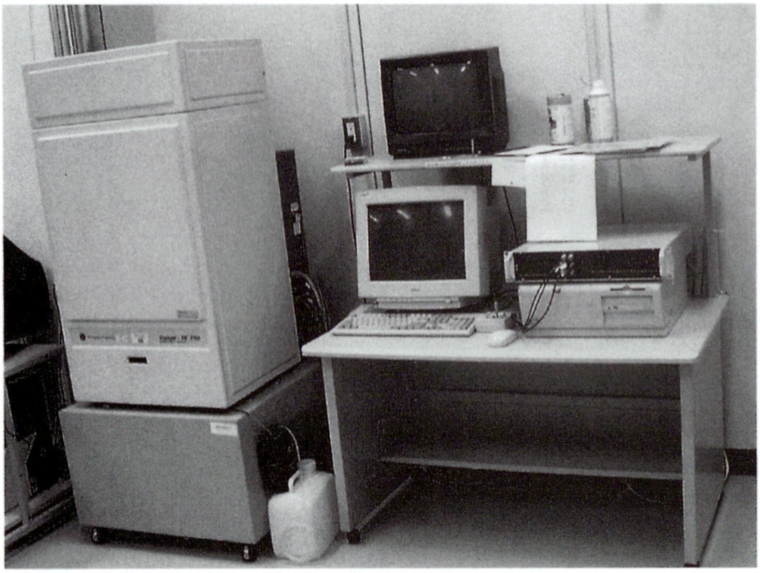

그림 2. 질량분석계 (MALDI-TOF MS : Voyager DE PRO)

2 Mascot를 이용한 데이터베이스 검색에 의한 목적 단백질의 동정 (PMF의 경우)

① Mascot 검색화면상*에서 PMF (peptide mass fingerprint)를 선택한다 (그림 3A)

> * Matrix Science 회사로부터 구입하는 것도 가능하지만, 외부에 정보가 새는 것을 걱정하지 않는다면 웹 사이트에서 무료로 다운로드 할 수 있다. (http://www.matrixscience.com/cgi/index.pl?page=/search-form-select.html)

② 얻어진 측정치를 화면상에 copy, paste

③ 각 설정치를 확인한다. 보통은 modification : carbamidomethyl (그림 4B), error : 100 ppm (그림 4D), monoisotopic (그림 4F)으로 하여 검색한다.

> 어떤 이유로 동위체 이온의 평균치로 검색하고 싶은 경우에는 Mass Values에서 Mr, average를 선택하지만, 보통은 MH^+, Monoisotopic을 선택한다 (그림 4E). Modification은 본 항의 프로토콜에서는 iodoacetamide로 알킬화를 실시하고 있기 때문에 (3장 3 참조), carbamidomethyl 화로 설정하지만, 이것과 다른 경우는 적절한 설정을 한다. 또한 oxi-Met (산화 methionine), pyro-glu (pyro glutamic acid), pY, pS, pT (tyrosine serine, threonine의 인산화), N-acetyl (단백질 N 말단의 아세틸화)이라는 수식도 자주 일어나기 때문에, 상황에 따라 variable로서 이들 수식도 넣어 검색한다 (그림 4C).

④ 검색결과를 확인, 스코어에 주목. 망에 걸친 부분보다 오른 쪽에 나와 있는 것은 거의 틀림없이 동정된 것이다 ($p < 0.05$) (3장 5의 그림 9 참조)

memo

〈측정방법〉

측정방법에는 linear mode와 reflector mode가 있다. 감도는 linear 쪽이 약간 높다고 알려져 있지만, 측정치의 정확도는 reflector 쪽이 10배 좋다 〔측정오차는 linear에서는 0.1%, reflector에서는 100 ppm (100만분의 1 × 100 = 0.01%) 정도〕. 정확도가 높을수록 나중의 데이터베이스 검색을 할 때 확실한 동정결과를 얻을 수 있기 때문에, reflector mode로 해석하는 것이 바람직하다. 이 경우, 질량 1,000의 peptide의 오차는 0.1 미만이 되어야 하기 때문에, 이것보다 측정치가 벗어나 있는 경우에는 calibration을 실시한다. 그리고 calibration 후, 다시 한번 반드시 오차가 이 범위 이내인 것을 확인한다. 이것은 나중에, 데이터베이스와 조회하여, 단백질을 동정할 때에 중요한 요소가 되기 때문에, 적어도 오차가 어느 정도인지는 인식해 둔다. 만에 하나 항상 100 ppm 보다도 오차가 클 때에는 우선 질량분석계의 성능을 전문가에게 조사하게 하는 것이 좋다고 생각하지만, 어찌되었던 지금 해석하고 싶다는 경우가 거의 대부분이기 때문에, 그때에는 오차 한도 내의 범위를 설정하여 검색한다.

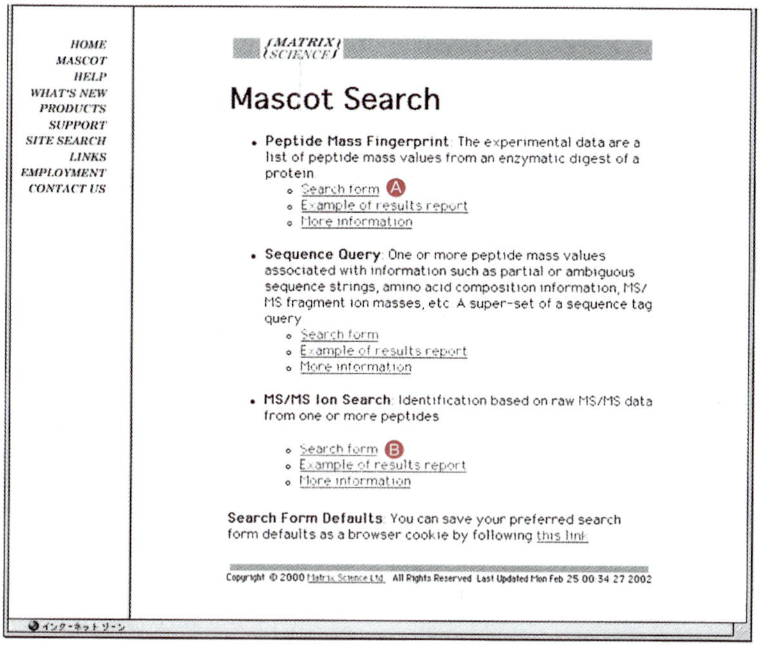

그림 3. Mascot 검색화면

Ⓐ PMF 해석 시 (본 장에서는 MALDI-TOF 해석 시)는 여기 (Search form)를 클릭한다

Ⓑ MS/MS 해석 시 (3장 5)는 여기 (Search form)를 클릭한다

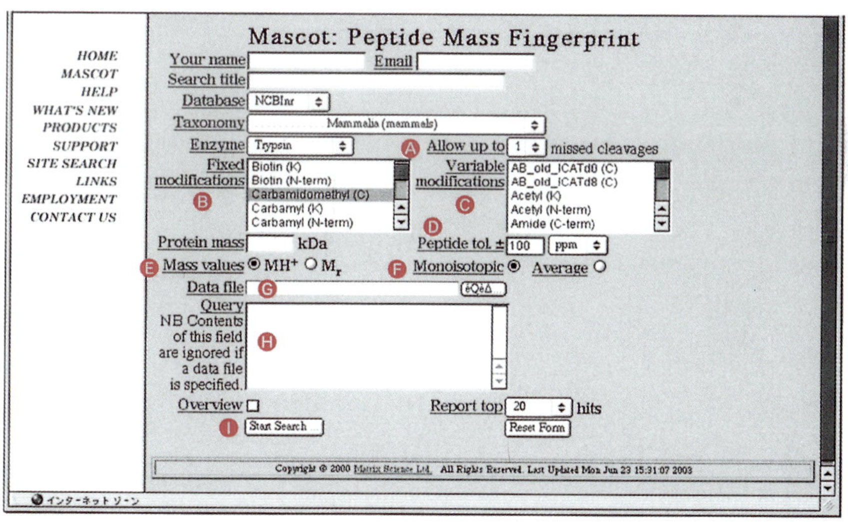

그림 4. Mascot의 PMF 검색화면

Ⓐ Allow up to : 보통 1 혹은 2로 설정한다

Ⓑ Fixed modifications : 본 법의 경우 carbamidomethyl (C)를 선택

Ⓒ Variable modifications : 필요에 따라 N-acetyl (protein), oxidation (M), phospho (ST), phospho (Y), Pyro-glu 등을 선택하지만, 보통은 선택하지 않는다

Ⓓ Peptide tol.± : 보통은 100 ppm으로 설정한다

Ⓔ Mass values : MH^+로 check

Ⓕ monoisotopic : Monoisotopic으로 check

Ⓖ Data file : file 명

Ⓗ Query : 여기서 측정치를 copy, paste

Ⓘ 모두 입력하면 클릭

실험 예

3장 5 참조

맺음말

MALDI-TOF MS 해석의 최대의 장점은 조작의 간편성이다. 기기는 대단히 고가이지만, 이것만 있으면 MS 해석을 한 경험이 없는 사람이라도 충분히 미량의 단백질을 동정할 수 있다. 동정의 성공 여부는 단백질의 순도와 양이다. 처음 이용하는 경우는 우선 BSA 등의 샘플로 연습하고, 이 정도의 농도라면 거의 결정할 수 있다는 것을 확인하는 것은 중요한 일이다. 1 pmol 정도의 BSA를 전기영동 하여 조제한 샘플을 데이터베이스 검색으로 동정할 수 없는 경우는 어느 MS 해석 방법이든, 샘플 조제에 문제가 있다고 생각되기 때문에, 동정할 수 있을 때까지 반복해야 한다.

그러면 결정할 수 있는 미량 단백질이란 도대체 어느 정도의 양을 말하는 것일까? 수 fmol 레벨이라도 동정할 수 있다는 이야기는 자주 듣지만, 이것은 겔로부터 잘라 내는 것이 아니라, 정제된 표준품을 사용하고, 게다가 그것이 무엇인지를 알고 있는 경우가 많다. 실제로 자신이 목적으로 하는 샘플을 해석하고 싶은 경우에는 이것과 큰 차이가 있어서 고민하는 경우가 있다고 생각한다. 같은 양의 샘플이라도 MS 해석의 방법이나 단백질의 순도에 따라 동정할 수 있는 확률은 다르다. 저자는 Coommassie 염색으로 보이면 항상 높은 확률로 동정할 수 있지만, 그 이하의 경우는 결정할 수 있는 경우도 있고, 결정할 수 없는 경우도 있는 것으로 생각하고 있다. 은 염색으로 길게 염색하여 background가 완전한 흑색으로 되어 겨우 볼 수 있는 정도의 band는 우선 결정할 수 없는 것으로 생각하고 있다. 이 경우에는 몇 번이나 같은 양으로 MS 해석을 반복하는 것 보다 오히려 더욱더 많은 목적 단백질을 깨끗하게 얻는 것을 생각하는 것이 실제로는 지름길일 것이다. MS 해석의 전문가 집단의 그룹조차, 항상 Coommassie 염색으로 단백질을 검출하여 동정하고 있는 경우도 있을 정도이다. 물론 항상 은 염색으로부터 동정하고 있는 경우도 있기 때문에, 그것이 불가능하다고 말하고 싶은 것이 아니고, 미량 단백질을 동정하는 것이 목적이 되지 않는다는 편이 좋다는 것이다. 아마 대부분의 연구는 단백질을 동정하는 것이 끝이 아니라, 동정하고 나서 시작하는 것으로 생각하기 때문에, 각각의 실험실에서 결정할 수 있는 양의 기준만 정하고, 그 후는 이 책에서 소개되어 있는 방법으로 목적 단백질을 가능한 한 많이 정제하는 것을 지향한다면 최종 목표로의 지름길이 될 것으로 개인적으로는 생각하고 있다.

참고문헌

1) 志田保夫 他 著：これならわかるマススペクトロメトリー，化学同人，2001

5. LC-MS/MS에 의한 Peptide 질량 측정 및 데이터베이스 검색에 의한 목적 단백질의 동정

이 방법으로 무엇을 해석할 수 있을까

LC-MS/MS 법은 미지 생체시료에 함유된 다수의 단백질을 안번에 동정할 수 있는 고성능 분석법이다. 취득한 질량정보를 이용하여 peptide 내부의 아미노산 배열 및 여러 가지 번역 후 수식과 그의 위치를 결정할 수 있다.

i) Peptide 질량의 측정

액체 크로마토그래피 (LC)와 질량분석 (MS)를 조합한 LC-MS/MS 법은 미지 단백질 시료의 protease digestion 화합물을 분리하고, 각 peptide 및 그의 내부 단편의 정밀 분자량 측정을 실시함으로써, 단백질 동정에 필요한 아미노산 배열 정보를 취득할 수 있다. 본 방법은 ① 단백질 혼합물의 해석에 적용할 수 있으며*, ② 질이 좋은 MS/MS 데이터 (내부 구조정보)를 얻을 수 있기 때문에, 단백질 동정의 정확도가 높고 (배열 tag 법으로 부르며, 원리적으로는 1 peptide의 측정 데이터로부터의 단백질 동정이 가능), ③ 온라인화에 의해 시료의 loss가 적으며, ④ 자동화에 적합하다, 등의 장점이 있다. 그러나 일반적으로는 분석 시스템의 조정이나 취급에 경험을 필요로 한다.

> * 이온 교환 칼럼과 역상 칼럼을 조합한 2차원 액체 크로마토그래피 (2D-LC)를 이용함으로써, 복잡한 단백질 혼합물 시료 (세포의 추출액 등)의 해석에도 적용할 수 있다 (2D-LC-MS/MS 법, 참고문헌 1)

원리

해석의 흐름을 그림 1에 나타내었다. 단백질 시료 (정제물 혹은 혼합물)를 기질 특이성이 확실한 protease로 digestion 한 것을 준비한다. LC-MS/MS 법의 경우, digestion 화합물은 역상 액체 크로마토그래피에 의한 분리 후, 온라인으로 질량분석장치에 도입되어 이온화 된다. ESI 법에서는 칼럼으로부터 용출액을 전기적으로 spray 함으로써 용매가 제거되고, peptide는 복수의 proton을 가진 다가 이온이 된다. 질량 측정부에서는 비행시간형 질량분석법 (TOF-MS)의 경우, 전장에서 가속된 이온이 검출부에 도달하기까지의 시간을 계측함으로써 이온의 겉보기 질량 (질량과 전하의 비, m/z)이 측정된다. 각각의 peptide 이온 (parent 이온)은 겉보기 질량에 기초하여 사중극형 이온 trap 필터에 의해 선택된다. 아르곤 등의 불활성 가스와의 충돌로 생성되는 복수의 내부 절편 (daughter 이온)의 질량 측정 (MS/MS)을 실시함으로써 peptide 중의 아미노산 잔기, 그의 배열이나 번역 후 수식에 대한 정보가 얻어진다. 각 parent 이온과 daughter 이온의 질량, 시

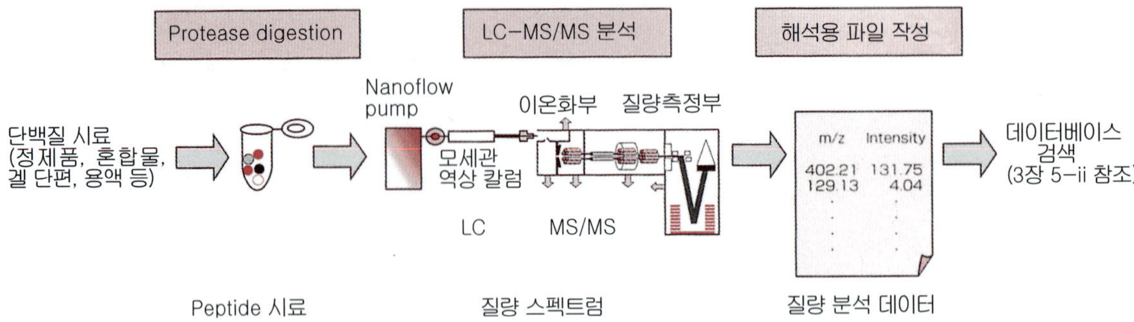

그림 1. LC-MS/MS법을 이용한 Peptide 질량 측정의 흐름

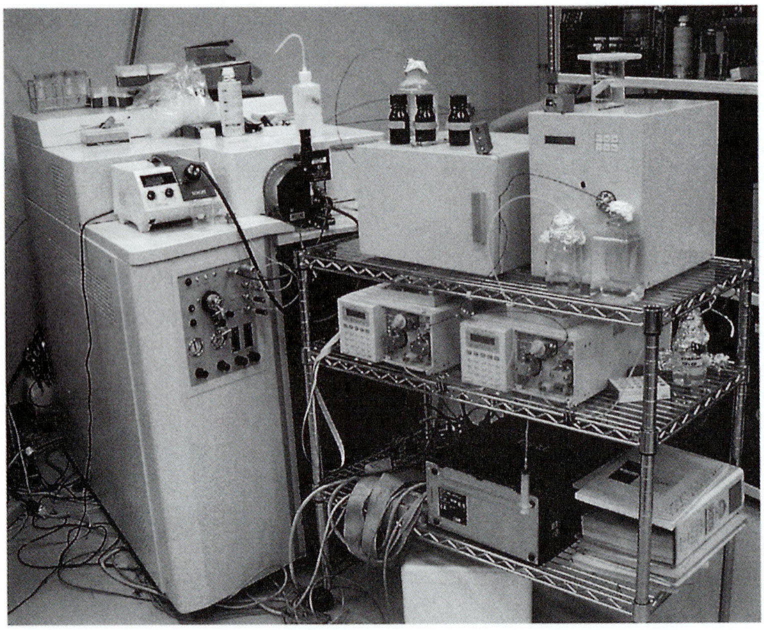

그림 2. Nanoflow-LC 시스템 및 ESI-MS/MS (Q-TOF) 질량분석장치

그널 강도 및 사용한 protease의 기질 특이성을 하나의 데이터 세트로 하여, 기존의 아미노산 배열 데이터베이스를 검색함으로써, 단백질을 특정할 수 있다 (데이터베이스 검색의 상세한 부분은 다음 항목을 참조).

준비물

〈환원 알킬화, trypsin digestion〉

1) 시약

- 3 M Tris-HCl (pH 8.5)
- Guanidine hydrochloride (분말)
- 0.5 M EDTA, pH 8.0
- 0.1 M DTT (사용직전에 조제)
- 0.2 M iodoacetamide (사용직전에 조제)
- 질소 가스
- 메탄올
- 클로로포름
- 0.1 M Tris-HCl (pH 8.5)
- 8 M 요소/0.1 M Tris-HCl (pH 8.5)
- Trypsin (sequence grade)

2) 기기

· 진탕기
· 37℃의 항온조

〈LC-MS/MS 분석〉

1) 시약

· 0.1% Formic acid/증류수
· 0.1% Formic acid/아세토니트릴

2) 기기 (그림 2 참조)

· Nano Flow LC 시스템 (유속 50~1,000 nℓ/분 정도로 사용할 수 있는 것) (Nano Solution 회사 Nano LC 시스템)
· Capillary 역상 칼럼 (ODS 충진 fused 실리카, 내경~0.2 ㎜*)
· ESI-MS/MS 질량분석장치 (Micro Mass 회사 Q-Tof2)

* 미량시료 (fmol order)의 해석을 목적으로 하는 경우, 질량분석장치에 도입하는 시료농도를 높이기 (용출체적을 작게 함) 위해, 역상 칼럼의 미소화나 저유속화 등의 고안이 필요하게 된다. 우리들이 사용하는 시스템에서는 약 1 ㎍의 시료로부터 한번의 분석으로 100종류 정도의 단백질을 동정할 수 있는 성능을 가진다 (참고문헌 2).

프로토콜

1 단백질 용액으로부터의 시료조제 (SDS-PAGE 겔 단편의 경우는 3장 3 참조)

① 단백질 시료 (1~10 ㎍ 정도)를 함유한 1.5 ㎖ 튜브에 아래의 시약을 첨가하고, 200 ㎕로 만든다

		(최종농도)
Guanidine hydrochloride	1.33 ㎎	(7 M)
3 M Tris-HCl (pH 8.5)	20 ㎕	(0.3 M)
0.5 M EDTA	4 ㎕	(10 mM)

탈이온 증류수 (전체가 200 ㎕가 되도록)

단백질 변형제로서 7 M guanidine hydrochloride 대신에 8 M 요소도 이용되고 있다. 예를 들면 비교적 고농도 (~수 ㎍/㎕ 정도)의 단백질 용액, 혹은 감압건조 후, 70% 메탄올로 염류를 세정한 침전물 시료를 출발재료로 하는 경우에는 8 M 요소 존재하, 10~20 ㎕의 반응 용매로 환원 carbamide 메칠화를 실시한다. 요소 농도를 2M 이하가 되도록 희석함으로써 직접 trypsin을 작용시키는 것이 가능하며, 메탄올·클로로포름 법에 의한 침전조작을 생략할 수 있다. 더욱이 조작의 간소화에 따라, 시료 회수율의 향상이나 케라틴 혼입의 저감도 기대할 수 있다.

② 0.1 M DTT를 10 ㎕ 첨가하고 (최종농도 5 mM), 튜브 내의 공기를 질소 가스로 치환 (30초간)하여 밀폐한다. 실온에서 1시간 incubate 하고 환원한다.

③ 0.2 M iodoacetamide를 10 ㎕ 첨가하여 (최종농도 10 mM), 튜브 내의 공기를 질소 가스로 치환 (30초간)하여 밀폐, 차광한다. 실온에서 1시간 incubate 하고, 시스테인을 carbamide 메칠화 한다

④ 환원 carbamide 메칠화 한 단백질 시료를 메탄올·클로로포름법으로 침전, 농축시킨다

메탄올 (4℃)을 600 ㎕ 첨가하여, 교반한다
↓
클로로포름 (4℃)을 150 ㎕ 첨가하여, 교반한다
↓
탈이온 증류수를 450 ㎕ 첨가하여, 교반한다
↓
15,000 rpm에서 3분간 원심분리 한다
↓
물·메탄올 (상층)과 클로로포름 (하층)의 경계면에 단백질이 모이기 때문에, 계면 부근을 남기고 상층을 흡인, 제거한다
↓
메탄올 (4℃)을 450 ㎕ 첨가하여, 교반한다
↓
15,000 rpm에서 3분간 원심분리 한다
↓
메탄올·클로로포름 용액을 흡인, 제거한다 (단백질은 튜브 아래에 침전한다)
↓
침전을 감압 건조한다

⑤ 8 M 요소/0.1 M Tris-HCl (pH 8.5)을 10 ㎕ 첨가하여, 침전을 용해한다

⑥ 0.1 M Tris-HCl (pH 8.5)을 30 ㎕ 첨가하여, 요소농도가 2 M 이하가 되도록 희석한다

⑦ Trypsin (100 ㎍/㎕)을 1 ㎕ 첨가하고, 37℃에서 8~16시간 digestion 한다

⑧ Digestion 화합물은 -80℃에서 보존한다 (사용직전에 formic acid를 첨가하여 분해시료로 한다)

2 LC-MS/MS 분석

① LC 시스템 및 질량분석장치를 순서에 따라 가동하고, 준비한다

② Capillary 역상 칼럼을 0.1% formic acid/증류

수로 충분히 평형화 한다 (유속 500 nℓ/분)

③ 시료용액을 formic acid (~5% 정도)로 산성화하고, 칼럼에 도입한다 (유속 500 nℓ/분)

④ 칼럼을 0.1% formic acid/증류수로 세정 후, 유속을 낮추고 (100 nℓ/분), 칼럼 출구를 drain으로부터 질량분석장치로 전환한다*. 이 사이에 질량분석계에 의한 모니터를 개시하고, 도입 이온량이 적정한지를 확인한다

> ☞ 시료나 반응용액에 포함된 불휘발성의 염류는 시료의 이온화를 방해하거나, 질량분석장치의 성능을 저하시키는 경우가 있다. 시료조제의 단계에서 염농도를 낮게 억제한다. 탈염, 농축용의 pre-column을 이용하는 등의 고안으로, 이들 영향을 최소한으로 억제할 필요가 있다.

⑤ LC 시스템의 gradient program을 시작하여, 0 → 70% 아세토니트릴의 직선농도 구배로 peptide를 용출한다 (유속 100 nℓ/분). 동시에 질량분석에 의한 측정을 개시하고, 용출물의 MS 및 MS/MS 데이터를 취득한다

⑥ 측정 종료 후, 취득 데이터를 검색용 데이터 포맷으로 변환한다 (데이터베이스 검색의 상세한 것은 다음 항 ii를 참조)

ii) Mascot를 이용한 데이터베이스 검색에 의한 목적 단백질의 동정 (MS/MS의 경우)

얻어진 peptide의 질량분석 (MS 및 MS/MS) 데이터를 아미노산 배열 데이터베이스와 비교, 조회하고, 가상의 protease digestion peptide의 분자질량 (MS) 및 아미노산 배열 (MS/MS)이 일치하는 것을 목적 단백질로서 동정할 수 있다 (그림 3).

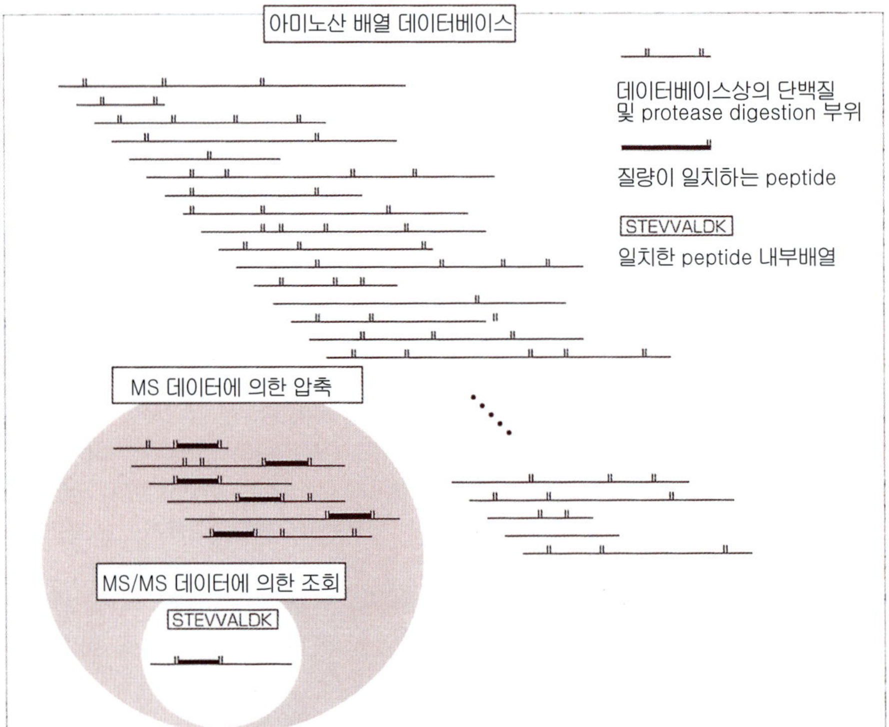

그림 3. 질량분석 데이터에 기초한 데이터베이스 검색에 의한 목적 단백질 동정법의 개념
데이터베이스상의 모든 단백질에 대하여 아미노산 배열에 기초한 가상의 protease digestion을 실시한다. 실측된 peptide 질량 (MS 데이터)과 일치하는 것을 추출하고, 더욱이 내부의 아미노산 배열 (MS/MS 데이터)을 조회함으로써 peptide를 특정하고, 단백질을 동정한다 (배열 tag 법)

원리

LC-MS/MS 해석 데이터로부터의 목적 단백질 동정에는 ① peptide 말단의 아미노산 잔기 (protease의 기질특이성), ② peptide의 질량 (MS), ③ peptide의 내부 단편의 질량 (MS/MS), 이들 3종류의 정보가 이용된다. 여기서는 단백질의 trypsin digestion 화합물을 예로서 해설하고자 한다. Trypsin은 lysine 혹은 arginine의 carboxyl 말단 측의 peptide 결합을 절단하기 때문에, 거의 대부분의 경우, carboxyl 말단에 유일한 lysine/arginine을 가진 peptide를 생성하는 것으로 생각된다. 검색 엔진은 이와 같은 말단 아미노산 정보를 이용하여, 방대한 아미노산 배열 데이터베이스로부터 관측된 peptide의 질량에 부합되는 후보 peptide를 도출한다. MS/MS 분석에서는 아르곤 가스와의 충돌로 아미노산 잔기 간의 peptide 결합부위가 random 하게 열리지만, 주로 전하를 가진 아미노 말단 (α 아미노기), 혹은 카르복실기 말단 (lysine/arginine)을 포함한 여러 길이의 내부 단편이 스펙트럼으로 검출된다 (나중에 기술하는 실험 예의 그림 10 참조). 피크 사이의 간격 (질량의 차이)에 20종류의 아미노산 중 어느 것이 해당하는지에 따라 순차적으로 아마노산 배열을 추정할 수 있다 (leucine과 isoleucine은 질량으로 구별할 수 없다). 검색 엔진으로는 후보 peptide의 이론적인 MS/MS 시그널과 실험치를 비교 조회함으로써 이들이 동일일 가능성을 대규모로 신속하게 판정한다. 이와 같이 부분 아미노산 배열에 근거한 단백질 동정법을 배열 tag 법이라고 하며, 원리적으로는 1개 peptide로부터의 단백질 동정도 가능하다. 그러나 검출 peptide 수가 적은 경우에는 상동성이 높은 단백질 사이를 구별하는 것은 어려우며, 또한 데이터베이스에 등록되어 있지 않은 단백질에 적용할 수 없다.

준비물

- ·인터넷에 접속된 컴퓨터
- ·인터넷 브라우저
- ·i)에서 작성한 분석 데이터 파일

프로토콜

·배열 tag 법에 근거한 여러 가지 데이터베이스 검색 프로그램 (81 페이지 memo 참조) 중에서 Web 상에서 공개되어 있는 Mascot (Matrix Science)에 대하여 해설한다

① Mascot Search에 access 한다 (http://www.matrix-science.com/cgi/index.pl?page=/search_form_select.html : 3장 4, 그림 3 참조)
② MS/MS Ion Search의 항목에 있는 Search form을 선택한다
③ 검색조건을 입력한다 (그림 4)
④ Start Search 버턴을 누른다
⑤ 검색결과 (Mascot Search Results)가 표시된다 (그림 5 위)
⑥ 결과의 판정과 단백질 동정 :
유의한 스코어를 나타낸 후보에 대해서만, 결과의 판정을 실시한다*. 복수의 후보로 MS/MS 데이터가 공유되어 있는 경우, 가장 스코어가 높은 후보를 동정결과로 한다. 또한 완전히 독립한 MS/MS 데이터가 이용되고 있는 경우, 복수의 후보 각각을 동정결과로 한다. 상동성이 높은 복수의 단백질이 포함되어 있지 않은 시료의 경우, 각 단백질 고유의 배열에 기초하여 구별한다. 또한 고유배열이 검출되지 않은 경우에는 다른 수단에 의한 확인이 필요하다.
각 행의 MS/MS 데이터 (Query의 아래 숫자)를 클릭 함으로써, MS/MS 시그널의 아미노산 배열로의 귀속이나 실제의 질량오차를 확인할 수 있다 (Peptide View : 그림 5 아래). 질량 오차의 전체적인 경향을 파악하고, 이들에 근거한 검색조건에서 다시 검색함으로써 후보를 압축하는 것도 가능하다

☞ 이 검색 프로그램에서는 모든 MS/MS 데이터를 하나의 파일로서 검색하고, 각 단백질에 대하여 얻어진 peptide 스코어의 합계에 근거하여 결과의 판정을 실시한다. 이 경우, 역치 이하의 스코어를 나타내는 peptide도 단백질 동정에 이용되게 된다. 한편, 우리들의 연구실에서는 하나의 MS/MS 데이터를 하나의 파일로 하고, 수백~수만의 파일에 대하여 일제히 검색을 실시하고 있다 [Mascot Daemon (Matrix Science 회사)을 사용]. 스코어에 근거하여 1개 peptide (MS/MS 데이터)마다 단백질을 결정하고, 모든 결과를 정리하여 최종적인 동정결과로 하기 위해 판정은 검출된 peptide 수에 의존하지 않는다. 이와 같은 검색방법은 복잡한 단백질 혼합물에 포함된 미량성분의 동정에 적합하다 (참고문헌 1).

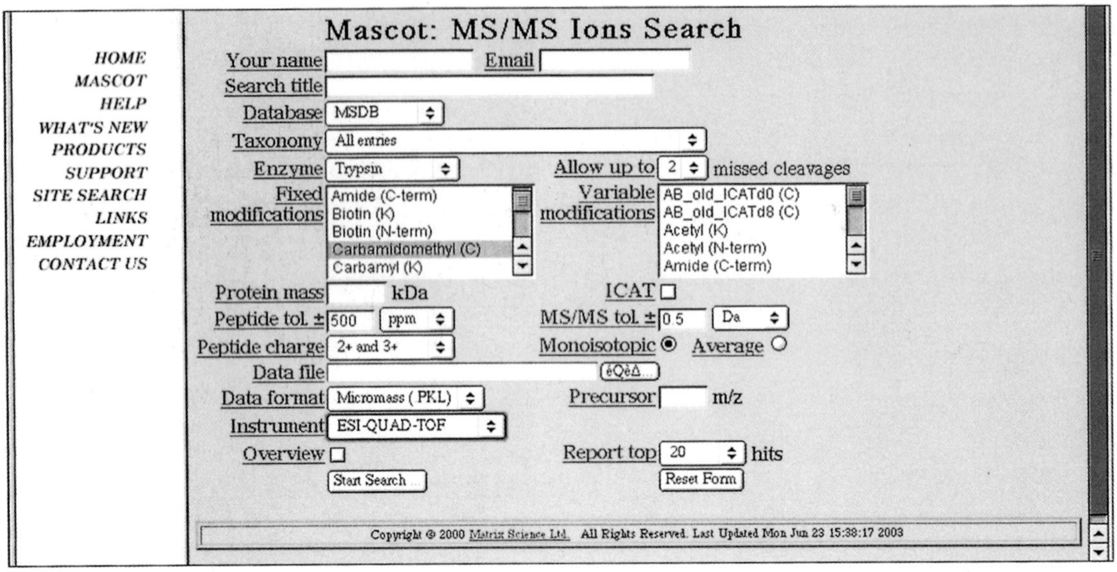

그림 4. Mascot의 검색화면

Your name, Email, Search title : 각각 입력
Database : 목적에 따라 데이터베이스를 선택, *NCBInr*이 일반적
Taxonomy : 단백질 시료가 유래하는 생물 종을 선택[주 1)]
Enzyme : 사용한 protease를 선택
Allow up to : 검색대상으로 하는 peptide의 불완전 소화 (missed cleavage)의 허용 수를 선택. 2 혹은 3이 일반적
Fixed modifications : 환원 carbamide 메칠화를 실시한 시료의 경우, Carbamidomethyl (C) 를 선택
Variable modifications : 생체 내에서의 번역 후 수식, 시료조제 시의 변화 등, 가능성이 있는 일반적인 아미노산 수식을 선택[주 2)]. 예를 들면, *N-Acetyl (Protein)*, *Oxidation (M)*, *Phospho (ST)*, Phospho (*Y*), *Pyro-glu (N-term Q)*
Protein mass : 입력하지 않음
ICAT : 선택하지 않음
Peptide tol. : Peptide 질량 (MS)의 측정정도에 따른 수치를 입력. 예를 들면 *500 ppm*[주 3)]
MS/MS tol. : 내부 단편 질량 (MS/MS)의 측정 정확도에 따른 수치를 입력. 예를 들면 *0.5 Da*[주 3)]
Peptide charge : ESI-MS/MS에서는 다가 이온을 생성하기 때문에 2^+ and 3^+ 를 선택
Monoisotopic/Average : *Monoisotopic*을 선택
Data file : 검색용 포맷으로 출력한 MS/MS 데이터 파일을 지정
Data format : 사용한 질량분석장치 (제조업체)에 따라 선택. Micromass 회사 제품 Q-Tof2의 경우는 *Micromass (.PKL)*
Instrument : 질량분석장치의 방식을 선택. Q-Tof2의 경우는 *ESI-QUAD-TOF*
Overview : 선택하지 않음
Report top : 검색결과에 표시하는 후보 단백질의 최대수를 선택. 최대 *50*

주 1) 마우스 유래의 시료에서는 Mus musculus, 혹은 mammalia를 선택한다. mammalia의 경우, 이종 상동단백질을 포함한 대량의 아미노산 배열에 대하여 검색을 실시함으로써 데이터베이스의 부재 (등록배열의 적음 등)를 보충할 수 있으며, 그 중에서도 유전자 해석이 진행되지 않고 있는 생물 종 유래의 시료에 대해 효과적이다.

주 2) Variable modifications에 있어서 한 번에 다수의 수식을 선택하면 스코어의 역치가 상승하여 동정되는 단백질 수가 적어지게 된다. 번역 후 수식의 검출이 목적이 아닌 이상, 선택 수는 필요 최저한으로 억제하는 편이 좋다.

주 3) 질량 측정에 내부 표준을 이용하지 않기 때문에 측정 정확도를 충분히 초과하는 수치를 이용하여 검색을 실시한다. 검색결과로부터 실제의 질량 오차의 경향을 파악한 후, 다시 조건설정과 검색을 실시함으로써, 보다 정확도가 높은 동정결과를 얻는 것도 기대할 수 있다.

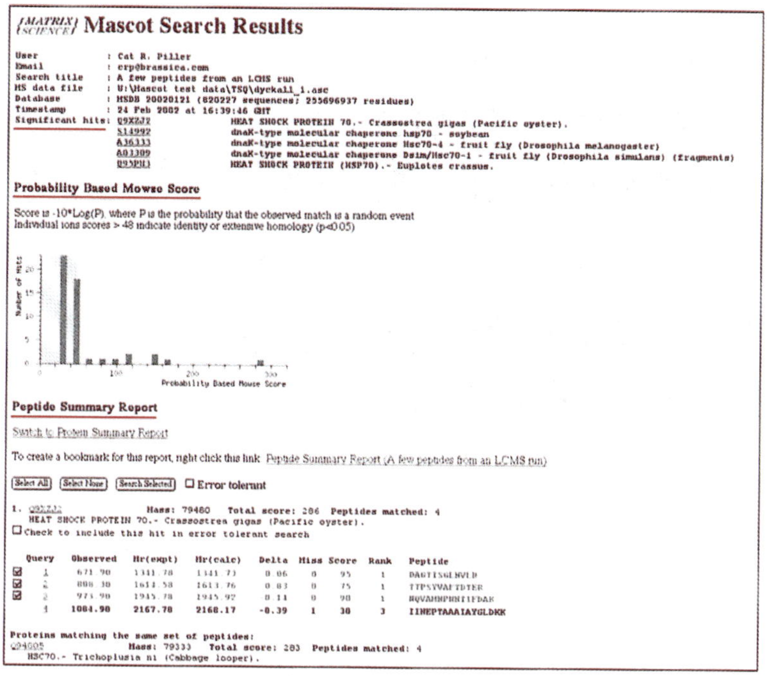

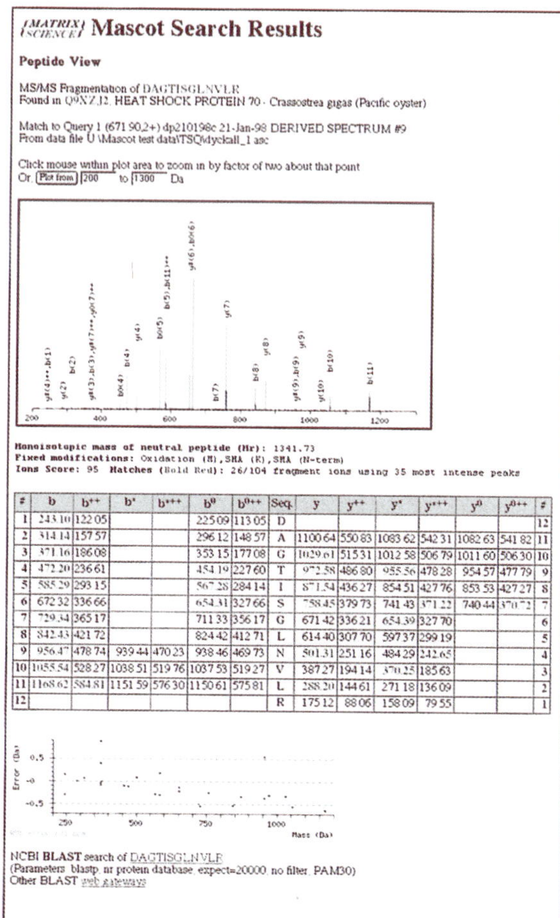

그림 5. 검색결과

위) 후보 단백질의 개요

Significant hits : 후보 단백질 이름의 일람

Probability Based Mowse Score : 각 후보 단백질이 목적 단백질일 가능성을 나타낸 그래프. 횡축이 가능성을 나타낸 스코어 (사선의 영역을 넘은 것을 유의한 결과로 간주한다), 종축은 후보 단백질의 수

Peptide Summary Report : 후보 단백질의 정보, 스코어 및 각 MS/MS 데이터에 대한 실측과 계산상의 질량, 질량오차, 스코어, 아미노산 배열 등의 일람. 여기서는 최상위 후보만을 나타내었다

아래) 각 peptide의 상세정보 (여기서는, 위의 그림의 Query 1을 클릭 한 결과를 표시)

Peptide View : MS/MS 스펙트럼의 귀속. 이론적으로 생성될 수 있는 peptide의 내부단편의 질량 일람 및 각 시그널의 질량오차를 나타낸 그래프

memo

주요한 데이터베이스 검색 프로그램

Mascot

http://www.matrixscience.com/cgi/index.pl?page=/search_form_select.html

MS-Tag

http://prospector.ucsf.edu/ucsfhtml4.0/mstagfd.htm

PepFrag

http://129.85.19.192/prowl/pepfragch.html

Peptide Search

http://www.narrador.embl-heidelberg.de/GroupPages/pageLink/peptidesearch/Services/PeptideSearch/FR_PeptidePatternFormG4.html

SEQUEST

http://fields.scripps.edu/sequest

실험 예

1 단백질 X의 결합 단백질의 해석

면역침강에 의해 같이 침전되는, Coommassie 염색으로는 보이지 않지만 negative stain으로는 보이는 정도의 양의 단백질 동정을 실시하였다.

세포 추출물로부터의 면역침강물에 대하여 SDS-PAGE를 실시하여, 분리된 단백질을 Coommassie 염색 및 negative stain으로 검출하였다 (그림 7). 겔 band를 잘라 내고, 환원 carbamide 메칠화 및 trypsin digestion 후, peptide를 추출하였다. 이 peptide에 대하여 MALDI-TOF MS 해석을 실시하고 (그림 8), 데이터베이스 검색을 실시하였다 (그림 9). 또한 같은 샘플을 LC-MS/MS 법 (Nano LC/Q-Tof2)에 의해서도 해석하고, 데이터베이스 검색을 실시하였다 (그림 10).

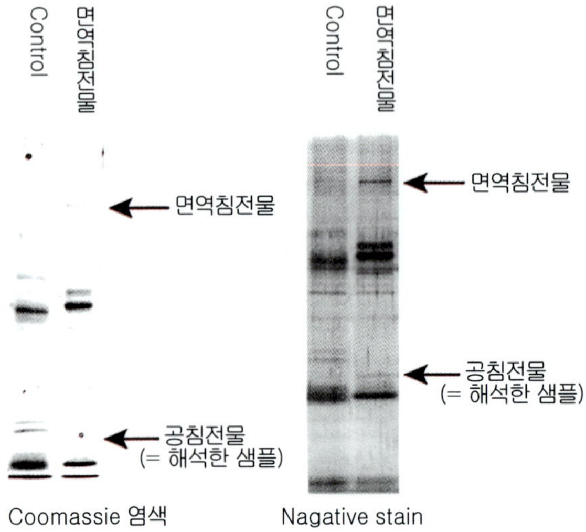

그림 7. 면역침강 후의 샘플의 SDS-PAGE
목적 단백질을 negative stain에서는 검출할 수 있었지만, Coomassie 염색에서는 검출할 수 없었다

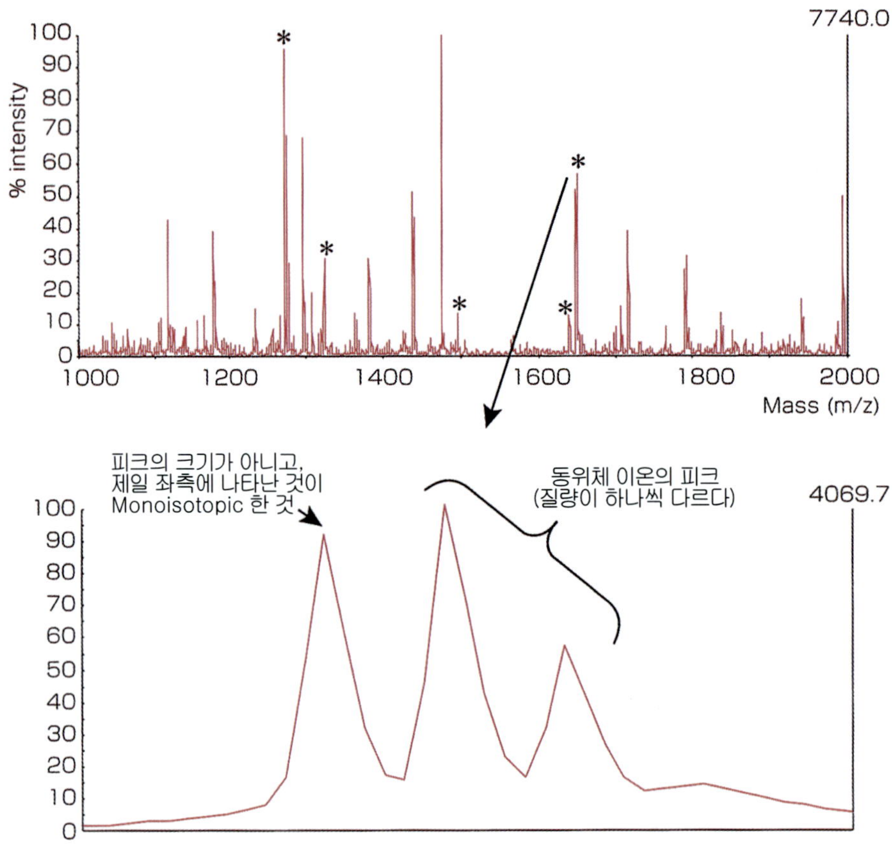

그림 8. Enzyme digestion 산물의 MALDI-TOF MS 스펙트럼
그림 7에 나타낸 band를 잘라내어, trypsin digestion을 실시하고, peptide를 회수 후, Voyager DE PRO (Applied Biosystems 회사)로 해석하였다

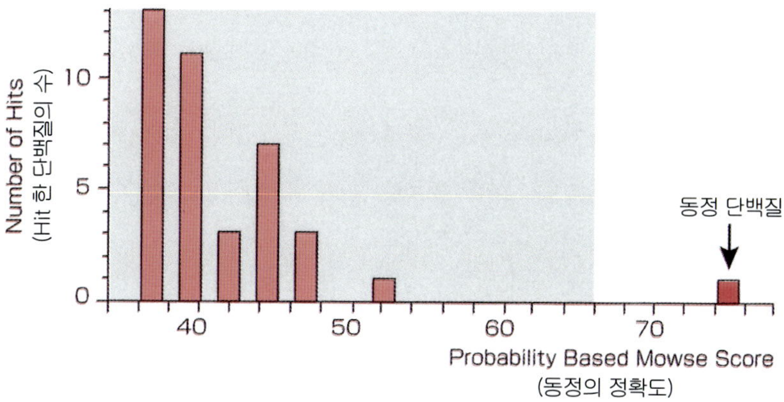

1. gi|3402185 Mass: 15630 Total score: **75** Peptides matched: 5
   X-Ray Crystal Structure Of The Human Galectin-3 Carbohydrate Recognition Domain (Crd) At 2.1 Angstrom Resolution
   gi|106937 Mass: 26349 Total score: 63 Peptides matched: 5
   galectin 3 (version 1) - human
   gi|1196442 Mass: 26189 Total score: 63 Peptides matched: 5
   (M35368) galactose-specific lectin [Homo sapiens]
   gi|4504983 Mass: 26229 Total score: 63 Peptides matched: 5
   (NM_002306) lectin, galactoside-binding, soluble, 3 (galectin 3); Lectin, galactose-binding, soluble, 3 [Homo sapiens]
   gi|14753274 Mass: 26193 Total score: 63 Peptides matched: 5
   (XM_051639) lectin, galactoside-binding, soluble, 3 (galectin 3) [Homo sapiens]
   gi|539597 Mass: 26228 Total score: 48 Peptides matched: 4
   galectin 3 (version 2) - human

그림 9. MALDI-TOF MS 해석의 측정치로부터 데이터베이스 검색 (화면을 trace 한 것)
횡축은 동정의 정확도를 나타내고, 스코어가 클수록 정확하다. 종축은 각각의 스코어 (동정의 확률)를 가진 단백질의 수를 나타낸다. 또한 그림의 바로 뒤에 스코어가 높은 순서로 후보 단백질의 리스트가 표시된다. 동정되는 단백질은 1개이어야 하기 때문에, 그림에 "동정 단백질"이라고 나타낸 것과 같이 다른 hit 수에 비해 스코어가 현저하게 높고, 그의 내역 (그림의 아래 리스트)도 동일한 단백질인 경우, 동정의 확률은 높아진다. 표준으로 그림의 회색 부분 ($p > 0.05$: 화면상에서는 사선으로 표시)보다도 우측인 경우는 대단히 정확하게 동정이 되었다고 생각된다 ($p < 0.05$)

2 실험결과

MALDI-TOF MS 해석에 있어서도 Nano LC/Q-Tof2 시스템에 의한 해석에 있어서도 목적 단백질을 galectin-3인 것으로 동정할 수 있었다.

3 고찰

여기서 해석한 샘플은 Coommassie 염색(Invitrogen 회사의 Simply Blue SafeStain)에서는 보이지 않지만, negative stain에서는, 확실히 보이는 양을 가진 것으로, 가장 일어날 수 있는 확률이 많다고 생각하여 소개하였다. Coommassie 염색에서는 확실히 보이는 정도의 양이 있는 샘플을 해석하는 경우는 그다지 걱정되지 않지만, 이 정도의 양이 되면 목적 단백질 유래 이외의 협잡물 (케라틴이나 튜브로부터 발생 가능성이 있는 것)도 MS로 검출할 수 있게 된다. 예를 들면, 같은 겔로부터 잘라 내어 동일한 조작을 하여, 동량 정도의 협잡물이 포함되어 있다고 해도, 대량의 목적 단백질이 존재하는 경우는, 협잡물의 시그널은 억제되어 검출되지 않지만, 목적 단백질이 대단히 적은 경우 등은 이러한 억제가 걸리지 않기 때문에, 비교적 확실히 보이게 된다. 이러한 경우, negative control로서 band 등이 없는 부분의 겔만을 잘라 내어 동일한 조작을 한 것을 준비하여 , 나중에 MS의 피크를 선택하였을 때 감산하고, 목적 단백질의 유래로 생각되는 것만을 데이터베이스 검색하면 된다. 이번 샘플도 이와 같이 하여 MALDI-TOF로 동정하고 있다. 또한 여기서 소개한 것 같이 LC-MS/MS 해석이 가능하다면, 같은 샘플을 해석하여 동정결과를 재확인 할 수 있다. LC-

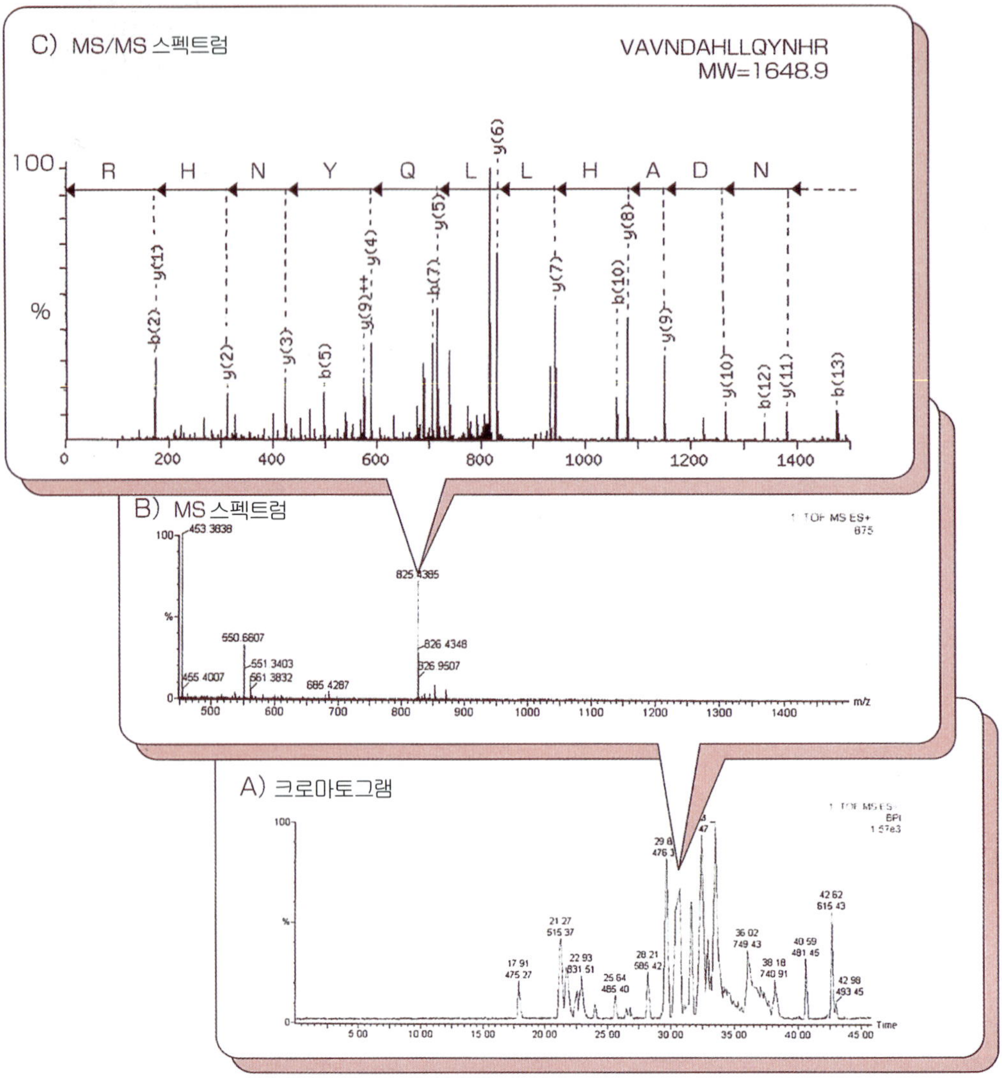

그림 10. Peptide 시료의 LC-MS/MS 법에 의한 해석
A) Peptide 시료의 크로마토그램, B) A에 있어서 30.4분에 용출된 피크의 MS 스펙트럼, C) B에서 용출된 이온 중에 m/z=825.4 (2가의 peptide ion)에 대한 MS/MS 스펙트럼.
LC에 의한 분리와 농축효과에 의해, 미량의 단백질 시료로부터도 양호한 MS/MS 데이터가 얻어지는 것을 알 수 있다. 데이터베이스 검색의 결과, 이 이온은 galectin-3에 유래하는 peptide인 것으로 동정되었다

MS/MS 해석의 경우, peptide를 액체 크로마토그래피로 분리하여 질량분석을 실시하기 때문에, 미량의 협잡물도 분리되어 그다지 걱정하지 않아도 된다. 또한 LC-MS/MS 해석을 할 수 없어도, 항체 입수가 가능하다면 Western blotting으로 확인함으로써 동정결과에 신뢰를 가질 수 있다.

참고문헌

1) Mawuenyega, K. G. et al. : J. Proteome Res., 2 : 23-35, 2003

2) Natsume, T. et al. : Anal. Chem., 74 : 4725-4733, 2002

제4장

항체 제작과 정제

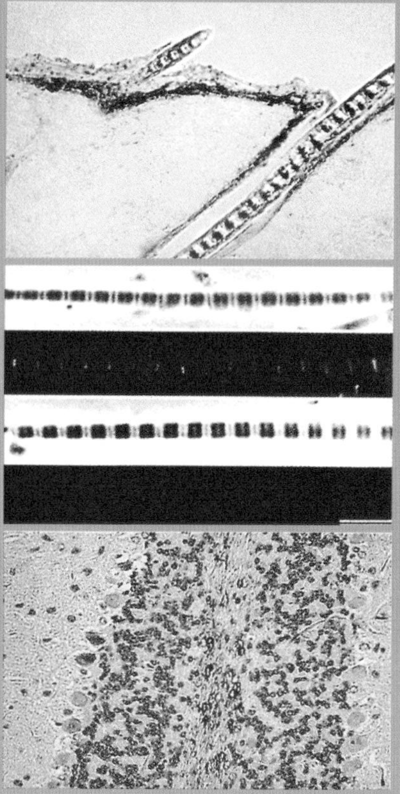

제4장 항체 제작과 정제

1. 면역동물의 선택과 면역

이 방법으로 무엇을 해석할 수 있을까?

항체를 제작하는데 있어서, 동물의 선택과 제작 수단은 대단히 중요하다. 토끼를 이용한 polyclonal 항체와 마우스를 이용한 monoclonal 항체가 주된 방법이지만, 마우스 polyclonal 항체나 랫드 monoclonal 항체 제작 등도 있다. 또한 phage display 법을 이용한 마우스나 사람의 monoclonal 항체의 제작도 주목을 받고 있다. 항체의 용도, 준비할 수 있는 항원량 등에 따른 선택법을 해설한다.

서론

토끼 polyclonal 항체나 마우스 monoclonal 항체에는 각각 용도에 따른 사용방법의 차이 이외에, 제작법에도 몇 가지 특징이 있다. 항체 제작의 선택에 있어서 고려해야 할 점은 아래와 같이 집약할 수 있으며, 어느 것을 선택할 지는 상황에 따라 선택하면 좋다.

① 항체를 얻을 때까지의 시간적인 여유는 있는가
② 항원량은 충분히 확보할 수 있는가
③ 주로 어떤 이용을 목적으로 하고 있는가
④ 항체량은 어느 정도 필요한가
⑤ 어느 정도 시간과 노동이 필요한가
⑥ Monoclonal 항체 제작 기술을 가지고 있는가

항체 제작 및 항체의 특징

각각의 항체제작의 특징에 따른 항체의 선택법을 그림 1에 나타내었다.

1 토끼 polyclonal 항체 (4장 2 참조)

토끼 polyclonal 항체는 시간적으로 신속하게 제작할 수 있고 어느 정도의 항체량도 얻을 수 있지만, 항원량은 적어도 1~5 ㎎ 정도 준비하는 것이 필요하다. 또한 항체는 항원 인식부위를 복수로 가지기 때문에, 면역침강이나 조직염색에 우수한 반면, 비특이적인 인식을 가지기 쉬운 결점이 있다.

2 마우스 polyclonal 항체

마우스 polyclonal 항체는, 항체를 신속하게 제작하고 싶지만, 충분한 항원량을 준비할 수 없을 때, 일시적으로 제작하는 경우가 많다. 마우스로부터 얻을 수 있는 혈청량은 많아야 2 ㎖ 정도로 정제 등도 어렵기 때문에, Western blot 등의 용도도 한정된다.

3 마우스 monoclonal 항체 (4장 3 참조)

마우스 monoclonal 항체는, 항체를 생산하는 hybridoma를 얻을 수 있다면, 같은 역가, 같은 특이성을 가진 항체를 반영구적으로 얻을 수 있다는 것이 최대의 장점이다. 또한 마우스 1마리의 면역에 의해, 항원 인식부위를 다르게 가진 특이성이 높은 항체를 몇 개라도 얻을 수 있다. 그러나 제작에 노력, 기술을 필요로 하며, 얻을 때까지의 시간도 많이 걸리는 단점이 있다.

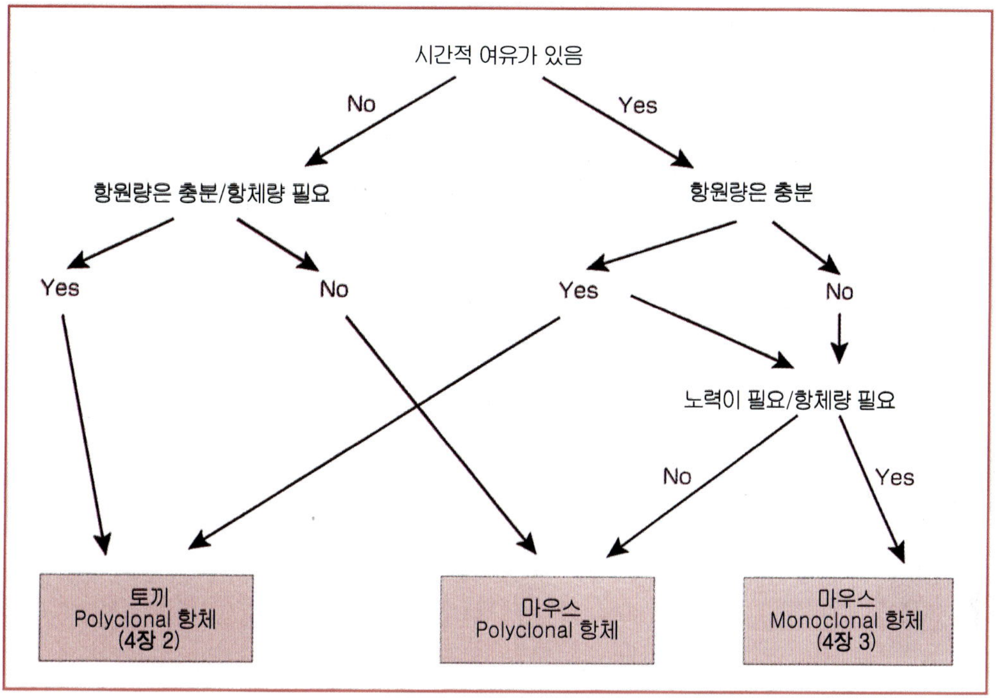

그림 1. 항체 제작방법의 선택

Monoclonal 항체는 항원 인식부위가 하나이기 때문에, 단백질간의 상호작용의 해석, 단백질의 기능부위의 저해실험 등, 상세한 생화학적인 실험이 가능하지만, 면역침강, 조직염색에는 polyclonal 항체에 비해 약간 낮은 경향이 있다.

4 Phage display 법에 의한 항체의 제작

(4장 4 참조)

Phage display 법을 이용한 monoclonal 항체의 제작은, 보통의 monoclonal 항체에 비해 항체를 얻을 때까지의 시간이 짧고, 또한 사람의 monoclonal 항체의 제작이 비교적 용이하며 의료에 대한 응용의 기대가 크지만, 확실성에는 아직 약간의 불안이 있는 것 같다.

2. Polyclonal 항체의 제작

이 방법으로 무엇을 해석할 수 있을까?

특이적인 항체를 이용함으로써, 목적 단백질의 세포나 조직 레벨에서의 발현, 국재에 관한 지견을 얻을 수 있으며, 또한 면역침강, 미량주입 등의 결과를 통하여 생리기능을 해석할 수 있는 등의 항체의 이용범위는 폭넓다. 따라서 본 항에서는 면역동물로서 토끼를 이용한 polyclonal 항체의 제작법에 대하여 기술하고자 한다.

서론

어떤 단백질의 기능을 해석하고자 하는 경우, 그의 단백질에 대한 특이적인 항체가 필수라고 해도 과언이 아니다. 항체에는 polyclonal 항체와 monoclonal 항체 2종류가 있다. 본 항에서 소개하는 polyclonal 항체는 항원 중의 여러 가지 epitope (항체와 특이적으로 결합하는 부위)에 대한 항체를 포함하고 있기 때문에, monoclonal 항체와 비교하여 면역침강이나 면역염색 등에 사용가능한 항체를 얻기 쉽다. 또한 보다 단시간에 번잡한 작업 없이 항체를 제작할 수 있다. 한편 monoclonal 항체와 비교하여 항체의 특이성이 낮은 경향이 있으며, 특이적인 항체를 얻기 위하여 항체의 정제가 필요하게 되는 경우도 많다. 이상의 관점에서 어떤 종류의 항체가 우수한지는 사용목적 등에 의해서도 다르며 한마디로 설명할 수 없지만, 일반적으로는 신속하고 사용가능한 항체를 얻고 싶은 경우에는 polyclonal 항체가 유용하며, 장기적으로 균일한 항체를 계속해서 사용하고 싶은 경우에는 monoclonal 항체 (다음 항 4장 3 참조)가 유용할 것으로 생각된다.

원리

Adjuvant라는 항원에 대한 면역응답을 수식하는 물질 (예를 들면 가장 널리 이용될 수 있는 adjuvant인 Freund' s Adjuvant는 유동 파라핀과 표면 활성제를 혼합한 것으로, 여기에 결핵균의 사균체를 첨가한 것을 Freund' s Complete Adjuvant, 첨가하지 않은 것을 Incomplete Adjuvant라고 부르며, 전자는 세포성 면역을 목적으로 이용하며 후자는 항체생산을 증강하는 목적으로 이용되는 경우가 많음)과 혼합한 항원을, 일정기간의 간격을 두고, 반복하여 투여함으로써 면역응답에 의해 동물의 혈청 중에 투여한 항원에 대한 항체가 생산된다 (그림 1).

준비물

1) 시약

- Freund' s Complete Adjuvant (Difco 회사)
- Freund' s Incomplete Adjuvant (Difco 회사)
- 각종 융합 단백질 발현 벡터 [pQE 시리즈 (Qiagen 회사), pGEX 시리즈 (Amersham Biosciences 회사) 등]
- Sodium azide

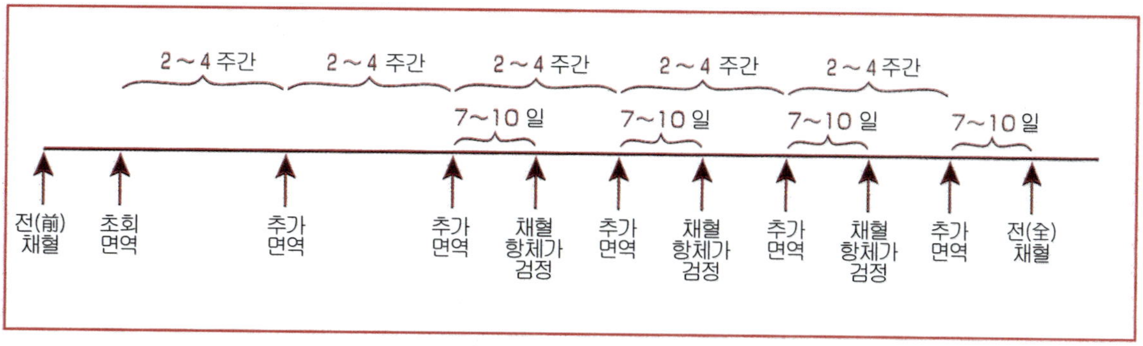

그림 1. 면역 스케줄의 일례

2) 동물

·토끼 : New Zealand White, 암컷, 체중 2 kg 전후

> 일본 백색종보다 항체생산이 좋다고 알려져 있다.

3) 기구·기계

·유리 주사기와 조인트

·정맥 주사침

프로토콜

1 항원의 선택과 항원 단백질의 제작

① 좋은 항원을 얻기 위해, 항원으로 어떤 것을 선택할 것인지가 우선 중요하다. 보통 항원으로는 정제 단백질, 재조합 단백질 또는 합성 peptide를 이용하지만 본 항에서는 재조합 단백질을 항원으로 이용하는 경우에 대하여 기술한다. 재조합 단백질을 항원으로 이용하는 장점으로서는, GST나 histidine tag과의 융합 단백질로서 대장균 등에서 발현시킴으로써, 용이하게 대량정제가 가능한 점을 들 수 있다

> GST는 항원성이 높고 GST 융합 단백질을 그대로 항원으로 이용하면 GST에 대한 항체만 제작되어 목적 단백질에 대한 항체가 거의 얻어지지 않는 경우가 있다. GST 융합 단백질로서 항원을 발현시켰을 때에는 GST를 제거한 후에 항원으로 이용하는 편이 좋다 (Amersham Biosciences 회사의 pGEX 벡터 시리즈는 미리 GST와 목적 단백질 사이에 트롬빈이나 Factor Xa로 절단될 수 있도록 아미노산 배열이 이미 존재하고 있음).

② 항원부위의 선택에 있어서는 특이성이 높은 항체를 얻는다는 관점에서, 미리 항원 단백질로 하려는 부위의 1차 구조와 상동성이 높은 부위를 가진 다른 단백질이 존재하지 않는 것을 데이터베이스 등으로 확인해 두면 좋다. 우리들은 주로 약 50~100개 아미노산 정도의 길이의 항원부위를 histidine tag과의 융합 단백질로서 대장균을 이용하여 대량 발현시키고 있다. 정제된 재조합 단백질은 PBS로 투석한 후, 항원으로 이용한다. 추가면역을 포함하여 보통 5~10 ㎎의 항원이 필요하다

2 항원의 조제

① 유리 주사기의 한쪽에 Freund's Adjuvant (초회에는 Complete, 다음 회부터는 Incomplete)를 넣고, 다른 한쪽의 주사기에는 항원용액 (초회에는 약 1 ㎎ 분, 다음 회부터는 약 0.5 ㎎분)을 넣은 후, 그림 2와 같이 양쪽을 조인트로 연결한다

> ·처음에 가능한 한 공기를 빼 두면 emulsion이 만들어지기 쉽다
> ·Freund's Complete Adjuvant는 사균이 침전되어 있기 때문에 vortex 혼합기 등으로 잘 혼합한 후에 사용한다
> ·Adjuvant에는 Freund's Adjuvant (유중수형) 이외에 RIBI Adjuvant (수중유형) 등이 있으며, Freund's Adjuvant로 항체가 잘 생산되지 않는 경우는, RIBI Adjuvant를 이용하면 목적의 항체를 얻을 수 있는 경우도 있다

② 항원용액이 들어 있는 쪽의 피스톤을 누르고, 다음에 다른 한쪽을 눌러, 이것을 10~30분간 반복한다. 주사기의 왕복이 곤란할 정도로 딱딱해

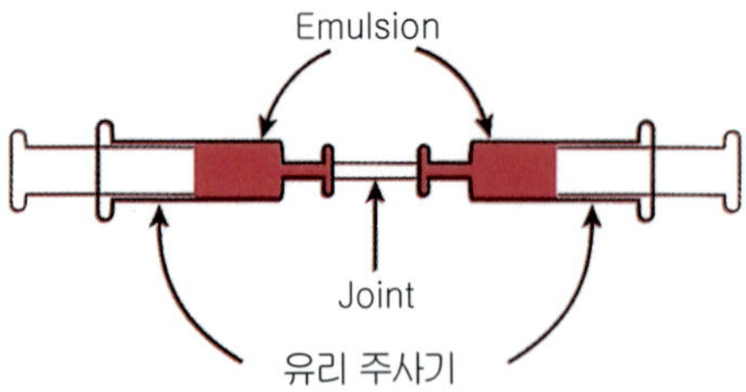

그림 2. 항원 emulsion의 조제

지면, 주사기를 빼고 수면에 emulsion을 1방울 떨어뜨려 본다. emulsion 화가 잘 진행되고 있으면, 흩어지지 않고 딱딱한 채로 있어야 한다

> ☞ emulsion 화를 충분히 실시하는 것이 역가가 높은 항체를 얻는데 있어서 중요하다

3 동물로의 면역

① 동물 종에 따라 필요한 항원량은 다르지만, 다른 동물 종에 있어서도 면역법은 기본적으로 토끼와 동일하다. 1종류의 항원에 대해, 2마리 이상의 토끼를 준비하여 약 1주간 환경에 적응시킨다

> ☞ 면역전에 채혈 (5~10 mℓ)을 실시하여, 면역전의 혈청을 획득한 (채혈전) 후에 control로서 이용하면 좋다

② 2에서 제작한 emulsion을 목에서 등에 걸쳐 피하 또는 피내에 7, 8곳에 나누어 주사한다 (21G 정도의 주사침을 사용하고 있음)

> ☞ 피하주사의 경우, 토끼의 피부를 잡고 들어 올리는 것처럼 하면 주사하기 쉽다.

③ 2~4주간 마다 추가면역을 실시한다

> ☞ Adjuvant는 지용성이기 때문에 사용 후의 유리 syringe는 70% 에탄올이나 클로로포름에 잠시 담근 후에 세정하면 좋다.

4 항체가의 검정

① 3회째의 면역으로부터 소량의 혈액을 채취하여, 항체가의 검정을 실시한다. 면역한 날부터 7~10일 후에 채혈을 실시한다. 토끼를 채혈대에 넣고, 귀만을 노출시켜, 부분채혈은 외연이정맥으로부터 실시한다. 혈관을 손가락으로 튀겨 확장시키고 주사침을 혈관내로 넣는다

> ☞ 혈관의 확장이 충분하지 않는 경우는 전구나 드라이어로 토끼의 귀를 따뜻하게 만들거나, xylene을 도포하여 혈관을 확장시킨다.

② 귀를 자연적인 상태로 되돌려 주사침을 통하여 나오는 혈액을 튜브에 모은다

> ☞ · 이와 같이 하여 채혈하면 털 등의 혼입 없이 무균적으로 채혈할 수 있다.
> · 주사침은 가능한 한 굵은 것 (18~23G)을 이용한다. 너무 가는 것을 이용하면 용혈되거나 응고되는 경우가 있다.

③ 잘 되지 않으면 주사침을 빼고 떨어지는 혈액을 회수해도 좋다. 회수한 혈액은 37℃에 2시간 방치한 후, 4℃에서 하룻밤 방치한다. 다음에 3,000 rpm에서 4℃, 10분간 원심분리 하고, 그의 상등액 (혈청)을 eppendorf 튜브에 분주하고 −80℃에 보존한다. 4℃에 보존할 때에는 최종농도 1 mM이 되도록 sodium azide를 첨가하여 둔다

④ 이상과 같이 하여 준비한 항혈청을 이용하여 항체가의 검사를 실시한다. 우리들은 보통 항원으로 이용한 재조합 단백질을 100, 10, 1, 0.1 ng과 목적 유전자를 과량발현 시킨 배양 세포주의 세포추출액에 대하여, 1,000~10,000배로 희석한 항혈청을 이용하여 Western blot을 실시하고 있다. 보통 3~5회의 추가면역으로 충분한 항체가의 혈청이 얻어질 것이다. 충분한 항체가의 혈청이 얻어진 시점에서 전채혈을 실시한다

> ☞ 항혈청에는 목적 단백질 이외에 대한 항체도 많이 포함되어 있기 때문에, 항혈청의 특이성에 문제가 있는 경우는 항체를 정제한다 (4장 6 참조).

실험 예

Phospholipase C delta 1의 일부 (약 10 kD)를 histidine tag 융합 단백질로서 발현시켜 제작한 항원 단백질을 토끼에 면역하였다. 3회째 추가면역의 10일 후에 채혈을 실시하여 항혈청을 얻었다. 이 항혈청을 10,000배 희석하여 여러 가지 양의 항원 단백질에 대하여 Western blot으로 항체가의 검정을 실시하였다 (그림 3).

Phospholipase C delta 1 항체를 이용하여 피부의

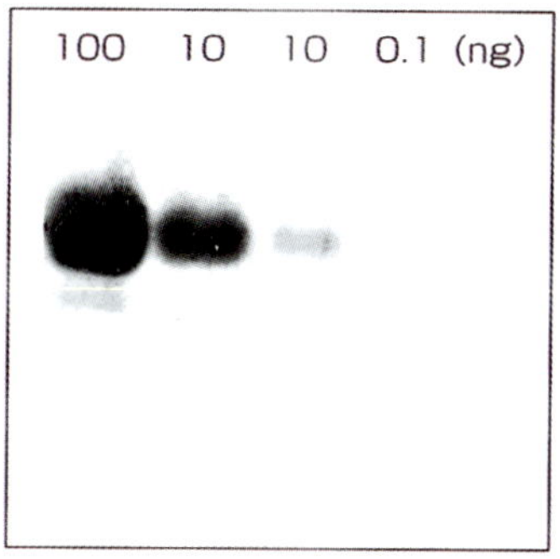

그림 3. 항원 단백질을 이용한 항체가의 검정
왼쪽으로부터 100, 10, 1, 0.1 ng의 항원 단백질이 blot 되어 있다

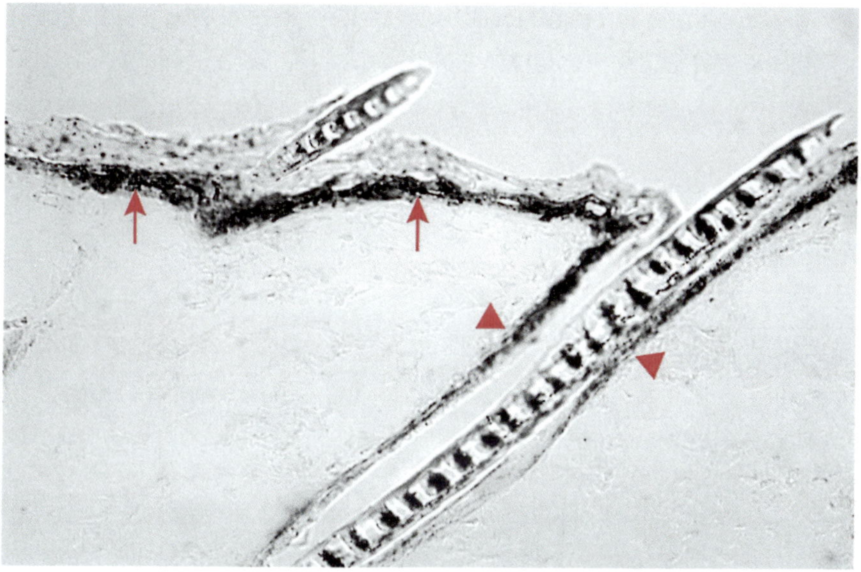

그림 4. 제작한 항체를 이용한 면역조직염색
화살표로 표시한 부위가 표피, 삼각형으로 표시한 부위가 모포 (책 앞부분 color-1 참조)

동결절편의 면역조직염색을 실시하였다. 표피 및 모포에 강한 신호를 볼 수 있다 (그림 4).

맺음말

최근 수많은 종류의 항체가 시판되고 있으며, 목적으로 하는 단백질에 대한 항체를 구입할 수 있는 경우도 적지 않다. 그러나 신규로 클로닝 한 유전자의 기능을 해석하는 경우나, 시판되고 있는 항체로는 특이성 등의 문제로 필요한 실험을 실시할 수 없는 경우 등, 자신이 항체를 제작해야 하는 경우도 많다. 최근에는 항원으로 하고 싶은 부위의 아미노산 배열을 제시하는 것만으로, 항원을 조제하여 면역 및 채혈을 실시해 주는 수탁 항체제작 서비스를 제공하는 기업도 많아지고 있다. 아직 너무 가격이 높긴 하지만 경제적으로 여유가 있으면, 이와 같은 서비스를 이용하는 것도 생각해 보는 좋을 듯 하다.

참고문헌

1) 岡田雅人, 宮崎 香 編 : 無敵のバイオテクニカルシリーズ「タンパク実験の進めかた」, pp82-97, 羊土社, 1998
2) 手塚 徹 : 改訂第 4 版　新 遺伝子工学ハンドブック (村松正實, 山本 雅 編), 羊土社, 2003 (印刷中)

3. Monoclonal 항체의 제작

이 방법으로 무엇을 해석할 수 있을까?

Monoclonal 항체는 한정된 항원인식을 가지고 있기 때문에 항체의 특이성이 높고, 상호작용의 해석, 활성저해실험 등 여러 가지 생화학적 해석에 유용하다. 또한 반영구적으로 같은 성질을 가진 항체를 지속적으로 얻을 수 있다는 등의 장점이 있다.

서론

1975년 G. Kohler과 C. Milstein에 의해 항체생산 B 세포와 증식능을 가진 myeloma 세포를 융합하여, 항체생산을 지속적으로 할 수 있는 hybridoma 세포를 얻을 수 있다는 것이 처음으로 시사되었다. 이 세포는 한 가지 항원부위를 인식하는 항체를 생산하는 clone이기 때문에, 항체는 monoclonal 항체라고 부른다. Monoclonal 항체는 항원인식이 하나이기 때문에, 특이성이 높고, 상세한 생화학적 해석이 가능한 반면, 조직염색으로 염색하기 힘들며, 면역침강법에서는 복수의 항원인식부위를 가지는 polyclonal 항체보다 취급하기 힘든 경향이 있다. Monoclonal 항체는, 제작에 시간과 노력, 기술을 필요로 하지만, 한번 hybridoma 세포가 얻어지면, 특이성, 역가 등이 일정한 항체를 지속적으로 얻을 수 있다. 여기서는 일반적으로 제작되는 mouse monoclonal 항체 제작에 대하여 기술한다.

원리

Aminopterin (A)으로 *de novo* 합성을 저해한 조건 하에서는 hypoxantine (H)과 thymidine (T)를 이용한 핵산의 합성 (salvage 경로)을 이용하지 않는 한, 세포는 살아남을 수 없다. 이 salvage 경로에 필수적인 HGPRT (hypoxantine-guanine-phosphoribosyltransferase) 효소를 가지지 않는 myeloma 세포는 , HAT 선택 배지 중에서 성장할 수 없다. 한편 정상세포인 B 세포는 *in vitro*에서 장기간 성장할 수 없다. B세포와 myeloma 세포가 융합한 hybridoma 세포만이 HAT 선택배지에서도 성장할 수 있다는 점을 이용하여, 목적으로 하는 항체생산 hybridoma 세포를 얻을 수 있다 (그림 1). 이와 같은 원리에 근거하여, myeloma 세포는 HGPRT 효소 결손주이어야 한다. 또한 myeloma 세포에는 H 사슬이나 L 사슬을 합성하지 않는 세포주 (분비하지 않는 세포주)를 이용한다. 우리들은 Balb/c 마우스를 기원으로 한 P3-X63-Ag8을 이용하고 있다.

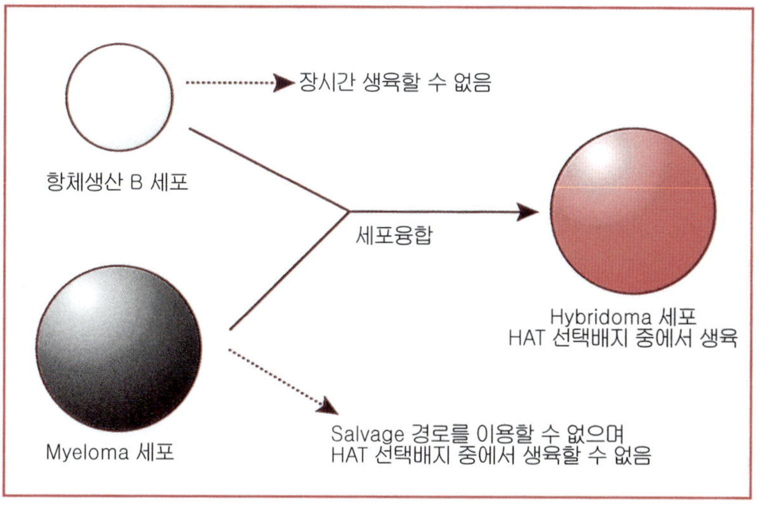

그림 1. Hybridoma 세포 제작의 원리

준비물

1) 동물

·Balb/c female 마우스 : 4~6주령, 2마리 이상

2) 시약

·Freund's Complete Adjuvant, Freund's Incomplete Adjuvant (Difco 회사)

·Iscove's 배지 (Gibco 회사)

·Polyethylene glycol (PEG) 분자량 3,500 (Sigma 회사 P3640)

·FBS

·HT media supplement (Roche 회사)

·Aminopterin

·선택배지

15% FBS, HAT (최종농도 : hypoxanthine 16 μM, aminopterin 0.4 μM, thymidine 100 μM)*, 5% Hybridoma cloning supplement를 포함한 Iscove's 배지

> * HAT 용액은 시판중의 제품을 이용하면 좋다. HT와 aminopterin은 따로 조제한다. Aminopterin은 1 N NaOH 수 방울을 첨가하여 용해하고, 필터 멸균 후, 차광·보존한다.

·Hybridoma cloning supplement (Roche 회사)

·PO label 항 마우스 항체

·Orthophenilen diamine

·과산화수소

·Pristane (일본 동경화성, T0149)

3) 기구

·유리제품 주사기 2개 및 커넥터

·ELISA 용 plate

프로토콜 (그림 2)

1 동물의 면역

단백질 항원의 경우는, Freund's Complete Adjuvant로 유중수형의 emulsion으로 만든 50~500 ㎍의 항원을 4~6주령의 Balb/c female 마우스에 면역한다. 항원량은 최저 20~50 ㎍, 1마리당 최대 0.5 ㎖을 footpad, 등의 피내, 복강에 주입한다. 추가면역은 2~3주간 후에 Freund's Incomplete Adjuvant를 이용하여 유중수형의 emulsion을 제작하여 실시한다. 추가면역은 2~3주간 간격으로 2~5회 실시한다. 항체가가 상승하고 있는지는, 추가면역 후, 꼬리로부터 혈액을 몇 방울 채취하여, ELISA, Western blot으로 판정한다

> Monoclonal 항체 제작의 경우는, 반드시 여기서 높은 항체가가 아니라도 항체를 얻는 것이 가능하지만, 높은 항체가라면, 좋은 항체 생산 clone을 얻기 쉽다.

2 세포융합

① 마우스의 비장을 분리한다. 비장을 무혈청배지 (Iscove's) 5 ㎖로 한번 세정한 후, 6 ㎝ 배양접시에 넣은 5 ㎖ 배지 중에 잘 현탁한다. 원심분

리용 튜브에 옮기고, 혼합되어 있는 조직의 파편을 방치하여 제거한 후, 세포수를 측정한다*. 보통 1~3 × 10^8개의 세포를 얻을 수 있다.

> *비장 현탁액 10 ㎕과 Turk 용액 100 ㎕를 혼합하여, 생세포의 핵을 염색한 후 측정하면 좋다.

② 증식기의 myeloma를 원심분리용 튜브에 모으고, 1,000 rpm으로 원심분리 하여, 무혈청배지로 한번 세정한다. 세포수를 측정한다. 비장의 20~40%의 세포 수, 원심분리 하였을 때의 같은 정도의 체적이 되는 세포 수가 제일 좋다.

③ 비장과 myeloma를 혼합하고, 1,000 rpm으로 원심분리 후, 무혈청배지로 한번 세정한다. 상등액은 잘 제거한다

④ 50% polyethylene glycol (PEG)* 1 ㎖을 1분 정도에 걸쳐 가볍게 혼합하면서 서서히 첨가한다. 1분간 방치 후, 무혈청배지 10 ㎖을 2~3분 걸쳐 서서히 첨가한 후, 계속해서 700 rpm에서 10분간 원심분리 한다

> * 2 g의 PEG를 뚜껑이 달린 유리 튜브에 넣고, autoclave로 멸균 후, 50℃로 식으면, 37℃로 미리 가온해 둔 무혈청배지 2 ㎖을 신속하게 첨가하여 50% 용액을 조제한다. PEG는 너무 차가우면 고체가 되어 버린다.

⑤ 선택배지에 현탁하고, 96 well plate 4~6매, 200 ㎕/well 접종한다

> 세포를 무혈청으로 만들어 96 well plate에 접종하기까지 얼마나 신속하게 실시하는지가 colony의 형성율을 크게 좌우한다. 또한 myeloma와 B 세포의 혼합비도 중요하다. B 세포 수가 많을 때에는 myeloma의 비율을 조금 적게 하거나 (20% 정도), 적을 때에는 조금 높게 (30~40%) 하면 잘 되는 경우가 많다.

3 항체생산세포 (Hybridoma 세포)의 선택

A) ELISA에 의한 선택

① Colony는 5~7일에서 확인할 수 있지만, ELISA에 의한 스크리닝은 어느 정도 colony가 커진 10~14일 정도가 좋다. 미리 ELISA 용 96 well plate에 항원을 코팅해 둔다. ELISA는 감도는 좋지만 모두 코팅되지 않기 때문에, 1~5 ㎍/㎖ 농도의 항원을 50 ㎕/well 정도 넣고, 하룻밤 4℃에 둔다

② 2% BSA 200 ㎕/well로 blocking 한다

③ 세포 상등액을 무균 하에서 채취하고, ELISA 용 96 well plate에 50 ㎕/well로 첨가한다. 실온에서 1~2시간, 또는 4℃에 하룻밤 둔다

④ 0.05% Tween 20을 포함한 PBS로 4~5회 washing 한 후, PO label 항 마우스 항체를 50 ㎕/well 첨가한다. 실온에서 0.5~1시간 둔다

⑤ 0.4 ㎎/㎖ Orthophenilen diamine, 0.01% H_2O_2/ citrate buffer 용액으로 발색하고, OD_{492}로 측정한다

B) Western blot에 의한 확인

ELISA로 양성이 된 상등액을 이용하여 Western blot을 실시한다. 발현 단백질만을 항원으로 이용해도 좋지만, 과잉발현 한 세포추출액이나 목적으로 하는 단백질이 발현되고 있는 조직, 세포의 추출액을 사용할 수 있으면 더욱 좋다. 또한 인식부위가 다른 항체를 복수로 여러 개 얻고 싶은 경우에는, 미리 대응할 수 있는 발현 단백질을 제작해 두면 종류가 다른 항체를 선택할 수 있다.

4 Hybridoma 세포의 clone 화

ELISA 및 Western blot에서 양성이 된 well 중에는 보통 복수의 clone이 포함되어 있기 때문에, 하나의 세포 유래의 colony를 얻는 것이 필수적이다. 0.5개, 1개, 2개/well이 되도록 농도를 조정한 한계희석법에 의한 cloning을 실시한다. HAT를 제외한 Iscove's 배지 (15% FBS, 5~10% Hybridoma cloning supplement를 포함)를 이용한다. 동시에 이 시점에서 세포를 동결하기 때문에 24 well plate에 세포를 계속 이식한다

5 항체의 characterization

Clone 화 한 항체가 얻어지면, 항체의 특이성 검토와 subclass의 동정을 실시한다. 목적으로 하는 단백질 이외에 교차반응성을 가지지 않는 것을 Western blot 등으로 확인한다.

항체의 subclass는 typing kit를 이용하면 간단히 판정할 수 있다. IgM은 분자량이 크고 사용하기 힘들다

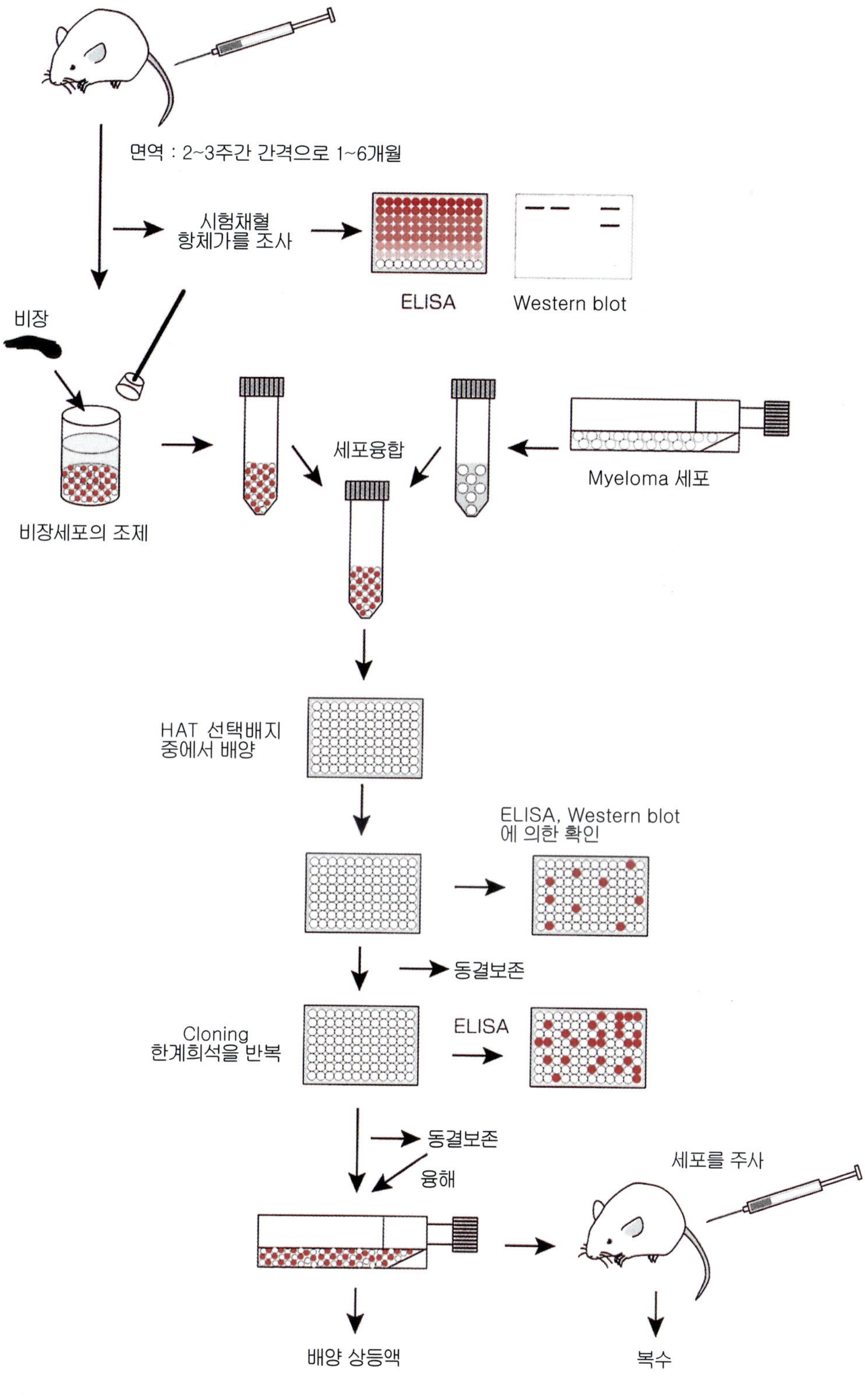

그림 2. 마우스 monoclonal 항체제작의 개요

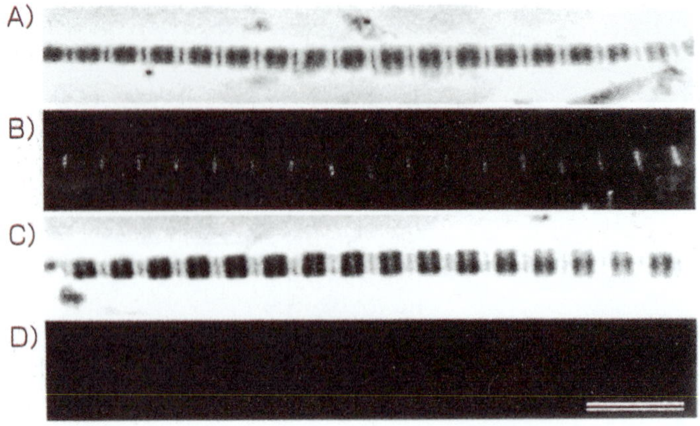

그림 3. 항 PIP_2 monoclonal 항체에 의한 근원섬유에서의 PIP_2의 국재 확인

Phosphatidyl inositol 4, 5-diphosphate와 결합하는 α-actin의 국재와 일치하며, PIP2의 국재를 근원섬유의 Z-band로 확인할 수 있다. A), C) 밝은 시야의 근원섬유, B) 항 PIP2 항체로 염색, D) PIP2로 미리 흡수한 PIP2 항체로 염색. 문헌 2에서 인용

6 항체의 대량 제작과 정제

세포 상등액에 분비되는 항체량이 ㎍/㎖ 정도인 것에 비해, 마우스의 복수로부터 얻어지는 항체는 ㎍/㎖ 정도 포함된다. 최근에는 세포배양으로부터 효율적으로 항체를 얻는 방법도 개량되고 있지만, 가능하면 복수로부터 회수하면 좋다. Hybridoma를 주입하는 1주일 정도 이전에 미리 pristane 0.5 ㎖을 투여해 둔 Balb/c 마우스의 복강에, 약 10^7 개 정도의 세포를 넣는다. 8~14일에서 복수의 채취가 가능해진다. Protein A 또는 protein G로 정제하는 것이 일반적이지만, 항원으로 제작한 affinity column을 이용한 정제법도 유용하다

실험 예

항 PIP_2 monoclonal 항체를 제작하고, 이 항체를 이용하여 근원섬유 Z band를 조직염색 하였다 (그림 3).

PIP_2는 α-actin과 결합하기 때문에, α-actin이 많이 존재하는 Z band에 PIP_2가 같이 존재한다.

맺음말

Monoclonal 항체의 제작은 경험, 기술을 필요로 하지만, 상세한 생화학적 해석에는 monoclonal 항체가 유용한 경우가 많다. 최근에는 수탁으로 이 제작도 가능해지고 있지만, 비용이 상당히 높다. 또한 세포배양과의 관점에서, 한정된 시간 내에 ELISA나 Western blot을 실시하여, 항원부위가 다른 것을 선택할 필요가 있는 점을 고려하면 자신이 제작하는 것이 좋다.

참고문헌

1) Kohler, G. & Milstein, C. : Nature, 256 : 495, 1975
2) Fukami, K. et al. : Nature, 359 : 150-152, 1992

4. Phage Display를 이용한 Monoclonal 항체의 제작

이 방법으로 무엇을 해석할 수 있을까?

Recombinant 항체를 phage 표면에 융합단백질로서 발현시켜, 항원반응 양성의 phage를 얻어 monoclonal 항체를 제작한다. 포유류의 배양세포계를 이용하는 보통의 monoclonal 항체에 비해 시간적인 단축이 가능하다. 또한 사람 항체의 제작에 우수한 점 이외에, 기존의 항체에 변이를 도입하는 것도 용이하여, 항체의 특이성과의 상관관계를 해석하는 목적에도 유용하다.

서론

1990년대 초반에 개발된 phage 항체 library를 이용한 monoclonal 항체의 제작법은, 분자생물학적인 방법을 이용한 새로운 항체의 제작법으로 주목을 받고 있다. 보통의 monoclonal 항체의 제작에서는, 목적으로 한 단백질로 면역한 동물로부터의 B세포가 필요하며, 일반적으로 마우스의 monoclonal 항체 제작이 실시되고 있지만, 사람의 monoclonal 항체의 제작은 어렵다. 그것에 비해, phage display에 의한 monoclonal 항체의 제작에서는, 말초혈액 등으로부터의 B세포로부터 면역하지 않고 제작하는 것이 가능하다. 또한 마우스의 monoclonal 항체도 신속하게 얻을 수 있는 등의 장점이 있다. 그러나 일반적인 단백질, 독성을 가진 것, 면역원성이 낮은 단백질은 면역이 없는 동물을 이용하는 것이 적합한 반면, 발현량이 적은 단백질에 대해서는, 면역하여 mRNA를 증폭하지 않으면 항체를 얻기 힘들어 여러 고안이 필요하다.

원리

B 세포의 항체가변영역의 L 사슬과 H 사슬의 mRNA로부터, 각각 RT-PCR을 실시하여 L 사슬과 H 사슬을 증폭한다. 증폭한 산물을 linker로 단일사슬로 만들고, 계속해서 이 항체 유전자의 가변영역 (scFv)를 증폭한다. 이것을 phage 표면에 Fv를 만들도록 발현시켜, 수많은 항체를 발현하는 library를 제작한다. 이 항체는 기능적인 항체로 제시되기 때문에, 이 phage 항체 library로부터 목적으로 하는 항체를 발현하고 있는 phage를 선택함으로써 monoclonal 항체를 제작한다 (그림 1).

준비물

- mRNA 조제용 시약
- Recombinant 항체 발현 시스템 (Amersham Biosciences 회사)

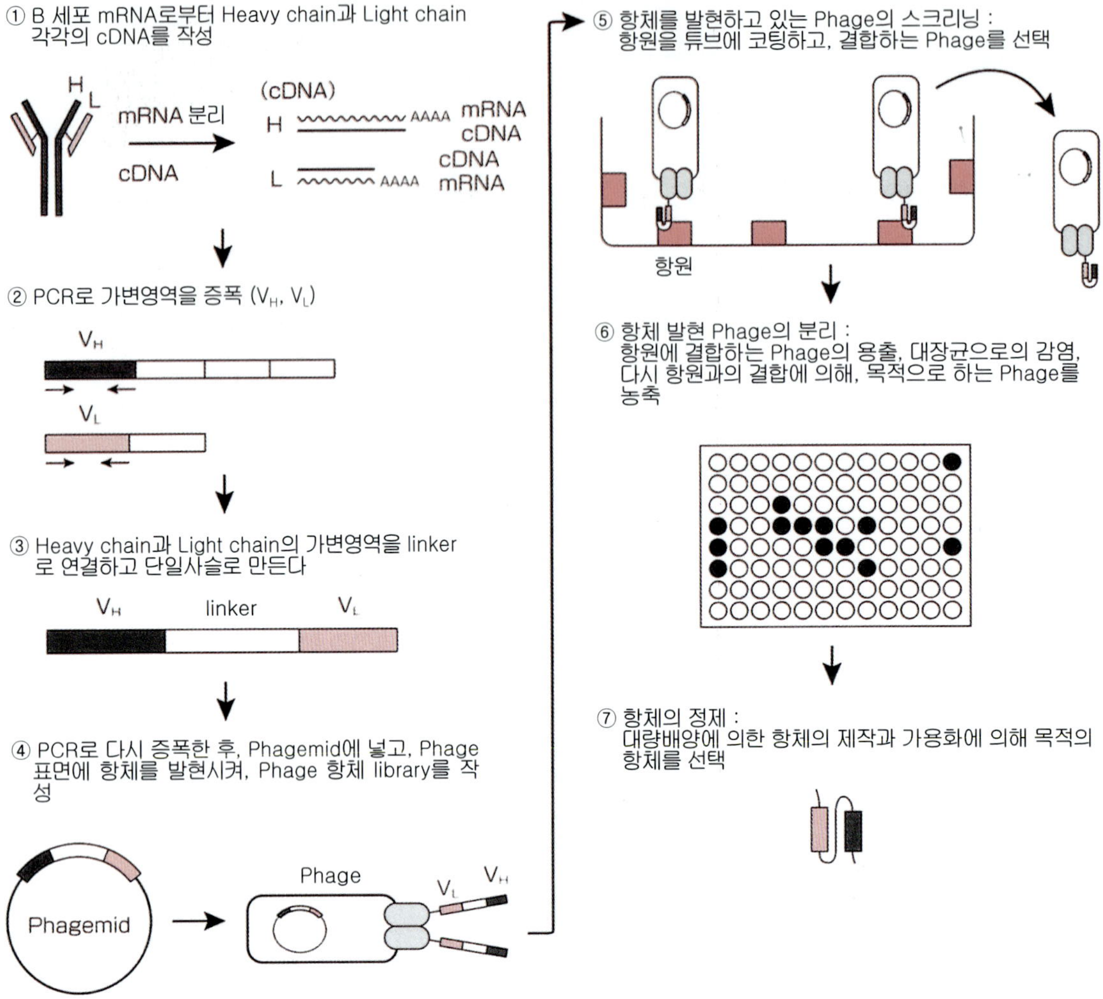

그림 1. Phage display를 이용한 monoclonal 항체의 제작

프로토콜 (그림 1)

1 Phage 항체 library의 제작

① Amersham Biosciences 회사의 recombinant 항체 발현 시스템을 이용하면 좋다. 마우스 임파구로부터 mRNA를 추출하고, cDNA를 제작한다

> 최근에는 여러 회사로부터 total RNA의 조제키트, mRNA의 정제키트, cDNA의 제작키트가 판매되고 있다. 적절하게 이용하면, 번잡한 시약의 조제 등에 걸리는 시간이 절약되며, RNase 혼입의 기회도 적다.

② L 사슬과 H 사슬 특이적인 primer를 이용하여 각각 PCR로 증폭한다

③ Linker로 L 사슬과 H 사슬을 단일사슬로 만든 후, 다시 한번 PCR로 증폭하여 단일사슬 화 가변부 단편 (scFv)를 제작한다

④ Phagemid에 cloning하여 library를 제작한다. 대장균에 한번 transformation 한 후, phage 표면에 이들 항체를 발현시킴으로써, phage 항체 library가 완성된다

2 항체 생산 phage의 스크리닝

① 목적으로 하는 항체를 발현하고 있는 phage를 선택한다. 튜브에 항원을 코팅하고 blocking 한 후, 항원에 친화성을 가진 항체를 발현한 phage를 결합시킨다. 튜브를 세정한 후, phage를 용출한다

☞ 스크리닝의 조건은 중요하다. 미리 충분한 양의 항원을 코팅하여, 흡착한 항원량을 조사해 두면 좋다. 세정은 0.1% tween 20/PBS로 10회 정도 실시한다.

② 용출한 phage를 다시 한번 대장균에 감염시켜, phage 항체를 발현시키고, 다시 스크리닝 한다. 이것을 수회 반복하여, 목적의 단백질에 대한 항체를 가진 phage를 농축한다. 계속해서 ELISA 법으로 목적으로 하는 항체를 발현하고 있는 phage를 선택함으로써, monoclonal 항체를 얻을 수 있다.

③ 대장균에서 phage를 증식시키고, 가용성 항체를 회수한다

☞ Phage display를 이용한 monoclonal 항체의 제작에서는, 분리한 항체의 역가가 낮거나, 특이성이 충분하지 않은 경우에, 유전자 변이를 도입하여 보다 목적에 적합한 항체를 얻는 것이 가능하다.

실험 예

항 토끼 IgG 항체를 발현하는 hybridoma를 이용하여, phage display 법으로 monoclonal 항체를 제작하였다. Hybridoma로부터 mRNA를 분리하고, H 사슬, L 사슬을 PCR로 증폭하였다. 또한 이 H 사슬과 L 사슬을 linker로 연결하였다 (그림 2).

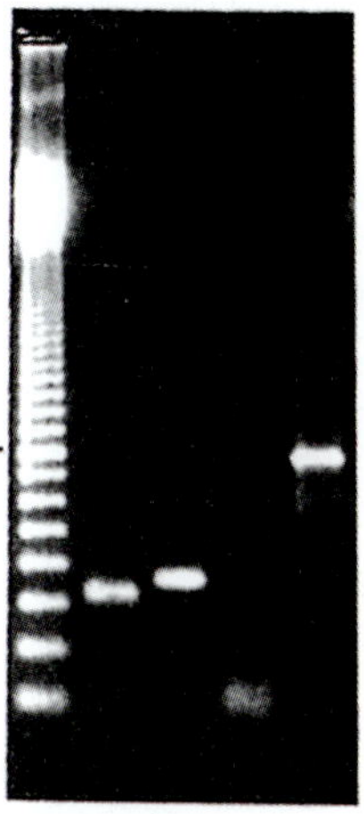

그림 2. PCR로 증폭한 마우스 hybridoma의 L 사슬과 H 사슬 및 연결 scFv 증폭산물의 ethidium bromide 염색상

lane 1 : marker
lane 2, 3 : 항 토끼 항체를 발현하는 hybridoma의 mRNA를 이용한 V_L (325 bp), V_H (340 bp)의 PCR 증폭산물
lane 4 : linker DNA
lane 5 : 연결한 scFv의 PCR 증폭산물.
Amersham Biosciences 회사의 카탈로그 중 일부 인용

맺음말

Phage display를 이용한 monoclonal 항체의 제작은, 기존의 monoconal 항체에 비해, 시간적인 단축이 가능하고, 사람의 monoclonal 항체의 제작이 비교적 용이하며, 기존의 항체에 변이를 도입하여 항체의 특이성을 변경할 수 있다는 점에서 우수하다고 할 수 있다. 특히 질병 치료에 대한 임상 응용이나 진단에 대한 응용을 생각한 경우, 사람의 항체를 만드는 의미는 크다. 아직 일반화 되어 있지 않지만, 향후의 이용이 기대되는 방법이다.

참고문헌

1) Marks, J. D. et al. : Mol. Biol., 222 : 581-597, 1991

2) Barbas, C. F. et al. : Proc. Natl. Acad. Sci. USA, 89 : 4457-4461, 1992

3) Griffiths, A. D. & Duncan, A. R. : Curr. Opin. Biotechnol., 9 : 102-108, 1998

5. Peptide 항체의 제작과 응용

이 방법으로 무엇을 해석할 수 있을까?

Peptide 항체는 합성 peptide를 항원으로 항체를 제작하는 방법이다. 목적 단백질의 배열 일부만을 알고 있는 경우나, 항원 단백질을 대량으로 정제하는 것이 곤란한 경우, 더욱이 목적 단백질의 특이적 구조부분 (기능 도메인이나 인산화 부위 등)을 인식하는 항체를 제작하고 싶은 경우에 탁월한 방법이다.

서론

면역침강법에 의한 결합해석이나 항체염색법에 의한 국재해석 등, 목적 단백질의 기능해석에 있어서 항체의 존재는 중요하다. 구입 가능한 항체도 있지만, 신규로 cloning 된 단백질에 대한 항체 등은 각자 제작해야 한다.

항원 단백질은 정제 단백질 또는 recombinant 단백질을 이용하는 경우와 합성 peptide를 항원으로 이용하는 경우가 있다. 정제 단백질 또는 recombinant 단백질을 이용하는 방법에서는, 목적 단백질이 cloning 되어 있으며, 동시에 대량정제가 가능한 경우에 낮은 비용으로 항체를 제작할 수 있다. 그러나 항원으로 이용하는데 충분한 양의 단백질을 얻는 것이 곤란한 경우나, 일부분의 배열만을 알고 있는 경우, 합성 peptide를 항원으로 하는 방법이 유력하게 된다. 합성 peptide는 비교적 짧은 것 (13~20개 아미노산)을 이용한다. 그 때문에, 다른 단백질과의 상호작용 부위나 인산화 부위를 항원으로 하여 특이적 구조부분을 인식하는 항체를 제작할 수도 있다. 항원부위가 명확한 항체는 세포 내에서 특정 도메인의 기능을 저해하는 것도 가능하다. 더욱이 peptide 항체는 정제 단백질 또는 recombinant 단백질을 이용하는 방법에 비해, 수고와 시간을 절약할 수 있는 장점도 있다. 그러나 다른 한편으로 정제 단백질 또는 recombinant 단백질을 이용하는 방법과 비교하면 비용이 증가한다는 점과 항원부위가 짧기 때문에 항체가가 상승하기 어려운 단점도 있다.

원리

Peptide 항체는 13~20개 아미노산의 합성 peptide를 항원으로 항체를 제작한다. 그 때문에 일부분만 cloning 되어 있는 단백질이나 특이적 구조부위에 대한 항체를 만들 수 있다. 그러나 항원부위가 짧기 때문에 항체가가 상승하기 힘들다. 따라서 합성 peptide를 항원으로 면역할 때에는 항체가를 올리기 위해서 carrier 단백질과 결합시켜 면역을 한다. Carrier 단백질에는 몇 종류가 있지만, BSA (bovine serum albumin)나 KLH (keyhole limpet hemacyanin)가 일반적이다. 양쪽 모두 장점 및 단점을 가지고 있으며, 어느 쪽이 항체를 생산하기 쉽다는 일반원칙은 없다. 특성으로서는 BSA는 수용성으로 취급하기 쉽지만, 그 자체가 항원이 될 가능성이 높다. 한편 KLH는 항원성은 낮지만 용해하기 어렵고 coupling 시 취급이 어렵다.

Carrier 단백질과 합성 peptide와의 결합은 쉽게 할 수 있지만, peptide 합성과 합쳐 업자에게 위탁할 수도 있다.

항체의 정제는 carrier 단백질 자체가 항원성을 나타내는 경우가 있기 때문에, carrier 단백질과 결합하지 않은 합성 peptide를 ligand로 한 affinity column을 이용하여 실시한다.

준비물

- 합성 peptide : 10 mg 정도 (업자에게 의뢰하는 것도 가능)
- Carrier 단백질 (BSA 또는 KLH 등)
- 10 mM 인산칼륨 buffer (pH 7.0)
- 10 mM 인산칼륨 buffer (pH 6.0)
- MBS (m-maleimidobenzoyl-N-hydroxysuccinimide ester) (Sigma 회사)
- DMF (dimethylformamide)
- Sephadex-G25 column
- 활성형 CH sepharose 4B (Amersham Biosciences 회사 Cat.# 17-0490-01)
- 1 mM HCl
- 50 mM Tris, 0.5 M NaCl (pH 8.0) 용액
- 50 mM formic acid, 0.5 M NaCl (pH 4.0) 용액
- Phosphate buffered saline (PBS)
- Coupling buffer

		(최종농도)
NaCl	29.2 g	(0.5 M)
$NaHCO_3$	8.4 g	(0.1 M)
DW	1,000 mℓ로 mass up	

프로토콜

1 항원 peptide 영역의 선택과 합성

① 항원영역을 결정한다. 현재까지 항체를 생산하는 항원영역의 법칙은 확립되어 있지 않다. 따라서 Chou와 Fasman의 2차 구조 해석이나 시판의 해석 프로그램을 이용하면서 몇 종류의 영역을 선택한다*. 이때 N 말단에 carrier 단백질과의 coupling에 필요한 Cys 잔기를 반드시 부가한다. 그러나 이들 이외에는 Cys 잔기를 포함해서는 안 된다

> * 영역을 결정할 때 아래의 점에 주의 및 유의할 것
> i 13~20개의 아미노산으로 할 것
> ii N 말단에 Cys를 부가하고, 그 이외에는 Cys를 포함하지 말 것
> iii 친수성 영역일 것
> iv 구조적으로 단백질의 외측에 있다고 생각되는 α-helix 부분일 것

② 합성 peptide를 준비한다 (업자에 의뢰 가능)

2 Peptide를 carrier 단백질에 coupling

Peptide 항원은 항체가가 올라가기 힘들기 때문에, 항체가를 상승시키기 위해 항원을 carrier 단백질과 결합시켜 면역을 한다. 일반적으로 peptide 합성을 업자에게 의뢰할 때, carrier 단백질과 결합한 것도 주문할 수 있다. KLH와 결합한 것을 주문할 때에는 샘플을 용액의 상태로 받으면 좋다. 한번 동결건조 하면 용해하기가 대단히 어렵게 된다.

여기서는 연구자 자신이 carrier 단백질을 결합시킬 경우의 BSA를 이용한 방법을 나타내었다. 다른 carrier 단백질이라도 동일한 방법으로 결합시킬 수 있다.

① 20 mg의 BSA를 2 mℓ의 10 mM 인산칼륨 buffer (pH 7.0)에 용해한다

② 5 mg의 MBS를 0.2 mℓ DMF에 용해한다

③ ②를 ①에 소량씩 잘 혼합하면서 첨가한다. 급격하게 첨가하면 응고되어 버리기 때문에 주의한다

④ ③을 회전판 위에서, 실온, 30분간, 교반한다

⑤ Sephadex-G25 칼럼을 100 mM 인산칼륨 buffer (pH 6.0)로 평형화 한다

⑥ ④를 ⑤의 column을 이용하여 겔 여과 하고, 미반응의 MBS를 제거한다

⑦ 합성 peptide (N 말단에 Cys가 첨가되어 있는 것) 3~5 mg을 100 μℓ의 증류수에 용해하고, ⑥에서 겔 여과한 BSA 분획에 첨가한다. 합성 peptide가 증류수에 녹지 않은 경우는 DMSO에 용해한다

⑧ 최종 pH가 pH 7~7.5인 것을 확인하고, 실온에서 4시간 교반하여 반응시킨다 (길면 길수록 좋으며, 하룻밤 방치해도 좋음)

⑨ 단백질 농도를 측정하고, 500 μg 씩 소분하여 동결보존 한다

3 면역

Carrier 단백질에 결합시킨 peptide를 정제 단백질 또는 발현 단백질을 항원으로 하는 경우와 동일하게 emulsion을 제작하여 면역한다

4 항체의 정제

혈청은 carrier 단백질을 첨가하지 않은 peptide 항원을 ligand로서, affinity chromatography에 의해 정제한다. 여기서는 활성형 CH sepharose 4B (Amersham Biosciences 회사 Cat.# 17-0490-01)를 이용한 affinity column의 제작법을 소개한다.

① 활성형 CH sepharose 4B를 1 mM HCl를 이용하여 팽윤, 세정한다 (1 g의 분말은 최종적으로 약 3 ㎖의 겔 양이 됨)
② Coupling buffer에 peptide를 용해한다 (1 ㎖의 겔에 대하여, 2~5 ㎎의 ligand를 반응시킴)
③ ①의 겔에 ②의 peptide 용액을 첨가하고, 실온에서 1시간 또는 4℃에서 4시간 교반한다 (magnetic stirrer는 이용하면 안 됨)
④ Tris-HCl buffer 또는 에탄올아민으로 1시간 처리하고, 과잉 활성기의 blocking을 실시한다
⑤ Coupling buffer로 한 번 세정한다
⑥ 50 mM Tris, 0.5 M NaCl (pH 8.0) 용액과 50 mM formic acid, 0.5 M NaCl (pH 4.0)용액으로 세정하여, 과잉의 ligand를 제거한다
⑦ PBS로 치환하고, 장기 보존하는 경우는 sodium azide를 최종농도가 5 mM이 되도록 첨가하여 4℃에서 보존한다
⑧ 이하, 4장 6과 동일하게 혈청을 정제한다

실험 예

선충 ARX-1 (포유류 Arp3의 선충 monologue)에 대한 peptide 항체의 제작을 실시하였다.

선충 ARX-1의 C 말단 15개 아미노산 (CGPSICRYN-PVFGALT/N 말단에 Cys를 첨가)을 항원으로 하였다.

합성 peptide는 앞에서 기술한 배열을 가진 것과 KLH를 결합한 것을 구입하여 토끼에 면역한 후, 혈청을 활성형 CH sepharose 4B를 이용하여 정제하였다.

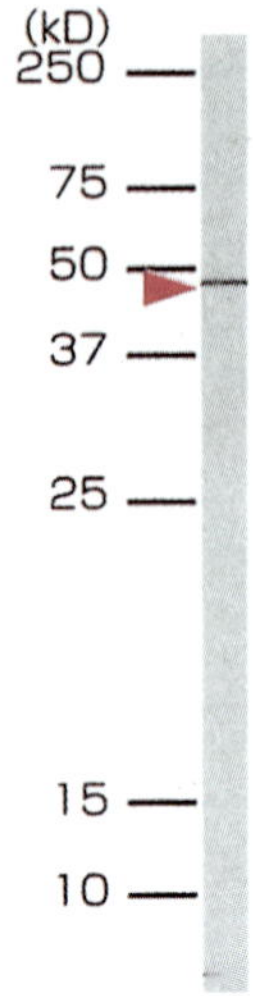

그림 1. 항 ARX-1 항체를 이용한 선충 전체 추출액에 대한 Western blotting

선충 전체 추출액에 대한 Western blot에 의해, 제작한 항체가 내재성의 단백질을 특이적으로 인식하는 것을 확인하였다 (그림 1 화살표).

맺음말

항체 제작을 할 때 어려운 점은 성공하기 위한 법칙이 확립되어 있지 않다는 것이다. 그 때문에 peptide를 항원으로 할 때에는, 비용은 들지만, 목적으로 하는 단백질에 대하여 복수의 영역을 항원부위로서 시험해 볼 필요는 있다.

참고문헌

1) Harlow, E. & Lane, D. : Antibodies : A Laboratory Manual, pp53-137, Cold Spring Harbor Laboratory, 1988

6. 항체의 제작

이 방법으로 무엇을 해석할 수 있을까?

면역한 동물로부터 채취한 혈청을 그냥 사용하면 혈청에 포함된 내재성의 항체에 의해 비특이적인 항원항체반응이 일어나기 때문에, 목적의 단백질 특이적인 항체를 얻기가 어렵다. 따라서 여러 가지 방법으로 목적의 단백질 특이적인 항체를 혈청으로부터 정제할 필요가 있다. 여기서는 Amersham Biosciences 회사로부터 판매되고 있는 Hi-Trap NHS-activated column을 이용한 affinity chromatography에 의한 항체의 정제를 소개한다.

서론

Hi-Trap NHS-activated column은, 이미 N-hydroxy-succinimide (NHS)로 에스테르화 된 가교도가 높은 sepharose HP가 충진되어 있기 때문에, 번잡한 전처리나 column을 자신이 만들 필요가 없이 간편하고 신속한 실험을 실시할 수 있다. 또한 affinity chromatography를 이용한 응용으로 다음과 같은 항체를 제작할 수 있다.

- 항원 단백질의 발현이 약하고 충분한 수량을 얻는 것이 곤란할 때, GST (glutathion-S-transferase) 융합 단백질로서 항원을 발현시키면 개선되는 경우가 있다. 이 항원을 면역하여 항체를 얻으려고 할 때, GST 단백질은 분자량이 크기 때문에 항 GST 항체도 생성되어 버리는 문제가 생긴다. 따라서 항 GST 항체를 제거하기 위하여, 한 번 혈청을 GST 단백질을 coupling 시킨 Hi-Trap NHS-activated column에 통과시킨다. 그 후 항원 column으로 항체의 정제를 실시한다.
- 인산화 peptide를 항원으로 이용할 때, 비인산화 peptide 또는 항원부위를 포함한 적당한 크기의 단백질을 coupling 시킨 affinity column을 제작하여, 그 column에 혈청을 통과시킴으로써, 항 비인산화 항체를 제거하여 항 인산화 항체를 얻을 수 있다.

원리

항체는 항원과 비공유적으로, 특이적으로 반응한다. 따라서 목적 항체의 항원을 ligand로 한 affinity chromatography를 제작함으로써, 항체를 정제할 수 있다.

준비물

1) 기기, 시약류

- PeriStar pump
- 항원 5 ~20 ㎎ 정도
- Hi-Trap NHS-activated column (1 ㎖) : Amersham Biosciences 회사
- 면역한 동물의 혈청
- 1 mM HCl

· PBS
· 1 M Tris
· Sodium azide

2) 시약의 조제

· Coupling buffer (pH 8.3) (최종농도)

NaCl	29.2 g	(0.5 M)
$NaHCO_3$	16.2 g	(0.2 M)

10 N NaOH로 pH를 8.3으로 조정한 후, H_2O로 1 ℓ로 만든다

· Blocking buffer (pH 8.3) (최종농도)

에탄올아민	3 mℓ	(0.5 M)
NaCl	2.92 g	(0.5 M)

10 N NaOH로 pH를 8.3으로 조정한 후, H_2O로 100 mℓ로 만든다

· 세정 buffer (pH 4.0) (최종농도)

초산	0.6 mℓ	(0.1 M)
NaCl	2.92 g	(0.5 M)

HCl로 pH를 4.0으로 조정한 후, H_2O로 100 mℓ로 만든다

· 결합 buffer (pH 8.0) (최종농도)

1 M Tris-HCl (pH 8.0)	0.6 mℓ	(10 mM)
NaCl	29.2 g	(0.5 M)

H_2O로 1000 mℓ로 만든다

· 용출 buffer (pH 2.5) (최종농도)

Glycine	1.5 g	(0.2 M)

HCl로 pH를 2.5로 조정한 후, H_2O로 100 mℓ로 만든다

프로토콜

1 항원 column의 제작

① 1 mM HCl 5 mℓ를 주사기를 사용하여 Hi-Trap NHS-activated column (1 mℓ)에 주입하고 보존액 (isopropanol)으로 washing 하여 활성기를 활성화 한다

② Coupling buffer에 녹아 있는 5~20 mg의 항원을 주사기로 column에 주입한다. 항원이 column에 들어간 시점에 주입을 중지하고, 실온에서 1시간 반응시켜 항원을 흡착시킨다

☞ 항원의 양이 1 mℓ 이상인 경우는 PeriStar pump를 사용하여 0.5 mℓ/분의 유속으로, 항원을 column에 하룻밤 4℃에서 순환시킨다.

③ Blocking buffer (A)와 세정 buffer (B)를 A, B, A의 순서로 5 mℓ 씩 주사기를 사용하여 주입하고, column에 남은 활성기를 blocking 하기 위해 A가 들어 있는 상태에서 1시간 방치한다

④ B, A, B의 순서로 5 mℓ 씩 주입하여 column을 세정하고, PBS로 평형화 하여 냉장보존 한다. 장기보존 하는 경우는 sodium azide를 최종농도 5 mM이 되도록 첨가해 둔다

☞ 정제하지 않은 혈청은 -80℃에서 보존해 둔다.

2 항체의 정제

① 동물로부터 채취한 혈액은 37℃에서 2시간 보온한 후, 4℃에서 하룻밤 방치해 둔다

② 3,000 rpm, 10분간 원심분리 하고, 상등액을 파스테르 피펫을 이용하여 회수하고 혈청으로 한다

☞ Coupling 효율은 column에 통과하기 전과 후의 항원을 SDS-PAGE 하고, Coommassie 염색으로부터 계산하든지 Bradford 법으로 조사한다. 우리들의 결과에서는 coupling 효율이 80% 정도이다.

③ 혈청에 같은 양의 결합 buffer를 첨가하고 0.45 ㎛의 필터를 통과시켜 불용물을 제거한다

④ 항원 column을 PeriStar pump에 연결하고 혈청을 0.2~0.5 mℓ/분으로 하룻밤 4℃에서 순환시킨다

⑤ 20~50 column 용량의 결합 buffer로 column을 세정한다

⑥ 용출 buffer로 항체를 용출한다. 미리 6개의 eppendorf 튜브에 1 M Tris를 50 μℓ 씩 첨가해 두고 1 mℓ 씩 항체를 회수한다. 용액이 중성 부근으로 되어 있는지 pH 시험지로 검사하고, 산성 상태이면 계속해서 1 M Tris를 50 μℓ 씩 중성이 될 때까지 첨가하여 중화한다

⑦ 5 μℓ의 항체를 SDS-PAGE 하고 Coommassie 염색으로 농도와 순도를 검토한다

⑧ 농도와 순도가 좋은 분획의 항체를 100 μℓ 씩 분주하고, 최종농도가 0.02%가 되도록 sodium azide를 첨가하여 -80℃로 동결보존 한다

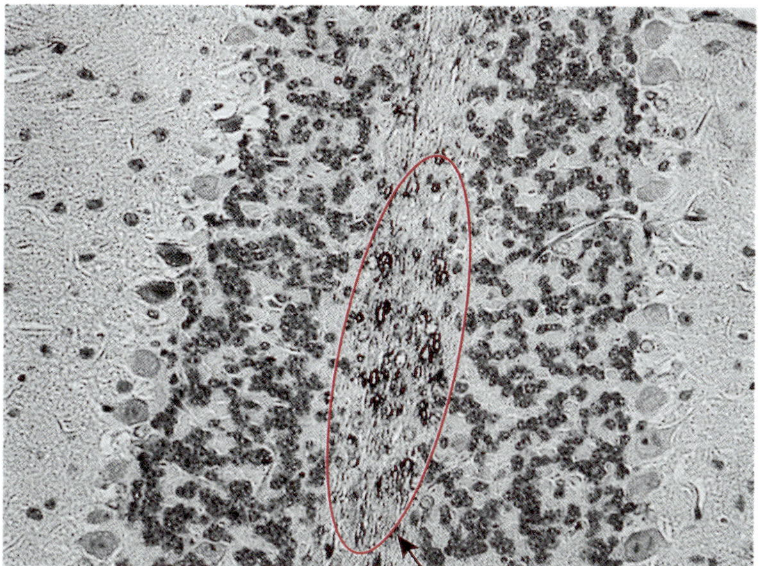

그림 1. PLC δ 3 항체를 이용한 면역조직화학 염색
Affinity column을 이용하여 PLC δ 3 항체를 정제하였다. 얻어진 항체를 이용하여 마우스 소뇌의 면역조직화학 염색을 실시한 결과, 유수신경섬유에 있어서 시그널이 나타났다 (책 앞부분 color-2 참조)

> ☞ 항체를 PBS로 투석하는 편이 보존에 좋은 경우가 있지만, 항체에 따라서는 투석에 의해 석출되기 때문에 주의가 필요하다. 또한 항체의 농도가 1 ㎎/㎖ 이하인 경우는 최종농도 1%가 되도록 BSA를 첨가한 후 동결보존 한다. 한번 용해한 항체는 다시 동결하지 않고 4℃에서 보존한다. 3개월은 보존 가능하다.

실험 예

PLC δ 3의 X 도메인과 Y 도메인의 사이를 histidine tag의 단백질로서 대장균에서 발현시키고 항원으로 하였다, 더욱이 0.5 ㎖/분의 유속으로 항원을 ligand로서 column에 하룻밤, 4℃에서 순환시켜 항원 column을 제작하였다. 토끼에 면역하여 혈청을 회수한 후, 이 column에 0.5 ㎖/분의 유속으로 혈청을 column에 하룻밤, 4℃에서 순환시켜 항체를 정제하였다. 얻어진 항체를 이용하여 마우스 소뇌에서의 PLC δ 3의 발현양식을 면역조직화학 염색으로 조사하였다 (그림 1). PLC δ 3은 마우스 소뇌의 유수신경섬유에서 발현하고 있는 것이 명확하게 나타났다.

맺음말

Hi-Trap NHS-activated column을 이용하여 리간드의 coupling 효율이 좋은 항원 column을 제작할 수 있었다. 더욱이 혈청을 이 column에 통과시켜 정제한 결과, 면역염색을 할 수 있는 항체를 얻을 수 있었다.

참고문헌

1） 手塚 徹：改訂第4版　新 遺伝子工学ハンドブック（村松正實・山本 雅 編），羊土社，2003（印刷中）
2） Harlow, E. & Lane, D. : Antibodies : A Laboratory Manual, Cold Spring Harbor Laboratory，1988

제5장

인산화 부위의 동정과 이용

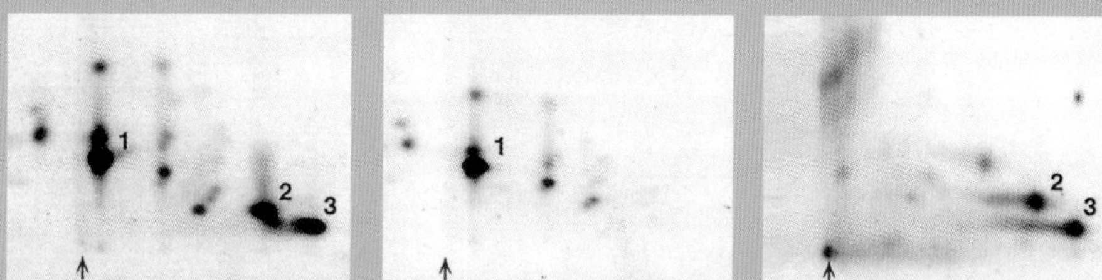

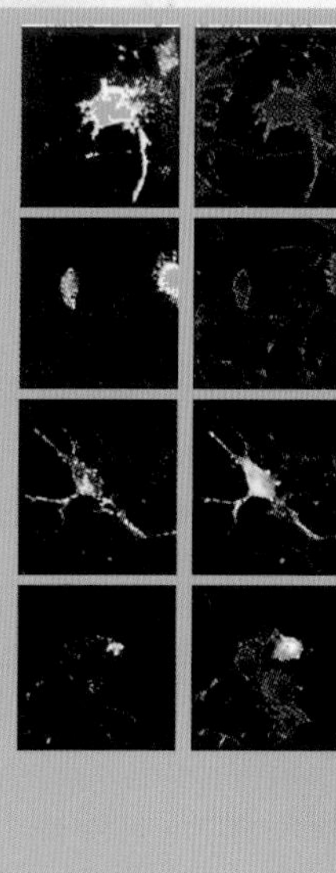

제5장 인산화 부위의 동정과 이용

1. 인산화 아미노산 분석

이 방법으로 무엇을 해석할 수 있을까?

인산화 된 아미노산이 serine, threonine, tyrosine 중 어느 것인지를 분석한다.

서론

단백질의 번역 후 수식과 인산화 해석의 의의에 대해서는, 1장의 해설 혹은 본문의 3이나 5를 참고하기 바란다.

특정의 kinase에 의한 기질 단백질의 인산화 잔기가 예상되는 경우는, serine, threonine 및 tyrosine 인산화 특이적인 항체를 이용한 Western 분석으로 인산화 아미노산을 확인할 수 있지만, intact 세포 내에 있어서 미지의 kinase로 인산화 된 경우, 아래의 방법은 그의 인산화 아미노산을 결정하는 극히 유용한 방법이다.

원리

In vitro kinase 반응 후의 인산화 단백질이나 세포의 *in vitro* 정 인산 label 후의 특정 단백질을 면역침강, SDS-PAGE로 정제 분리한 후, 겔로부터 목적 인산화 단백질을 용출하고, 산이나 염기에 의해 가수분해 한다. 얻어진 아미노산을 박층 2차원 전기영동 (TLC)로 전개하고 인산화 아미노산을 분석한다.

준비물

1) 기구, 기계

- 플라스틱 homogenizer
- 원심 동결건조장치
- 박층 cellulose TLC plate (20 × 20 cm, Merck, No.5716 등)
- 박층 크로마토그래피 용 고압 전기영동장치
- 여과지 (Whatman 3MM)
- Lysis buffer

2) 시약

- 인산화 free 배지
- [^{32}P] orthophosphate (10 mCi/mℓ)
- NH_4HCO_2 buffer (pH 7.3~7.6)
- 2-Mecaptoethanol
- 10% SDS
- Bovine serum albumin (BSA)
- Trichloro acetic acid (TCA, 100%)
- Acetone (−20℃)
- 6 N HCl
- 표준 인산화 아미노산 혼합액 (마커, 1 mg/mℓ)
- 전기영동 buffer (pH 1.9, pH 3.5, pH 4.72, pH 6.5, pH 8.9)
- 마커
- Ninhydrin 스프레이

3) 시약의 조성

Lysis buffer (RIPA buffer)		(최종농도)
1 M Tris-HCl (pH 7.4)	5 mℓ	(10 mM)
5 M NaCl	15 mℓ	(150 mM)
0.5 M EDTA (pH 7.4)	5 mℓ	(5 mM)
20% Triton X-100	25 mℓ	(1 %)
10% DOC	50 mℓ	(1 %)

10% SDS	5 mℓ	(0.1 %)
1 M NaF	5 mℓ	(50 mM)
10 mg/ mℓ aprotinin	0.1 mℓ	(10 μg/mℓ)
10 mg/ mℓ leupeptin	0.1 mℓ	(10 μg/mℓ)
1 M Na_3VO_4	0.1 mℓ	(1 mM)
0.2 M PMSF	0.5 mℓ	(1 mM)

SQ H_2O를 첨가하여 total 100 mℓ로 만든다

· NH_4HCO_2 buffer (최종농도)

NH_4HCO_2	395.3 mg	(50 mM)

SQ H_2O를 첨가하여 total 100 mℓ로 만든다

· 표준 인산화 아미노산 혼합액 (최종농도)

Phosphoserine	10 mg	(1 mg/mℓ)
Phosphothreonine	10 mg	(1 mg/mℓ)
Phosphotyrosine	10 mg	(1 mg/mℓ)

SQ H_2O를 첨가하여 total 100 mℓ로 만든다

· 마커 (최종농도)

Xylene cyanol FF (blue)	12.5 mg	(0.125%)
ε-DNP-lysine (yellow)	50 mg	(0.5%)
Glycerol	2.5 g	(25%)

SQ H_2O를 첨가하여 total 10 mℓ로 만든다

· 전기영동 buffer (pH 1.9 buffer : 표준 buffer)

Formic acid 88% (w/v)	50 mℓ
CH_3COOH	156 mℓ

SQ H_2O를 첨가하여 total 2 ℓ로 만든다

· 전기영동 buffer (pH 3.5 buffer)

CH_3COOH	100 mℓ
Pyridine	10 mℓ

SQ H_2O를 첨가하여 total 2 ℓ로 만든다

프로토콜

1 [^{32}P] 인산에 의한 단백질의 표식

배양세포를 이용한 예를 나타내었다.

① 세포의 실험 당일, 70~80% sub-confluent가 되도록 미리 준비한다

② 인산 free 배지로 3회 세정한다 (인산 free 배지를 세포가 벗겨지지 않도록 주의 하여 첨가하고, 배양접시를 가볍게 돌리는 것처럼 세포를 세정하여 배지를 제거한다)

③ 6 cm의 배양접시에 2 mℓ의 인산화 free 배지를 첨가하고, 계속해서 [^{32}P] orthophosphate를 최종농도 1.0 mCi/mℓ이 되도록 첨가한다. 37℃에서 3시간 표식한다

④ 인산 free 배지로 2회 세정한다

⑤ 세포를 모으고 lysis buffer로 용해한다. Vortex 후 원심분리 하고 상등액을 회수한다

⑥ 상등액은 목적 단백질에 대한 항체 등을 이용하여 면역침강*으로 진행하고, SDS-PAGE를 실시한다

> ☞ * 항체를 이용한 면역침강은 9장 1「면역침강법」을 참조.

2 인산화 아미노산 시료의 조제

① 목적의 인산화 단백질을 SDS-PAGE와 autoradiography로 동정하고, cutter로 잘라낸다

② 겔의 파편을 eppendorf 튜브에 넣는다. 50 mM NH_4HCO_3 buffer (pH 7.3~7.6) 0.5 mℓ을 첨가하고, 실온에서 5분간 방치하여 겔을 재팽윤 시킨다

③ 겔 파편을 플라스틱 homogenizer를 이용하여 분쇄하고, 새로운 튜브에 옮긴다. 남아 있는 겔 파편도 200 μℓ 50 mM NH_4HCO_3 buffer로 2회 세정하고 새로운 튜브에 옮긴다

④ 2-Mercaptoethanol을 50 μℓ, 10% SDS를 10 μℓ 첨가하고, 3~5분간 끓인다. 37℃ 또는 실온으로 만들어, mixer 등을 이용하여 90분 이상 강하게 교반한다

> ☞ Overnight 반응이라도 좋다. 2-Mercaptoethanol과 SDS를 첨가할 수 있는 elution 반응을 2회 반복하고, 합하여 TCA 침전시킨다.

⑤ 원심분리 (15,000 rpm, 5분) 하고, 상등액을 회수한다

⑥ 20 μg의 BSA*를 첨가하여 잘 교반한 후, 100% (w/v) 얼음 위에 냉각해 둔 TCA를 250 μℓ 첨가하고, 얼음 중에서 1시간 방치한다

> ☞ * Carrier 단백질로서는 BSA, 끓인 RNase, 또는 면역글로블린 등을 사용한다.

⑦ 원심분리 (15,000 rpm, 4℃, 10분) 하여, 상등액을 제거하고, 침전물에 cold acetone 500 μℓ를 첨가하여 교반한 후 원심분리 한다. 상등액을 제거하고, 다시 한번 acetone 세정을 반복하여 TCA를 완전히 제거한다

⑧ 침전물을 진공 원심 농축기로 건조시킨 후, 50 μℓ의 6 N HCl을 첨가하고 잘 교반한다

⑨ 110℃에서 90분간 산 가수분해 시킨다

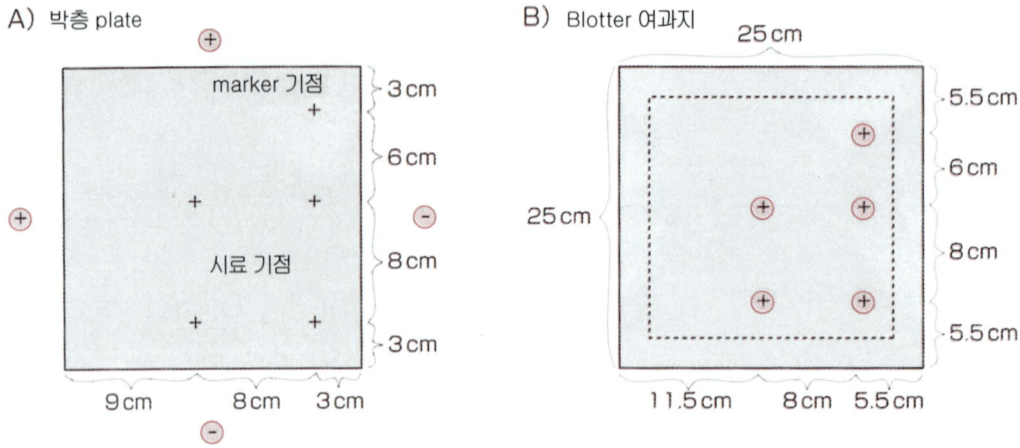

그림 1. 박층 cellulose TLC plate (A)와 blotter 여과지 (B)

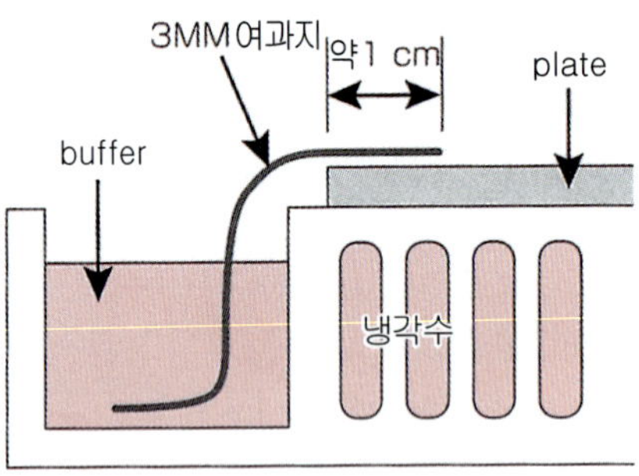

그림 2. 박층 전기영동장치

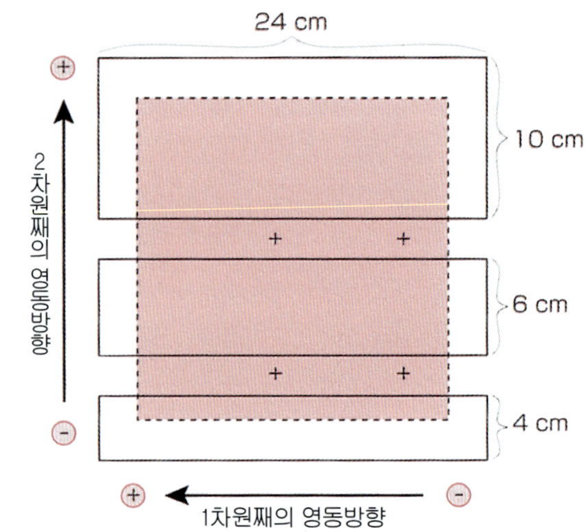

그림 3. 2차원째의 blotter 여과지

⑩ 원심분리 (15,000 rpm, 2분)하고, 상등액을 새로운 튜브에 옮겨, 진공 원심 농축기로 건조시킨다

⑪ 소량 (5 ㎕)의 물이나 전기영동 buffer에 용해시킨다*. 시료에 표준 인산화 아미노산 혼합액을 1 ㎍/㎕가 되도록 첨가한다

> * 시료의 방사 활성을 측정하고 회수를 확인한다. 50~100 cpm의 count가 있으면 재현성 있는 인산화 아미노산을 분석할 수 있다,
> 특별한 이유가 없으면 pH 1.9 buffer로부터 사용하는 것이 보통이다.

3 박층 2차원 전기영동

① 박층 plate (20 × 20 ㎝) 1장으로 4개의 시료를 한꺼번에 분석할 수 있다. 시료를 spot 하는 기점에 연필로 표시한다. 여과지 (Whatman 3MM)는 기점 주위에 직경 1.5 ㎝의 원을 만들어 둔다 (Blotter) (그림 1)

② 시료 (1~2 ㎕)를 plate의 기점에 spot 하고, 건조시킨다. 영동의 진행을 check 하기 위해서 마커 (1 ㎕)도 spot 한다

③ Blotter 여과지를 pH 1.9의 buffer에 단시간 담그고, buffer가 흘러내리지 않을 정도로 여분의 buffer를 제거한다. 시료기점이나 마커 기점이 blotter의 구멍 중심에 위치하도록 blotter 여과지를 박층 plate에 올리고, 박층 plate가 buffer로 적셔지면 blotter 여과지를 제거한다

④ 박층 plate를 박층 전기영동장치에 설치하고, buffer로 적신 여과지의 일부를 plate의 끝에서 1 ㎝ 정도 중복되도록 올린 후, 다른 한쪽은 전

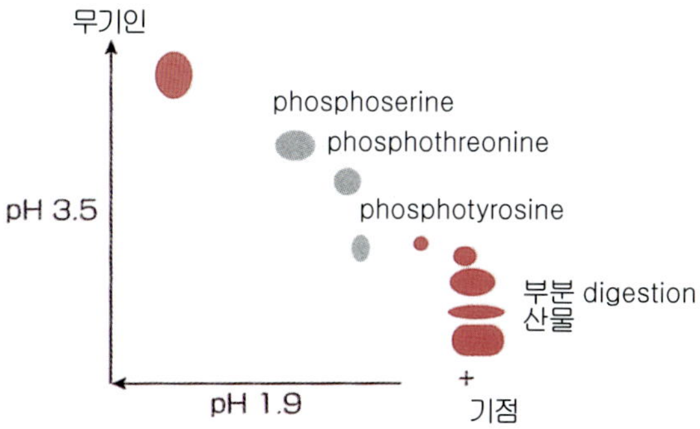

그림 4. 2차원 전기영동 후의 각 아미노산의 영동위치

기영동 buffer를 tank에 넣는다 (그림 2)

⑤ 1 kV로 20분간 전기영동 한다

> ☞ 전기영동에서 인산화 아미노산은 양극방향으로 이동한다.

⑥ Plate를 벗기고 건조한다

⑦ Step ③, ④와 동일하게 pH 3.5의 buffer로 plate를 적신다. 단 여과지 1장으로 제작한 짧은 책을 3권 준비하여, 각 영역을 적신다 (그림 3)

⑧ 1차원째의 전기영동의 방향과 직교하는 방향으로 전기영동을 실시한다

⑨ Plate를 건조시킨다

⑩ Ninhydrin을 spray 하고, 65℃의 오븐에서 15분 가열한다. 마커의 표준 인산화 아미노산의 위치를 확인한다

⑪ Autoradiography로 자료의 인산화 아미노산을 동정한다 (그림 4, 5)

실험 예

Phosphatidyl-inositol 4-phosphate 5 kinase (PI4P5 kinase) type I α를 protein kinase A (PKA kinase)로 인산화 하고, 인산화 아미노산 분석을 실시하였다 (그림 4, 5). PKA kinase는 PI4P5 kinase type I α를 serine 잔기에만 인산화 하는 것이 명확하게 밝혀졌다.

맺음말

1) label 효율을 상승시키는 것이 이 실험에서 제일 중요하다.

2) 가수분해할 때, 인산 디 에스테르 결합이 불안정하게 되고, 인산화 아미노산의 탈인산화나 [^{32}P] 인산의 방출이 동시에 일어나는 경우가 있어 반응시간은 중요하다.

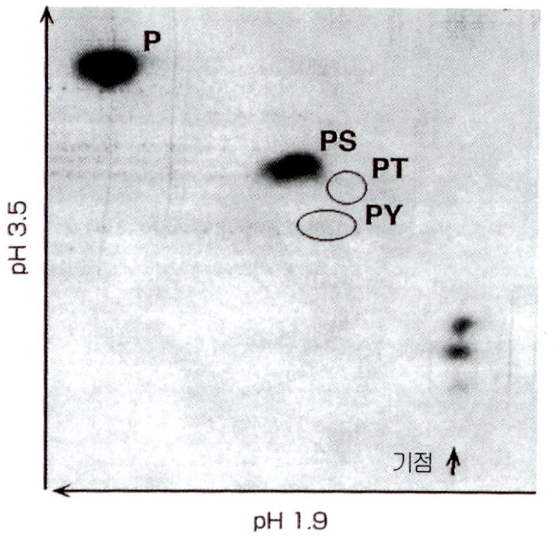

그림 5. Phosphatidyl inositol 4-phosphate 5-kinase (PI4P5 kinase) type I α의 PKA에 의한 인산화 아미노산 분석의 결과
이 결과에 의해 serine 잔기가 인산화 되는 것을 알 수 있다

3) Serine, threonine 및 tyrosine 인산화 이외에도 histidine이나 arginine의 인산화도 일어나고 있어, 인산화 아미노산의 검출은 ninhydrine 발색과 함께 autoradiography로 실시하는 것이 제일 정확하다.

4) SDS-PAGE 전기영동 후, immobilone-P 막으로 전사하여, 가수분해 시킬 수도 있지만, nitrocellulose 막이나 nylone 막은 농도가 진한 산이나 염기에서 녹아버리는 경우가 있기 때문에 피하는 것이 좋다.

5) *In vitro*에서 단백질을 인산화 하거나, 정제 peptide를 인산화 하는 경우는 인산화 아미노산 이외에 표시 산물이 없기 때문에 1차원 전기영동에서도 적합하지만, *in vivo*에서 표시한 경우는, RNA 유래의 ribose-3'-phosphate 등이 인산화 아미노산에 혼입되는 경우도 있어, 2차원 전기영동을 실시하는 것이 정확하다.

참고문헌

1) 岡田雅人, 宮崎 香 編：無敵のバイオテクニカルシリーズ「改訂　タンパク質実験ノート」下巻, pp117-121, 羊土社, 1999

2) D. Grahame Hardie et al. ed. (日高 弘義 監訳) ：「プロテインキナーゼとホスファターゼ」MEDSiバイオ実験法シリーズ, メディカル・サイエンス・インターナショナル, 1995

2. 인산화 부위의 동정

이 방법으로 무엇을 해석할 수 있을까?

단백질 인산화 부위의 변이체 (mutant)와 야생체 (wild type)의 peptide mapping을 비교함으로써, 그의 단백질 중의 인산화가 일어나고 있는 아미노산 부위를 동정한다.

서론

어떤 단백질의 인산화 부위를 동정하고, 또한 그의 인산화 부위로부터 인산화에 관여하는 kinase를 발견하는 것은, 단백질의 번역수식 후 실제로 세포 내에서 단백질의 기능을 결정하는 중요한 정보를 주게 된다.

아래의 방법은 감도가 아주 높고, 인산화 peptide를 cellulose plate로부터 분리, 추출하는 것도 가능하며, 계속해서 분리된 peptide는 인산화 아미노산의 분석이나 sequencing에 의한 아미노산 배열결정에 이용할 수 있다.

원리

인산화 된 단백질을 protease 또는 화학적 절단법에 의해, 완전 digestion 반응을 실시한다. Digestion 후의 peptide는 박층 cellulose TLC plate 위에서, 1차원 전기영동을 실시하고, 2차원 전기영동에 의해 분리한다. 인산화 peptide의 검출은 autoradiography로 실시한다. 또한 인산화 부위의 동정을 위해서는 단백질의 인산화 부위에 mutation을 도입한 점 돌연변이체를 제작하고 발현시켜, 변이체 단백질의 인산화를 야생체 단백질의 인산화 패턴과 비교함으로써 인산화 부위를 결정할 수 있다.

준비물

1) 기구, 기계

- 플라스틱 homogenizer
- 원심동결건조장치
- 박층 cellulose TLC plate (20 × 20 cm, Merck, No. 5716 등)
- 고압 전기영동장치
- 크로마토그래피 전개조
- 여과지 (Whatman 3MM)

2) 시약

- 50 mM NH_4HCO_3 (pH 7.3~7.6)
- 50 mM NH_4HCO_3 (pH 8.0~8.3) : 50 mM NH_4HCO_3 (pH 7.3~7.6)을 1, 2일 그대로 두고 사용할 수 있다
- 2–Mercaptoethanol
- 10% SDS
- Bovine serum albumin (BSA)
- Trichloro acetic acid (TCA, 100%)
- Acetone (–20℃)
- TPCK–trypsin
- Peroxyformic acid
- 전기영동 buffer
- 크로마토그래피 buffer
- 마커

3) 시약의 조제

·TPCK-trypsin(1 mg/mℓ)

TPCK-trypsin	1 mg

1 mM HCl 1 mℓ을 첨가한다

·Peroxyformic acid

formic acid (98%)	0.9 mℓ
H_2O_2 (30%)	0.1 mℓ

실온에서 1시간 incubate 하고, 냉각하여 보존한다

〈2차원 박층 크로마토그래피용의 buffer〉

·표준 크로마토그래피 buffer

n-butanol	785 mℓ
pyridine	607 mℓ
CH_3COOH	122 mℓ

SQ H_2O를 첨가하여 total 2 ℓ로 한다

·Phosphochromatography buffer (phospho peptide 분석)

n-butanol	750 mℓ
pyridine	500 mℓ
CH_3COOH	150 mℓ

SQ H_2O를 첨가하여 total 2 ℓ로 한다

·Iso-butyric acid buffer (소수성이 강한 peptide 분석)

iso-butyric acid	1,251 mℓ
pyridine	96 mℓ
CH_3COOH	58 mℓ
n-butanol	38 mℓ

SQ H_2O를 첨가하여 total 2 ℓ로 한다

프로토콜

1 시료의 조제

① 5장 1의 프로토콜에 준해, 인산화 단백질의 아세톤 세정 후의 TCA 침전물을 준비한다 (프로토콜 2의 ⑦까지 동일)

② 얼음 위에서 냉각한 peroxyformic acid 용액을 50 μℓ를 첨가하여, 잘 교반한 후, 얼음 위에서 1시간 산화 반응 시킨다

> ☞ Methionine과 cysteine 잔기에는 몇 종류의 산화상태가 존재하고, 그의 산화상태에 의해, peptide의 크로마토그래피 상의 이동도에 큰 영향을 주게 된다. Peroxyformic acid로 산화시킴으로써 peptide 산화상태의 차이를 피할 수 있다.

③ 400 μℓ의 탈 이온수를 첨가하여, 진공원심농축기로 동결건조 한다

④ 50 mM NH_4CO_3 buffer (pH 8.0~8.3) 50 μℓ에 용해하고, TPCK-trypsin 10 μg을 첨가한다 (1 mg/mℓ의 stock을 10 μℓ 사용한다)

> ☞ Digestion 효소나 화학적 절단법에 의해 digestion buffer나 조건 등이 변한다. TPCK-trypsin은 chymotrypsin 활성이 삭제되어 있어, arginine이나 lysine 잔기의 C 말단 측을 절단한다.

⑤ 37℃에서 3시간 이상 digestion 한다

⑥ 다시 TPCK-trypsin 10 μg을 첨가하고, 계속해서 37℃에서 3시간 이상 digestion을 실시한다

⑦ 400 μℓ의 탈 이온수를 첨가하여, 동결건조 한다

⑧ Pellet에 다시 400 μℓ의 탈 이온수를 첨가하여 동결건조 한다

⑨ Pellet을 300 μℓ의 전기영동 buffer에 용해하고, 잘 교반한 후, 원심분리 한다. 상등액*을 옮기고 완전히 동결건조 한다

> ☞ * 이 마지막의 상등액에는 침전물이 혼입되면 안 된다. 침전물이 남아 있는 경우는 ⑦을 반복한다

⑩ Pellet을 5~10 μℓ의 전기영동 buffer에 용해한다. 15,000 rpm으로 원심분리 하고, 그의 상등액을 spot 한다

2 Peptide mapping

① 제 1차원째의 박층 전기영동은 5장 1의 프로토콜에 준해, 시료를 TLC plate 상에서 분리한다 (프로토콜 3의 ⑥까지 동일). 단 시료나 마커 기점은 전기영동 buffer 마다 다르다* (그림 1)

> ☞ * 1차원째의 전기영동상의 이동도는 peptide 전하의 분자량에 대한 비에 의해 결정된다. 일반적으로 염기성 잔기를 포함한 인산화 peptide는 낮은 pH에서 영동하는 편이 분리능이 좋다. 염기성 아미노산 측 사슬은 낮은 pH에서 proton 화 되기 때문에, 음극방향으로의 이동도가 높다. 역으로 산성 아미노산 잔기를 포함한 peptide는 높은 pH에서 전리되기 때문에, 이 조건 하에서 양극방향으로의 이동도가 높다. 그러나 실제로는 대부분의 peptide는 산성과 염기성의 양쪽 아미노산을 함유하고 있어 pH 1.9에서의 용해가 좋기 때문에, pH 1.9의 buffer부터 시험하는 것이 좋다.

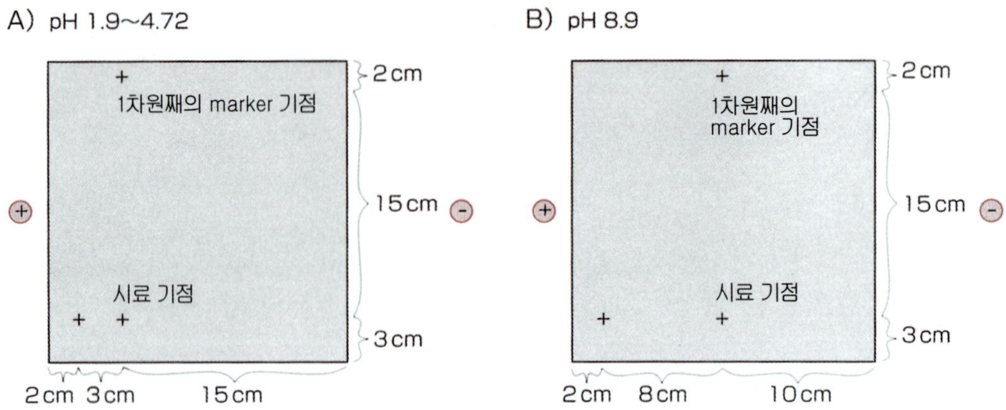

그림 1. 20 × 20 cm TLC plate로 인산화 peptide를 1차원 분리할 때의 시료나 marker 기점의 위치

A) pH 1.9~4.72에서 전기영동 하는 경우
B) pH 8.9에서 전기영동 하는 경우

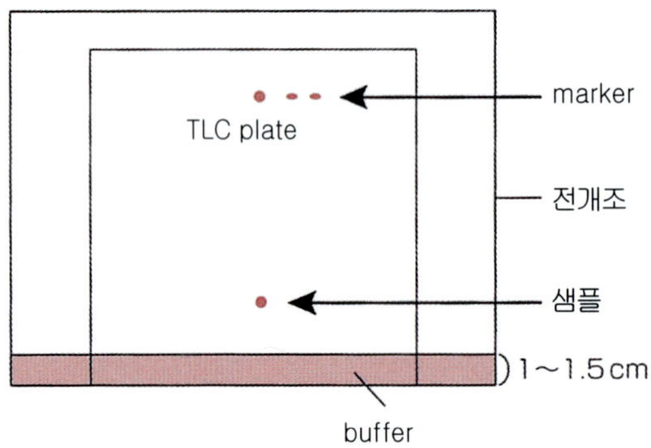

그림 2. 전개 종료 후의 박층 크로마토그래피

* 2차원째의 크로마토그래피는 peptide가 가진 소수성에 따라, 이동상 (크로마토그래피 buffer)과 고정상 (plate 상의 cellulose)에 머무는 시간의 비가 결정된다.
소수성이 높은 peptide는 분리 중 이동상에서 체재시간이 길기 때문에, 비교적 빠르게 plate를 상승한다. 역으로 친수성의 peptide는 고정상에 머무는 시간이 길기 때문에 상승하는 것이 늦다.

② 2차원째의 박층 크로마토그래피를 아래와 같이 실시한다. 전개조에 크로마토그래피용의 buffer[*1]을 넣는다. 건조 후의 plate를 전개조에 세우고, plate의 최상단으로부터 3 cm 이내의 지점까지 전개시킨 후[*2], 건조시킨다[*3] (그림 2)

*1 : 크로마토그래피용의 buffer는 전개조에 적어도 몇 시간 전에 넣어 두고, 전개조 내에 buffer의 증기를 충만시켜 둔다.
*2 : 전개시간은 크로마토그래피용의 buffer나 온도에 따라 상당히 다르지만, 보통 8~12시간 필요하다.
*3 : 계속해서 peptide의 추출을 실시하는 경우는 오븐 등을 사용하지 않는다.

③ Autoradiography로 분석한다 (그림 3)

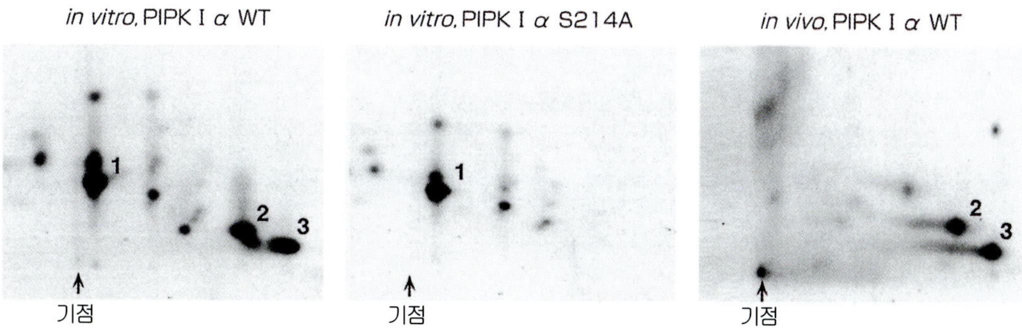

그림 3. Phosphatidyl inositol 4-phosphate 5-kinase (PI4P5 kinase) type I α의 PKA kinase에 의한 인산화 패턴

이 결과에 의해 PI4P5 kinase type I α는 214번 serine 잔기에서 인산화 되어 있는 것을 알 수 있다

실험 예

Phosphatidylinositol 4-phospahte 5 kinase (PI4P5 kinase) type I α의 214번 serine 잔기를 alanine 잔기로 바꾼 변이체 (PIPK I α S214A)를 제작하고, PKA kinase에 의한 인산화 패턴을 비교, 검토하였다 (그림 3).

맺음말

단백질의 digestion이나 단편화가 완전히 이루어지지 않는 경우도 자주 있으며, peptide mapping 상에서 이동도의 차이가 생기는 경우가 자주 있다. 예를 들면 trypsin의 경우, arginine 혹은 lysine이 인접하고 있는 경우나 arginine/lysine에 aspartic acid/glutamic acid가 결합하고 있는 경우는 부분적으로 digestion 된 화합물이 생긴다. 더욱이 arginine/lysine과 proline 간의 결합은 절단할 수 없다. 따라서 *in vivo*에서의 인산화 부위와 정제한 protein kinase를 이용하여, *in vitro*에서 인산화 시킨 경우의 인산화 부위가 동일한지 여부를 peptide mapping으로 비교하는 등, 더욱 많은 검토가 필요한 경우가 많다.

참고문헌

1) Boyle, W. J. et al. : Method Enzymol., 201 : 110-149, 1991

2) D. Grahame Hardie et al. ed. (日高弘義 監訳) : 「プロテインキナーゼとホスファターゼ」MEDSiバイオ実験法シリーズ, メディカル・サイエンス・インターナショナル, 1995

3) 岡田雅人, 宮崎 香 編 : 無敵のバイオテクニカルシリーズ「改訂　タンパク質実験ノート」下巻, pp61-69, 羊土社, 1999

3. 인산화 peptide 항체의 제작과 응용

이 방법으로 무엇을 해석할 수 있을까?

단백질은 여러 가지 제어를 받지만, 그 중에서도 인산화는 매우 중요한 것으로 생각되고 있다. 어떤 단백질의 인산화를 조사하려는 경우, 면역침강으로 어떤 단백질을 어느 정도 정제한 후, phosphoserine, phosphothreonine, phosphotyrosine의 항체로 검출하든지, 인산을 미리 방사성 동위체로 표식 해 둘 필요가 있다. 그러나 이들 방법은 세포 내의 인산화 상태의 분포를 알 수 없고, 처리하는 중에 인산이 떨어지기 쉬운 (인산의 turnover의 영향을 받기 쉽다) 등의 단점이 있다. 어떤 단백질의 인산화 상태 특이적인 항체가 있으면, 세포 추출액을 그대로 blotting 하여 처리시간을 단축하고, turnover의 영향을 배제한 인산화 상태를 조사할 수도 있다. 또는 세포염색에 인산화 상태 특이적인 항체를 이용함으로써, 인산화 된 단백질의 세포 내 국재도 알 수도 있다. 즉 인산화 특이적인 항체로 인산화의 시간적, 공간적 거동의 해석이 가능하다.

서론

인산화는 단백질의 활성제어에 있어서 중요한 역할을 담당하고 있다. 따라서 어떤 단백질의 상태를 조사하려는 경우, 그의 단백질의 어느 부분이 인산화 되어 있는지를 알 필요가 있다. 간편하게 인산화 상태를 조사하는 방법의 하나로, 인산화 tyrosine이나 인산화 serine에 대한 항체를 이용하는 방법이 있다 (5장 4 참조). 그러나 이 방법으로는 조사하고 있는 단백질을 면역침강 등에 의해 어느 정도 정제할 필요가 있다. 자주 이 정제 단계에서 인산화가 떨어져, 인산화 상태를 조사하는 것을 곤란하게 만들고 있다. 또한 세포 내에서의 단백질의 인산화 거동은 인산화 tyrosine이나 인산화 serine에 대한 항체로는 조사할 수 없다. 또한 방사성 동위체로 표식 하는 방법은 더욱 수고스러울 뿐만 아니라, 오염 등의 위험도 있다.

따라서 어떤 단백질의 인산화를 상세하게 해석하기 위하여 인산화 부위를 동정 (5장 2 참조)한 후, 어떤 아미노산의 인산화에 특이적인 항체를 제작하는 경우가 있다.

보통 항체의 epitope는 6~7개의 아미노산이다. 따라서 인산화 특이적인 항체를 제작하려는 경우, 인산화 부위의 전후 6개 아미노산 정도를 포함한 peptide를 합성하고, carrier 단백질에 가교한 후 면역하는 것이 일반적이다. 인산화는 효소반응에 의해 첨가해도 좋지만, 보통 곤란하기 때문에 인산화 된 아미노산을 처음부터 합성 peptide에 삽입한다.

얻어진 항혈청 (monoclonal 항체가 아닌 경우)은, peptide의 여러 부위에 대한 항체의 혼합물이다. 따라서 인산화 특이적인 항체를 얻는 경우에는 인산화 되어 있지 않는 peptide를 고정화 한 단체를 통과시킴으로써, 인산화 peptide에 특이적인 항체의 분획을 얻는다.

원리

면역과 항체생산의 원리에 대해서는 이 책의 4장을 참고할 것.

준비물

1) 기구, 기계

- 토끼 등의 면역동물
- 동물사육설비
- 면역이나 채혈을 위한 도구 세트 (4장 참조)

2) 시약, 시료

- 인산화 부위의 인산화 peptide와 비인산화 peptide (수탁회사에 의뢰)
- Freund's complete adjuvant (초회 면역용) 및 Freund's incomplete adjuvant (2회째 이후 면역용) (Difco 회사 등)
- RIBI adjuvant 시스템 (R-730, RIBI ImmunoChem Research 회사)
- Formyl cellulofine (일본 생화학공업 : 810165)
- 용출 buffer (0.1 M glycine-HCl, pH 2.5, 10% ethylene glycol)
- Sephacryl mini PP (생화학공업)
- Coupling buffer (50 mM $NaHCO_3$, pH 9.0)
- Blocking buffer (50 mM Tris-HCl pH 8.0, 0.1 M ethanolamine)
- Mercaptoethanol
- NaN_3
- 1 M Tris-HCl (pH 8.0)
- Beta glycerophosphate
- BSA

3) 시약의 조제

- TBS (20 mM Tris-HCl, pH 7.5, 150 mM NaCl)

		(최종농도)
1 M Tris-HCl (pH 7.5)	20 mℓ	(20 mM)
5 M NaCl	3 mℓ	(150 mM)

증류수를 첨가하여 total 1 ℓ로 한다

- PBS (8.1 mM Na_2HPO_4, 1.47 mM KH_2PO_4, 137 mM NaCl, 2.68 mM KCl)

		(최종농도)
$Na_2HPO_4 \cdot 12\ H_2O$	2.9 g	(8.1 mM)
KH_2PO_4	0.2 g	(1.47 mM)
NaCl	8 g	(137 mM)
KCl	0.2 g	(2.68 mM)

증류수를 첨가하여 total 1 ℓ로 한다

- 세정 buffer (20 mM Tris-HCl, pH 7.5, 1 M NaCl, 1% Triton X-100)

		(최종농도)
1 M Tris-HCl (pH 7.5)	20 mℓ	(20 mM)
5 M NaCl	200 mℓ	(1 M)
Triton X-100	10 mℓ	(1%)

증류수를 첨가하여 total 1 ℓ로 한다

프로토콜

1 인산화 peptide의 설계

일반적으로 항체분자가 인식하는 epitope는 5개 아미노산 정도이다. 따라서 인산화 되는 아미노산의 전후 5개 잔기를 포함한 11개 잔기 이외에, 면역에 있어서 carrier 단백질과의 공유결합을 위한 cysteine을 N 말단 혹은 C 말단에 첨가하여 12개 잔기의 peptide를 합성하는 경우가 많다.

면역할 때에는 항원성을 높이기 위하여 KLH (Key-hole Limpet Hemocyanin) 등의 carrier 단백질에 공유결합 시키고 있다. 우리들은 공유결합을 포함해 수탁합성을 의뢰하고 있다.

2 면역과 채혈

① 1종류의 항원에 대해 토끼를 2마리 이상 준비하고, Freund's complete adjuvant를 면역한다. 항원용액 (KLH와 결합시킨 것 : 보통 1 mg 당 0.2~0.3 mg의 합성 인산화 peptide를 포함)을 1 mg/mℓ이 되도록 PBS로 희석하고, Freund's complete adjuvant 1 mℓ과 항원용액 1 mℓ을 혼합한다 (4장 참조). RIBI adjuvant는 1회분에 대하여 항원용액 0.5 mℓ을 사용한다

② 2회째의 면역은 4주간 후에 실시하고, Freund's adjuvant의 경우는 incomplete adjuvant를 이용하여 실시한다. 그 후의 면역은 4주간 간격으로 실시한다

③ 3회째의 면역의 2주간 후에 부분채혈 하고, 항체가를 ELISA (4장 3 참조)로 확인한다.
항체가가 충분히 상승되어 있거나 혹은 4회 면역한 후 (그 이상은 항체가가 상승하지 않음), 전체를 채혈하고, 혈청을 분리한 후, NaN_3를 첨가하여 −80℃에 보존한다

> ☞ ELISA나 Western blot에 의한 해석에서는 2종류의 adjuvant에 의한 차이는 적다. 그러나 세포염색에서는 Freund's에 의한 adjuvant를 이용한 경우, 비특이적인 신호가 가끔 핵에 나타나는 경우가 있다.

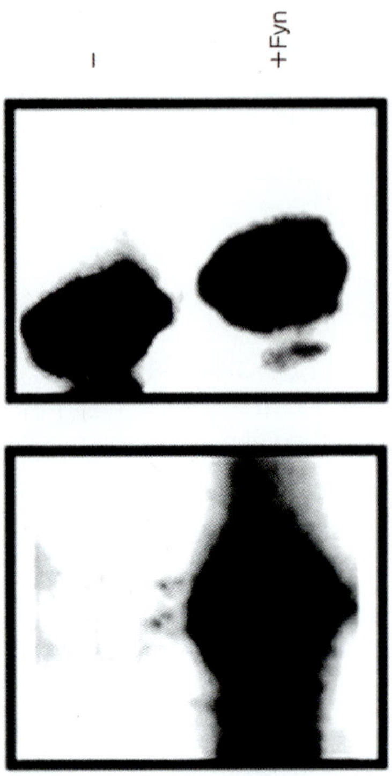

그림 1. Fyn에 의한 인산화 반응전후의 인산화 항체의 반응성
상단 : 항 N-WASP에 의한 Western blot. 거의 같은 양의 N-WASP가 있는 것을 알 수 있다. 하단 : 동일한 것의 항 인산화 N-WASP 항체에 의한 Western blot. Fyn을 첨가하여 인산화를 일으킨 것에 특이적으로 반응한다

어느 쪽의 adjuvant를 이용한 경우에서도 emulsion의 조제가 포인트가 되며, 확실히 실시한다 (4장 및 각각의 adjuvant 첨부의 설명서 참조)

3 항 인산화 항체의 affinity 정제

A) 합성 peptide를 결합시킨 affinity 겔의 제작

Formyl-cellulofine 1 ㎖에 대하여 1 ㎎의 peptide를 공유결합 시킨다. 인산화 peptide와 비인산화 peptide를 각각 공유결합 시킨 겔을 제작한다. 아래의 조작은 Sephacryl mini PP 등의 1회용 칼럼을 이용한다.

① Coupling buffer 1 ㎖에 peptide 1 ㎎을 혼합하여 용해한다. 용해한 후, pH에 변화가 없는 것을 확인한다 (변화한 경우는 pH 9.0으로 변경)
② 1 ㎖의 formyl-cellulofine을 첨가하고, 4℃에서 하룻밤 전도혼합 한다
③ Coupling buffer로 2회 세정하고 blocking buffer로 3회 세정한다. Blocking buffer 중에서 4℃, 하룻밤 전도혼합 한다
④ H_2O로 2회 세정
⑤ 용출 buffer로 2회 세정
⑥ 세정 buffer로 3회 세정
⑦ TBS로 2회 세정
⑧ 5 ㎖의 TBS에 현탁하고 7 ㎕의 mercaptoethanol, 7 ㎕의 NaN_3를 첨가하고 4℃에 보존한다

B) 혈청의 흡착과 용출

① 5 ㎖의 혈청을 용해하여, 35,000 rpm, 4℃에서 1시간 원심분리 한다
② 1 ㎖의 A)에서 조제한 인산화 peptide 고정화 beads를 첨가한다
③ 4℃, 하룻밤, 전도혼합 한다
④ TBS, 세정 buffer, TBS 순서로 세정한다
⑤ 500 ㎕의 용출 buffer를 중층 하여 용출시킨다. 용출시킨 분획에 신속하게 50 ㎕의 1 M Tris-HCl (pH 8.0)을 첨가하여 중화한다
⑥ 이 조작을 5회 반복한다. 가능한 한 신속하게 실시하여 변성을 방지한다 (미리 용출액을 넣는 튜브에 Tris를 넣어 두면 좋다)
⑦ SDS-PAGE로 항체를 확인한다 (3장 2 참조)
⑧ 인산화 peptide beads는 용출 buffer로 세정한 후, TBS + 20 mM beta glycerophosphate +

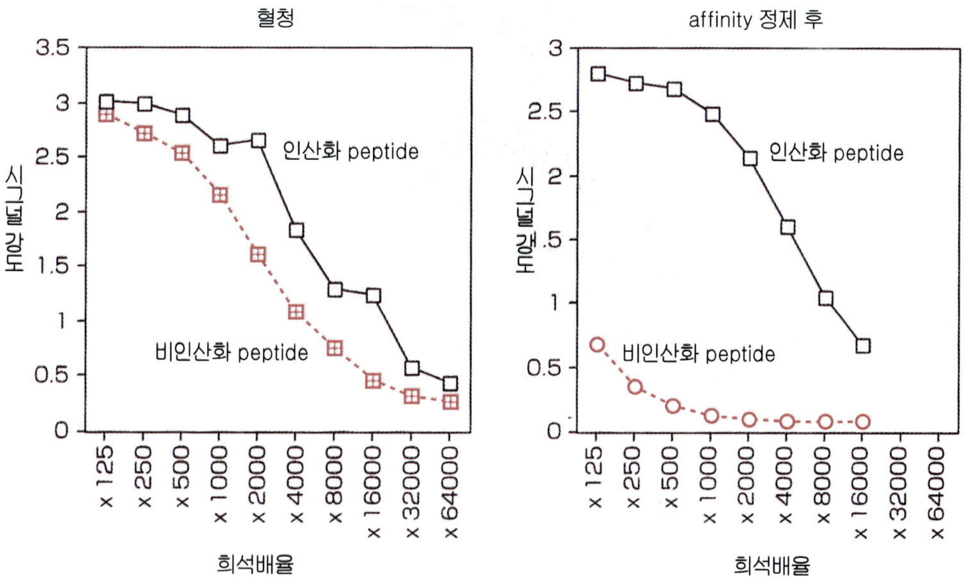

그림 2. Affinity 정제 전후의 특이성
Affinity 정제에 의해 인산화 peptide에 특이적으로 반응하는 항체가 얻어졌다

0.02% NaN_3로 세정하여 보존한다

⑨ 각각의 분획에 TBS + 20 mg/mℓ BSA를 50 μℓ씩 첨가한다

⑩ 농도가 진한 분획 (보통은 2회째와 3회째)을 TBS로 투석한다 (2시간 마다 바깥 용액을 교환하여 3회)

⑪ 비인산화 고정화 beads 1 mℓ과 혼합한다. 4℃, 하룻밤, 전도혼합 한다. 이 조작으로 비인산화 peptide와 반응하는 항체가 제거된다

⑫ 비흡착 분획 (상등액)을 모으고, ELISA로 특이성을 확인. 가능한 한 (10 μℓ 정도로 나눔) 세분화 하여 나누고 −80℃에 보존한다 (인산화 항체는 얼음 위에서 보존해도 불활성화 되는 경우가 많으며, 또한 동결융해도 가능한 한 피함)

> 이 affinity 정제에 의해 인산화 peptide와 비인산화 peptide에 대한 반응성에 조금밖에 차이가 없더라도 인산화 peptide에 특이적인 항체를 얻을 수 있다.

실험 예

N−WASP의 인산화 항체의 제작, peptide에 의한 affinity 정제에 의해 인산화 peptide에 대한 특이성이 상승되어 있는 것을 알 수 있다 (그림 1, 그림 2). 이 정제 항체는 Fyn에 의해서 인산화 된 N−WASP에 반응하지만, 인산화 되어 있지 않은 N−WASP에는 반응하지 않는다.

맺음말

좋은 인산화 항체가 만들어지면, 세포 내의 인산화 단백질의 분포를 알 수 있다. 이것은 시그널의 시·공간적 해석에 대단히 효과적이다.

인산화 항체의 제작에는 비용이 들기 때문에 나름대로의 각오가 필요하다.

참고문헌

1）竹縄忠臣 編：バイオマニュアルUP シリーズ「分子生物学研究のためのタンパク実験法　改訂第 2 版」，羊土社，1998

2）小坂英尊，後藤英仁，稲垣昌樹：実験医学，16 (6)，823-827，羊土社，1998

3）Carraway, K. & Carraway, C. ed. : Cytoskeleton : Signalling and Cell Regulationpp. 183-208, Oxford University Press, 2000

4）Suetsugu, S. et al. : Dev. Cell, 3 : 645-658, 2002

4. 항 인산화 Tyrosine·Serine·Threonine 항체를 이용한 Immunoblotting

이 방법으로 무엇을 해석할 수 있을까?

단백질 중의 아미노산 인산화는 세포의 증식·분화나 여러 가지 생명현상에 있어서 시그널 전달에 중요한 역할을 담당하고 있다. 아미노산의 인산화는 크게 나누어 serine·threonine의 수산기에 들어가는 것과 tyrosine의 수산기에 들어가는 것으로 나눌 수 있으며, 각각에 대하여 여러 기업으로부터 항체가 시판되고 있다. 이와 같은 항체를 이용하여 Western blot, 면역침강 등을 실시하면, 간편하게 단백질 내의 아미노산 인산화를 검출하는 것이 가능하다.

서론

항 인산화 아미노산 항체를 이용한 실험은, 현재 품질이 좋은 항체를 구입할 수 있기 때문에 특히 어려운 점은 없다. 단 몇 가지 주의해야 할 점이 존재한다. 우선, 아미노산 상의 인산기는 탈인산화효소에 의해 쉽게 떨어지기 때문에, 세포를 용해시킬 때, 탈인산화효소 저해제를 첨가할 필요가 있다. 또한 단백질 중의 아미노산 인산화는 거의 serine·threonine의 수산기에 일어나고, tyrosine kinase 활성이 가장 높은 v-src 암화 세포에 있어서도, tyrosine 인산화는 인산화 아미노산 전체의 1%에 지나지 않는다. 그 뿐만 아니라 tyrosine 인산화를 검출하는 경우에는 감도를 높이고 시그널의 background를 내리는 등의 세심한 주의가 필요하다. 표적 단백질을 그의 항체로 면역침강 시킨 후 항 인산화 tyrosine 항체로 blot 하는 등의 방법도 효과적일 것이다. 항 인산화 serine·threonine 항체의 경우는, 이용한 항원에 적합한 여러 종류의 항체가 시판되고 있으며, 항체 간에 여러 가지 단백질 중의 인산화 serine·threonine과의 결합 스펙트럼에 차이가 있다. 복수의 항체를 문의하여, 비교검토 하면서 신중하게 실험을 진행할 필요가 있다.

본 항에서는 항 인산화 아미노산 항체를 이용한 일반적인 Western blot 및 면역침강법에 대하여 해설한다.

원리

Western blot의 원리·기본에 대해서는 이 책의 7장 1, 면역침강법에 대해서는 이 책의 9장 1을 참고할 것.

인산화 된 serine·threonine 혹은 tyrosine에 특이적으로 결합하는 (monoclonal 혹은 polyclonal) 항체를 이용하는 경우에 특히 주의해야 할 점은, 탈인산화효소 저해제를 반드시 이용할 것과 실험계 중의 buffer에 인산 완충 생리 식염수 (PBS)를 이용하지 않으며, 인산 대신에 Tris를 이용하는 것이다.

준비물

1) 기구, 기계

·SDS-PAGE-Western blot 용 기기 일체

2) 시약, 시료

·SDS-PAGE-Western blot 용 시약·시료 일체

·Sodium orthovanadate 등 phosphatase 저해제

> Sodium orthovanadate은 탈인산화효소 저해제로서, 인산화 단백질을 안정화 시키는 작용이 있다. 그 이외에도 아래와 같은 탈인산화효소 저해제가 있으며, 필요에 따라 조합하여 첨가하면 좋다 (농도는 모두 최종농도)
> 1 mM Na_3VO_4 (sodium orthovanadate)
> 10 mM NaF
> 10 mM $Na_4P_2O_7$
> 0.1 mM Na_2MoO_4
> 25 mM 2-glycerophosphate

·Tween-20 함유 Tris 완충 생리 식염수 (TBS-T)
TBS-T : 10mM Tris (pH 7.4), 100 mM NaCl, 0.1% (v/v) Tween 20

·Blocking 용액
1% (w/w) 소 혈청 albumin (BSA) 및 0.1% (v/v) Tween 20 함유 TBS

·항 인산화 tyrosine 항체
(Transduction 회사 등 : PY20 항체, Upstate 회사, 4G10 항체 등)

·항 인산화 serine·threonine 항체
[Cell Signaling Technology 회사 : Anti-pSer/Thr PKA substrate (Cat. No. 9381) 등]

·PVDF membrane (Atto 회사 : Clear-Blot Membrane-p 등)

·Protein A beads

·Normal IgG 포화 protein A beads

프로토콜

1 항 인산화 아미노산 항체를 이용한 Western blot (그림 1)

① 세포를 용해 완충액에 용해시켜 회수한다. 이때 용해 완충액에는 보통의 단백질 분해효소 저해제 이외에 sodium orthovanadate (최종농도 1 mM)를 비롯한 탈인산화효소 저해제를 첨가한 것을 사용한다

> → 「준비물」 참조.

② 일반적인 방법으로 SDS-PAGE 전기영동을 실시한 후, 겔에 전개된 단백질을 membrane에 전사시킨다 (SDS-PAGE는 이 책의 3장 2 참조)

③ 단백질이 전사된 membrane을 blocking 용액으로 blocking 한다

> blocking 용액에 scheme milk는 사용하지 않는다.

④ membrane을 0.1% (v/v) Tween 20 함유 TBS (TBS-T)로 5분씩 3회 세정한다

⑤ 목적의 인산화 아미노산과 결합하는 1차 항체를 TBS-T로 희석하고, 그 중에 membrane을 담구어 60분 진탕한다

> 희석농도는 이용하는 항체의 역가에 따라 다르다. positive control을 두는 등의 조건검토가 필요하다.

⑥ TBS-T로 5분씩 3회 세정한다

⑦ 검출용의 2차 항체를 TBS-T로 희석하고, 그 중

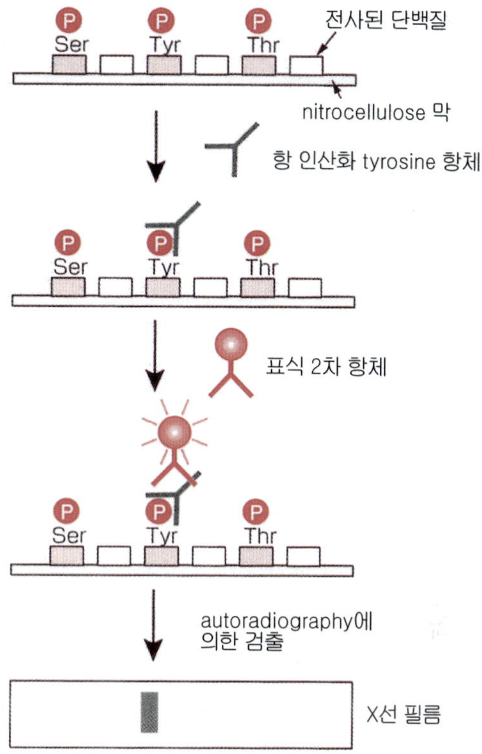

그림 1. 항 인산화 tyrosine 항체를 이용한 해석

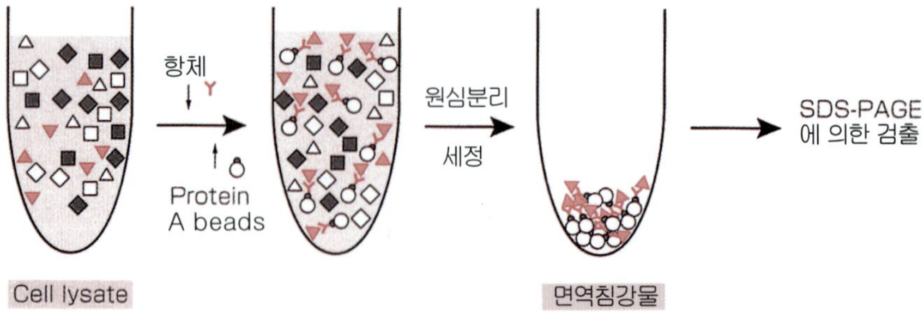

그림 2. 면역침강법의 개요

에 membrane을 담구어 30분간 진탕한다

> 항 인산화 아미노산 항체의 종류와 검출방법에 따라, 2차 항체의 종류가 다르다.

⑧ TBS-T로 5분씩 5회 세정한다

> 여기서 완전히 세정하는 것이 중요.

⑨ 목적의 인산화 아미노산의 존재를 AP (alkaline phosphatase) 법이나 ECL (enhanced chemiluminescence) 법으로 확인한다

> 시그널을 잘 검출하기 위해서는 좋은 항체를 이용하는 것과, 검출감도를 높이는 것이다. 여러 가지 항 인산화 아미노산 항체가 시판되고 있기 때문에 평판이 좋은 항체를 복수로 구입하여 비교검토 해 보는 것을 권장한다. 또한 시그널의 background를 줄이기 위해 membrane의 취급에 세심한 주의를 기울이고, 검출방법에는 ECL 법을 더욱 개량한 키트 등도 시판되고 있기 때문에 참고하기 바란다.

2 항 인산화 아미노산 항체를 이용한 면역침강법 (그림 2)

① 세포를 탈인산화효소 저해제가 함유된 용해 완충액에 용해시켜 회수한다

> 용해 완충액에 PBS는 이용하지 말 것.

② 초음파처리를 한 후, 한 번 동결융해 한 세포용해액을 초원심분리 하고 상등액을 모은다

> 침전 단백질이 혼입되지 않도록 pipetting은 하지 않는다.

③ 상등액을 1.5 ㎖ eppendorf 튜브에 넣고, protein A beads 5 ㎕와 normal IgG 포화 protein A beads 5 ㎕를 첨가하여, 4℃에서 1시간 회전시킨다

> Beads·항체에 비특이적으로 결합하는 단백질을 제거. 면역침강에 이용하는 항체의 종류와 같은 종류의 normal IgG를 이용한다.

④ 15,000 rpm (냉각미량고속원심기)에서 1분간 원심분리 하고, 상등액을 다른 튜브에 넣는다

⑤ 항 인산화 아미노산 항체를 5~20 ㎕ 첨가하여 4℃에서 1시간 회전시킨다. 또한 negative control로서 같은 종류의 normal 항체를 첨가한 것을 준비한다

> 최적의 항체량은 역가에 따라 다르기 때문에 조건 검토가 필요하다.

⑥ 더욱이 각각의 튜브에 protein A beads를 5 ㎕ 첨가하고 4℃에서 1시간 회전시킨다

⑦ 각 튜브를 2,000 rpm에서 1분간 원심분리하고 상등액을 제거한다

> 상등액의 일부를 이용하여 Western blot을 실시하고, 표준 단백질이 깨끗하게 제거되어 있는지를 확인하면 좋다.

⑧ 세정액 (용해 완충액에서 단백질분해효소 저해제를 제외한 것)을 넣어 현탁시킨 후, 2,000 rpm에서 1분간 원심분리 하여 상등액을 제거한다. 이 세정조작을 5~6회 실시한다

> 원심분리 속도가 늦은 것은, 4℃에서 회전 중에 불용화 한 단백질을 침전시키지 않기 위함이다.

⑨ 제일 마지막에 상등액을 완전히 제거하고, 겔과 같은 양의 2 × SDS-PAGE 샘플 buffer를 첨가하여 95℃에서 3분간 가열한다

⑩ 튜브를 원심분리 하고, 상등액으로 SDS-PAGE를 실시한다

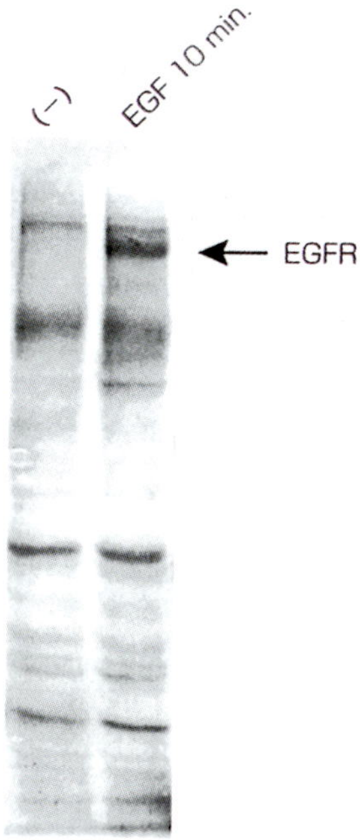

그림 3. 인산화 EGF receptor의 검출

실험 예

그림 3은 중추신경계의 간세포의 MEB5를 EGF 자극하지 않은 것 (−)과 EGF 자극한 것 (EGF 10 min)의 용해액을 각각 항 인산화 tyrosine 항체 PY20으로 면역침강 하고, 그것을 항 인산화 tyrosine 항체 4G10을 이용하여 Western blot 한 것이다. 화살표로 표시되어 있는 것이 EGF 자극에 의해 인산화를 받은 EGF receptor이다.

memo

지금까지 좋은 항 인산화 serine·threonine 항체를 이용하여 면역침강 시킴으로써, 세포용해액 중의 인산화 단백질을 간편하게 정제하고, mass spectrometry를 이용하여 동정할 수 있는 방법도 보고되어 있다 (문헌 4). 이와 같이 품질이 좋은 항 인산화 아미노산 항체는 최근의 proteome 해석기술의 진보에 따라 여러 가지 응용이 가능하기 때문에 여러 가지로 검토해 볼 것을 권장한다.

맺음말

항 인산화 아미노산 항체를 이용한 실험은 항체가 시판되고 있기 때문에 간편하게 실시할 수 있지만, 깨끗한 시그널을 검출하기가 상당히 어렵다. 면역침강법이나 단백질 pull-down assay 법을 조합하여, background의 시그널을 감소시키는 것이 중요하다. 또한 실험을 할 때 positive control을 두고, 시스템이 정상적으로 움직이고 있는지를 확인하는 것도 중요하다. 실험 전에 동일한 항체를 이용한 논문을 참조하여 신중히 검토할 것을 권장한다.

참고문헌

1) Hunter, T. & Sefton, B. M. : Proc. Natl. Acad. Sci. USA, 7 : 1311-1315, 1980
2) Harlow, E. & Lane, D. : Antibodies A Laboratory Manual, Cold Spring Harbor Laboratory, 1988
3) 竹縄忠臣, 渡邉俊樹 編 : バイオマニュアルUP シリーズ「タンパク質の分子間相互作用実験法」, 羊土社, 1996
4) Grønborg, M. et al. : Molecular & Cellular Proteomics USA, 1 : 517-527, 2002

5. 인산화 부위 변이체 (mimic)의 도입과 응용

이 방법으로 무엇을 해석할 수 있을까?

인산화에 의해 변화하는 아미노산 측 사슬의 전하의 변화를 아미노산의 치환으로 모방한 변이체를 제작한다. 혹은 인산화 되는 아미노산을 인산화 되지 않는 것으로 변경하여, 인산화가 되지 않는 변이체를 얻는다. 이와 같은 변이체는 적어도 인산화 아미노산의 확정에 중요하다. 더욱이 이들 변이체는, 항상적 활성화형 변이체, 항상적 불활성화형 변이체, 혹은 특정의 인산화 의존적인 시그널 경로를 차단하는 변이체로서 기능을 발휘할 것으로 예측되고 있다.

서론

단백질의 인산화는 단백질의 활성제어에 중요한 역할을 담당하고 있다. 단백질은 아미노산의 소수성, 친수성, 염기성, 산성 등 측 사슬의 성질에 의존하여 고차구조를 가지고 있다. 즉 아미노산의 측 사슬의 상호작용으로 단백질의 구조가 결정되어 있다. 인산화 되는 아미노산은 serine 및 threonine 혹은 tyrosine이다. 어느 쪽의 경우에도 인산화 되면 측 사슬의 수산기가 인산기로 치환된다 (그림 1). 따라서 인산화에 의해 수산기의 부분이 음의 전하를 가지도록 변한다. 인산화는 아미노산의 전하의 상태를 변화시킴으로써, 단백질의 고차구조를 변화시켜, 단백질의 활성을 결정하는데 중요한 역할을 하게 만든다. 그 뿐만 아니라. 인산화 된 아미노산과 주변의 배열을 인식하여 상호작용 하는 단백질의 도메인 (SH2 도메인 등)이 존재하고, 인산화는 분자 간 상호작용의 on/off에도 중요한 역할을 담당하고 있다.

아미노산의 측 사슬은 단백질을 code 하는 DNA에 의해 조절되고 있기 때문에 측 사슬의 변이, 즉 아미노산의 변이는 DNA를 변화시킴으로써 쉽게 만들 수 있다. 따라서 인산화를 할 수 없게 하는 아미노산 변이는 쉽게 만들 수 있으며, 인산화 부위를 동정하기 위해 이용된다. 또한 전하를 가진 아미노산으로 변화시킴으로써 인산화 상태를 모방 (mimic)한 아미노산 변이를 도입하는 것이 가능한 경우가 있다. 이와 같은 변이의 도입은 특히 인산화가 고차구조의 결정에 중요한 경우에 효과적이다. 인산화가 분자 간 상호작용에 중요한 경우는, 상호작용이 보다 긴밀하기 때문에, 인산화 상태를 모방한 변이는 어렵다.

인산화 부위 변이체의 제작에서는 이 전하의 변화를 아미노산의 치환으로 모방한다. 혹은 인산화 되지 않도록 변이를 도입하여, 인산화를 할 수 없게 하는 것을 목적으로 한다. 변이를 도입하였음에도 불구하고, 인산화 되는 경우는 그 이외에도 인산화 되는 아미노산이 있든지, 인산화 되는 아미노산의 동정이 잘못되었을 가능성이 높다.

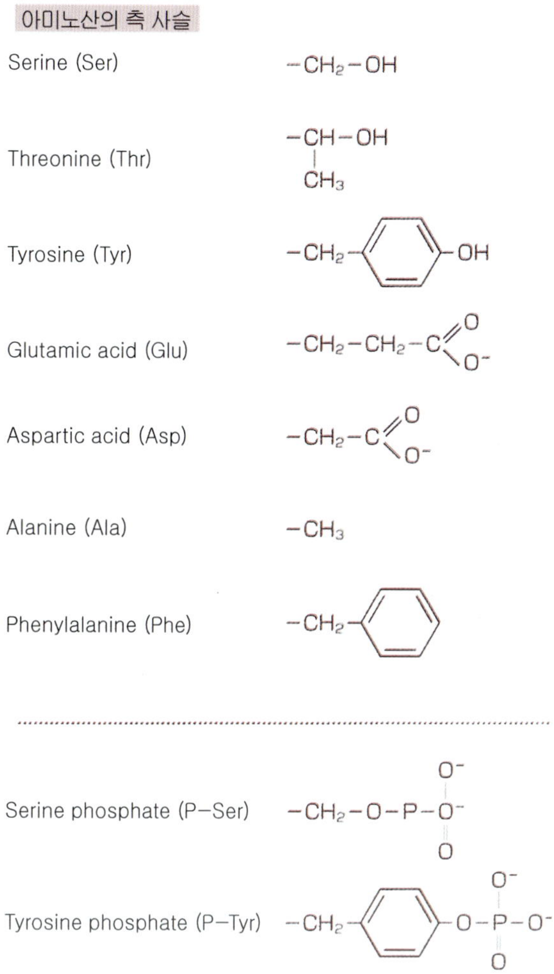

그림 1. 아미노산의 측 사슬과 인산화

표 1 인산화에 관여하는 아미노산 변이의 예

인산화 되는 아미노산	음전하의 도입 (인산화의 모방)	수산기의 제거 (인산화 되지 않음)
Ser	Glu or Asp	Ala
Thr	Glu or Asp	Ala
Tyr	Glu or Asp	Phe

원리

cDNA를 개량하여 아미노산을 치환한다. 인산화를 모방하는 경우는 음전하를 가진 aspartic acid나 glutamic acid로 변경한다. 인산화 되지 못하도록 하는 경우는 측 사슬은 동일하지만 수산기가 없는 alanine이나 phenylalanine으로 변경한다 (표 1 참조).

준비물

〈시약〉

- 인산화 부위 동정이 끝난 단백질의 cDNA
- 분자생물학 일반의 시약류

프로토콜

각각의 방법에 대한 세부적인 사항에 관해서는 다른 서적을 참조할 것 (문헌 2 등)

① 점 돌연변이 방법으로 아미노산을 치환한다

> ☞ 최근에는 각 회사로부터 여러 가지 키트가 판매되고 있어, 간단하게 변이를 도입할 수 있다. 각 회사의 카탈로그를 참고할 것.

② Sequence를 확인한다

> ☞ Sequence의 확인은 반드시 실시한다. 변이는 sequencing 이외로는 확인할 수 없는 경우가 많기 때문에, 샘플의 취급 부주의에도 신경을 쓴다. 변이를 도입한 결과 적당한 제한효소 인식배열이 생기도록 만드는 것이 바람직하지만 불가능한 경우가 많다.

③ 적당한 발현 벡터에 subcloning 하고, 발현 construct를 제작한다. 동시에 야생형도 같은 벡터에 subcloning 한다

> ☞ Control로서 반드시 야생형의 발현 construct도 제작한다.

④ 변이형과 야생형 단백질을 세포에 발현시킨다. 변이체가 실제로 인산화 되어 있지 않는 것을 확인한다. 보통은 단백질 정제 후, 인산화 반응을 실시하든지, 혹은 세포를 야생형의 단백질 인산화를 유도할 수 있는 물질로 처리하고, 인산화를 확인하는 등의 방법을 선택한다

⑤ 배양세포에 발현시켜, 발현계를 해석한다. 혹은 단백질을 정제하고 활성을 측정한다

실험 예

N-WASP의 253번째의 아미노산, tyrosine 253은 Fyn 등의 src family tyrosine kinase에 의해 인산화 된다. 신경돌기의 신장에는 src family tyrosine kinase의 활성이 중요하다. 활성화 형 Fyn은 신경돌기의 신장을 촉진하고, 비활성화형 Fyn은 억제한다.

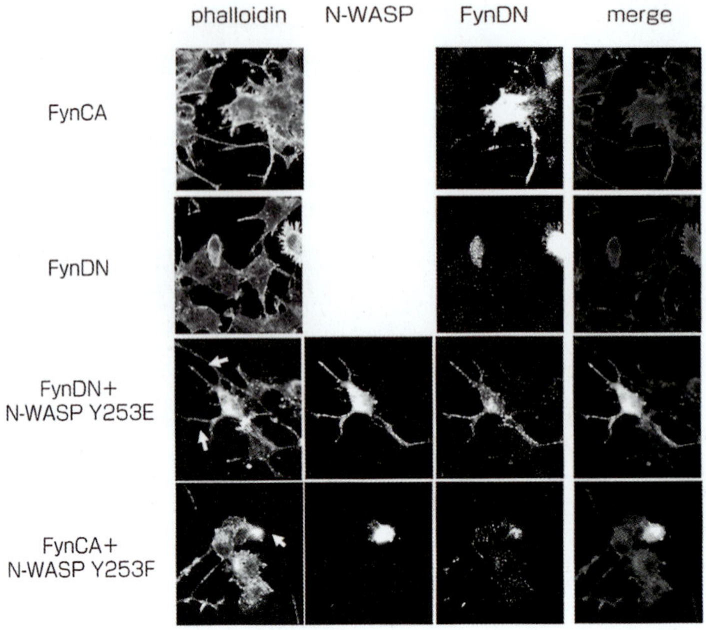

그림 2. Fyn에 의한 신경돌기의 신장과 N-WASP의 인산화
FynCA (활성화형)의 발현은 신경돌기를 신장한다. FynDN (불활성화형)의 발현은 신경돌기 형성을 억제한다. 인산화 mimic 변이의 N-WASP Y253E의 발현으로 FynDN에 의한 억제는 해제된다 (화살표). 반대로 FynCA에 의한 신경돌기 신장은 인산화 되지 않은 변이체 N-WASP Y253F로 억제된다 (화살표). 이들 결과는 Fyn이 N-WASP를 인산화 하는 것이 신경돌기 신장에 중요한 것을 나타낸다 (책 앞부분 color-5 참조)

이 tyrosine을 phenylalanine으로 치환하면 활성화형 Fyn 의존적인 신경돌기의 신장을 억제하고, 반대로 glutamic acid로 치환하면 비활성화형 Fyn이 존재하고 있어도 신경돌기를 신장하도록 만든다. 즉 N-WASP의 tyrosine 253의 인산화가 신경돌기의 신장에 중요하다 (그림 2).

맺음말

아미노산 치환으로 인산화 부위의 아미노산 변이체를 얻는 것은, 그의 인산화의 의미 해석에 있어서 대단히 효과적이다. 인산화 부위가 동정되었으면, 반드시 라고 해도 좋을 만큼 인산화 부위의 변이체가 제작되어 있다. 보통 인산화 부위를 alanine (serine, threonine의 경우)이나 phenylalanine (tyrosine의 경우)으로 치환하고, 인산화 되지 않는 것이 확인되어야 비로소 그의 아미노산은 인산화 되는 아미노산으로 인정된다.

참고문헌

1) 竹縄忠臣 編：バイオマニュアルUPシリーズ「分子生物学研究のためのタンパク実験法　改訂第2版」，羊土社，1998
2) Molecular Cloning : A Laboratory Manual, 3rd ed. Joseph Sambrook, David W. Russell, Cold Spring Harbor Laboratory Press, 2000
3) Suetsugu, S. et al. : Dev. Cell, 3 : 645-658, 2002

제6장

발현 단백질의 제작과 이용

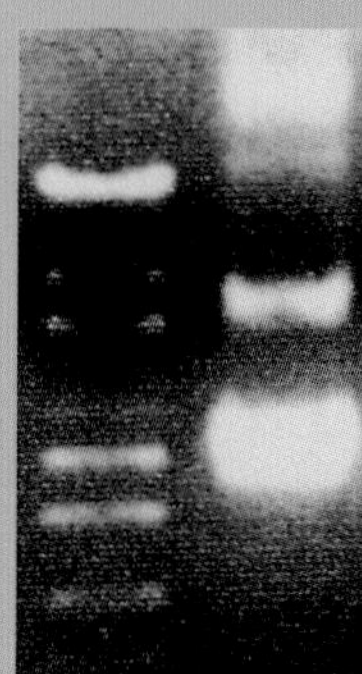

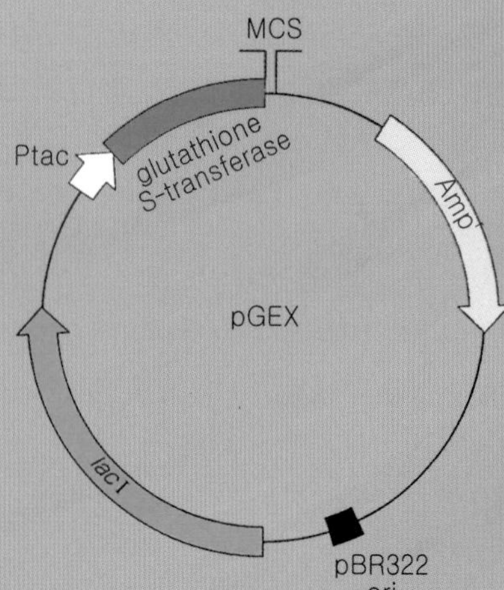

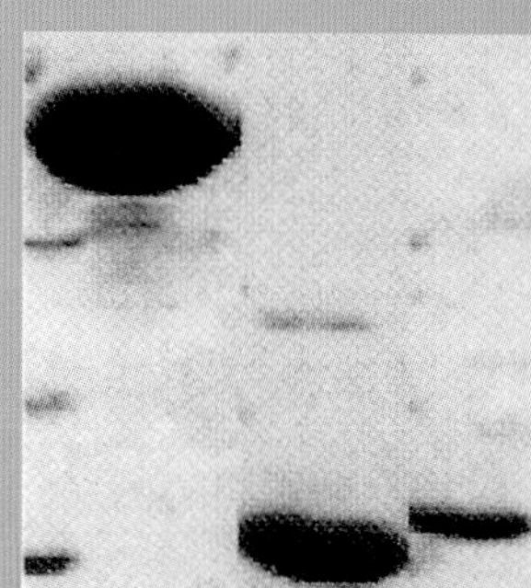

제6장 발현 단백질의 제작과 이용

1. 대장균에 의한 단백질의 발현과 정제

이 방법으로 무엇을 해석할 수 있을까?

단백질의 상세한 기능이나 입체구조의 해석, 항체의 제작을 위해서는 대량의 단백질이 필요하다. 그 때문에 내재성의 목적 단백질을 정제하여 필요량을 얻는 것이 곤란하기 때문에, 목적 단백질의 cDNA를 적합한 숙주에 넣어 발현시킨 재조합 단백질을 이용하게 된다. 본 항에서는 대장균을 이용한 재조합 단백질의 발현과 정제에 대하여 기술한다.

서론

숙주로는 대장균, 효모, 곤충세포나 동물유래의 배양세포 등 여러 가지 생각할 수 있다. 그 중에서도 대장균은 단시간에 저렴하게 대량의 단백질을 얻을 수 있기 때문에, 제일 먼저 시험해야 할 것이다. 그러나 모든 단백질에 대해서 만족할 수 있는 결과를 얻을 수 없다. 대장균은 원핵생물이기 때문에 진핵생물 특유의 당 사슬의 부가나 지질 수식 등은 일어나지 않는다. 또한 큰 분자량을 가진 단백질일수록 그의 발현이 어려운 경우가 많고, 정상의 고차구조를 취할 수 없는 경우도 있다. 이러한 단점은 나중에 기술하는 Baculovirus를 이용하는 시스템 (6장 2 참조)을 이용하면 해결되는 경우도 있지만, 항체의 제작 등에는 대장균에서 발현시킨 단백질로도 충분히 이용할 수 있다.

대장균에서 단백질을 발현시키기 위해서는, 발현 단백질에 목적의 cDNA를 도입하는 것이 필요하다. 이 때 발현 벡터에 포함되는 것으로 가장 중요한 것은 cDNA를 RNA로 전사시키기 위한 프로모터로서 표 1에 나타낸 바와 같이 다양한 것이 이용되고 있다. 발현시키고자 하는 단백질은, 숙주인 대장균에 대하여 독성을 가진 경우도 있기 때문에, 거의 모든 벡터에서는 어떤 형태로 발현을 제어하도록 되어 있다. 이 제어는 발현 단백질을 code 하는 유전자를 삽입한 벡터로 대장균을 형질전환 한 후 발현을 유도하기까지 대장균의 증식을 방해하지 않도록 하기 위해서도 중요하다.

프로모터의 하류 근방, 프로모터 상류 근방에는 리보솜 결합부위, Shine-Dalgarno 배열로 부르는 염기배열이 포함되어 있다. 일반적으로는 사용하는 프로모터의 하류영역에 수반되어 오는 것을 그대로 이용하는 경우가 많다. 이 부분은 mRNA로 전사된 후, 개시 codon AUG와 함께 리보솜 RNA에 결합한다. Shine-Dalgarno 배열과 개시 codon의 사이가 5~10개 염기일 때에 가장 번역효율이 높다고 알려져 있다. 현재로는 융합 단백질로서 발현시키는 경우가 거의 대부분이기 때문에, 시판의 벡터에 맞추어 최적화 된 프로모터와 그의 근방 하류에 존재하는 융합 단백질의 개시 codon을 그대로 이용하면 된다 (그림 1).

번역의 효율화의 관점에서는, 번역 개시점 부근의 mRNA의 고차구조가 중요하다. 이 때문에 목적 유전자의 N 말단 부근을 code 하는 염기배열을, 아미노산의 치환 없이, 최대한 adenine이나 thymine이 풍부한 것으로 변환시키는 것이 필요한 경우도 있다. 더욱이 고효율의 발현을 기대한다면, 대장균에 있어서 아미노산의 codon의 사용빈도를 고려하여, 대장균에 최적인 codon으로 치환하는 것도 중요하다. 또한 mRNA의 안정성을 증가시키는 관점에서, 목적 단백질을 code 하는 유전자의 3′ 비번역 영역도 가능한 한 제거해 두는 편이 좋은 것 같다.

표 1 대장균에 있어서 단백질 발현에 이용되는 주된 promoter

promoter	숙주세포	발현유도법	벡터명 (예)
λP_L	N4830-1, M5219	heat shock	pPL-lambda, pKC30, pRIT2T
tac	JM105, JM109, XL 1-Blue	IPTA 첨가	pDR540, pKK233-3, pGEX-2T, pMAL-c2
trp	HB101	IAA 첨가	pBTrp2
T7	BL21 (DE3)	IPTG 첨가	pET-3a
T5	JM109	IPTG 첨가	pQE30

표 2 GST 융합 단백질과 His-tag 단백질의 비교

	장점	단점
GST	가용화 하기 쉽다 GST를 절단하는 것이 가능	분자량이 크며, 강한 전하를 가지기 때문에 실험계에 주는 영향이 크다
His-tag	분자량이 작기 때문에 입체장해 등의 영향을 받기 어렵다	가용화 하기 어렵다 발현하기 어렵다

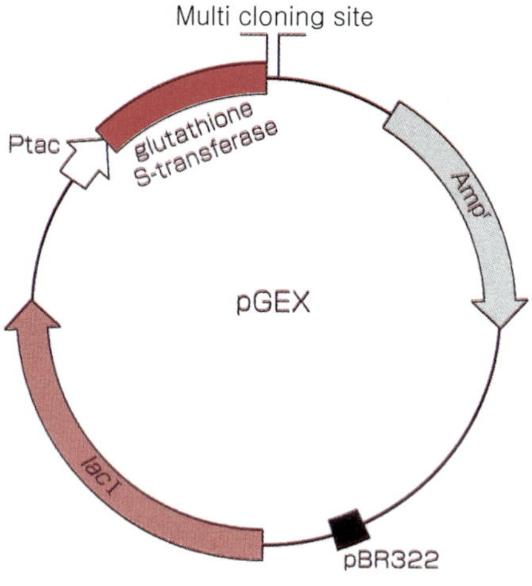

그림 1. pGEX 벡터 map

발현시킨 단백질의 추출, 정제 방법은 목적으로 하는 단백질의 성질에 따라 다르지만, 아래에는 GST 융합 단백질의 발현과 정제, GST 부분을 잘라내는 것에 대하여 기술한다. 또한 His-Tag이 붙은 단백질의 발현과 정제에 대하여 기술한다 (표 2).

i) GST 융합 단백질의 발현과 정제

원리

단백질의 대량발현을 실시할 때, 목적으로 하는 것을 그대로 발현시키려고 하면, 발현량이 적거나, 발현은 되지만 불용성의 침전이 되어 버리거나, 또는 정제가 곤란한 경우가 자주 발생한다. 특히 단백질이 불용화 되는 경우는 요소 등으로 강제로 가용화 하여 다시 생리적 조건으로 되돌리는 조작을 거쳐야 하기 때문에, 정상적으로 기능을 나타내는 단백질을 분리할 가능성이 더욱 낮아지게 된다. 이와 같은 현상은 N 말단을 glutathione S-transferase (GST)와 융합시킨 단백질로서 발현시키면 개선되는 경우가 있다. 특히 정제에 있어서는 affinity column을 이용함으로써, 불과 한 단계의 정제로 고순도의 단백질을 얻을 수 있다. 더욱이 affinity column에 결합시킨 융합 단백질을 그대로 단백질의 affinity column으로 이용할 수 있으며, 단백질간의 상호작용의 연구에 널리 이용하고 있다. 또한 시판되고 있는 벡터에는 GST와 삽입한 유전자 사이에 protease에 의해 인식되는 배열을 가진 것이 많으며, 쉽게 목적으로 하는 단백질만을 잘라 내는 것이 가능하다. 이 방법은 목적으로 하는 단백질을 직접 발현시키는 경우에 비해, 정제가 간단하고, 게다가 가용화 시키기 쉬운 점 등, 많은 장점을 가진다. 융합시킬 단백질로서 대장균에서 자주 이용되는 것은 GST 이외에 maltose binding protein (MBP)이 있으며, 이것에 대해서도 특이적인 리간드를 가진 column 담체가 준비되어 있다.

여기서는, **프로토콜 1**에서 GST 융합 단백질의 발현확인에 대하여, **프로토콜 2**에서는 *1*을 기본으로 한 대량배양에 대하여, **프로토콜 3**에서는 GST 부분의 절단에 의한 native protein의 정제에 대하여 기술한다. Thrombin, Factor Xa, Precission Protease의 인식배열을 GST와 목적 단백질의 사이에 포함한 벡터가 Amersham Biosciences 회사로부터 판매되고 있지만 (pGEX 벡터), 여기서 취급하는 것은 pGEX-2T에 삽입된 단백질의 thrombin에 의한 절단이다.

준비물

1) 기구·기계

- 진탕배양기
- 저속원심분리기
- 고속원심분리기
- 초원심분리기
- 초음파장치

2) 시약·시료

- 벡터 : pGEX-2T (Amersham Biosciences 회사) 등
- Glutathione sepharose 4B (Amersham Biosciences 회사)
- p-Aminobenzamidine-agarose beads (Sigma 회사, A7155)

3) 시약의 조제

- 1 M IPTG (Isopropyl-beta-D-thiogalactoside)
  여과멸균 해 둔다. -20℃에서 보존

- 가용화 buffer

		(최종농도)
1 M Tris-HCl (pH 7.5)	4 ml	(40 mM)
0.5 M EDTA	1 ml	(5 mM)
Triton X-100	0.5 ml	(0.5%)
SQ (증류수)	94.5 ml	
Total	100 ml	

> · 필요에 따라 0.2 mM phenylmethanesulphonyl fluoride (PMSF), 0.1 mM diisopropyl fluoride (DIFP) 등의 protease inhibitor를 첨가한다
> · 계면활성제는 가용화에는 도움이 되지만, 활성을 저해하는 경우도 있기 때문에 종류나 양을 검토한다 (1% Triton X-100, 1% Tween 20, 0.1% dodecyl sodium sulfate, 0.1% deoxycolic acid).

- 용출 buffer

		(최종농도)
glutathione (환원형)	153 mg	(50 mM)
1 M Tris-HCl (pH 7.5)	0.5 ml	(50 mM)

SQ (증류수)에 녹여 NaOH로 pH 7.6으로 조정하고 10 ml로 mass up 한다. 사용하기 직전 조제

- Thrombin (Sigma 회사 T6634)
  Thrombin buffer에 50 unit/ml로 녹여 -80℃에 동결보존

- Thrombin buffer

		(최종농도)
1 M Tris-HCl (pH 8.0)	5 ml	(50 mM)
5 M NaCl	3 ml	(150 mM)
1 M $CaCl_2$	0.25 ml	(2.5 mM)
1 M $MgCl_2$	0.5 ml	(5 mM)
1 M DTT	0.1 ml	(1 mM)
SQ (증류수)	91.15 ml	
Total	100 ml	

> Thrombin은 환원형으로 약하기 때문에, DTT를 넣지 않은 것이 좋은 경우가 있다. 처음에는 넣어서 실시해 보고, 절단되지 않는다면, 제외한 buffer로 다시 하면 된다.

- 추출 buffer

		(최종농도)
1 M Tris-HCl (pH 8.0)	2.5 ml	(50 mM)
5 M NaCl	1.5 ml	(150 mM)
1 M $MgCl_2$	0.25 ml	(5 mM)
1 M DTT	50 μl	(1 mM)
SQ (증류수)	45.7 ml	
Total	50 ml	

프로토콜

1 발현의 확인

① 정확하게 삽입되어 있는 것이 알려진 발현 벡터* 를 가지고 있는 대장균을 1~2 ml의 LB 배지 (항생물질을 포함)에 심고, 37℃에서 하룻밤 진탕 배양 한다 (완전히 포화되어 있어야 함)

> * 제한효소 처리에 의한 확인이 곤란한 경우는 insert가 들어 있는 것이 알려져 있는 (이동도로부터 확인할 수 있음) 몇 개의 clone을 발현의 확인에 사용해도 좋다.

② 2 ml의 LB 배지 2개에 하룻밤 배양액을 100배 희석하여 심고 3시간 배양한다

③ 2개 중 한쪽에 최종농도 1 mM*이 되도록 1 M IPTG 용액을 첨가하고, 더욱이 3시간 배양한다. 다른 한쪽은 control로 한다

> * 단백질이 가용화 되지 않는 경우나 발현량이 적은 경우는, 첨가하는 IPTG의 농도를 0.1~2 mM의 범위에서 검토하면 좋다.

④ 균체를 모은다 (12,000 × g, 1분)

⑤ 1 ml의 가용화 buffer에 균체를 현탁하고*, 초음파 처리를 한다. 일부를 SDS-PAGE의 샘플 buffer에 용해하여 둔다

> * 이하의 조작은 4℃에서 실시한다.

⑥ 17,000 × g, 4℃에서 10분간 원심분리 하여 침전물을 제거하고, 상등액을 1.5 ml의 eppendorf 튜브에 옮긴다. 일부를 SDS-PAGE의 샘플 buffer에 용해하여 둔다

⑦ 20 μl의 glutathione sepharose 4B beads* 50% 현탁액을 첨가한다

> * 보존액 중에 들어 있는 에탄올을 제거하기 위해 미리 40 mM Tris-HCl (pH 7.5) 등으로 평형화 해 둔다.

⑧ 4℃에서 1시간, rotator를 사용하여 교반한다
⑨ 가볍게 (500 × g, 4℃에서 10초 정도) 원심분리 하고 상등액을 버린다
⑩ 1 mℓ의 가용화 buffer를 첨가하여 beads를 재현탁 한 후, 가볍게 원심분리 하여 상등액을 버린다
⑪ 이 조작을 5회 반복하여 세정한다
⑫ 직접 beads에 SDS-PAGE의 샘플 buffer 20 μℓ를 첨가한다
⑬ 각 단계의 샘플을 SDS-PAGE로 확인한다. 만약 분해되지 않고 발현하고 있으면, beads로부터는 깨끗한 signal band가 얻어져야 한다

> 발현하는 것이 알려진 균체는 16% 정도가 되도록 글리세롤을 첨가하고, -80℃에 보존해 둔다. 단백질이 가용화 되고 있지 않는 경우나, 발현량이 적은 경우는, 첨가하는 IPTG의 농도나 유도를 걸기 전부터·건 후의 시간을 변경해 본다 (유도 후 1시간에 발현이 피크에 도달하는 경우도 있음). 분해되기 쉬운 경우에는, 유도를 건 시점부터 온도를 25℃로 내리고, 유도의 시간을 짧게 하면 극적인 개선이 나타나는 경우도 있다.

2 대량발현

① 10 mℓ의 LB 배지 (항생물질을 포함)에 균체를 접종한다
② 37℃에서 하룻밤 배양한다
③ 1 ℓ의 LB 배지 (항생물질은 들어 있지 않아도 좋음)에 10 mℓ의 하룻밤 배양액을 첨가한다
④ *1*에서 결정한 조건에 따라 배양하고 IPTG로 유도한다
⑤ 8,000 × g, 4℃에서 20분 원심분리 하여 균체를 회수한다

> 고속원심분리기 Beckman JLA rotor로 8,000 rpm.

(이하의 조작은 4℃에서 실시한다)

⑥ 냉각해 둔 30 mℓ 정도의 가용화 buffer에 균체를 현탁 하고 초음파처리를 실시한다
⑦ -80℃에서 동결융해 한다

> 이 처리는 완전히 균체를 파쇄 하여 불순물을 제거하기 쉽도록 하는 것을 목적으로 한다. Triton X-100을 이용하고 있는 경우나 목적에 따라서는 하지 않아도 좋다.

⑧ 100,000 × g, 4℃에서 1시간 초원심분리*를 실시하고, 상등액을 다른 튜브에 옮긴다

> * 예를 들면 Beckman 45Ti rotor로 35,000 rpm.

⑨ 평형화 한 1 mℓ 정도의 bed volume glutathione sepharose 4B beads를 첨가한다

> 여기서는 원심분리 튜브를 이용한 batch 법을 기재하고 있지만, 1회용의 column (예를 들면 Sephacryl mini, 일본 생화학공업)을 사용해도 좋다.

⑩ 4℃에서 1시간, rotator를 사용하여 교반한다
⑪ 원심분리 하여 상등액을 제거한다
⑫ 10 mℓ의 가용화 buffer를 첨가하여 beads를 재현탁 한 후, 가볍게 원심분리 하여 상등액을 버린다
⑬ 이 조작을 5회 반복하여 세정한다
⑭ 1 mℓ의 용출 buffer를 첨가하고, 4℃에서 10분 정도 교반한다
⑮ 원심분리 하여 상등액을 회수한다
⑯ 다시 한번 반복하여 단백질을 회수한다

> 반복할수록 단백질의 회수량은 증가하지만 농도가 낮아지기 때문에 1회만으로도 좋다.

⑰ 적당한 buffer를 이용하여 투석한다

> 이 조작에 의해 고농도로 존재하는 glutathione이 제거된다

⑱ 동결하여 보존한다

> 가능하면 동결하지 않는 편이 좋지만, 장기보존을 위해서는 -80℃에서 보존하는 편이 좋다. 가능한 한 작은 부피로 소분하여 동결하며, 동결융해를 반복하지 않도록 한다.

3 GST 부분의 절단에 의한 목적 단백질의 정제

① 본 항 *2* 대량발현 ⑬까지 따라, glutathione sepharose 4B beads에 흡착시킨 GST 융합 단백질을 thrombin buffer로 세정한다
② Beads 1 mℓ에 대하여 1 mℓ의 thrombin buffer, 0.2 mℓ의 thrombin 용액을 첨가하여, 4℃에서 하룻밤 교반한다
③ 상등액을 회수하여 남은 beads에 추출 buffer를 첨가하고 4℃에서 30분 교반한다
④ 상등액을 회수하고, 앞의 상등액과 합친다

> GST와 목적 단백질이 분리되어 있어도 상등액 중으로 나오지 않는 경우는, glutathione으로 용출하고 MonoQ 칼럼으로 분리한다.

⑤ 50 μℓ의 p-aminobenzamidine agarose beads를 첨가하고, 4℃에서 30분 교반한다

> ☞ 이 조작에 의해 thrombin 단백질이 제거된다

⑥ 상등액을 회수한다
⑦ 적당한 buffer로 투석하고, 단백질 용액으로 한다

ii) His-tag 부착 단백질의 발현과 정제

원리

His-tag은 histidine이 6개 연결된 oligopeptide로서, 목적으로 하는 단백질의 N 말단 혹은 C 말단에 융합시켜 사용한다. His-tag은 대단히 작기 때문에, 기능면에서 단백질에 주는 영향도 적은 것으로 생각된다. 또한 거의 모든 경우 항원으로 기능을 나타내는 것이 없다고 생각되고 있기 때문에, 항원의 제작에도 사용할 수 있다.

준비물

1) 기구·기계

본 항「i) GST 융합 단백질의 발현과 정제」와 동일

2) 시약·시료

- Sephacryl mini column (일본 생화학공업)
- Ni-NTA resin (Qiagen 회사)
- pQE30 (Qiagen 회사) 등의 벡터
- 이미다졸

3) 시약의 조제

·A buffer

		(최종농도)
guanidine hydrochloride	57.32 g	(6 M)
1 M Tris-HCl (pH 8.0)	1 mℓ	(0.01 M)
$NaH_2PO_4 \cdot 2H_2O$	1.56 g	(0.1 M)
SQ (증류수)		

NaOH로 pH 8.0으로 조정하고, SQ (증류수)로 100 mℓ로 mass up 한다

·B buffer

		(최종농도)
요소	48.05 g	(8 M)
1 M Tris-HCl (pH 8.0)	1 mℓ	(0.01 M)
$NaH_2PO_4 \cdot 2H_2O$	1.56 g	(0.1 M)
SQ (증류수)		

NaOH로 pH 8.0으로 조정하고, SQ (증류수)로 100 mℓ로 mass up 한다

·C buffer

		(최종농도)
요소	48.05 g	(8 M)
1 M Tris-HCl (pH 8.0)	1 ml	(0.01 M)
$NaH_2PO_4 \cdot 2H_2O$	1.56 g	(0.1 M)
SQ (증류수)		

NaOH로 pH 6.3으로 조정하고, SQ (증류수)로 100 mℓ로 mass up 한다

·Sonication buffer

		(최종농도)
0.2 M Na-phosphate (pH 7.8)*	25 mℓ	(50 mM)
5 M NaCl	6 mℓ	(300 mM)
SQ (증류수)	69 mℓ	
total	100 mℓ	

> ☞ * 0.2 M NaH_2PO_4 2.1 mℓ과 0.2 M NaH_2PO_4 22.9 mℓ을 혼합하여 pH 7.8로 조정.

·Wash buffer

		(최종농도)
0.2 M Na-phosphate (pH 6.0)*	25 mℓ	(50 mM)
5 M NaCl	6 mℓ	(300 mM)
Glycerol	10 mℓ	
SQ (증류수)	59 mℓ	
total	100 mℓ	

> ☞ * 0.2 M NaH_2PO_4 21.9 mℓ과 0.2 M NaH_2PO_4 3.1 mℓ을 혼합하여 pH 6.0으로 조정.

프로토콜

1 발현의 확인

① 정확하게 삽입되어 있는 것이 알려진 발현 벡터를 가지고 있는 대장균을 1~2 mℓ의 LB 배지 (항생물질 함유)에 심고, 37℃에서 하룻밤 진탕배양 한다
② 2 mℓ의 LB 배지 2개에 하룻밤 배양액을 100배 희석하여 심고, 3시간 배양한다
③ 2개 중 한 쪽에 최종농도 1 mM이 되도록 1 M IPTG 용액을 첨가하고, 3시간 배양한다. 다른 한쪽은 control로 한다
④ 균체를 모은다 (12,000 × g, 1분)
⑤ 0.5 mℓ의 B buffer에 현탁하고*, 17,000 × g, 4℃에서 5분 원심분리 한다

> ☞ * 변성조건 하에서 실시하기 때문에, 현탁액은 투명하게 되어야 한다.

⑥ 상등액에 50 μℓ의 Ni-NTA resin (50% 현탁액)* 을 첨가한다

> ☞ * 미리 B buffer로 평형화 해 둔다.

⑦ Rotator를 사용하여, 실온에서 30분 교반한다

> 변성조건 하이기 때문에 냉각할 필요는 없다. 냉각하면 요소가 석출한다.

⑧ 가볍게 (5,000 × g에서 10초 정도) 원심분리 하고, Ni-NTA resin을 떨어뜨린다. 10 μl의 상등액을 취하여 SDS-PAGE의 샘플 buffer와 혼합한다. 상등액의 남은 부분은 버린다

⑨ Ni-NYA resin에 1 ml의 C buffer를 첨가하고, 완전히 재현탁 한 후, 원심분리 하여 Ni-NTA resin을 회수한다

⑩ 이 조작을 3회 반복하여 Ni-NTA resin을 세정한다

⑪ 직접 20 μl의 SDS-PAGE 샘플 buffer를 첨가하여 SDS-PAGE 샘플로 한다

⑫ 앞에서 취한 상등액과 함께 SDS-PAGE 하고 발현을 확인한다

2 단백질의 국재 확인*

발현하고 있는 단백질이 어디에 국재하고 있는지를 조사하고, 대량발현 시켰을 경우의 정제 방법을 결정한다.

> * 항원제작 등의 목적인 경우, 변성조건 하에서 대량발현, 정제해도 좋다.

① *1*에서 결정한 조건에 따라, 100 ml 스케일로 발현시킨다

② 2개로 나누어 8,000 × g에서 20분 원심분리 하고*, 균을 모은다

> * 고속원심분리기 Beckman JLA rotor로 8,000 rpm.

③ 한 쪽의 균체를 sonication buffer에 현탁 하고, 초음파처리를 한다

④ 동결융해 한 후, 10,000 × g, 4℃에서 10분 원심분리 하고*, 상등액을 가용분획으로 한다. 침전에는 sonication buffer를 5 ml 첨가하여 현탁하고, 불용분획으로 한다

> * 고속원심분리기 Beckman JLA rotor로 9,000 rpm.

⑤ 다른 한 쪽의 균체를 10 ml의 30 mM Tris-HCl, 20% sucrose (pH 8.0)에 현탁한다

> 여기서 삼투압에 의한 쇼크가 걸린다.

⑥ EDTA를 최종농도 1 mM이 되도록 첨가하고, 실온에서 10분 교반한다

⑦ 8,000 × g, 4℃에서 10분 원심분리 하고, 상등액을 버린다

⑧ 균체를 4℃의 5 mM $MgSO_4$ 10 ml에 현탁하고, 4℃에서 10분 교반한다

⑨ 8,000 × g, 4℃에서 10분 원심분리 하고, 상등액을 주연 (周緣)세포질 분획으로 한다

⑩ 상기 3개의 분획을 SDS-PAGE로 분석하고, 국재를 확인한다

3 대량발현과 정제

① *1*에서 결정한 조건에 따라, 1 l 스케일로 발현시킨다

② 원심분리 하여 균체를 회수한다

> 이 pellet 단계에서 동결하여 보존해도 좋다

③ *2*에서 확인된 국재를 근거로 정제를 실시한다. 이하, A, B, C의 3가지 조건 하에서의 정제법을 기술한다

A) 세포질에 존재하는 경우의 비변성조건 하에서의 정제

얻어진 균체를 30 ml의 sonication buffer에 현탁한다.

> 이하 4℃로 유지한다.

④ 초음파처리·동결융해·초원심분리*를 실시한다

> * 100,000 × g, 4℃에서 1시간. 예를 들면 Beckman 45Ti rotor로 35,000 rpm.

⑤ 상등액을 회수하고 2 ml의 Ni-NTA resin (50% 현탁액)을 첨가한다

⑥ Rotator를 사용하여 4℃에서 1시간 교반한다

⑦ 칼럼에 Ni-NTA resin을 옮기고, sonication buffer로 세정한다

> 칼럼에 sonication buffer를 첨가하고, 상하의 뚜껑을 닫아 완전히 Ni-NTA resin을 재현탁 한 후, 뚜껑을 열어 buffer를 제거한다. 5회 정도 반복한다.

⑧ 동일하게 wash buffer로 세정한다

⑨ Wash buffer에 이미다졸을 0, 0.1, 0.2, 0.3, 0.4, 0.5 M이 되도록 첨가한 용액을 제작한다. 이미다졸의 농도가 낮은 용액부터 1 ml씩 Ni-NTA resin에 첨가하고,4℃에서 10분 교반하여, 상등액을 회수한다

⑩ 합계 6개 샘플을 SDS-PAGE로 분석한다

> 이미다졸이 들어 있는 샘플은, SDS-PAGE 샘플 buffer를 첨가한 후, 37℃에서 10분 처리하여, 곧 apply 한다. Boiling 해서는 안 된다.

⑪ 필요한 분획을 모아 투석하고, 단백질 용액으로 한다

B) 주연 세포질에 존재하는 경우의 비변성 조건 하에서의 정제

④ 균체를 30 mℓ의 30 mM Tris-HCl, 20% sucrose (pH 8.0)에 현탁한다

⑤ EDTA를 최종농도 1 mM이 되도록 첨가하고, 4℃에서 10분 교반한다

⑥ 8,000 × g, 4℃에서 10분 원심분리 하고, 상등액을 버린다

⑦ 균체를 4℃의 5 mM $MgSO_4$ 30 mℓ에 현탁하고, 4℃에서 10분 교반한다

⑧ 8,000 × g, 4℃에서 20분 원심분리 하고, 상등액을 회수한다

⑨ Sonication buffer로 투석하고 EDTA를 제거한 후*, A)와 동일하게 Ni-NTA resin을 첨가하고 정제한다

> * EDTA가 Ni-NTA resin과 His-tag의 결합을 저해하기 때문임.

C) 불용분획에 존재하는 경우의 변성조건 하에서의 정제

> 여기서는 균체를 처음에 B buffer에 녹이는 방법을 소개하고 있지만, 보다 강한 변성조건 하에서 단백질을 녹이고 싶은 경우에는 A buffer를 사용하면 좋다. 그 경우는 A buffer, B buffer, C buffer의 순으로 Ni-NTA resin을 세정한다.

④ 균체를 30 mℓ의 B buffer에 현탁한다

⑤ 실온에서 1시간 교반하고 완전히 균체를 녹인다

⑥ 10,000 × g, 4℃에서 20분 원심분리 한다

⑦ 상등액을 회수하고 2 mℓ의 Ni-NTA resin (50% 현탁액)*을 첨가한다

> * 미리 B buffer로 평형화 해 둔다.

⑧ Rotator를 사용하여 실온에서 1시간 교반한다

⑨ 칼럼에 Ni-NTA resin을 옮기고, B buffer로 세정한다

> 칼럼에 B buffer를 첨가하고, 상하의 뚜껑을 닫고 완전히 Ni-NTA resin을 재현탁 한 후, 뚜껑을 열고 buffer를 제거한다. 5회 정도 반복한다.

⑩ 동일하게 C buffer로 세정한다

⑪ C buffer에 이미다졸을 25, 125, 250 mM이 되도록 첨가한 용액을 제작한다. 농도가 낮은 용액부터 1 mℓ을 2회씩 Ni-NTA resin에 첨가하여 실온에서 10분 교반하고, 상등액을 회수한다

⑫ 합계 6개 샘플을 SDS-PAGE로 분석한 후, 필요한 샘플을 합하여 투석하고*, 단백질 용액으로 한다

> * 항원으로 사용하는 경우 등은 변성제를 완전히 제거하기 위해 필수이다. 이 때 응집되어 버리는 경우가 있지만 항원으로 사용하는 경우는 충분하다.

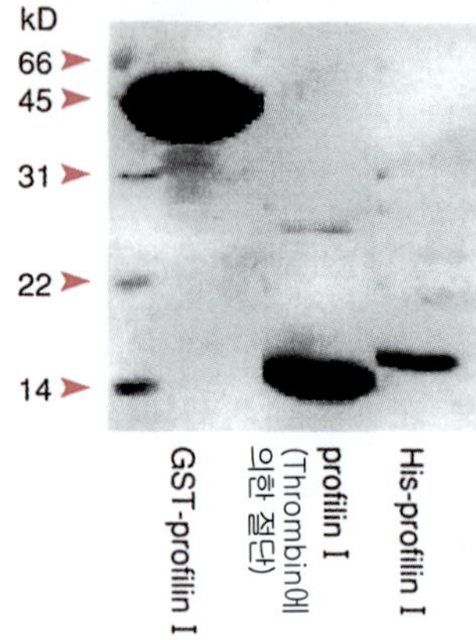

그림 2. 대장균에 의한 profilin I의 발현

실험 예

Actin 결합 단백질인 profilin I의 유전자를 RT-PCR로 증폭하고, pQE30, pGEX2T에 삽입하였다. GST 융합 profilin I에 대해서는 IPTG로 유도하고, 3시간 후에 회수한 결과, 강한 발현이 나타났다. 더욱이 thrombin에 의해 GST 융합 profilin I로부터 profilin I만을 잘라내었다. His-tag 부착 profilin I에 대해서는 동일하게 IPTG에 의한 유도 후 3시간에서 균체를 회수하여 확인을 한 결과, 목적의 단백질 발현이 관찰되었다 (그림 2).

맺음말

단백질의 기능을 조사하는데 있어서 대장균에 의한 단백질의 발현은 피할 수 없는 단계이다. 대장균이라고 해도 잘 발현하지 않는 경우나 분해가 잘 일어나는 경우가 있지만, 조건을 잘 결정할 수 있으면 단시간에 비용도 저렴하게 대량의 단백질을 얻을 수 있기 때문에, 여러 가지 고안해 보면 좋다.

참고문헌

1) 竹縄忠臣，渡邊俊樹 編：バイオマニュアルUPシリーズ「タンパク質の分子間相互作用実験法」，羊土社，1996

2) 日本生化学会 編：新生化学実験講座1，タンパク質，合成および発現，東京化学同人，1992

3) 東京大学医科学研究所制癌研究部 編：新細胞工学実験プロトコール，秀潤社，1993

4) Self, A. J. & Hall, A. : Methods in Enzymology, 256 : 3-10, 1995

5) Current Protocol in Molecular Biology, John Wiley & Sons Inc., 1993

제6장 발현 단백질의 제작과 이용

2. Baculovirus에 의한 단백질의 발현과 정제

이 방법으로 무엇을 해석할 수 있을까?

진핵생물의 재조합단백질의 대량발현, 정제의 수단으로 재조합 Baculovirus를 곤충 세포에 감염시키는 시스템을 사용하면, 저렴하고 간편한 대장균을 사용하는 시스템으로는 어려웠던 고분자량 단백질이나 proline 잔기가 풍부한 단백질 등의 발현, 정제가 가능하다. 또한 진핵생물 특유의 번역후수식도 기대할 수 있으며, 보다 생리적인 조건의 단백질로서 얻을 수 있다.

서론

생리현상을 해명하기 위하여 재조합 단백질을 사용하는 것은 요즈음 필수적인 수단이다. 현재, 그의 재조합 단백질을 얻는 방법으로서, ① 원핵세포 또는 ② 진핵세포에 대량발현 시켜 정제하는 방법이 주류이다. ①은 재조합 단백질을 발현시키는 플라스미드를 도입한 대장균의 clone을 대량배양 하여 단백질을 대량발현 시키는 방법이 주류이다. 방법적으로는 간편하지만, 진핵세포와 유전자발현의 기구가 다르기 때문에, 진핵생물의 단백질, 특히 고분자량 단백질이나 proline 잔기가 풍부한 단백질 등의 발현, 정제가 어렵다 (6장 1 참조). 한편 ②는 재조합 단백질을 code 하는 Baculovirus나 아데노바이러스 등의 재조합 바이러스를 진핵세포에 감염시켜 목적 단백질을 대량발현 시키는 방법이며, 생리적인 활성이나 구조를 유지한 상태로 재조합 단백질을 얻을 수 있다. 예를 들면, 형광 단백질인 GFP는 대장균에 발현시키면 기능적인 (형광이 나타남) 구조를 취하기 어렵고, 불용화 되어 버리지만, 진핵세포에서의 발현계를 이용하면 형광을 나타내는 구조를 유지한 채로 대량으로 얻을 수 있다. 일반적으로 진핵세포에서의 발현계는, 대장균에서의 발현계에 비해 조작이 복잡한 경우가 많지만, Baculovirus를 이용하는 방법은 비교적 쉽게 자주 사용되고 있다.

Baculovirus를 이용한 단백질의 대량발현의 경우, 대부분의 단백질은 가용분획에 존재하며 회수가 쉽다. 복합체를 형성함으로써 처음으로 안정한 구조를 취하는 단백질의 경우에서도, 복수 종류의 Baculovirus를 같이 감염시킨다. 또는 복수의 발현 unit을 삽입한 바이러스를 제작함으로써, 단백질 복합체를 얻을 수 있다. 또는 곤충세포를 숙주로서 이용하기 때문에 세포배양이 간편하고, 게다가 아데노바이러스나 레트로바이러스를 이용하는 시스템에 비해 안전성도 높다. 여기서는 그 중에서도 간편한 Invitrogen 회사로부터 제공되고 있는 Bac-To-Bac 시스템을 사용한 방법에 대하여 해설한다.

원리

곤충 바이러스인 Autographa californica nuclear polyhedrosis virus (AcNPV)는 곤충의 유체 내나 세포주화 곤충세포 (*Spodoptera frugiperda*나 *Trichoplushia ni* 유래)에 감염하여 증식하는 바이러스이다. 그의 AcNPV 내의 강력한 프로모터인 polyhedrin 프로모터에 제어되고 있는 유전자는, 보통 대량으로 발현한다. 또는 이 유전자는 바이러스체의 구축에 그다지 기여하지 않는 유전자이다. Baculovirus 발현 시스템은 이 점에 착안하여 개발된 시스템이다. 따라서 재조합 단백질의 cDNA를 polyhedrin 프로모터에 제어되는 유전자와 재조합 시키면 안정한 재조합 Baculovirus를 제작할 수 있다. 대부분의 경우, 발현된 재조합 단백질은 번역 후 수식을 받아 상응하는 세포내 국재를 취하게 된다[1)~7)].

재조합 Baculovirus 제작에 있어서 제일 중요한 단계인 유전자 재조합은, 보통 곤충세포 내에서 실시하는 방법밖에 없었다. 이 경우, 재조합이 일어나지 않은 parent virus로부터 재조합 바이러스를 분리한다는 곤란한 작업이 포함되어 있었다. 그러나 최근 transposon을 이용하여, 재조합 단백질의 cDNA를 donor 플라스미드 (pFastBac1)로부터 Baculovirus·shuttle vector (Bacumid)로 대장균 내에서 부위 특이적으로 재조합 하는 방법이 수립되었다. 이것이 Bac-To-Bac 시스템이다 (그림 1)[8)]. 이 시스템에서는 kanamycin과 tetracycline 내성으로 Bacumid를 유지하고 있는 대장균 DH10BacTM에 pFastBac1을 도입하면 transposition에 의해, pFastBac1 내에 있는 gentamycin 내성 유전자와 재조합 단백질 cDNA 발현 unit이 Bacumid에 삽입된다. 또한 LacZα를 재조합 reporter로서 사용하고 있으며, 유전자재조합이 일어나면 LacZα가 발현할 수 없게 된다. 요컨대 kanamycin, tetracycline, gentamycin으로 선택함으로써 정확성을 향상하고, IPTG와 X-gal에 의한 청백선택으로 간편하게 재조합체를 분리할 수 있다. 그리고 대장균으로부터 이 Bacumid DNA를 조제하여, Sf-9 등의 곤충세포에 도입하면 재조합 Baculovirus만이 제작되게 된다. 이와 같이 Bac-To-Bac 시스템을 사용하면 단기간에 간편하게 재조합 Baculovirus를 제작할 수 있다.

준비물

1) 시약

- LB 배지
- SOC 배지
- Ampicillin 100 ㎍/㎖ LB Agar plate (10 ㎝ dish)
- 선택 LB Agar plate (10 ㎝ dish)

  1.2% LB Agar plate에 아래의 것이 들어 있다.

  Kanamycin 50 ㎍/㎖ (stock : 10 mg/㎖ in water, -20℃ 보존)

  Gentamycin 7 ㎍/㎖ (stock : 7 mg/㎖ in water, -20℃ 보존)

  Tetracycline 10 ㎍/㎖ (stock : 10 mg/㎖ in ethanol, -20℃ 보존)

  IPTG 40 ㎍/㎖ (stock : 1 M, -20℃ 보존)

  X-gal 300 ㎍/㎖ (stock : 20 mg/㎖ in dimethylformamide, -20℃ 보존)

  이들은 모두 autoclave 한 후, 55℃ 정도까지 LB Agar가 식으면 첨가한다
- 목적 유전자의 cDNA
- pFastBac 1 plasmid (Invitrogen 회사)
- 각종효소 (제한효소, alkaline phosphatase, ligation system 등)
- 대장균 현탁용액 (100 ㎍/㎖ Rnase A 함유 TE, 4℃ 보존)
- 용해액 (0.2 N NaOH, 1% SDS, 실온보존)
- 중화액 (3 M 초산칼륨, pH 5.5)
- 곤충세포배지 Sf-900 II SFM (Invitrogen 회사)
- 비동화 FBS
- Isopropanol
- 70% Ethanol
- 유전자 도입시약 CELLFECTIN (Invitrogen 회사)
- 세포용해 buffer

		(최종농도)
HEPES	4.77 g	(20 mM)
NaCl	8.77 g	(150 mM)
EDTA·2Na	0.37 g	(1 mM)
DW	950 ㎖	
DW	+ α	
Total	1 ℓ	

  10 N NaOH로 pH 7.6으로 조정한다. 4℃ 보존

  사용직전에 PMSF (100 mM in ethanol, -20℃ 보존)를 최종농도 1 mM이 되도록 첨가한다. 필요에 따라 각종 protease inhibitor를 첨가해도 좋다. 또한 단백질 정제의 단계에서, 음이온 교환 칼럼을 사용할 때 등, HEPES가 부적절한 경우도 있기 때문에, 그의 경우에는 Tris-base 등의 buffer를 사용한다. 목적 단백질의 성질에 따라 적절하게 Triton X-100 등의 계면활성제를 첨가하는 편이 좋은 경우도 있다.

2) 세포

- *Escherichia coli* DH10BacTM의 competent 세포 (Invitrogen 회사)
- *Escherichia coli* JM109의 competent 세포
- 곤충세포 (Sf-9)

3) 기구

- Shaker incubator (incubator는 37℃와 28℃를 확보할 수 있는 것을, 각각 하나씩 준비. Shaker는 회전식으로 200 rpm까지의 회전속도를 확보할 수 있는 것)

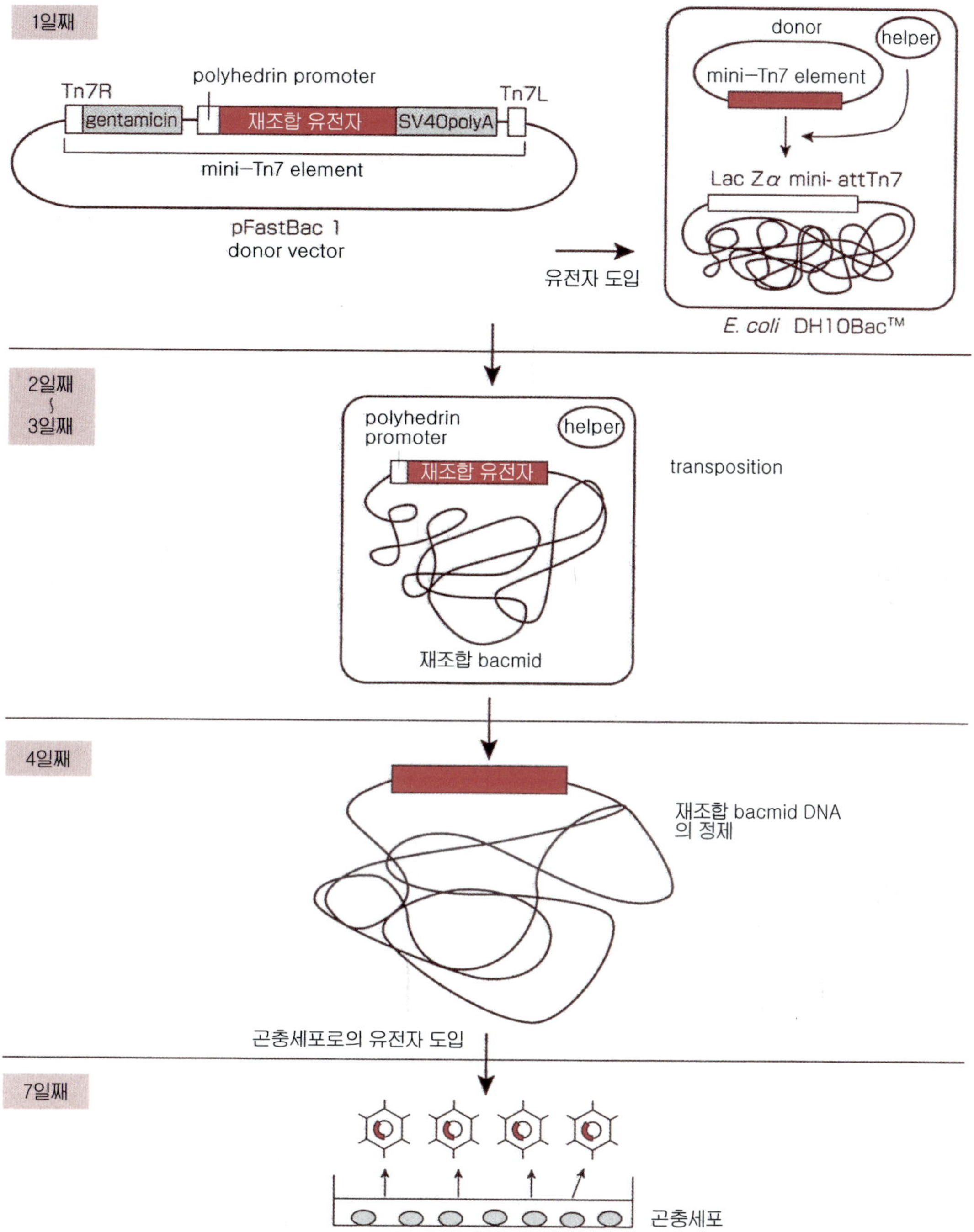

그림 1. Bac-To-Bac 시스템에 의한 재조합 Baculovirus 제작까지의 흐름

1일째 : 재조합 단백질의 cDNA를 삽입한 donor vector인 pFastBac1을 bacmid를 보유하고 있는 *Escherichia coli* DH10Bac™에 도입한다

2일째~3일째 : 균체 내에서 Tn7 transposition에 의해, donor vector 측의 Tn7의 좌우 양쪽에 끼워진 gentamycin 내성 유전자와 polyhedrin promoter 영역으로부터 시작하는 SV 40 polyadenylation 시그널까지 재조합 단백질 발현 unit으로 이루어진 mini−Tn7 element가 bacmid 상의 mini−attTn7 (LacZ α)의 부분에 삽입되어 재조합 bacmid가 형성된다

4일째 : *Escherichia coli* DH10Bac™으로부터 재조합 bacmid DNA를정제한다. 그리고 그의 bacmid를 곤충세포에 도입한다

7일째 : 재조합 Baculovirus가 존재하는 곤충세포 배양 상등액을 회수한다

- Water bath
- 50 mℓ conical 튜브
- 35 mm 세포배양용 plastic 튜브
- 1.5 mℓ eppendorf 튜브
- 멸균 이쑤시개
- Clean bench
- 원심분리기 (50 mℓ 튜브를 3,000 rpm 4℃로 원심분리 할 수 있는 것과 1.5 mℓ eppenforf 튜브를 15,000 × g로 원심분리 할 수 있는 것)

프로토콜

1 목적 유전자의 pFastBac1으로의 cloning

보통의 subcloning과 동일하기 때문에, 작업자체에 특별한 주의점은 없다. 자신의 연구실에서 실시하고 있는 DNA 정제법, ligation, transformation, 대장균으로부터의 plasmid 추출법을 사용해도 좋다.

① 목적 유전자의 cDNA가 pFastBac1의 multi-cloning site에 적절하게 삽입되도록, 제한효소 처리 등으로 각각의 말단을 처리한다

> ☞ pFastBac1은 polyhedrine promoter의 하류에 *Bam*H I~*Hind* III 부위 순서로 배열된 multi-cloning site가 있다. 따라서 목적 유전자를 삽입할 때에는 방향에 주의하여 제한효소를 선택할 필요가 있다. 또한 삽입하는 목적 유전자에는 개시 codon의 ATG와 이것과 연속하여 open reading frame을 포함해야 한다.

② 각각을 정제하고, ligation 반응을 실시한다

③ ②를 사용하여 대장균주 JM109 competent cell에 transformation을 실시한다

> ☞ Transformation할 때에 사용하는 DH10Bac™을 여기서 control로 사용하는 것을 피한다.

④ 100 μg/mℓ ampicillin을 포함한 LB plate에 접종하고, 하룻밤 37℃에서 배양한다

⑤ 몇 개의 colony를 pipetting 하여, 각각 100 μg/mℓ ampicillin을 포함한 LB plate에 접종하고, 하룻밤 37℃에서 진탕배양 한다

⑥ Mini preparation alkali 법으로 ⑤의 단일 colony 유래의 대장균으로부터 각각 plasmid DNA를 회수한다. 최종적으로 40 μℓ의 증류수 (또는 TE buffer)에 DNA를 용해시킨다

⑦ 제한효소 처리를 하여, 목적 유전자의 cDNA가 바르게 pFastBac1에 삽입되어 있는지를 확인한다

2 Transposition

① *Escherichia coli* DH10BacTM의 competent cell 20 μℓ를 따뜻해지지 않도록 급속 해동한다

② 1-⑥에서 얻어진 목적 유전자가 삽입된 pFastBac1의 DNA의 1/40 (1 μℓ)을 첨가하고 천천히 부드럽게 혼합한다

③ 얼음 중에서 30분 둔다

④ 42℃의 water bath에 45초간 두고, heat shock을 실시한다

⑤ 얼음 중에 2분 둔다

⑥ SOC 배지를 200 μℓ 첨가한다

⑦ 37℃에서 4시간 진탕배양을 실시한다

⑧ 선택 LB plate에 접종한다

> ☞ 최종적으로 단일 colony를 주워야 하기 때문에, 그다지 많은 colony가 생기면 좋지 않다. 따라서 plate에 접종할 때에는 전부를 1장에 접종하는 것이 아니고, 일부를 적절하게 LB 배지로 희석하여 복수로 접종하면 좋다. 물론 competent cell의 titer로부터, DNA를 정량하여 transposition을 한 경우는 없지만, 거기까지는 이 시점에서 필요 없다.

⑨ 37℃에서 colony가 색을 나타내기까지 배양한다

> ☞ 보통 24~48시간 걸린다.

3 재조합 Bacmid DNA의 정제

① 2-⑨에서 얻어진 백색 colony가 진짜 백색 colony인지를 확인하기 위해서, 그들 colony를 5개 이쑤시개로 집어, 새로운 선택 LB plate에 선상접종 하여 37℃에서 하룻밤 획선배양 한다

> ☞ 선상접종 한 후의 그의 이쑤시개로 그대로 2 mℓ의 LB 배지에 접종하고 진탕배양을 시작하면 1일 단축할 수 있다. 요컨대 백색 colony의 확인과 동시에 Bacmid 정제를 시작할 수 있기 때문이다. 전부 청색 colony였다면 허탕이지만, 그 때는 선상접종 혹은 transformation을 다시 할 수 있기 때문에 시간적인 loss는 아니다.

② 백색 colony를 이쑤시개로 집어, 50 μg/mℓ kanamycin, 7 μg/mℓ gentamycin, 10 μg/mℓ tetracycline을 함유한 LB 배지 2 mℓ에 접종하고, 37℃에서 16시간 진탕배양을 실시한다

③ ②의 배양액 1 mℓ을 1.5 mℓ eppendorf 튜브에 옮기고, 원심분리 하여 균체를 침전시킨다

④ 상등액을 제거하고, 대장균 현탁액을 200 μℓ 첨가하여 대장균을 재현탁 한다

⑤ 용해액을 200 μℓ 첨가하고, 튜브를 수 회 상하

로 반전시켜 부드럽게 혼합시키고, 실온에 5분 방치하여 전체를 반투명으로 한다

⑥ 중화액을 200 μℓ 첨가하여, 수 회 상하로 반전시켜 부드럽게 혼합시키고, 5~10분 방치한다*

> * 특히 냉각하여 작업할 필요는 없다. 시약도 냉각할 필요는 없다. ⑦, ⑧, ⑩, ⑪도 동일.

⑦ 15,000 × g로 10분 원심분리 한다*

⑧ 불필요한 물질이 혼합되지 않도록 상등액만을 신중하게 취하여, 새로운 1.5 mℓ eppendorf 튜브에 옮긴다. 그리고 isopropanol을 400 μℓ 첨가하여, 상하로 반전시켜 부드럽게 혼합한다. 5~10분 방치한다*

⑨ 15,000 × g 실온에서 10분간 원심분리 한다

⑩ 상등액을 제거하고, 70% ethanol을 500 μℓ 첨가하여, 상하로 반전시켜 부드럽게 혼합한다*

⑪ 15,000 × g 2분간 원심분리 한다*

⑫ 가능한 한 상등액을 제거하고, 침전을 5~10분 바람으로 건조한다

⑬ 냉각 증류수 (또는 TE buffer)를 40 μℓ 첨가하여, 부드럽게 혼합한다

> 정제한 Bacmid DNA는 0.5% agarose를 사용하여 전기영동하면 확인할 수 있다. 20 kbp 보다 높은 분자 측에 검출된다 (그림 2).

⑭ 사용하지 않는 것은 −20℃에서 보존한다. 동결융해는 피한다

4 재조합 Bacmid DNA를 곤충세포 Sf-9에 도입

① Sf-9 세포 9 × 10^5개/Sf-900 II SFM 2 mℓ을 35 mm dish에 접종한다

> 30분 정도에 세포가 접착한다

② 2개의 1.5 mℓ eppendorf 튜브를 준비하고, 각각에 3-⑬에서 얻은 Bacmid DNA 5 μℓ /Sf-900 II SFM 100 μℓ (항생물질 불포함)와 CELLFEVTIN 6 μℓ/Sf-900 II SFM 100 μℓ (항생물질 불포함)를 넣는다

> 항생물질은 유전자도입을 저해하기 때문에 여기서 항생물질 함유 배지를 사용하면 안 된다.

③ 2개를 부드럽게 혼합하고, 실온에 30~45분 방치한다

> 이 정도의 시간이 경과하면 ①에서 접종한 세포는 접착되어 있다.

④ 이 사이에 세포가 접착되면, 배지를 Sf-900 II SFM (항생물질 불포함)과 교환한다

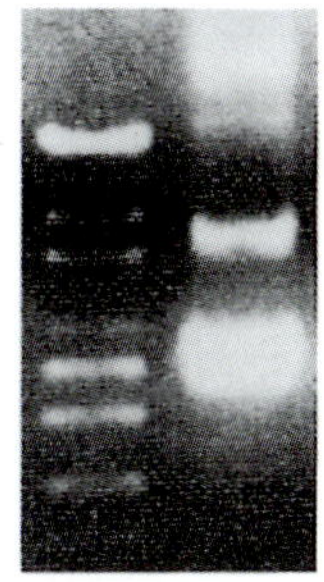

그림 2. Bacmid DNA의 확인
조제한 bacmid DNA 5 μℓ를 agarose 겔로 전기영동하였다. 화살표로 나타낸 band가 bacmid DNA이다.

⑤ ③의 혼합액에 Sf-900 II SFM (항생물질 불포함) 800 μℓ을 부드럽게 첨가하고, 수 회 pipetting을 실시한다

⑥ ④의 배지를 제거하고, ⑤를 첨가한다

⑦ 28℃에서 5시간 배양한다. 이 사이에 유전자 도입이 이루어진다

⑧ 배지를 교환한다 [Sf-900 II SFM (항생물질 함유) 2 mℓ로]

⑨ 유전자도입 개시로부터 72시간 후에 배양 상등액 (바이러스)을 회수한다. 동시에, 아직 dish에 부착되어 있는 세포를 회수하고, 재조합 단백질의 발현을 확인한다*. 여기서 발현이 나타나지 않는 거의 대부분의 경우, 바이러스가 제작되어 있지 않기 때문에, 이 시점에서, 3-①이나 4-①로 되돌아가 다시 한다

> * 세포용해액을 조제하여 SDS-PAGE를 실시하고, Western blotting 등으로 재조합 단백질의 발현을 확인한다 (다른 항 참조).

5 재조합 바이러스의 증폭, 보존과 재조합 단백질의 회수, 정제

① 50 mℓ conical 튜브에 Sf-9 세포 10 mℓ을 28℃, 160 rpm으로 현탁배양 해 둔다. 배양방법은 아래 참조.

② 세포가 1 × 10^6개/mℓ의 밀도까지 증식하면, 4-⑨에서 얻어진 바이러스 용액 100 μℓ를 첨가하고, 48~72시간 현탁배양 하여 바이러스를 증폭한다

③ 1,000 rpm에서 10분간 원심분리 하고, 상등액을 바이러스 stock으로 회수한다. 필요하다면 침전한 세포도 회수하여 재조합 단백질의 발현을 확인한다 (4-⑨ 참조). 바이러스는 4℃에서 차광보존한다. 이 상태로는 1년 정도는 양호하다. 장기보존하는 경우에는, 2% 이상이 되도록 FBS를 첨가하여 −80℃에서 보존한다. 동결융해는 피한다

④ 바이러스의 농도와 바이러스를 감염시키고 나서 세포를 회수할 때까지 시간의 2가지에 대한 조건을 변경하여, 재조합 단백질을 회수할 최적의 조건을 결정한다*. 또한 이 때에도 Sf-9 세포는 50 mℓ conical 튜브에서의 현탁배양으로 실시하고, 세포가 1 × 10^6개/mℓ의 밀도까지 증식하면 바이러스를 감염시킨다

> ☞ * 바이러스를 100배 희석으로 감염시키고, 48~72시간 후에 세포를 회수하면, 좋은 결과가 얻어지는 경우가 많다.

⑤ 삼각 플라스크 등을 사용하여 배양환경을 scale up 시키고, Sf-9 세포를 대량배양 한다. 그리고 세포밀도가 1 × 10^6개/mℓ이 되면 ④에서 얻어진 조건으로 바이러스를 감염시키고, 재조합 단백질을 발현시킨다

> ☞ 200 mℓ, 500 mℓ, 1000 mℓ의 멸균 삼각 플라스크에 세포를 각각 100 mℓ, 200 mℓ, 500 mℓ 넣어 배양하고, 바이러스를 감염시키는 경우가 많다. 또한 삼각 플라스크에 의한 배양을 할 때에는 shaker의 회전속도를 140 rpm 정도까지 내린다. 경험적으로 플라스크의 크기가 커지면 단백질 발현효율이 낮아지는 경향이 있다.

⑥ 1,000 rpm으로 10분 원심분리 하여, 상등액을 버리고, 얼음 중에서 냉각한 세포 용해 buffer에 세포를 재현탁 하고, 50 mℓ 혹은 15 mℓ conical 튜브에 옮긴다. 그것을 액체질소로 급속 동결하고, −80℃에 보존한다. 표준으로 배양 스케일 100 mℓ 당 세포 용해 buffer를 10 mℓ 사용하여 세포를 용해시킨다

⑦ 단백질 정제의 단계로 진행한다 (다른 항 참조)

> ☞ 재조합 단백질을 GST, histidine이나 FLAG 등으로 표식하여 발현시키면 정제가 쉽게 된다.

6 *Escherichia coli* DH10Bac™의 competent cell의 제작법

Invitrogen 회사에서 competent cell이 제품화되어 있기 때문에, 그것을 구입해도 좋지만, 간단히 제작할 수 있기 때문에 소개한다. 또한 반드시 아래의 방법일 필요는 없으며, 자신의 연구실에 competent cell의 제작법이 있으면 그것에 따라 해도 좋다.

① 50 μg/mℓ kanamycin, 10 μg/mℓ tetracycline을 함유한 LB 배지 1 mℓ에 DH10Bac™을 접종하고, 증식이 정지할 때까지 37℃에서 진탕배양 한다

② ①을 LB 배지 25 mℓ에 500 μℓ 첨가하여 희석하고, 37℃에서 OD_{550}이 0.2가 되기까지 진탕배양 한다

> ☞ 100 mℓ의 삼각 플라스크 1개 혹은 50 mℓ의 conical 튜브라도 상관없다.

③ 10분 얼음 중에서 냉각하고, 3,000 rpm, 4℃에서 10분 원심분리한다

④ 상등액을 버리고, 멸균처리 되고 얼음 중에서 냉각한 0.1 M $CaCl_2$ 10 mℓ로 균체를 재현탁 한다. 그대로 얼음 중에 20분 방치한다

⑤ 3,000 rpm, 4℃에서 10분 원심분리 한다

⑥ 상등액을 버리고, 멸균처리 되고 얼음 중에서 냉각한 0.1 M $CaCl_2$ 500 μℓ로 균체를 재현탁 한다. 그대로 얼음 중에 3~24시간 방치한다

⑦ 50% 글리세롤을 215 μℓ 첨가하여 (글리세롤 최종농도 15%), 20 μℓ씩 소분하여 −80℃에서 보존한다. 필요하다면 pFastBac1 플라스미드를 사용하여 transformation 하고, titer를 확인해 둔다

7 곤충세포 Sf-9 배양법

여기서는 우리들이 이용하고 있는 현탁 배양법에 대하여 소개한다.

앞에서 기술한 재조합 단백질의 발현방법은 모두 현탁배양으로 실시하고 있다.

① 배양유지를 위해서는 보통 50 mℓ의 conical 튜브를 사용하고, 거기에 10 mℓ의 배지를 넣어 세포배양을 실시한다. 튜브는 조금 기울여 두고, 조건은 160 rpm (세포가 가라앉지 않을 정도의 강도), 28℃에서, 산소결핍이 되지 않도록 뚜껑을 조금 느슨하게 열어둔다. 증식기의 세포의 doubling time은 20시간 정도이다. 배지는 5% 비동화 FBS 함유 Sf-900 II SFM을 사용하고, 필요에 따라 항생물질 (100 units/mℓ penicillin, 100 μg/mℓ streptomycin)을 첨가한다. Sf-900 II SFM 완전배지이기 때문에 혈청을 첨가할 필요는 없지만, 혈청 함유 배지로부터 무혈청 배지로 옮기면, 세포가 환경에 적응하여 보통으로 증식하기까지 조금 시간이 걸린다. 또한 이 배지는 대기상태에서

사용할 수 있기 때문에, CO_2를 공급할 필요가 없고, 보통의 28℃를 유지할 수 있는 shaker 기능이 있는 incubator 내에서 세포를 배양하면 된다

② 세포밀도가 2 × 10^6개/㎖이 되면 10배로 희석한다. 조작은 무균적으로 clean bench 내에서 실시한다

③ 3주간에 1회 배지교환을 실시한다. 방법은 원심분리 (1,000 rpm에서 5분)하여 상등의 배지를 제거하고, 새로운 배지로 세포를 재현탁한다

④ 접착배양으로부터 현탁배양으로의 이행은 다음과 같이 실시한다. Confluent에 가까워지면, 파스테르 피펫 등을 사용하여, pipetting으로 세포를 dish로부터 벗겨낸다. 그리고 원심분리 하여 상등액을 제거하고, 세포를 5 × 10^5개/㎖이 되도록 5% FBS 함유 Sf-900 II SFM에 재현탁 하고, 보통의 현탁배양을 실시한다. 이 경우도 세포가 환경에 적응하여 보통으로 증식하기까지 조금 시간이 걸린다

⑤ 세포보존은 다음과 같이 실시한다. 세포밀도가 2 × 10^6개/㎖ 정도가 되면. 원심분리 (1,000 rpm에서 5분) 하여 상등의 배지를 제거하고, 1 × 10^7개/㎖이 되도록 동결용 배지 (10% FBS, 7.5% DMSO 함유 Sf-900 II SFM)로 세포를 재현탁 하고, cryo vial에 1개 씩 나누어 넣는다

⑥ 그리고 그의 cryo vial을 얼음 중에 30분 방치하고, −80℃에 보존한다. 또한 이 때에 vial을 면으로 감싸고 deep freezer에 넣어 서서히 동결시킨다. 급속 동결하면 안 된다

⑦ 동결보존 된 세포의 융해는 다음과 같이 실시한다. 37℃의 water bath를 사용하여 세포를 급속 해동하고, 따뜻하게 해 둔 5% FBS 함유 Sf-900 II SFM 9 ㎖에 세포를 현탁하여 원심분리 (1,000 rpm에서 5분) 한다. 그리고 상등액을 제거하고, 세포를 5 × 10^5개/㎖이 되도록 5% FBS 함유 Sf-900 II SFM에 재현탁 하고, 보통의 현탁배양을 실시한다. 0.3~1 × 10^6개/㎖을 유지하면서 2회 계대하고, 세포를 회복시킨다

실험 예

Bac-To-Bac 시스템을 사용하여, actin 세포골격 제어단백질 WICH의 재조합 단백질 정제를 실시하였다 (그림 3). WICH는 440개 아미노산으로 구성된 약 51 kD의 단백질이지만, proline이 전체의 27%를 차지하며, 대장균에서 발현시킬 수 없다. 본 정제에서는 GST 융합 단백질로서 WICH를 발현시켜 정제하고, protease 처리로 GST를 제거함으로써 WICH를 회수하였다.

재조합 Baculovirus의 구축

① N 말단 측에 GST를 융합시킨 WICH (GST-WICH)의 cDNA를 pFastBac1의 multi-cloning site에 삽입한다. 또한 GST와 WICH의 연결부위에는 protease인 PreScission Protease (Amersham Biosciences 회사) 인식배열을 삽입해 둔다

② Transformation을 실시하여 재조합 Bacmid DNA를 조제한다

③ ②를 Sf-9 세포에 도입한다

④ 도입한 후 72시간 후에 상등액 중의 바이러스를 회수한다. 동시에 세포도 회수하고, 세포추출액을 조제한다

⑤ Glutathione sepharose 4B (Amersham Biosciences 회사) beads 10 ㎕를 세포추출액에 첨가하고, 회전호일을 사용하여, 4℃에서 1시간 incubate 한다

⑥ Beads에 결합한 단백질을 SDS-PAGE하고, Coomassie 염색으로 GST-WICH의 발현을 확인한다

⑦ 바이러스를 증폭한다

⑧ 200 ㎖의 삼각 플라스크에 들어있는 1 × 10^6개/㎖의 증식기의 세포 100 ㎖에 바이러스를 1 ㎖ 첨가하고, 72시간 현탁배양 한다

⑨ 원심분리 하여 상등액을 버리고, 10 ㎖의 얼음 중에서 냉각한 세포 용해 buffer로 세포를 재현탁한 후, 액체질소로 급속동결 하고 −80℃에서 보존한다

⑩ Water bath를 사용하여 급속 해동하고, sonication을 한 후 초원심분리 한다

⑪ 상등액을 직경 0.45 ㎛의 필터를 사용하여 여과하고, HPLC, 양이온교환 칼럼인 Mono S (Amersham Biosciences 회사)를 사용한 칼럼 크로마토그래피에 건다. Buffer는 10 mM Na-HEPES pH 7.0, 200 mM NaCl을 사용하고, 용출 시에는 NaCl의 농도를 200 mM에서 1,000 mM로 20분에 걸쳐 상승시키고 구배를 건다. 유속은 1 ㎖/분으로 실시하였다

⑫ 용출된 GST-WICH를 포함한 분획을 모으고, 최종농도 0.5%가 되도록 계면활성제인 Triton X-100을 첨가하여, 회전호일을 사용하여 glutathione sepharose 4B (Amersham Biosciences 회사) beads 400 ㎕과 4℃에서 1시간 incubate 한다

⑬ Beads를 얼음 중에서 냉각한 세정 buffer로 세

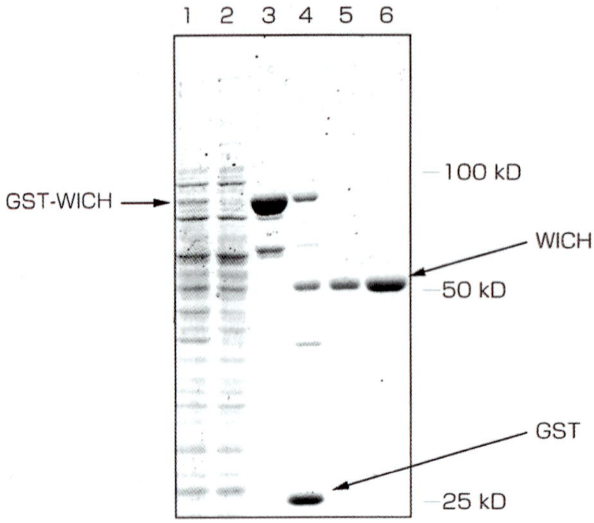

그림 3. Bac-To-Bac 시스템을 사용하여 발현시킨 재조합 단백질의 정제
정제과정의 각 단계에서의 단백질을 SDS-PAGE, Coomassie 염색으로 확인하였다.
lane 1 : GST-WICH를 발현시킨 곤충세포의 세포 추출액
lane 2 : 양이온 교환 칼럼 크로마토그래피 후의 GST-WICH을 발현시킨 세포 추출액
lane 3 : Glutathione Sepharose 4B beads에 결합한 GST-WICH
lane 4 : Protease 처리 후의 beads에 남아 있는 단백질
lane 5 : Protease 처리 후의 GST 비융합형 WICH
lane 6 : 농축한 GST 비융합형 WICH

정하고, 최종적으로 얼음 중에서 냉각한 WICH buffer 400 μℓ로 치환하여 1.5 ml eppendorf 튜브에 옮긴다

·세정 buffer/WICH buffer (최종농도)

HEPES	4.77 g	(20 mM)
KCl	14.91 g	(200 mM)
DW	950 mℓ	
DW	+ α	
Total	1ℓ	

5 N KOH로 pH 7.6으로 조정한다. 4℃ 보존
사용직전에 Triton X-100 (세정 buffer) 또는 octyl glucoside (WICH buffer)를 최종농도 0.5%가 되도록 첨가한다

⑭ PreScission Protease를 20 U (10 μℓ) 첨가하고, 회전호일을 사용하여, 4℃에서 5시간 incubate 한다

⑮ 저속 원심분리로 beads를 침전시키고, 상등액을 취한다

⑯ Beads에 남아 있는 GST로부터 잘려진 WICH를 회수하기 위해, WICH buffer 400 μℓ로 beads를 세정하고, ⑮와 동일하게 상등액을 취한다. 이것을 3회 반복한다

⑰ ⑮와 ⑯의 모든 상등액을 하나로 만들어, spin column을 사용하여 농축한다

⑱ 분주하여 액체질소로 급속 동결하고, −80℃에 보존한다

맺음말

재조합 단백질은 역시, 생리적인 상태에서 정제하는 것이 이상적이다. 여기서 소개한 Baculovirus를 곤충세포에 감염시켜 재조합 단백질을 얻는 방법은 대장균에 발현시키는 시스템과 비교하면 공정이 길고, 복잡하다. 그러나 진핵계의 세포, 특히 포유류 세포의 단백질의 해석이 주류인 가운데, 보다 포유류의 세포에 가까운 곤충세포에 그들의 재조합 단백질을 발현시키는 이 방법은 매우 유용하다. 최근, 유전자 조작을 실시하고, 보다 포유류에 가까운 단백질의 번역 후 수식이 가능해진 Sf-9 세포가 개발되었다. 또한 아데노바이러스 (8장 4 참조)나 렌티 바이러스라는 재조합 단백질 발현 시스템이 개발, 개량되어 있다. 이와 같이 생리적인 재조합 단백질의 발현, 정제는 점점 쉬워지고 있으며, 연구의 폭도 더욱 넓어질 것이다.

참고문헌

1) Luckow, V. A. : In Recombinant DNA Technology and Applications, (Prokop, A. Bajpai, R. K. & Ho, C. eds.) New York, McGraw-Hill, 1991
2) O'Reilly, D. R. et al. : Baculovirus Expression Vectors : A Laboratory Manual, New York, Freeman and Company, 1992
3) King, L. A. & Possee, R. D. : The Baculovirus Expression System : A Laboratory Guide, New York, Chapman and Hall, 1992
4) Luckow, V. A. : Curr. Opin. Biotechnonl., 4 : 564, 1993
5) Davies, A. H. : Bio/Technology, 12 : 47, 1994
6) Luckow, V. A. : in Baculovirus Expression Systems and Biopesticides (Shuler, M. L. et al. eds.), Wiley-Liss, Inc., New York, 1995
7) Luckow, V. A. : in Principles and Practice of Protein Engineering (Cleland, J. L. & Craik, C. S. eds.) John, Wiley and Sons, New York, 1995
8) Luckow, V. A. et al. : J. Virol., 67 : 4566, 1993

제6장 발현 단백질의 제작과 이용

3. 융합 단백질의 발현과 정제 (FLAG-tag, myc-tag)

이 방법으로 무엇을 해석할 수 있을까?

재조합 단백질을 포유류 세포에서 발현, 정제할 수 있다. 대장균 등을 이용한 경우에 비해 (당사슬 부가, 인산화 등) 보다 생리적인 조건에 가까운 형태로 단백질을 얻을 수 있으며, 활성측정이나 결합 단백질의 검색에 대단히 유용하다. 본 항에서는 Sigma 회사의 FLAG 단백질 발현 시스템을 기본으로 해설한다.

서론

FLAG 단백질 발현 시스템은 재조합 단백질을 발현, 정제, 검출하기 위해 만들어진 것이다. 이 시스템은 Western blotting, 면역세포 염색, 면역침강, flow cytometry, 단백질 정제나 단백질의 연구 (단백질 상호작용, 세포의 초구조나 단백질 분리) 등, 대다수의 실험에 이용할 수 있다.

특징과 장점

- 검출감도가 높다 (100 femtomole 크기까지)
- 항 FLAG 항체와 affinity 겔을 이용하여 단 한 번의 step으로 단일 band를 정제할 수 있다.
- 항 FLAG 항체는 포유류·박테리아 세포 lysate에 있어서 거의 교차반응을 나타내지 않는다

FLAG 시스템은 목적의 재조합 단백질에 융합하는 짧은 친수성의 8개 잔기 peptide (N-Asp-Tyr-Lys-Asp-Asp-Asp-Asp-Lys-C)를 이용한다. FLAG peptide는 각각 다른 인식성과 결합능을 가진다. 수 종류의 높은 특이성을 가진 항 FLAG monoclonal 항체 (M1, M2, M5) 혹은 polyclonal 항체나 포합체의 결합 부위를 함유하고 있다. FLAG peptide는 친수성이기 때문에 융합 단백질의 표면에 노출되기 쉽다. 그 결과로서, FLAG peptide는 보다 항체에 결합하기 쉽고, enterokinase에 의해 절단되기 쉽도록 되어 있다. 그 이외에 FLAG peptide tag의 작은 크기 때문에, 그의 융합 단백질의 다른 epitope나 도메인, 다른 기능이나 분비, 혹은 수송 등에 영향을 주기 어려운 특징이 있다.

또한 면역침강의 항 (9장 1)에 기술한 것과 비교해, 이 시스템을 이용한 면역침강에서는 최종적으로 FLAG affinity 겔에 결합한 융합 단백질을 산이나 3 × FLAG peptide를 이용하여 용출시킬 수 있다. 그 때문에 단백질을 용액 중으로 유리시키는 것이 가능하기 때문에, 정량이 용이하며, 효소반응 등의 실험을 하기에 적합하다.

Myc tag를 이용한 경우도 기본적으로 앞에서 기술한 FLAG 시스템에 준한다.

원리

세포에서 과잉발현 시킨 FLAG 융합 단백질을, 항 FLAG 마우스 IgG1 monoclonal 항체를 hydrazide

결합으로 공유결합 시킨 agarose를 이용하여 면역침강 한다 (※ 유전자도입에 의한 발현과 면역침강은, 다른 장을 참조하기 바람). 계속해서 agarose에 결합한 FLAG 융합 단백질을 실험의 목적에 따라 용출한다. 용출에는 크게 나누어, ① 3 × FLAG peptide를 이용하여 경쟁적으로 목적 단백질을 용출하는 방법, ② 0.1 M Glycine-HCl, pH 3.5를 이용한 산성조건하에서 용출하는 방법, ③ 전기영동과 immunoblot 용으로 sample buffer로 용출하는 방법이 있다.

준비물

1) 기구·기계

- 저속원심분리기
- 고속원심분리기
- Shaker
- Rotator

2) 시약·시료

- 세포·조직
- ANTI-FLAG M2-affinity gel (Sigma 회사, Product No. A 2220)
- 3 × FLAG peptide (Sigma 회사, Product No. F 4799)
- Protease inhibitor cocktail (Sigma 회사, Product No. P 8340)
- FLAG-BAP fusion protein (Sigma 회사, Product No. P 7582, 등)

3) 시약의 조제

·TBS buffer

		(최종농도)
1 M Tris-HCl (pH 7.4)	50 mℓ	(50 mM)
5 M NaCl	30 mℓ	(150 mM)
DW	920 mℓ	
Total	1,000 mℓ	

·3 × FLAG peptide 용출용액

(* 3 × FLAG stock 용액으로 3 × FLAG peptide (25 μg/μℓ)를 DW로 5배 희석하여 둠)

		(최종농도)
3 × FLAG stock 용액	3 μℓ	(150 ng/μℓ)
TBS buffer	97 μℓ	
Total	100 μℓ	

1개 sample 당 100 μℓ로서 필요량만 제작한다

·Lysis buffer

		(최종농도)
1 M Tris-HCl (pH 7.5)	40 mℓ	(40 mM)
0.5 M EDTA	10 mℓ	(5 mM)
Triton X-100	5 mℓ	(0.5%)
DW	954 mℓ	
Total	1 ℓ	

필요에 따라 Protease inhibitor cocktail을 buffer 1 mℓ에 대하여 10 μℓ 첨가한다.

혹은 0.2 mM phenylmethanesulfonyl fluoride (PMSF), 0.1 mM diisopropyl fluoride (DIFP) 등의 protease inhibitor를 첨가한다.

·2 × sample buffer(최종농도)

1 M Tris-HCl (pH 6.8)	62.5 mℓ	(125 mM)
SDS	20 g	(4%)
Glycerol	100 mℓ	(20%)
Bromo-phenol-blue	20 mg	(0.004%)

DW로 녹여 500 mℓ로 mass up 한다

프로토콜

1 세포추출액의 조제 (포유동물세포를 이용하는 경우)

① 세포를 세정한다

a. 접착세포의 경우

100 mm dish에 FLAG 융합 유전자를 도입한* 70~90% confluent 세포 (10^6~10^7 cells)를 준비한다. 배양액을 제거하고, 세포가 dish로부터 벗겨지지 않도록 주의하면서 PBS로 2회 세정하고, lysis buffer를 첨가한다 (10^6~10^7 cells/mℓ)

b. 부유세포의 경우

적당한 튜브에 세포를 옮기고, 420 × g로 5분간 원심분리 한다. 상등액을 버리고, PBS를 이용하여 세포 pellet을 수 회 현탁하고 세정하여, 420 × g로 5분간 원심분리 하는 조작을 2회 실시한다. 다시 상등액을 버리고, 세포 pellet에 lysis buffer를 첨가하여 (10^6~10^7 cells/mℓ) 현탁하고, 1.5 mℓ 튜브에 옮긴다

> * 유전자 도입의 방법에 대해서는 8장을 참조하기 바란다. 유전자 도입 후 회수까지는 24~48시간 배양하는 것이 바람직하다.

② Shaker로 4℃, 15~30분 incubate 한다

③ 배양세포의 경우, cell scraper를 이용하여 세포

를 벗겨내고 1.5 mℓ 튜브에 옮긴다. 부유세포의 경우는 다음 단계로 이동한다

④ 세포 lysate를 12,000 × g로 10분간 원심분리 한다

⑤ 상등액을 냉각해 둔 튜브에 옮긴다. 금방 사용하는 경우는 얼음에 넣어 둔다. 그렇지 않은 경우는 −80℃에 보관한다

2 FLAG tag 융합 단백질의 면역침강

아래의 step은 모두 4℃에서 실시한다.

① Eppendorf 튜브에 ANTI-FLAG M2 affinity 겔 현탁액 40 μℓ를 넣고, 0.5 mℓ의 TBS로 2회 세정한다

> ☞ ANTI-FLAG M2 affinity 겔은 50% glycerol의 buffer 중에 현탁되어 있다. 사용할 때에는 glycerol을 제거하고, 겔을 평형화 할 필요가 있기 때문에 TBS에 의한 세정조작을 실시한다.

② 200~1,000 μℓ의 세포용해액을 세정한 겔에 첨가한다*1.

Positive control로서 1 mℓ의 TBS와 4 μℓ의 FLAG-BAP 융합 단백질*2 50 ng/μℓ을 세포 lysate 대신에 사용하고, negative control로서 단백질이 없는 1 mℓ의 TBS를 이용해도 좋다

> ☞ *1 필요하다면, 최종 volume을 1 mℓ가 되도록 Lysis buffer를 첨가한다. 또한 lysate 양은 유전자 도입 세포의 융합 단백질의 발현 level에 따라 조정한다.
> *2 분자량 49.3 kD의 FLAG 융합 대장균 alkaline phosphatase (BAP)이다. SDS-PAGE로 45~55 kD의 band로서 확인할 수 있다.

③ Roller shaker 등으로 각 샘플을 2시간 진탕한다

> ☞ 결합효율을 높이기 위해 결합 step을 하룻밤 연장해도 좋다

④ 겔을 10,600 × g, 5초간 원심분리 하고, 상등액을 제거한다

⑤ 겔을 0.5 mℓ의 TBS로 3회 세정하고, apply 용의 끝이 미세한 tip 등으로 상등액을 가능한 한 제거한다

⑥ 용출 step으로 진행

3 FLAG 융합 단백질의 용출

단백질의 특징이나 사용목적에 따라 3가지 용출방법이 있다.

1) 3 × FLAG peptide와 경합시켜, negative 조건에서 용출하는 방법. 이 방법을 이용한 용출효율은 대단히 높다

2) 0.1 M glycine-HCl, pH 3.5를 이용한 산성조건하에서 용출하는 방법. Wash buffer와 용출 단백질의 평형이 단백질의 활성유지에 도움이 될 수 있다

3) 전기영동과 Immuno blot 용으로 sample buffer로 용출하는 방법

1) 3 × FLAG peptide를 이용한 용출

① 3 × FLAG 용출용액을 필요량만 준비한다

② 세정 후, 상등액을 제거한 겔에 100 μℓ의 3 × FLAG 용출용액을 첨가한다

> ☞ 이 때, 실험용도에 따라, TBS 대신에 assay 용의 buffer를 이용해도 좋다.

③ 4℃, 30분간 부드럽게 흔들면서 incubate 한다

> ☞ 겔이 용액 중에서 균등하게 되지 않는 경우는 몇 번 토핑한다.

④ 겔을 4℃, 10,600 × g, 5초간 원심분리 하고, 겔에 접촉하지 않도록 주의하면서 상등액을 새로운 튜브에 옮긴다

> ☞ 용출은 3회 실시하고, SDS-PAGE (Western blotting)로 각 분획을 check 하고, 그 후의 실험에 사용한다.

⑤ 용출 단백질을 금방 사용하는 경우는 4℃에서 보존한다. 장기간 보존하는 경우는 −80℃에서 보존한다

2) 0.1 M Glycine-HCl, pH 3.5를 이용한 용출

① 100 μℓ의 0.1 M glycine-HCl, pH 3.5 buffer를 겔에 첨가한다

② 실온에서 5분간 부드럽게 흔들면서 incubate 한다

> ☞ 겔을 buffer에 20분 이상 방치하지 않도록 주의한다.

③ 겔을 10,600 × g, 5초간 원심분리 하고, 겔에 접촉하지 않도록 주의하면서 상등액을 미리 10 μℓ의 0.5 M Tris-HCl, pH 7.4, 1.5 M NaCl를 첨가한 새로운 튜브에 옮긴다

④ 용출 단백질을 금방 사용하는 경우는 4℃에서

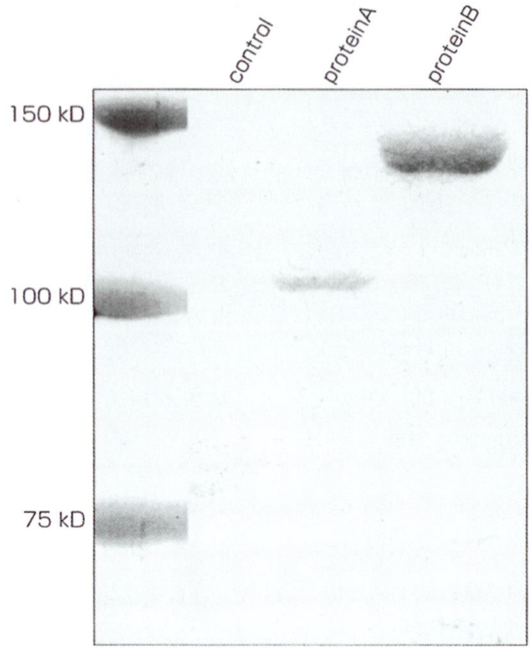

그림 1. FLAG 시스템을 사용하여 발현시킨 재조합 단백질의 정제
정제한 단백질을 SDS-PAGE, Coomassie 염색으로 확인하였다. control로서 FLAG 융합 단백질을 발현시키지 않은 세포 추출액을 이용하였다. 그림으로부터 FLAG 융합 단백질인 단백질 A와 단백질 B가 특이적으로 정제되는 것을 알 수 있다

보존한다. 장기간 보존하는 경우는 -80℃에서 보존한다

3) SDS-PAGE 용 샘플 buffer에 의한 용출

① 20 μl의 2 × 샘플 buffer를 겔에 첨가한다
② 3분간 끓인다
③ 10,600 × g, 5초간 원심분리 하고, 모든 불용 agarose를 침전시킨다. 상등액을 별도의 튜브에 옮긴다

실험 예

그림 1은 COS7 세포에 control의 pCMV-FLAG 벡터와 pCMV-FLAG 벡터에 삽입한 단백질 A와 단백질 B를 발현시켜, 앞에서 기술한 프로토콜에 따라, FLAG affinity 겔을 이용하여 면역침강·정제한 것을 Coomassie 염색으로 검출한 것이다. 각각 면역침강한 겔로부터, 3 × FLAG peptide를 이용하여 native의 FLAG 융합 단백질 A (그림 1 lane 중앙), 단백질 B (그림 1 lane 오른쪽)를 정제한 것이다. 이 그림으로부터 3 × FLAG peptide를 이용한 용출에 의해 순수한 융합 단백질을 용출할 수 있는 것을 알 수 있다. 또한 이들 샘플을 이용하여 효소활성을 측정하는 것이 가능하였다.

맺음말

FLAG 융합 단백질과 affinity 겔과의 결합효율은 대단히 높고, 다량의 단백질을 회수할 수 있지만, 단백질 본래의 성질 (세포내 국재, 분자량 등)이나 유전자 도입하는 세포의 종류에 따라, 그의 회수량이 크게 변하는 경우가 있다. 따라서 이러한 경우는, protease inhibitor를 필요에 따라 첨가하거나, promoter 활성이 높은 벡터를 이용하는 등의 방법으로 대처할 필요가 있다.

참고

Sigma 회사 HP : http://www.sigma.com

4. Random insertion/deletion 변이법을 이용한 변이 단백질의 제작

이 방법으로 무엇을 해석할 수 있을까?

단백질 내의 random 한 위치에 random 한 codon 치환에 의한 점 돌연변이를 도입할 수 있다. Missense 변이와 nonsense 변이 모두를 도입할 수 있다.

서론

연구대상이 되는 단백질의 성질을 알기 위해서, 그의 활성이나 단백질 간 결합 이라는 기능에 어느 아미노산이 중요한가를 조사하면 대부분의 단서를 잡을 수 있다. 기능에 관여하는 아미노산을 특정하여 변이를 도입하는 것에는, 1차구조의 상동성이 존재하거나, 혹은 고차구조 해석 등에 의한 정보가 얻어져 있다는 조건이 갖추어져 있는 경우에 한정된다. 그러나 이와 같은 정보가 없는 경우에는 random 한 위치에 random 한 변이를 도입할 필요가 있다. 지금까지는 DNA polymerase의 misreading을 이용한 Error-prone PCR 법이 주로 이용되어져 왔다. 이 방법은 random 한 위치에 1개 염기의 변이를 일으킴으로써 아미노산의 치환변이를 도입하는 방법이지만, 이론상, 1개 염기를 random 하게 치환해도, 그것에 의해 일어나는 codon의 변이는 random 하지 않다는 단점을 가지고 있다. 아미노산마다 code 되는 codon의 종류에는 편향이 있으며, codon 3개 염기중의 1개 염기만을 치환해도 모든 codon으로 변환되지 않는다. 이와 같은 단점을 보충하기 위해서는 3개 염기 단위로 random하게 치환할 방법이 필요하게 된다. 최근 고안된 RID (random insertion/deletion) 법은 3개 염기 단위로의 치환을 실시하는 새로운 변이 도입법이며, random 한 위치에 random 한 아미노산 치환을 실시할 수 있다.

원리

변이를 도입하는 단백질을 code 하는 coding DNA 사슬의 양쪽 끝에 적당한 제한효소 부위를 부가한다. 이 때 antisense 사슬 측에는 nick이 생기도록 oligo DNA를 설계하여 둔다. 이것을 고리형태로 만든 후, nick이 들어 있는 antisense 사슬을 DNA polymerase의 exonuclease 활성으로 분해하고, 단일사슬 고리형태로 만든다. 이 단일 사슬 고리화 DNA를 Ce (VI)-EDTA 법에 의해 random 한 위치에서 절단하고, 직선형태로 만든다. 이 때의 절단 위치가 random 하게 이루어짐으로써, 변이의 도입위치가 random 하게 된다. 이 단일사슬 DNA의 양쪽 끝, 즉 변이를 넣어야 할 위치에 anchor DNA를 연결하고, PCR 법에 의해 이중사슬 DNA로 한 후 제한효소 BciVI에 의해 절단한다. BciVI는 인식배열의 바깥쪽의 위치를 절단하는 특징을 가진 제한효소이다. Anchor DNA는 BciVI에 의한 인식배열을 가지며, 이 절단에 의해 직선형태로 된 coding DNA의 3' 측으로부터 3개 염기의 삭제, 5' 측에 random 한 3개 염기배열의 추가

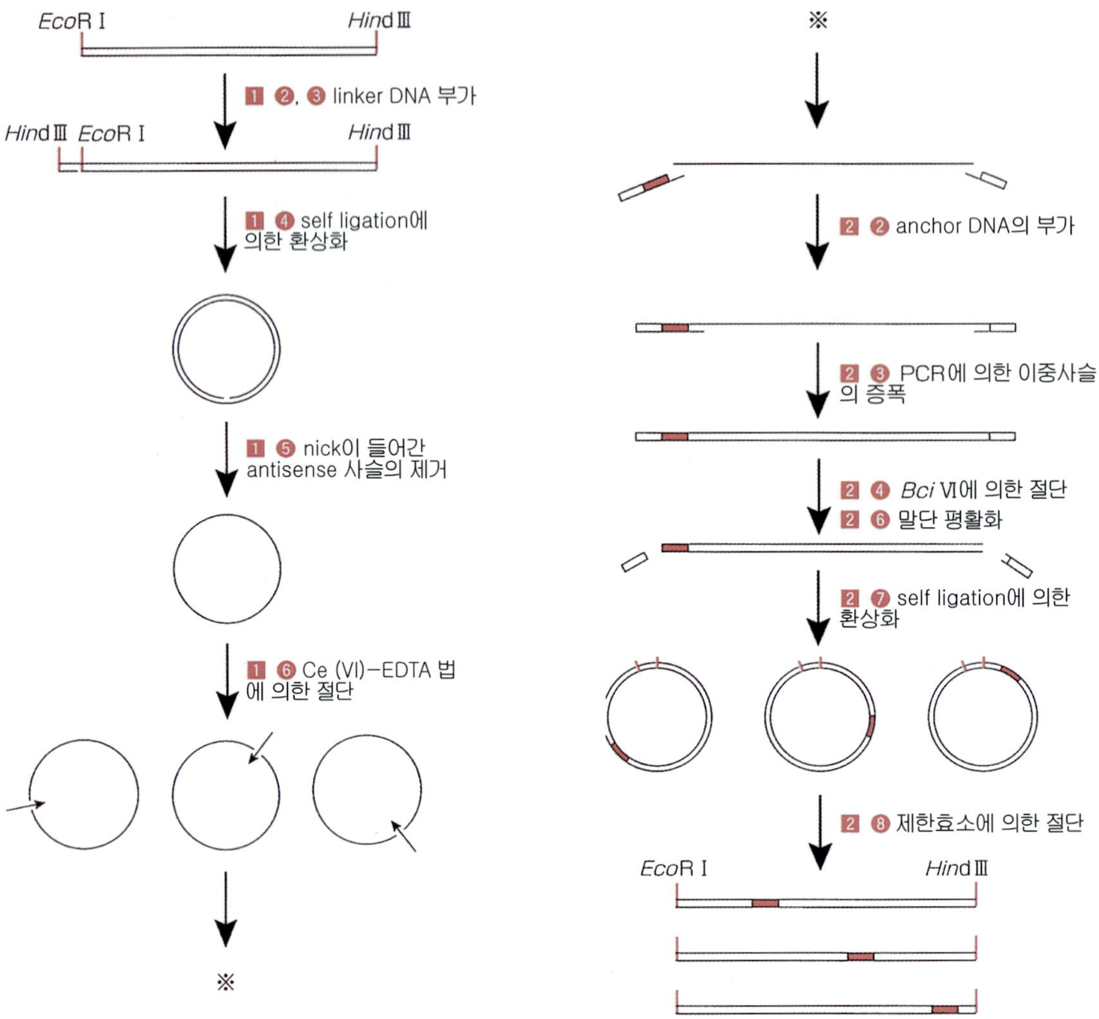

그림 1. RID 법의 개요
그림 중의 번호는 프로토콜의 번호와 일치한다

가 각각 일어나도록 설계되어 있다. 이것에 의해 DNA 사슬의 양쪽 말단, 즉 변이도입 위치에 3개 염기의 random 한 치환이 일어나게 된다. 그 후 다시 고리형태로 만들고, code 배열의 양쪽 끝에서 절단하는 적당한 제한효소로 절단하고, 변이가 도입된 coding DNA를 얻는다 (그림 1).

준비물

1) Oligo DNA

· Linker DNA

5'CAGTCGCAAGCTTGGCATGGTGGG3'
5'AATTCCCACCATGCCAAGCTTGCGACTG3'
의 mixture

· 5' Anchor DNA

5'ACGGGTACCGTCTCCACTCATNNN3'
5'NNNNNNNNNNNNNNNATGAGTGGATACGGTACCCGT3'의 mixture

· 3' Anchor DNA

5'TGTGGATACTCTAGAGGACC3'
5'GGTCCTCTAGAGTATCCACANNNNNNNNNN N3'의 mixture

· Biotin 화 PCR primer

biotin-5'ACGGGTACCGTATCCACTC3'
biotin-5'GGTCCTCTAGAGTATCCACA3'

2) 시약

· 2 × ligation buffer-1

100 mM Tris-HCl (pH 7.5)
16% PEG8000
2 mM ATP
20 mM DTT
20 mM $MgCl_2$
50 ㎍/㎖ BSA

· 2 × ligation buffer-2

50 mM Tris-HCl (pH 7.5)
16% PEG8000
1 mM ATP
10 mM DTT
10 mM $MgCl_2$
24 ㎍/㎖ BSA

· 2 × ligation buffer-3

100 mM Tris-HCl (pH 7.5)
16% PEG8000
2 mM ATP
20 mM DTT
20 mM $MgCl_2$
50 ㎍/㎖ BSA
300 mM NaCl

· 2 × exonuclease buffer

40 mM Tris-acetate (pH 7.9)
100 mM 초산칼륨
20 mM 초산마그네슘
2 mM DTT
200 ㎍/㎖ BSA

· Ce (VI)-EDTA 시약

100 mM HEPES-NaOH (pH 7.5)
10 mM EDTA
10 mM Cerium ammonium nitrate
Cerium ammonium nitrate을 100 mM이 되도록 물에 녹여 두고, 9배량의 110 mM HEPES-NaOH (pH 7.5), 11 mM EDTA에 첨가한다. 2 M NaOH로 pH를 조정한다

· 2 × polynucleotide kinase buffer

140 mM Tris-HCl (pH 7.5)
10 mM DTT
20 mM $MgCl_2$

프로토콜

여기서는 code 배열 내에 *Eco*RI, *Hin*d III, *Bci* VI의 각 인식배열이 존재하지 않는 coding DNA를 전제로 한 프로토콜을 소개한다. DNA의 효소반응에 관한 기술에 국한하여 기술하며, 에탄올 침전, 겔 purification 등의 일반적인 DNA의 취급에 관한 프로토콜은 다른 문헌을 참조하기 바란다.

1 Coding DNA의 단일사슬 고리형태화와 random 한 절단

① PCR 법 등의 적당한 방법으로 coding DNA의 5' 말단에 *Eco*R I, 3' 말단에 *Hin*d III의 각 site를 각각 부가해 둔다

② Linker DNA를 5' 측의 *Eco* R I site에 부가한다

coding DNA	30 ㎍
linker DNA1	1.2 nmol
T4 DNA ligase	400 U
2 × ligation buffer-1	100 ㎕

DW로 200 ㎕로 mass up
37℃, 1시간 반응시킨다

③ Propanol 침전에 의해 DNA를 회수한 후, *Hin*d III로 처리한다. 에탄올 침전에 의해 다시 회수한다

④ *Hin*d III site 끼리의 self ligation에 의해 고리형태화 한다

DNA	X ㎍
T4-DNA ligase	500 U
2 × ligation buffer-2	3 ㎖

DW로 6 ㎖로 mass up 한다
16℃, 30분 반응시킨다
반응 후, 에탄올 침전으로 DNA를 회수한다

⑤ Nick이 들어간 antisense 사슬을 제거하고, 단일사슬 고리형태화 한다

DNA	X ㎍
T4-DNA polymerase	500 U
Exonuclease buffer	50 ㎕

DW로 100 ㎕로 mass up 한다
37℃, 2시간 반응시킨다
반응 후, Qiagen 회사의 QIA quick PCR purification kit로 DNA를 회수한다

⑥ Ce (VI)−EDTA 법에 의해 고리형태 단일사슬의 한 곳만을 절단한다

100 mM HEPES−NaOH (pH 7.5)	9.4 μl
1/10 희석 Ce (VI)−EDTA 시약	6 μl
DNA	100 ng

DW로 20 μl로 mass up
90℃에서 30초 반응시킨다
반응 후, DE52 column으로 DNA를 정제하고, 에탄올 침전으로 회수한다

2 Anchor DNA의 부가 및 이중사슬 고리형태화

① 말단을 polynucleotide kinase에 의해 인산화 한다

DNA	1 μg
T4 polynucleotide kinase	10 U
2 × polynucleotide kinase buffer	10 μl
10 mM ATP	2 μl

37℃, 10분 반응시킨다
반응 후, 에탄올 침전으로 DNA를 회수한다

② Anchor DNA를 부가한다

DNA	200 ng
2 × ligation buffer−3	5 μl

DW로 10 μl로 mass up
90℃에서 10초, 계속해서 50℃에서 30초 incubate 한 후, 최종농도가 5 μM이 되도록 5' anchor DNA 및 3'−anchor DNA를 첨가한다. 30℃에서 30초 incubate 한 후 400 U의 T4 DNA ligase를 첨가한다. 10℃에서 30초 반응→30℃에서 30초 반응 cycle을 1시간에 12 cycle의 속도로 실시하고, 총 12시간 ligation 반응을 실시한다. 반응 후, DNA를 에탄올 침전으로 회수하고, 4% polyacrylamide/8 M urea 겔에서 영동하여 DNA를 회수한다

③ PCR 반응으로 anchor가 부가된 DNA를 이중사슬화 하고 증폭한다.
반응 scale 200 μl로, biotin 화 PCR primer를 이용하여 PCR 반응을 실시한다. 12~18 cycle 실시한 후 반응을 정지하고, Q1A quick PCR purification kit로 DNA product를 회수한다

④ PCR product를 BciVI로 절단한다

DNA	200 ng
Bci VI	5 U
NEBuffer4	0.5 μl

DW로 5 μl로 mass up 한다
37℃, 90분 반응시킨다

⑤ 20 μl의 avidin−agarose를 첨가하고, 실온에서 30분 incubate 한다. Filter를 통하여 avidin−agarose를 제거한 후, 에탄올 침전에 의해 DNA를 회수한다

⑥ Klenow 단편에 의해 돌출한 3' 말단을 제거하고, 평활 말단화 한다

DNA	X μg
0.1 mM dNTP	3.3 μl
Klenow 단편	0.5 U
10 × Klenow buffer	1 μl

DW로 10 μl로 mass up
25℃에서 15분 반응시킨다
반응 후 에탄올 침전에 의해 DNA를 회수한다

⑦ 평활 말단화 한 DNA를 고리형태화 한다

DNA	X μg
T4 DNA ligase	600 U
2 × ligation buffer−2	75 μl

DW로 150 μl로 mass up 한다
16℃에서 2시간 반응시킨다
반응 후 에탄올 침전에 의해 DNA를 회수한다

⑧ *Eco*R I과 *Hin*d III로 절단하고, 적당한 plasmid 벡터에 삽입한다

맺음말

본 방법으로 실제로 편향이 없는 random 한 아미노산 치환이 일어나는 것이 보고되어 있다[1]. 3개 염기씩 치환이 일어나는 위치가 모두 random이라는 것은, 적지 않은 확립으로 그의 치환이 2개의 codon에 걸쳐 일어나는 것을 나타내고 있다. 이와 같은 원리적인 한계로부터, 단일 아미노산 치환만을 일으키는 변이까지는 할 수 없는 것이 본 방법의 한계이며, 향후의 발전이 기대된다. 그러나 본 방법의 원리는 전혀 새로운 것으로 지금까지의 방법과 비교하면 완전히 무작위적인 변이를 실현하고 있으며, 그의 이용가치는 측정할 수 없다. 현 단계에서의 프로토콜은 핵산의 취급에 정통한 면을 요구하지만, 향후 시판의 키트 등이 충실히 보급된다면, 보다 일반적인 방법으로 보급될 것으로 생각된다.

참고문헌

1) Murakami, H. et al. : Nat. Biotechnol. 20 : 76−81. 2002

제7장

단백질의 검출

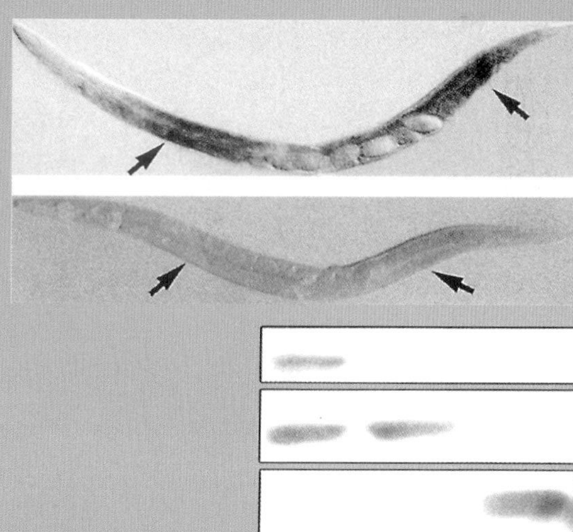

제 7 장 단백질의 검출

1. Western blot 법

이 방법으로 무엇을 해석할 수 있을까?

Western blot 법은 전기영동 후의 단백질을 전기적으로 membrane에 전사하고 특이적인 항체에 의해 시료 중의 목적 단백질의 존재를 검출하기 위한 방법으로, 단백질 연구에 있어서 가장 기본적이며 효과적인 방법이라고 할 수 있다.

서론

Western blot이란, 전기영동 후의 단백질을 전기적으로 membrane에 전사하는 작업 혹은 그와 같은 작업을 포함한 일련의 실험을 말한다.

단백질의 전기영동으로 일반적으로 자주 이용되는 방법이 SDS-PAGE이다. 시료에 환원제인 SDS와 음의 전하를 가진 2-mercaptoethanol 등을 첨가하여 열처리하면 단백질의 고차구조가 거의 완전히 파괴된다. 또한 SDS가 단백질의 분자량비 (1 : 1.4)로 단백질에 결합하기 때문에 균일한 전하상태가 된다. 이것을 polyacrylamide 겔 중에서 영동하면, 단백질의 분자량에 따라 분리할 수 있다 (3장 2 참조).

SDS-PAGE 후, 겔 내에 전개한 단백질을 전기 영동적으로 membrane에 전사하고, 시료중의 목적 단백질에 대하여 특이적인 항체와 membrane 상에서 반응시켜, 목적의 단백질을 면역학적으로 검출한다.

Western blot은, 겔 내에 전개된 단백질 band를 거의 확산시키지 않고, membrane 상에서 전사할 수 있다. 또한 항원항체 반응의 특이성이 높고, 감도가 높은 것도 특징이다. 따라서 목적의 단백질에 대한 항체를 입수할 수 있으면, 특정의 단백질을 고감도로 검출할 수 있다. 따라서 대단히 간편하고 좋은 방법이라고 할 수 있다.

본 항에서는 SDS-PAGE 및 효소활성을 이용한 Western blot의 방법에 대하여 기술한다.

원리

Western blot의 조작의 흐름을 아래에 나타내었다 (그림 1).

SDS 등을 포함한 샘플 buffer로 단백질 시료를 변성시킨 후, SDS-PAGE에 의해 단백질을 분자량에 따라 분리한다

↓

영동 후, 겔을 membrane과 겹쳐 전사 장치에 세팅하고, 겔 내에 전개한 단백질 band를 전기적으로 membrane 상에 전사 (blotting) 한다

↓

단백질에 대한 비특이적인 흡착을 방지하기 위하여 blocking을 실시한 후, 목적 단백질을 특이적으로 인식하는 항체와 1차 항체 반응시킨다

↓

1차 항체분자를 특이적으로 인식하는 2차 항체 (발색효소가 붙은 것)와 2차 항체 반응시킨다

↓

2차 항체에 붙은 발색효소의 효소활성을 이용하여

표 1 Blotting 장치의 특징과 비교

	Wet 형	Semidry 형
Buffer 양	다량	소량
전사온도	냉각장치 등으로 4~10℃ 유지	특히 온도조절의 필요가 없다
전사시간	장시간 (4시간 정도) 소요	단시간으로 충분
고분자 단백질의 전사	비교적 전사하기 쉽고, 깨끗한 blotting을 얻기 쉽다	전사효율이 그다지 좋지 않고, 경험이 조금 필요하다

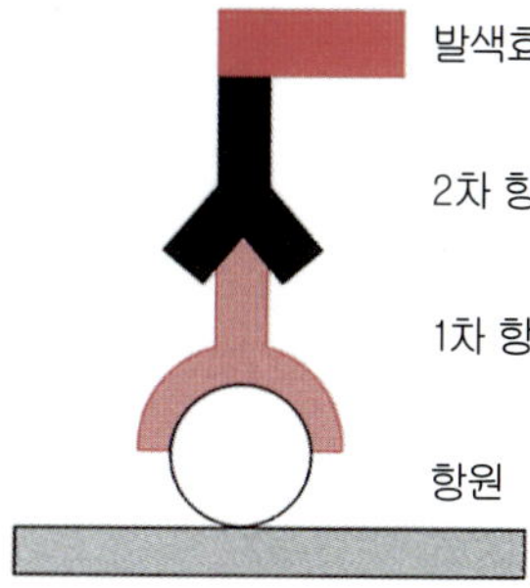

그림 1. Western blot의 원리

발색반응 시키고, 목적 단백질을 검출한다

1 Blotting 장치

Blotting 장치는 wet 형과 semi-dry 형의 2종류가 자주 이용되고 있다. 양자의 특징을 표 1에 나타내었다.

2 Membrane

전사에 이용되는 membrane은 주로 아래의 3종류가 있다.

- **Nitrocellulose membrane**
  단백질의 결합능력은 80~100 ㎍/㎠
  다소 강도는 낮지만, support 막이 붙어 있는 것 등, 강도를 보충한 것이 있다.
- **Nylon membrane**
  단백질의 결합능력이 200 ㎍/㎠로 높다. 강도는 충분.
- **PVDF (polyvinylidene difluoride) membrane**
  단백질의 결합능력이 200~300 ㎍/㎠로 대단히 높다. 강도도 대단히 우수하지만, 메탄올에 의한 전처리가 필요하다.

본 항에서는 semidry 형 blotting 장치 및 PVDF membrane을 이용한 방법에 대하여 기술한다.

준비물

1) 기구·기계

- 겔 판
- 전기영동조
- Comb
- 실리콘 튜브
- 클립
- semidry 형 blotting 장치
- 주걱
- PVDF membrane
- 플라스틱 케이스
- 핀셋
- 여과지
- shaker
- 하이브리 bag

2) 시료·재료

- Acrylamide
- Methylene bis acrylamide
- 2-Mercaptoethanol
- APS
- Scheme milk
- BSA
- Tween 20

· 1차 항체
· 2차 항체
· Bromo phenol blue (BPB)

3) 시약의 조제

· 30% Acrylamide stock 용액*

acrylamide	29 g
N, N'−methylene bis acrylamide	1 g
증류수	
total	100 ㎖

4℃ 보존

> * acrylamide는 신경독성이 있으며, 피부나 점막으로부터 흡수되기 때문에, 장갑이나 마스크를 착용한다.

· 2 × 샘플 buffer

0.5 M Tris−HCl (pH 6.8)	2 ㎖
10% SDS	4 ㎖
2−mercaptoethanol	1.2 ㎖
glycerol	2 ㎖
BPB	1 ㎎
증류수	
total	10 ㎖

· Running gel 용 buffer (pH 8.8)

		(최종농도)
Tris	18.2 g	(1.5 M)
SDS	0.4 g	(0.4%)
증류수		
total	100 ㎖	

HCl로 pH를 8.8로 맞춘다. 4℃ 보존

· Stacking gel 용 buffer (pH 6.8)

		(최종농도)
Tris	6.1 g	(0.5 M)
SDS	0.4 g	(0.4%)
증류수		
total	100 ㎖	

HCl로 pH를 6.8로 맞춘다. 4℃ 보존

· 영동 buffer

		(최종농도)
Tris	3.0 g	(25 mM)
glycine	14.4 g	(192 mM)
SDS	1.0 g	(0.1%)
증류수		
total	1000 ㎖	

· Blocking buffer

		(최종농도)
scheme milk	5.0 g	(5%)
BSA	1.0 g	(10%)
NaN_3	0.1 g	(0.1%)
증류수		
total	100 ㎖	

4℃에서 보존, 보존이 잘 되지 않기 때문에 소량씩 조제한다

· Transfer buffer

		(최종농도)
Tris	3.0 g	(25 mM)
glycine	14.4 g	(192 mM)
methanol	100 ㎖	(10%)
SDS	1.0 g	(0.1%)
증류수		
total	1000 ㎖	

· Alkaline phosphatase (AP) 용 발색 buffer (pH 9.5)

		(최종농도)
Tris−HCl	12.0 g	(100 mM)
NaCl	5.8 g	(100 mM)
$MgCl_2 \cdot 6H_2O$	1.0 g	(5 mM)

pH 9.5로 맞춘 후 증류수로 1,000 ㎖로 만든다

· PBS (−)

		(최종농도)
NaCl	8.0 g	(137 mM)
KCl	0.2 g	(2.7 mM)
KH_2PO_4	0.2 g	(1.5 mM)
Na_2HPO_4	2.9 g	(8.1 mM)
증류수		
total	1000 ㎖	

· DAB 반응액 (pH 7.4)

Diaminobenzidine	10 ㎎
1 M Tris−HCl	2.5 ㎖
증류수	
total	50 ㎖

사용시 조제

· 10% APS

원칙적으로 사용시 조제 (4℃ 보존으로 약 2주간 사용 가능)

표 2 Gel용 buffer의 조정

	running gel용 buffer				stacking gel용 buffer	
acrylamide 농도(%)	75	10	12.5	15	4.5	5.5
30% acrylamide 보존액 (mℓ)	5.0	6.7	8.3	100	0.9	1.1
running gel용 buffer (mℓ)	5.0	5.0	5.0	5.0	1.5	1.5
순수 (mℓ)	9.9	8.3	6.5	4.9	3.57	3.37
10% APS	100	100	100	100	25	25
TEMED	13	13	13	13	7	7
total (mℓ)	20	20	20	20	6.0	6.0

*Acrylamide 농도는 목적 단백질의 분자량에 따라 조절한다. 적절한 농도는 표 3과 같다.

표 3 분리하고 싶은 단백질의 분자량과 acrylamide 농도

acrylamide 농도	효과적으로 분리할 수 있는 분자량의 범위
7.5%	50~200 kD
10%	30~70 kD
15%	12~45 kD

표 4 영동조건

	stacking gel	running gel
미니 겔 1장 (13 cm × 13 cm)	10 mA	20 mA
미니 겔 2장 (병렬 연결)	20 mA	40 mA
표준 사이즈 겔 (20 cm × 20 cm)	20 mA	40 mA

프로토콜

1 SDS-PAGE

A) 시료의 조제

① 단백질 용액에 샘플 buffer를 첨가하고, 가능한 한 균일하게 녹인다*

> * 조직이나 세포 등 수분이 적은 샘플에는 1 × 샘플 buffer를 사용하고, 초음파기나 homogenizer를 이용하여 균일하게 녹인다. 혈액이나 단백질 용액 등 수분이 많은 샘플에는 2 × 샘플 buffer를 사용하고, 시료의 농도가 낮은 경우에는 5 × 샘플 buffer를 사용하여, vortex에 걸어 균일하게 녹인다. 만약 불용물이 있으면 기계적으로 파쇄하고, 그래도 녹지 않은 경우는 원심분리 하여 상등액을 샘플로 한다.

② 95℃에서 10분간 열처리 한다

③ SDS-PAGE에 이용한다. 보존할 때에는 −20℃에서 보존한다

B) 겔의 조제

① 겔 용액의 조성을 표 2, 표 3에 나타내었다

② 겔 판의 겔에 접촉하는 내측의 면과 실리콘 튜브를 에탄올로 닦고 먼지를 제거한다

③ 실리콘 튜브를 겔 판의 spacer에 맞추고, 겔 판을 씌운다

④ 실리콘 튜브를 끼운 2장의 겔 판을 클립으로 고정한다

⑤ 조제한 running gel 용 buffer를 부어 넣고*, 그 위에 증류수를 조용히 중층한다

> * 겔 판 상부로부터 3.5 cm 지점에 매직으로 표시하고 기준으로 하면 좋다

⑥ 30분 이상 조용히 방치하고 겔이 굳으면 증류수를 제거한다

⑦ 조제한 stacking gel 용 buffer를 부어 넣고, comb을 끼운다

⑧ 30분 이상 조용히 방치하고 겔을 굳힌다

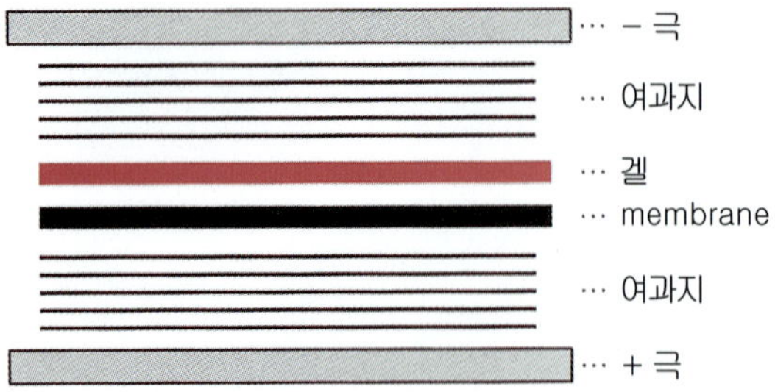

그림 2. Semidry 방식 blotting

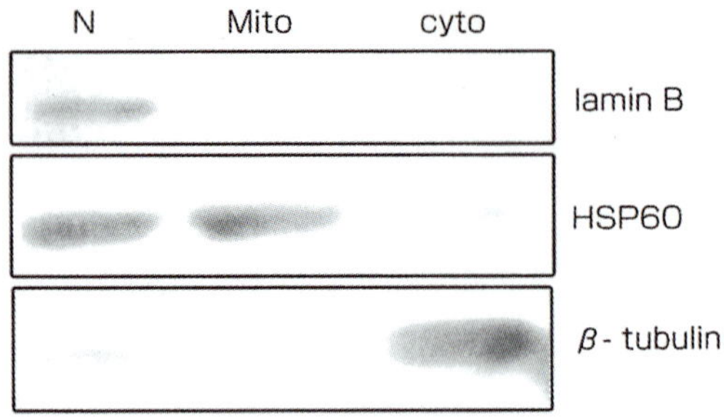

그림 3. 세포 추출액의 분획

☞ 시료를 apply 할 때 lane을 잘 알 수 있도록 lane의 지점을 후면 겔 판에 매직으로 표시하면 좋다.

C) 전기영동

① 클립과 실리콘 튜브, comb을 벗기고 물로 washing 한다

② 영동조의 아래 부분 tank에 영동 buffer를 넣는다

③ 기포가 들어가지 않도록 겔 판을 세팅 한다

☞ 겔 하부에 들어 간 기포는 끝 부분을 구부린 침이 달린 주사기로 제거하면 좋다.

④ 윗부분 tank에 영동 buffer를 넣는다

⑤ 끝이 세밀한 tip을 이용하녀 시료를 apply 하고, 전기영동 한다

☞ 영동조건은 표 4와 같다.

2 Blotting

A) membrane의 전처리

① 겔의 크기에 맞추어 자른 PVDF membrane을 메탄올에 10~20초 담근 후, transfer buffer에 30분 이상 담구거나, 또는 겔과 같은 크기로 자른 여과지를 10장 준비하고, transfer buffer에 충분히 적셔 둔다

☞ 손바닥면의 단백질이 membrane에 부착하는 것을 방지하기 위해, membrane을 취급할 때에는 장갑이나 핀셋을 사용한다.

B) Blotting

① 영동 종료 후, transfer buffer에 적셔 둔 여과지 5장 1세트로 membrane, 겔을 끼워 transfer 장치에 세팅한다 (그림 2)

☞ 겔과 membrane 사이에 공기가 들어가지 않도록 주걱 등으로 기포를 제거한다.

② 뚜껑을 닫고 전기를 통하게 한다

☞ 여과지 1 ㎠ 당 1 mA의 전류로 2시간 전사한다. 고분자의 단백질에 대해서는 전류를 절반으로 내리고 전사시간을 길게 하면 전사효율이 높아진다.

C) 목적 단백질의 검출

① Transfer가 종료되면, 플라스틱 케이스에 blocking buffer를 주입하고 membrane을 넣어 30분 이상 진탕한다

② 0.05% Tween 20 in PBS로 치환하고, 5분 정도 걸어서 3회 정도, 진탕하면서 세정한다

③ 1차 항체를 0.05% Tween 20 in PBS로 필요한 희석배율로 희석하고, membrane을 넣어 60분간 진탕한다

☞ ·희석배율은 항체의 titer에 의해 크게 좌우되기 때문에, 예비실험을 실시하여 사용하는 항체의 최적배율을 미리 정해 둘 필요가 있다.
·항체를 절약하기 위하여, 1차·2차 항체 반응을 하이브리 bag을 이용하여 실시하면 좋다.

④ 세정, 5분 × 3회

⑤ 1차 항체반응과 동일하게, 2차 항체반응을 30분간 실시한다

⑥ 세정, 5분 × 3회

⑦ 발색반응

3 발색방법

2차 항체에는 보통 horseradish peroxidase (HRP) 혹은 alkaline phosphatase (AP)로 표식

한 시판의 항체를 이용한다. 1차 항체가 토끼가 생산하는 항체인 경우는 표식한 항 토끼 IgG, 마우스가 생산한 항체인 경우는 항 마우스 IgG를 사용한다.

A) AP 표식항체의 경우

① 제일 마지막 세정 후, 발색용 buffer로 한번 washing 한 후, 사용 시 조제한 발색액 (33 μℓ BCIP + 66 μℓ NBT in 10 mℓ 발색 buffer)에 담근다

② band가 나타나면 발색액을 버리고 DW로 잘 세정하고 바람으로 건조한다

B) HRP 표식항체의 경우 : DAB 법

① 제일 마지막 세정 후, PBS (−)로 한번 세정한 후, 사용 시 조제한 발색액 (DAB 반응액 50 mℓ + 7.5 μℓ의 30% H_2O_2)에 담근다

② band가 나타나면 발색액을 버리고 DW로 잘 세정하고 바람으로 건조한다

실험 예

Hela 세포의 lysate를 이용하여, 세포 내 분획을 핵·미파쇄 세포분획 (N), 미토콘드리아 분획 (Mito), 세포질 분획 (cyto)로 분획하였다. 그들 각 분획에 대하여, 핵의 마커인 lamin B, 미토콘드리아 마커인 HSP60, 세포질 마커인 β-tubulin의 항체를 이용하여 Western blotting을 실시하고, 각각 바르게 분획되어 있는 것을 확인하였다 (그림 3).

맺음말

최근 Western blot은 점점 그의 중요성이 증가하고 있다. 그의 요인에는 단순히 시료중의 목적 단백질의 확인이나 양적 비교뿐만 아니라, 항 인산화 peptide (아미노산) 항체나 특정 아미노산 배열에 특이적인 항체를 이용하여 단백질의 상태 (인산화, 지질결합, 특정 아미노산 배열의 유무)에 관한 정보를 얻을 수 있도록 된 점을 들 수 있다. 요즘에는 생명과학 분야에 있어서 Western blot을 이용하지 않는 논문을 발견하기가 어려우며, 향후 광범위한 분야로의 응용이 기대된다.

참고문헌

1) 竹縄忠臣 編：バイオマニュアルUPシリーズ「分子生物学研究のためのタンパク実験法　改訂第2版」pp221-228, pp237-244, 羊土社, 1998

2) 岡田雅人, 宮崎 香 編：無敵のバイオテクニカルシリーズ「改訂　タンパク質実験ノート」下巻, pp15-34, 羊土社, 1999

제7장 단백질의 검출

2. 항체에 의한 면역염색

이 방법으로 무엇을 해석할 수 있을까?

어떤 분자의 기능을 개체 수준에서 해석할 때, 그의 분자가 언제 어디서 발현하고 있는지에 대한 정보는 필수적이다. 대상 분자를 특이적으로 인식하는 항체를 이용한 조직염색은 다른 방법에 비해 대단히 간편하며 널리 이용되고 있다.

서론

연구대상인 분자의 해석을 실시할 때, 그의 기능을 추측하는 수단의 하나로 그의 분자의 국재성의 검토를 들 수 있다. 목적 분자의 발현을 검토하기 위하여 여러 가지 방법이 개발되어 있지만, 그중 어느 것도 실험재료의 준비나 실험계의 확립에 많은 시간과 노력을 필요로 한다. 그들 방법과 비교하여 항체를 이용한 조직염색은 조작이 비교적 간편하며, 준비하는 것은 대상 분자를 인식하는 항체뿐이다. 어떤 분자의 해석을 시작한 시점에서 그의 분자를 인식하는 항체는 어떠한 방법으로도 입수할 수 있는 경우가 많기 때문에, 처음 시작하는 사람이라도 금방 실험을 개시할 수 있다. 또한 유전자의 발현이라는 형태가 아니라 단백질의 존재를 직접 확인할 수 있다는 것도 본 방법의 우수한 점이다. 그러나 모든 항체가 조직염색에 이용될 수가 없다. 그의 분자가 생체 내에서 취하는 구조를 인식할 수 없는 항체로는 양호한 결과를 기대할 수 없다. 조직염색에 적합한 항체를 준비할 수 있는지에 대한 여부가 성패를 좌우한다.

원리

기본적인 원리는 Western blot과 동일하지만, 조직염색의 경우에는 조직 중에 단백질을 포름알데히드 등으로 화학적으로 고정하고, 그의 위치를 검출한다. 고정된 표적 단백질을 1차 항체 및 2차 항체를 이용하여 검출하지만, 그의 신호가 미약하여 검출이 곤란한 경우에는 목적 신호만을 특이적으로 증폭하는 방법도 개발되어 있다. 본 항에서는 biotin과 streptoavidine의 특이적인 결합을 이용한 신호증폭 방법에 대하여 소개한다.

준비물

〈시약〉

- PBS
- 파라포름알데히드 용액
  파라포름알데히드 4 g을 100 ㎖의 PBS에 첨가하고 전자레인지로 가열, 교반하면서 NaOH를 소량 첨가하여 완전히 용해시킨다. HCl로 pH를 7~8로 조정하고, 냉각하여 사용한다. 기본적으로 사용직전에 조제하는 것이 바람직하지만, 4℃에서 2시간 보존할 수 있다
- Sucrose 용액

5, 10, 20, 30 g의 sucrose를 100 mℓ의 PBS에 용해

- 포매제 : O.C.T 화합물 (SAKURA 회사)
- Cryostat
- 슬라이드 글라스
- Silane 용액

  5 mℓ의 3-aminopropyltriethoxysilane (Sigma 회사)를 245 mℓ의 acetone에 첨가한다
- 과산화수소 용액 (2차 항체에 peroxidase를 이용하는 경우)

  1 mℓ의 30% 과산화수소수를 100 mℓ의 PBS에 첨가한다
- PAP 펜 (DAIDO SANGYO 회사)
- Blocking 용액

  1 g의 BSA를 100 mℓ의 PBS에 현탁. 아래의 신호 증폭 키트 부속품을 이용해도 좋다.
- 1차 항체
- 세정 buffer (막 구조를 파괴하고 싶지 않은 경우는 Tween 20을 첨가하지 않는다)

		(최종농도)
1 M Tris-HCl (pH 7.5)	100 mℓ	(0.1 M)
5 M NaCl	30 mℓ	(0.15 M)
Tween 20	0.5 mℓ	(0.05%)
H_2O	870 mℓ	
total	1 ℓ	

- 2차 항체

  어느 회사의 제품이라도 상관없지만, BIOSOURCE International 회사의 제품은 background가 낮아 조직염색에 적합하다
- 신호 증폭 키트

  여러 가지 키트가 판매되고 있지만, 본 항에서는 NEN 회사의 TSA Biotin System을 소개한다
- DAB 용액

  DAB (DOJINDO 회사) 250 mg을 물 10 mℓ에 용해하고, 400 μℓ씩 분주하여 -20℃에 보존
- 발색용액 (화학발색의 경우)

  상기의 DAB 용액 400 μℓ 및 30% 과산화수소수 6.6 μℓ를 PBS 10 mℓ에 첨가한다
- 봉입제 (malinol)

프로토콜

1 시료의 조제

항체에 의한 조직염색을 실시하는 경우, 일반적으로 파라핀 포매한 절편보다는 동결절편의 경우가 염색하기 쉽다. 이것은 포매하는 과정에서 표적 단백질이 변성되어 항원성을 상실하기 때문인 것으로 생각된다*. 여기서는 동결절편을 이용한 경우에 대해 소개한다.

> * 이와 같은 문제를 해결하는 시약에, Target Unmasking Fluid (Monosan 회사)가 있다. 이 시약을 사용하면 염색의 감도가 상승하는 경우가 있다.

① 목적으로 하는 조직을 도려내어, PBS 중에서 세정한다

> 침투성이 좋은 조직에서는 이 단계에서 파라포름알데히드 용액 중에서 고정해도 좋다. 그의 경우 고정 후 PBS로 잘 세정하고 파라포름알데히드를 제거할 필요가 있다.

② 종이 위에서 물기를 잘 제거하고, O.C.T 화합물에 포매하고 액체질소로 동결한다

> 투명도가 높은 조직 (마우스의 초기배 등)에서는, 절편으로 하지 않고 그대로 염색할 수 있다. 면역반응까지의 조작이 적기 때문에 항원성이 상실되기 어렵다. 그와 같이 하여 염색한 후, 고정하여 절편을 제작할 수도 있다. 배의 취급에는 문헌 1을 참고하면 된다.

③ Cryostat으로 10 μm 두께의 절편을 제작하고, 미리 silane 코팅을 해 둔 슬라이드 글라스에 붙인다

> 슬라이드 글라스는 silane 용액에 2분간 담근 후, 물로 2회 세정, 바람으로 건조하여 이용한다. 절편제작 시에 큰 금이 생기는 경우가 있지만, 그의 원인은 조직 중의 물의 결빙이며, 조직 중의 물을 sucrose 용액으로 치환함으로써 빙결을 방지할 수 있다. 낮은 농도의 용액으로부터 시작하여 서서히 높은 농도의 용액으로 변경하며, 30% sucrose 용액까지 치환하면 포매, 동결한다. 단 당 사슬을 인식하는 항체를 이용하는 경우에는 background가 높아지기 때문에 주의 한다.

2 항체반응 (그림 1)

> 조작 중에 절편이 건조되지 않도록 세심한 주의를 기울인다.

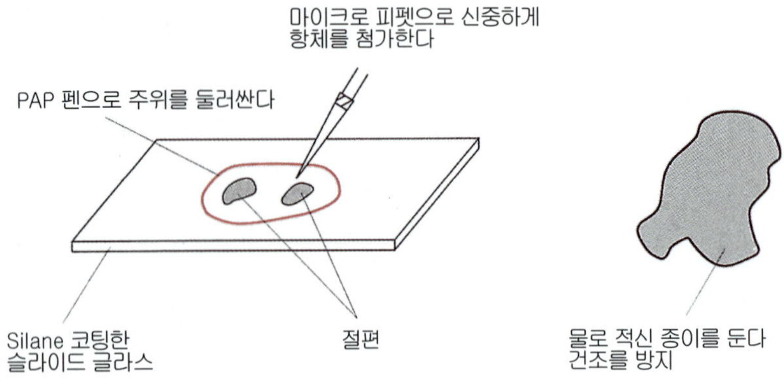

그림 1. 항체반응

① 절편은 바람으로 건조한 후, 파라포름알데히드 용액 중에서 10~30분간 얼음 위에서 고정한다

> ☞ 염색의 성공여부를 좌우하는 요인의 하나로 조직의 고정을 들 수 있다. 여러 가지 고정방법이 존재하지만, 이용하는 1차 항체에 따라 최적 고정방법이나 시간은 달라지기 때문에 조건검토가 필요하다. 신호가 나타나지 않는 경우 고정을 너무 많이 하는 것이 자주 문제가 되기 때문에, 파라포름알데히드의 농도를 2%까지 내리거나 고정시간을 짧게 한다. 그 이외 아세톤이나 알코올계에서의 고정도 자주 사용된다.

② PBS로 5분간 실온 세정 × 3회

> ☞ 플라스틱 상자 등에 슬라이드 글라스를 넣어 천천히 진탕한다.

③ 절편을 과산화수소 용액 중에 30분간 실온에 담근다

> ☞ 이 조작의 목적은 내재성의 peroxidase 활성을 제거하는 것이며, 2차 항체에 peroxidase를 이용하는 경우에만 실시한다.

④ PBS로 5분간 실온 세정 × 3회

⑤ 슬라이드 글라스 위의 절편 주위를 PAP 펜으로 표시한다

> ☞ 이 조작으로 항체를 절약할 수 있으며, 슬라이드 글라스를 닦는 수고가 생략된다. 단 너무 절편 주위 근처까지 표시하면 PAP 펜이 ?하여 절편이 망가지기 때문에 주의한다.

⑥ Blocking 용액을 절편에 첨가하여, 실온 30분간 (그림 1 오른쪽)

⑦ Blocking 용액을 여과지나 페이퍼 타월 등으로 흡수하고, 1차 항체를 첨가하여 실온 30~60분간

> ☞ 1차 항체의 희석은 blocking 용액으로 실시한다. 최적인 희석배율은 항체에 따라 다르지만, Western blot에 이용할 때 보다 10배 진한 농도가 표준이다. 여러 가지로 조건을 검토해도 신호가 나타나지 않는 경우에는, 경험적으로 1차 항체를 다른 것으로 변경하는 것이 제일 좋은 지름길이라 생각한다.

⑧ 세정 buffer로 5분간 실온 세정 × 3회

⑨ 2차 항체를 첨가, 실온 30분간

> ☞ 형광시약이 결합한 2차 항체를 이용하는 경우에는 다음의 세정조작을 한 후 봉입하여 검경한다.

⑩ 세정 buffer로 5분간 실온 세정 × 3회

3 키트에 의한 신호 증폭

① Biotin tyramide 용액 (키트)을 첨가, 실온 3~10분간

> ☞ 한 번 염색하여 신호가 너무 강하게 나타난 경우, 이 처리시간을 짧게 한다. 신호가 충분히 강하게 나타나면 이 이후의 조작을 생략하고 갑자기 발색시켜도 문제가 없다.

② 세정 buffer로 5분간 실온 세정 × 3회

③ Streptoavidin으로 표식 한 peroxidase 용액 (키트)을 첨가, 실온 30분간

④ 세정 buffer로 5분간 실온 세정 × 3회

⑤ 증류수로 5분간 실온 세정 × 1회

⑥ 현미경 하에서 발색용액을 첨가, 희망하는 염색

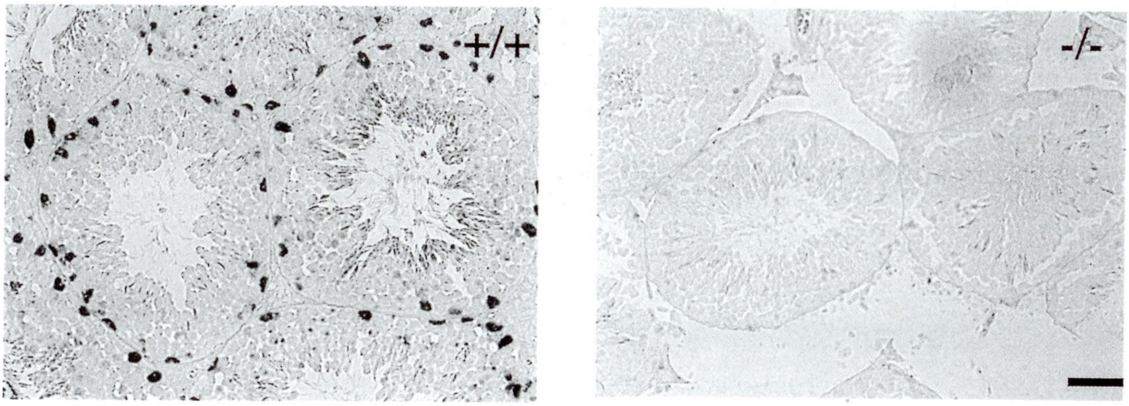

그림 2. 항 PLC δ 4 항체를 이용한 마우스 난소 절편의 염색
야생형 (+/+) 및 PLC δ 4KO (−/−) 마우스의 난소 절편을 항 PLC δ 4 항체를 이용하여 면역염색 하였다. 야생형의 절편에서만 PLC δ 4 특이적인 시그널이 나타났다 (문헌 2에서 인용 : 책 앞부분 color−**3** 참조)

상이 얻어지면 곧 물에 넣어 반응을 중지시킨다

☞ 아무리 해도 background가 높게 나타나는 경우에는 키트에 의한 신호의 증폭을 실시하지 않고, 시간을 두고 발색시키면 개선되는 경우가 있다 (예를 들면 4℃에서 overnight로 발색시키는 등).

4 표본의 제작

필요에 따라 HE 염색을 실시한 후, malinol로 봉입한다

실험 예

마우스 정소의 절편을 항 PLC δ 4 항체로 염색하였다. 정원세포가 특이적으로 발색되어 있다 (그림 2 왼쪽). PLC δ 4 유전자 결손 마우스에서는 신호가 나타나지 않기 때문에 (그림 2 오른쪽), 이 신호가 PLC δ 4 특이적인 것을 알 수 있다 (문헌 2에서 변형).

맺음말

항체를 이용한 조직염색에서 가장 주의해야 할 점은, 얻어진 시그널이 목적의 분자 특이적인 것인가에 대한 여부이다. 그것을 확인하는 가장 확실한 방법은 그 분자의 유전자 결손 마우스를 control로서 실험을 실시하는 것이지만, 만약 이러한 것이 불가능한 경우에는 목적 분자의 다른 항원 부위를 인식하는 항체를 복수로 준비하여, 그의 전부에서 같은 결과가 얻어지는 가를 확인하는 등, 신중히 실험을 진행해야 한다.

참고문헌

1) 八木 健 編：ザ・プロトコールシリーズ「ジーンターゲティングの最新技術」, pp163-170, 羊土社, 2000
2) Fukami, K. et al.：Science, 292：920-923, 2001

제7장 단백질의 검출

3. *In situ* hybridization 법

이 방법으로 무엇을 해석할 수 있을까?

In situ hybridization 법은 목적 유전자의 mRNA 수준에서의 발현을 조직 레벨에서 검출하는 기법이다. 목적 mRNA와 상보적인 RNA 또는 DNA를 probe로서 이용함으로써, 목적 유전자를 발현하고 있는 세포를 동정할 수 있다.

서론

In situ hybridization 법은 유전자 발현을 mRNA 레벨에서 검출하는 방법이다. 이 방법에 의해 개체에 있어서 목적 유전자의 발현 조직 분포를 형태학적으로 결정할 수 있다. 특히 태자나 중추신경계 조직 등, 불균일한 세포로 구성된 시료에 있어서 유력한 방법이다. 목적 유전자가 code 하는 단백질에 대한 항체를 얻을 수 없는 경우 등에 유전자 발현을 조사하는 목적으로 이용할 수 있다. 단 *in situ* hybridization 법에서는 mRNA를 검출하기 때문에, 항체 염색과 같이 세포 내 국재까지 명확하게 알 수는 없다. 또한 분해되기 쉬운 mRNA를 검출하기 위하여, 실험 중에 RNase에 의해 목적 mRNA가 분해되지 않도록 충분히 주의해야 한다.

원리

In situ hybridization 법은 검출하고 싶은 mRNA와 상보적인 영역을 label 한 probe를 이용하여 mRNA의 발현을 가시화 하는 방법이다 (그림 1 참조).

시료를 제작할 때에는, whole mount인지, 절편인지, probe는 RNA를 이용할 것인지, DNA를 이용할 것인지, 더욱이 probe를 무엇으로 label 할 것인지 등, 많은 선택 중에서 최적이라고 생각되는 방법을 검토할 필요가 있다.

우선 처음에 probe의 투과성에 따라 whole mount가 가능한지, 절편으로 실시할지를 결정한다. 포유류의 경우, whole mount가 가능한 것은 태자기의 이른 시기로 한정된다. 발생학적 해석이 필요한 경우를 제외하면, 대부분의 경우 절편을 이용하여 실시되고 있다. 여기서는 절편을 이용한 *in situ* hybridization에 대하여 기술한다. Whole mount 법에 대해서는 참고문헌 1을 참고할 것.

절편을 이용한 *in situ* hybridization은, ① probe의 제작, ② 절편의 제작과 고정, ③ probe와의 hybridization, ④ 시그널의 검출이라는 4가지 과정으로 구성된다.

1) probe의 종류

우선 RI (^{35}S, ^{32}P) label 인지 non-RI label [digoxygenin (DIG), biotin, 형광 등] 인지로 분류된다. RI label 쪽이 감도는 좋지만, 조작의 안전성을 고려하여 non-RI label이 선호되고 있다. Probe의 종류는 RNA인지 DNA로 나누어진다. 감도는 RNA 쪽이 좋다고 되어 있다. RNA probe는 표식 된 nucleotide 존재 하에서 목적 영역을 T7, T3 등의 RNA 프로모터 하류에서 *in vitro* transcription으로 antisense mRNA 사슬을 합성한다. 이 때 목적 영역은 특이성이 높은 부분을 선택한다. 길이는 300~800 bp로 한다. 너무 길면 투과성이 저하되지만, 너무 짧으면 감도가 나빠진다. 이 때는 프로모터의 하류에 벡터의 영역을 가능한 한 포함되지 않도록 주의한다. DNA를 probe로 하는 경우는 RNA보다 안정하고 취급하기 쉽지만 감도가 약간 저하된다. DNA probe는 20~50 mer의 합성 antisense 사슬 oligo DNA의 3' 말단을 TdT (terminal deoxynucleotidyl transferase)를 이용하여 표식한다. 또는 표식 뉴클레오티드 존재 하에서 PCR에 의해 antisense 사슬을 신장시키는 방법이 있다.

2) 절편제작법

여러 가지 방법이 있지만 (참고문헌 2를 참조할 것), 일반적으로 신선 동결 절편이 이용되고 있다. 발현 분포뿐만 아니라 형태가 유지되기를 기대하는 경우는 고정된 절편을 준비하면 된다.

3) 시그널의 검출법

Probe를 무엇으로 표식 하는 가에 따라 다르지만, DIG label probe를 이용한 경우는, alkaline phosphatase 표식 항 digoxygenin 항체 (anti-DIG-AP)를 이용한 효소 표식 항체법으로 검출한다 (그림 1 참조).

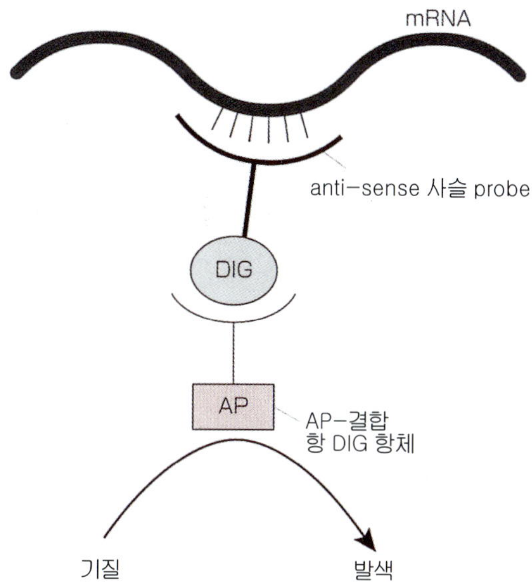

그림 1. *In situ* hybridization 법의 원리

본 항에서는 가장 일반적으로 실시되고 있는 DIG label 한 RNA를 probe로 하여, 신선 동결 절편법에 의한 절편을 이용한 *in situ* hybridization 법에 대하여 소개한다.

준비물

In situ hybridization에서는 RNase의 혼입에 가장 주의해야 한다. Hybridization 이전에 이용하는 기구, 시약은 RNase free로 한다. 기구는 미리 AbSolve (DUPONT 회사 Cat. #NEF-971)로 세정 후 건열멸균 (200℃, 4시간 이상)한다. 시약은 DEPC-DW로 조제하고, autoclave는 필수이다.

1) 기기

- Incubator
- Cryostat
- 코팅된 슬라이드 글라스 (Sigma 회사 등으로부터 시판되고 있지만, poly-L-Lysine이나 3-aminopropyltriethoxysilane으로 코팅하는 것도 가능)
- 염색병
- 슬라이드 글라스용 랙
- Hybridization oven
- Hybridization chamber : 72℃에서 hybridization을 실시할 때, 슬라이드 글라스를 수평으로 넣어 둘 용기, 내열성이면서 밀폐할 수 있는 것을 준비한다. 그 안에 hybridization 용액 (5 × SSC, 50% formaldehyde in DEPC-DW)을 넣어 샘플이 건조되지 않도록 한다
- 염색용 chamber

2) 시약

- 2-메칠 부탄·드라이아이스
- O.C.T 화합물 (SAKURA 회사 Cat. #4583)
- DEPC-DW
  DEPC (Sigma 회사)를 최종농도 0.1%가 되도록 첨가하고, 37℃에서 2시간 진탕 후, autoclave를 120℃, 30분 실시한다
- T3/T7 Polymerase (STRATAGENE 회사 Cat. #600111/600123)
- DIG RNA Labeling Mix (Roche Diagnostics 회사 Cat. #1277073)
- 5 × SSC
- 0.2 × SSC
- 2 M Tris-HCl (pH 7.5)
- 5 M NaCl
- 2 M Tris-HCl (pH 9.5)
- 5 M $MgCl_2 \cdot 6H_2O$
- Alkaline phosphatase (AP) 표식 항 digoxygenin 항체 (Roche Diagnostics 회사 Cat. #1093274)

· NBT 용액

NBT 0.75 g을 10 mℓ의 70% dimethylformamide 용액으로 용해 (−20℃ 보존)

· BCIP 용액

BCIP 0.5 g을 10 mℓ의 100% dimethylformamide 용액으로 용해 (−20℃ 보존)

· 2.4 g/mℓ Levamisole (−20℃ 보존)

· 5 M LiCl

· 100% EtOH

· 70% EtOH

· RNase inhibitor

· 50% Glycerol in PBS

3) 시약의 조제

· 20 × PBS (pH 7.4)

NaCl	160 g
$Na_2HPO_4 \cdot 12H_2O$	58 g
KCl	4 g
KH_2PO_4	4 g
DEPC-DW	
total	1 ℓ
autoclave	

· 1 × PBS (pH 7.4)

20 × PBS를 DEPC-DW로 20배로 희석한다

· 4% Paraformaldehyde in 1 × PBS (사용시 조제)

파라포름알데히드 8 g을 70℃로 예열한 1 × PBS에 첨가하여 교반한다. 1 N NaOH를 첨가하여 용해시킨다. 실온에서 사용한다.

· Acetylation 용액 (사용시 조제)

트리에탄올아민	2 mℓ
12 N HCl	0.262 mℓ
무수초산	0.375 mℓ
DEPC-DW	
total	150 mℓ
강하게 교반한다	

· 20 × SSC

NaCl	175.3 g
$C_6H_5O_7Na_3 \cdot 2H_2O$	88.2 g
DEPC-DW	~800 mℓ
pH 7.0으로 조정	
DEPC-DW	
total	1 ℓ
autoclave	

· Hybridization buffer

		(최종농도)
formamide	5 mℓ	(50%)
20 × SSC (pH 7.0)	2.5 mℓ	(5 ×)
50 × denharts	1 mℓ	(5 ×)
10 mg/mℓ yeast transfer RNA	250 μℓ	(250 μg/mℓ)
10 mg/mℓ salmon sperm DNA	500 μℓ	(500 μg/mℓ)
DEPC-DW	750 μℓ	
total	10 mℓ	

· B1 buffer

2 M Tris-HCl (pH 7.5)	50 mℓ
5 M NaCl	30 mℓ
DW	920 mℓ
total	1 ℓ

· B2 buffer

Blocking reagent (Roche Diagnostics 회사 Cat. #1096176)를 B1 buffer에, 최종농도 1%가 되도록 60℃에서 용해한다 (−80℃에서 보존)

· B3 buffer

2 M Tris-HCl (pH 7.5)	50 mℓ
5 M NaCl	30 mℓ
5 M $MgCl_2 \cdot 6H_2O$	10 mℓ
DW	910 mℓ
total	1 ℓ

· B4 buffer

NBT 용액	45 μℓ
BCIP 용액	35 μℓ
2.4 g/mℓ levamisole	10 μℓ
B3 buffer	
total	10 mℓ

프로토콜

1 probe 제작

① 주형 DNA를 제한효소 처리하여 5' 돌출형의 직선상 DNA로 만든다. 주형 DNA는 목적 mRNA를 검출하기 위한 antisense 사슬 probe 제작용과, control로서 sense 사슬 probe 제작용의 2종류를 준비한다 (memo ① 참조). 이 때 평활말단을 형성하는 효소를 이용하면 불필요한 배열의 전사가 이루어지는 경우가 있다. 또한 주형 DNA는 정제 칼럼 (Qiagen 회사)을 이용하든지 염화 세슘법에 의해 정제한 것을 이용한다. 알칼리-SDS 법에 의해 정제한 것은, 게놈 DNA의 혼입에 의해 *in vitro* transcription이 저해되는 경우가 있기 때문에 이용하지 말 것

② ①의 직선상 DNA를 이용하여 아래의 조성으로 *in vitro* transcription을 실시한다

직선상 DNA	1 ㎍
DIG RNA Labeling Mix (10 ×)	2 ㎕
5 × Transcription Buffer	4 ㎕
100 mM DTT	2 ㎕
RNase inhibitor	1 ㎕
RNA polymerase (T3 or T7)	1 ㎕
DEPC-DW	
total	20 ㎕

37℃ 2시간 반응

③ 1 ㎕를 전기영동 하여 RNA가 합성되어 있는 것을 확인한다. 여기서 수량을 계산한다 (memo ③ 참조)

④ 5 M LiCl 2 ㎕, 100% EtOH 75 ㎕를 첨가하여, −80℃에서 20분간 정지한다

⑤ 15,000 rpm에서 20분간 원심분리 후, 상등액을 제거하고, 70% EtOH 500 ㎕로 wash 한다

⑥ 15,000 rpm에서 20분간 원심분리 후, 상등액을 완전히 제거하고, DEPC-DW 50 ㎕로 첨가한다. 여기서 삽입되지 않은 뉴클레오티드를 제거하기 위하여 ⑥을 다시 한번 실시한다. 그 후 DEPC-DW 50 ㎕에 현탁하여, RNase inhibitor 1 ㎕를 첨가한다 (여기서 −80℃ 보존 가능)

2 절편의 제작과 고정

mRNA의 분해를 피하기 위해 조직의 적출은 신속히 실시한다.

① 목적 조직을 신속하게 분리하여, 2-메칠부탄·드라이아이스 중에서 O.C.T 화합물로 포매한다 (여기서 −80℃ 보존가능)

② 미리 적당한 온도 (보통 −10~−20℃의 범위 내)로 설정한 cryostat 내에 ①에서 준비한 시료를 설치하고, 12~16 ㎛ 두께의 절편을 제작한다. 최적의 cryostat 내의 온도 및 절편의 두께는 조직에 따라 다르기 때문에 조건검토가 필요

③ 절편을 슬라이드 글라스 위에 붙이고, 약 30분 바람으로 건조한다 (드라이어의 냉풍 모드를 이용하면 좋다. 불완전하게 건조되면 시료가 벗겨지지만, 2시간 이상의 건조는 피할 것). 절편을 슬라이드 글라스 위에 올릴 때, 미끄러지도록 올린다

④ ③에서 준비한 시료를 슬라이드 랙에 세워서 4% paraldehyde in 1 × PBS 150 ㎖에, 실온 10분 담근다

⑤ 1 × PBS 150 ㎖에 실온 3분간 담근 후, 세정. 이 조작을 3회 반복한다

⑥ Acetylation 용액 150 ㎖에 실온 10분간 담근다

⑦ 1 × PBS 150 ㎖에 실온 5분간 담근 후, 세정. 이 조작을 3회 반복한다

3 Probe와의 hybridization

① DIG label 한 RNA probe를 hybridization buffer에 최종농도 500 ng/㎖이 되도록 희석하고, 85℃에서 5분 반응시킨다. Control로서 probe가 들어 있지 않은 샘플도 준비한다 (memo ① 참조)

② 1장의 슬라이드 글라스 당 ①에서 준비한 RNA probe 용액을 150 ㎕을 첨가하고, 슬라이드 글라스 (또는 파라필름)로 기포가 들어가지 않도록 주의하면서 카버한다

③ ②의 샘플을 슬라이드 chamber에 수평으로 두고, 72℃에서 하룻밤 반응시킨다

④ 72℃로 미리 온도를 맞추어 둔 5 × SSC 150 ㎖이 들어 있는 염색병에 슬라이드 랙에 세팅한 슬라이드 글라스를 담그고, 72℃에서 5분간 세정한다

⑤ 72℃로 미리 온도를 맞추어 둔 0.2 × SSC 150 ㎖이 들어 있는 염색병에 슬라이드 랙을 넣은 것을 준비하고, ④의 슬라이드 글라스를 조용히 끄집어내어, 신속하게 이동한다. 카버 글라스는 원래의 염색병에 남기도록 한다. 슬라이드 글라스를 끄집어낼 때 카버 글라스가 랙에 부딪히면 샘플이 벗겨지는 경우가 있기 때문에 주의한다. 그 후 72℃에서 1~3시간 세정한다

⑥ 0.2 × SSC 150 ㎖이 들어 있는 염색병에 슬라이드 랙을 옮기고, 실온에서 5분간 세정한다

4 시그널의 검출

이후의 과정에서는 RNase free가 아니라도 좋다

① 염색병에 B1 buffer를 150 ㎖ 준비하고, 실온에서 5분간 세정한다

② 글라이드 글라스를 끄집어내어 샘플 면에 B2 buffer를 넣고, 실온에서 1시간 blocking 반응을 실시한다. Buffer는 건조하지 않도록 샘플 전체를 카버할 수 있는 양을 첨가해 둔다

③ 슬라이드 글라스를 랙에 세팅하고, B1 buffer 150 ㎖이 들어 있는 염색 병 안에서 실온 5분간 세정한다

④ 슬라이드 글라스를 끄집어내어, B2 buffer로 1,000배 희석한 AP 표식 항 DIG 항체를 샘플면에 첨가하고, 염색 chamber 안에서, 실온 1~2시간 반응시킨다
⑤ B1 buffer 150 mℓ이 들어 있는 염색병 안에서 실온에서 10분간 세정을 3회 실시한다
⑥ B3 buffer 150 mℓ이 들어 있는 염색병 안에서 실온에서 10분간 세정을 3회 실시한다
⑦ 슬라이드 글라스를 끄집어내어, B4 buffer 500 μℓ를 샘플 전체를 카버할 수 있도록 첨가하고, 실온, 차광상태에서 발색반응을 실시한다
⑧ 현미경 하에서 발색의 정도를 때때로 관찰하여, 발색이 관찰되면 슬라이드 글라스를 DW로 10분간, 5회 세정하여 반응을 정지한다
⑨ 50% Glycerol in PBS로 mount 하여 현미경 관찰을 실시한다

memo

① 주의점
첫 번째 주의점은 RNase 혼입을 방지하는 것이다. Hybridization까지의 과정은 기기나 시약을 RNase free로 한다. 더욱이 실험대의 환경이나 조작을 맨손으로 실시하지 않으며, 잡담이나 기침 등으로 실험자로부터 RNase가 혼입되지 않도록 주의할 필요가 있다.
두 번째 주의점은 control을 두는 것이다. 필수 control은 sense 사슬의 probe와 probe가 없는 hybridization 용액이 의한 반응을 들 수 있다. 단 유전자에 따라서는 sense 사슬이 negative control이 되지 않는 경우도 있기 때문에 주의할 필요가 있다. Probe가 없는 것은 발색반응을 정지하는 지표가 된다.

② Background가 높게 나타나는 경우는 아래의 점을 재검토 해 보면 좋다. 우선 절편제작 시의 온도는 조직에 따라 최적온도가 다르기 때문에 온도를 변경해 본다. 고정 단계에서는 고정시간이 조직의 종류 또한 발생의 단계에 있어서 최적조건이 다르기 때문에 조건을 검토해 본다. Hybridization에서는 하나의 유전자에 대하여 복수의 영역을 probe로서 시험해 보며, hybridization 시의 probe의 농도 (수량의 계산법은 아래에 표기)와 반응온도를 재검토하여 조건을 몇 가지 시험해 보면 좋다.

③ Probe 수량의 계산법
In vitro transcription에 1 μg의 template를 사용하였을 때, 영동하는 1 μℓ 중에는 0.05 μg의 template가 포함된다. 영동 후 template band와 DIG label 된 RNA probe band의 진한 크기를 비교하여 수량을 구한다. 이 때 단일사슬 RNA는 EtBr의 삽입이 이중사슬의 절반인 점을 고려해 수량을 2배로 정한다. 즉 DIG label 된 RNA의 band가 template band의 5배로 진하게 나타났을 때 수량은,

$$0.05\ \mu g \times 5 \times 2 \times 20\ \mu\ell = 10\ \mu g$$

이 된다.

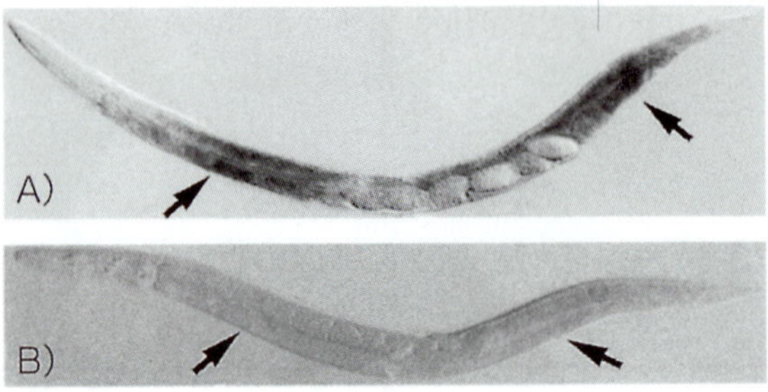

그림 2. *In situ* hybridization에 의한 mRNA 발현 부위의 동정
(책 앞부분 color-4 참조)

실험 예

Whole mount *in situ* hybridization을 DNA probe를 이용하여 선충의 성충에 대하여 실시하였다. 고정법 및 hybridization은, Protocol for large scale in situ hybridization on C. elegance larvae (http://nematode.lab.nig.ac.jp/method/insitu_larvae.html)을 참조하였다. Antisense 사슬 probe로는 생식선 부위에 시그널이 검출되었다 (그림 2A, 화살표). Sense 사슬 probe로는 시그널이 검출되지 않았다 (그림 2B, 화살표).

맺음말

In situ hybridization은 고정에서 발색까지의 과정이 긴 것 이외에 취급하는 유전자 및 대상으로 하는 조직마다 조건검토가 필요한 부분이 많다. 특히 background가 적은 샘플을 위한 절편 제작은 익숙해질 때까지 경험을 축적해야 한다. 처음 배우는 실험인 경우에는 가능하다면 자신이 취급하고 싶은 조직으로 이미 *in situ* hybridization을 실시한 경험이 있는 연구실에서 배울 것을 권장한다. 또한 NIPPON GENE 회사로부터 *in situ* hybridization을 처음 배우는 연구자용으로 ISHR Starting Kit (Cat. #314-02611)도 판매되고 있다.

참고문헌

1) 八木 健 編：ザ・プロトコールシリーズ「ジーンターゲティングの最新技術」, pp163-170, 羊土社, 2000
2) 野地澄晴 編：ザ・プロトコールシリーズ「免疫染色・in situ ハイブリダイゼーション」, 第三章, 羊土社, 1997

제 7 장

단백질의 검출

4. Northern blot 법

이 방법으로 무엇을 해석할 수 있을까?

Northern blot 법은 특정 RNA의 발현양이나 크기를 조사하는 가장 일반적인 방법이다. RNA를 변성조건 하에서 전기영동 한 후 membrane에 transfer 하여, 표식한 probe를 hybridization 하여 검출한다.

서론

Northern blot 법을 사용하여 전사 산물인 mRNA의 발현양이나 크기를 조사함으로써 유전자의 발현해석을 실시할 수 있다. 그 이외에 유전자 발현의 해석법으로 RNase protection assay가 있지만, Northern blot 법은 RNA의 크기를 조사할 수 있다는 점에서 우수하다. Northern blot 법은 크게 3가지 단계로 구성되어 있다. 우선, ① 변성조건 하에서 RNA의 agarose 겔 전기영동을 실시한 후, nitrocellulose membrane 또는 nylon membrane에 transfer 한다 (blotting). RNA의 변성법은 여러 가지 알려져 있지만 본 항에서는 formamide를 이용한 방법을 소개한다. ② 목적으로 하는 cDNA를 표식하여 probe를 제작하고 membrane과 incubate 한다 (hybridization). ③ 미반응의 probe를 세정하여 버리고 (washing), autoradiography나 image analyser로 시그널을 검출한다. 이 때 membrane의 시그널이 없는 부분이 background level이 될 때까지 세정하면, 깨끗한 그림을 얻을 수 있지만, 너무 많이 세정하면 시그널 자체도 약해지는 경우가 있기 때문에 부지런히 카운트를 측정하는 것이 중요하다.

원리

원리적으로는 Southern blot 법과 동일하다. RNA는 분자 내에 2차 구조를 취하고 있지만, formamide 등의 변성시약으로 RNA를 직선형태로 만든 다음 영동하면 분자량에 따른 분리가 가능하다. 분리한 RNA를 transfer 하여 membrane에 고정하고, 표식한 DNA나 RNA (probe)와 함께 incubate 하면 probe는 membrane 상의 상보적인 배열을 가진 RNA와 결합한다 (hybridize 함). Autoradiography로 검출된 시그널의 장소 (RNA의 이동도)로부터 목적 mRNA의 길이를 알 수 있다. 또한 필름의 색깔의 진한 정도는 샘플에 포함된 mRNA의 양과 거의 비례한다.

준비물

1) RNA의 영동

〈시약〉

· MOPS buffer (20 ×) (최종농도)

MOPS [3-(N-morpholino) propanesulfonic acid]	83.7 g	(0.4 M)
초산나트륨	13.61 g	(100 mM)
EDTA·2Na·$2H_2O$	7.45 g	(20 mM)
DEPC 처리수 (Nacalai)	약 950 mℓ	
total	1 ℓ	

2 N NaOH로 pH 7.0으로 조정한 후 Millipore 필터 (0.2 μm)로 여과멸균 한다.
차광병에 넣어 실온에서 보존*

> ＊경시변화에 의해 황색으로 변하기 때문에 buffer의 색이 진하게 되면 다시 제조한다.

·변성 겔 50 ㎖

		(최종농도)
agarose	0.5 g	(1%)
DEPC 처리수	38.5 ㎖	(77%)
20 × MOPS buffer	2.5 ㎖	(5%)
포름알데히드	9 ㎖	(18%)
total	50 ㎖	

·RNA 샘플 용액

total RNA (10~30 ㎍)	4.5 ㎕
10 × MOPS buffer	2.0 ㎕
포름알데히드	3.5 ㎕
포름아미드	10.0 ㎕
ethidium bromide (200 ㎍/㎖)	1.0 ㎕
total	21.0 ㎕

·Loading buffer (10 ×)

		(최종농도)
0.5 M EDTA (pH 8.0)	2 ㎕	(1 mM)
BPB	2.5 mg	(0.25%)
xylene cyanol	2.5 mg	(0.25%)
글리세롤	500 ㎕	(50%)
DW	약 500 ㎕	
total	1 ㎖	

〈기기〉

·Agarose 전기영동조

·겔 포머

2) Blotting

〈시약〉

·SSC (20 ×)

		(최종농도)
NaCl	175. 3 g	(3 M)
Sodium citrate	88.2 g	(0.3 M)
H_2O	약 750 ㎖	
total	1 ℓ	

제일 마지막에 HCl로 pH 7.0으로 조정한다

〈기기 등〉

·Blotting 용 tray (agarose 전기영동조라도 가능)

·두꺼운 여과지

·킴타올

·Colony/Plaque ScreenTM Hybridization transfer Membrane (Perin Elmer 회사)

3) Probe 제작

〈시약〉	1개 샘플 당
·목적으로 하는 cDNA (10 ng~1 ㎍)	≤12 ㎕
·Sephadex G50 in TE Buffer[*1]	1 ㎖ 정도
·[α-^{32}P] dCTP (3,000 Ci/mmol)	5 ㎕
·TE Buffer + 0.2% SDS	30 ㎕
·Salmon sperm DNA (2 mg/ml)	500 ㎕ 정도
·BcaBESTTM Labeling Kit (TaKaRa 회사)[*2]	

> ＊1 우선 Sephadex G50을 TE Buffer에 2~3분 담구어 팽윤시킨다. 다음에 TE Buffer로 suspend 한 후 원심분리 하여 상등액을 제거한다. 이것을 2~3회 반복하여, 제일 마지막에 Sephadex G50과 같은 양의 TE Buffer를 첨가하여 autoclave 한다
> ＊2 이 키트에는 Random primer [9 mer·80 ㎕), 10 × Buffer (100 ㎕), dNTP mixture (100 ㎕), BcaBESTTM DNA Polymerase (2 U/㎕ ·40 ㎕)가 포함되어 있다.

〈기기 등〉

·Heat Block

·겔 여과 칼럼[*]

·Eppendorf 튜브 15개 (1개 샘플 당)

> ＊1 ㎖의 튜브 끝에 소량의 면을 채우고, Sephadex G50 in TE Buffer를 그 위에 첨가하여 칼럼을 만든다 (그림 1을 참조). 이 때 면을 너무 많이 채우면 G50이 용액과 함께 fraction으로 흘러 나가기 때문에 적당히 채울 것.

4) Hybridization

〈시약〉

·ExpressHyb Hybridization Solution (Clontech 회사) 실온보존[*]

> ＊이 buffer는 점성이 높기 때문에 사용 전에 68℃의 hybridization oven에 넣어 두면 사용하기 쉽다.

〈기기 등〉

·Hybridization oven

·Hybridization bag

·Poly sealer

5) Washing

〈시약〉

·2 × SSC + 0.1% SDS	500 ㎖ 정도
·0.2 × SSC + 0.1% SDS	500 ㎖ 정도

〈기기 등〉

·Washing 용 tray

·Hybridization oven

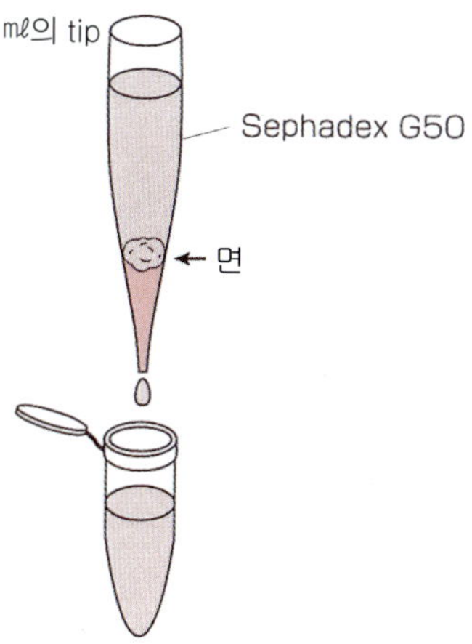

그림 1. 겔 여과 칼럼

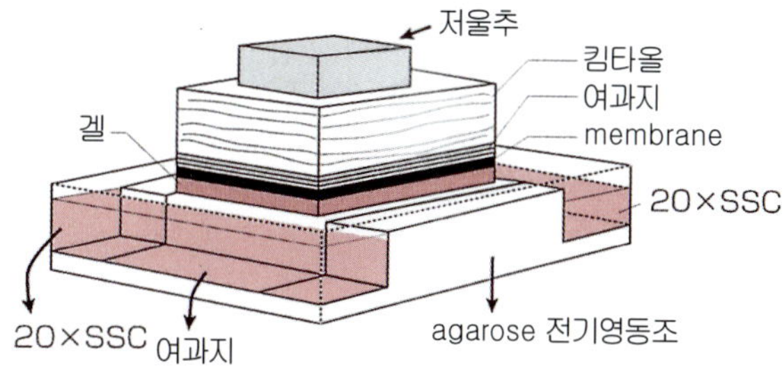

그림 2. Transfer

프로토콜

1 RNA의 영동

A) 변성 겔의 준비

① DEPC 처리수에 agarose를 첨가하여 전자레인지에 넣어 녹인다

② 온도가 60℃ 이하가 되면 20 × MOPS buffer와 포름알데히드를 첨가한다

③ 겔 포머에 흘려 넣는다

B) RNA의 변성

① RNA 샘플 용액을 65℃에서 10분 가열하고, 변성시킨다

② 빙상에서 5분 급냉한다

③ Loading buffer를 2 μℓ 첨가한다

C) 영동

① 1 × MOPS buffer를 겔이 완전히 잠길 정도 때까지 채운다 (300~500 mℓ)

② 변성된 RNA 샘플 용액을 apply 한다

③ RNA marker와 함께 영동을 개시한다

④ UV로 반짝이는 자와 함께 사진을 찍는다

2 Transfer (Blotting)

① 영동조에 20 × SSC를 채운다

> ☞ 킴타올이 직접 SSC를 흡입하지 않도록 넣는 양에 주의한다.

② 겔의 크기에 맞추어 자른 membrane·여과지·킴타올을 올린다 (그림 2를 참조)

> ☞ Membrane을 겔에 올린 순간부터 transfer가 시작되기 때문에 한번 올리면 membrane을 절대로 옮기면 안 된다. 또한 membrane과 겔 사이에 기포가 들어가면 그 부분만 transfer 되지 않기 때문에 주의한다. 또한 buffer를 흡입한 킴타올은 때때로 새로운 킴타올로 교환한다.

③ 하룻밤 방치하여 transfer 한다

> ☞ RNA가 blot 되어 있는 면과 방향 (상하)을 알 수 있도록 볼펜으로 화살표를 만들거나, membrane의 끝을 잘라 두면 좋다.

④ 2 × SSC에 담군 킴와이프 위에 membrane을 올리고 UV cross linker에 노출한다

> ☞ RNA를 membrane에 흡착시키기 위한 다른 선택적인 조작은 생략해도 좋다.

3 Probe의 제작·Hybridization

A) Pre hybridization

① Membrane을 hybridization bag에 넣는다

② Hybridization 용액 (ExpressHyb Hybridization Solution)을 membrane이 잠길 정도까지 넣는다 (5~10 mℓ)

③ Poly sealer로 hybridization bag을 sealing 한다

> ☞ 기포가 있으면 용액이 membrane에 침투하기 힘들기 때문에, 기포는 한 곳에 모아 sealer로 가두면 좋다.

④ Hybridization oven에 68℃에서 2시간 넣어 둔다

B) Probe의 제작

> ☞ 여기서는 RI [α-^{32}P] dCTP를 이용하여 probe를 표식한다. 그 이외에는 DIG를 이용한 표식도 있으며 안전하지만, RI보다 감도가 떨어진다.

① Random primer 2 ㎕, cDNA + 멸균수 12 ㎕를 혼합한다
② 95℃, 3분
③ 얼음 위에서 5분간 급냉한다
④ 10 × Buffer 2.5 ㎕, dNTP mixture 2.5 ㎕, [α-^{32}P] dCTP (1.85 MBq·50 ㎕ Ci) 5 ㎕, BcaBESTTM DNA Polymerase 1 ㎕를 첨가한다
⑤ 55℃, 10분
⑥ 0.5 M EDTA 1.5 ㎕를 첨가한다 (최종농도 30 mM)
⑦ TE Buffer + 0.2% SDS 30 ㎕, salmon sperm DNA 2 ㎕를 첨가하여 칼럼에 apply 한다
⑧ 계속해서 TE buffer를 apply 하여, 100 ㎕씩 15개의 fraction을 취한다
⑨ 액체 scintillation counter로 각 fraction의 RI 활성을 측정한다

> ☞ Survey meter로 각 fraction의 count를 측정해도 좋다.

⑩ 최초의 피크를 형성하는 fraction 만 모은다 (그림 3을 참조)
⑪ Salmon sperm DNA 500 ㎕를 fraction에 첨가한다
⑫ 95℃, 3분
⑬ 얼음 위에서 5분간 급냉한다

C) Hybridization

① Pre hybridization이 끝난 membrane을 새로운 hybridization bag에 넣는다
② Hybridization 용액을 넣는다 (5~10 ㎖)
③ Probe를 넣는다
④ Poly sealer로 hybridization bag을 sealing 한다

> ☞ hybridization 시와 동일하게 기포는 가능한 한 제거할 것.

⑤ Hybridization oven에 넣어 68℃에서 하룻밤 진탕한다

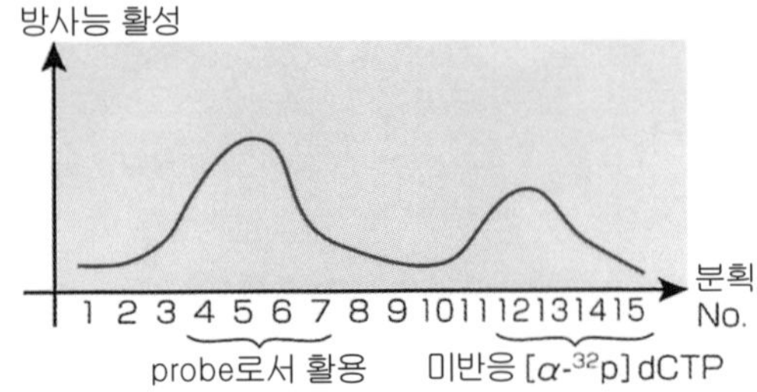

그림 3. 미반응 [α-^{32}P] dCTP의 제거와 probe의 회수

D) Washing

① Hybridization bag에서 membrane을 끄집어 내어 tray에 넣는다

> ☞ Hybridization bag의 입구를 열 때, 용액이 흘러내리는 것을 주의할 것. RI가 다량 포함되어 있기 때문에 count가 높고 대단히 위험하다. 또한 washing 하고 있을 때에는 항상 오염에 신경을 쓸 것.

② 2 × SSC + 0.1% SDS를 membrane이 잠길 정도까지 넣고 가볍게 흔들어 준 다음, 용액을 버리고 새로운 2 × SSC + 0.1% SDS를 넣는다
③ Hybridization oven에 넣어 68℃에서 10분간 진탕한다
④ 용액을 버리고 0.2 × SSC + 0.1% SDS를 넣는다
⑤ Hybridization oven에 넣어 68℃에서 10~30분간 진탕한다

> ☞ 10분 정도 간격으로 survey meter로 counter를 측정하여, 너무 떨어지지 않도록 주의할 것. Counter가 잘 떨어지지 않는 경우는 SDS 농도를 올려 보면 좋다. 단 0.5% 이상으로는 하지 말 것. Membrane의 시그널이 없는 부분이 background level이 되어 있는 것을 확인한 후 다음 step으로 진행할 것.

⑥ 2 × SSC에 실온에서 5분간 담근다
⑦ 킴타올 위에 올려 가볍게 물기를 제거한다

> ☞ 이 때 건조되어 버리면 재사용 할 수 없기 때문에 주의할 것.

⑧ Membrane을 랩으로 감싼다

E) 시그널의 검출

① 증감지를 넣은 카세트에 membrane과 X선 필름을 넣는다

표 1 Northern bot의 troubleshooting

Trouble	원인	해결을 위한 조치
band를 검출할 수 없다	① probe의 표식이 확실히 되어 있는가?	→ DIG 수식의 경우는 감도가 그다지 좋지 않기 때문에 RI 표식으로 변경하여 본다
	② 지나치게 세정하지 않았는가?	→ 세정온도를 내리든지, 세정시간을 짧게 한다. 세정하고 있는 동안에는 자주 카운트를 측정하여, 시그널/노이즈 비율을 높게 하면 깨끗한 결과가 얻어진다
	③ 감광시간은 충분한가?	→ band가 옅은 경우는 감광시간을 연장하면 좋아진다. 단 너무 길게 하면 background 비율도 올라가기 때문에 주의
background가 높다	① probe에 문제는 없는가?	→ 반복배열, GC 배열이 많은 배열이 포함되어 있으면 background가 높게 되기 쉽다. probe를 다른 위치로 제작해 보면 좋다
	② 충분한 세정을 하였는가?	→ 세정시간을 길게 하든지, SDS 농도를 올려 보면 좋다 (단 0.5% 이상으로는 하지 않을 것))
	③ membrane을 오래되지 않았는가?	→ membrane은 2~3회 사용할 수 있지만, 횟수가 거듭되면 background가 높게 되며, 또한 시그널도 약해진다. 새로운 membrane으로 교체한다

☞ Image Analyzer로 시그널을 검출해도 좋다.

② 4시간 방치

③ Autoradiography를 실시한다

F) Membrane의 재사용

Membrane은 2~3회 반복하여 사용할 수 있다. 재사용 하는 경우는, 시그널의 검출이 끝나면 곧 probe를 제거하여 −20℃에서 보관한다. 깨끗하게 probe가 제거되지 않으면 다음의 결과에 영향을 미치기 때문에, probe를 제거한 후의 membrane은 autoradiography에 걸어 시그널이 나오지 않는 것을 확인하는 편이 좋다.

실험 예

그림 4는 사람의 각 조직의 mRNA (2 μℓ)를 영동하여 SKIP (skeletal muscle and kidney enriched inositol phosphatase)의 발현해석을 실시한 것이다. 골격근, 심장, 신장에서의 발현이 높은 것을 알 수 있다.

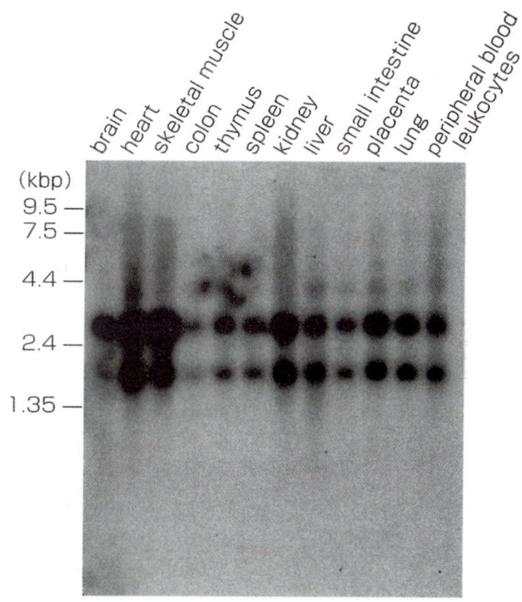

그림 4. Northern blot 법에 의한 SKIP의 발현해석

맺음말

결과가 좋지 않는 경우 표 1의 trouble shooting을 참고하기 바란다.

참고문헌

1) 中山広樹, 西方敬人：バイオ実験イラストレイテッド ②遺伝子解析の基礎, 秀潤社, 1995

2) 酒井正春：改訂第４版　新 遺伝子工学ハンドブック (村松正實, 山本 雅 編), 羊土社, 2003 (印刷中)

3) Ijuin, T. et al.：J. Biol. Chem., 275：10870-10875, 2000

5. 내재성 단백질의 세포내 국재의 관찰 (형광항체염색)

이 방법으로 무엇을 해석할 수 있을까?

영광항체염색법을 이용하여 내재성 단백질을 관찰함으로써, 목적 분자의 세포 내에 있어서의 위치를 관찰할 수 있다. 또한 그것으로 그 단백질의 기능을 추측하는데 도움도 된다.

서론

기능이 알려지지 않은 단백질을 해석하는데 있어서, 그의 분자를 특이적으로 인식하는 항체를 이용하여 세포 내에 있어서의 내재성 단백질의 위치를 관찰하는 것은 대단히 유용한 정보를 주는 경우가 많다. GFP 융합 단백질로서 발현한 경우 등과는 다르며, 살아 있는 세포 그대로 그의 분자의 기능을 관찰하는 것은 아니지만, 자극이나 약제의 처리에 대한 응답이나 세포운동이라는 여러 가지 상태에서의 목적 단백질의 위치 변화를 관찰할 수 있다. 목적으로 하는 단백질에 대한 항체가 없는 경우에서도 그의 단백질에 tag를 붙인 상태에서 세포 내에 일시적으로 발현시키는 등의 방법을 이용함으로써, tag에 대한 항체를 이용하여 동일하게 목적의 분자의 위치를 관찰할 수 있다. 그러나 이 경우에 관찰된 tag이 붙은 단백질의 위치는, 반드시 그의 단백질의 실제의 위치와 일치한다고는 단정할 수 없으며, 과량으로 발현시킨 것에 의한 결과인 경우도 적지 않다. 실제의 조작은 비교적 용이하지만, 항체나 목적 단백질의 위치에 따라서는 고정방법의 조건검토가 필요하게 되는 점, 그리고 무엇보다도 주목하고 있는 단백질에 대한 특이적인 항체를 준비하는 것이 중요한 포인트가 된다.

원리

적절한 고정법으로 세포를 고정한 후, 계면활성제 등을 이용하여 막을 permeabilized (침투성을 높게 함)하고, 목적의 분자에 대한 특이적인 항체 (1차 항체)를 이용하여 처리함으로써, 세포 내에 있어서 목적 단백질 – 항체의 복합체를 형성시킨다. 세포 내에는 비특이적으로 결합한 항체가 많이 남아 있기 때문에 이것을 세정하여 제거하고, 다음에 1차 항체를 인식하고 형광물질로 표식한 항체 (2차 항체)를 이용하여 목적 단백질 – 1차 항체 – 2차 항체라고 하는 복합체를 형성시킨다. 1차 항체와 동일하게 비특이적으로 결합하고 있는 2차 항체를 세정하여 제거하고, 봉입하여, 현미경으로 관찰한다.

준비물

1) 시약, 시료

- 세포 : 목적의 단백질이 발현하고 있는 것을 Western blotting (7장 1 참조)으로 확인한 것
- 목적의 단백질에 대한 항체 (1차 항체)
- 2차 항체 : 형광표식 한 것 (FITC, rhodamine 등)
- PBS
- Triton X-100

·고정액 (포름알데히드, 파라포름알데히드, 메탄올 등)
·마운트 용액 (시판 중인 것 혹은 아래의 조성으로 제작된 것)
90% 글리세롤, 1 ㎎/㎖ p-phenylene diamine chloride in PBS

2) 기구, 기계

·카버 글라스 (우리들의 연구실에서는 11 ㎜ × 22 ㎜의 것을 사용하고 있음)
·슬라이드 글라스
·현미경 (형광 현미경, 공초점 현미경 등)
·매니큐어 (시판 중인 것)
·플라스틱 케이스
·모세관

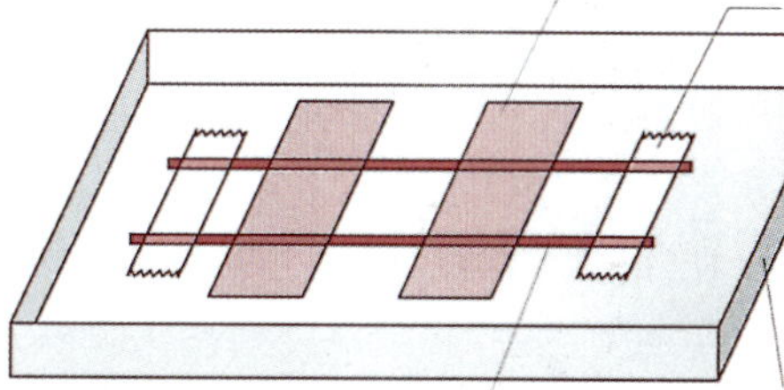

그림 1. 액체처리의 약도

프로토콜

1 세포의 고정

① 3.5 ㎝ dish 혹은 6 well plate에 카버 글라스를 넣고, 그 위에 세포를 적당한 밀도로 접종하여 배양한다

> 실험의 목적에 따라 세포의 밀도는 변한다. 1장의 dish에 11 ㎜ × 22 ㎜의 카버 글라스를 2장 넣는다.

② 관찰하고 싶은 상태가 되면*, PBS를 이용하여 카버 글라스를 dish에 넣은 채로 2회 세정한다

> * 세포의 밀도, 자극이나 약제의 처리, 세포주기 등 목적의 상태가 된 시점에 고정한다.

③ PBS를 제거하고, 3.7% formaldehyde in PBS를 1㎖ 첨가한다. 실온에서 10분~30분 방치

> 고정은 포름알데히드 이외에 파라포름알데히드, 메탄올 등도 자주 사용되고 있다. 목적의 단백질의 국재나 항체의 성질 등 여러 가지 요인에 따라 가장 적합한 고정법은 다르기 때문에, 깨끗한 염색상이 얻어지지 않은 경우는 고정액, 처리시간, 온도 등의 조건검토를 실시한다.

2 Permeabilization (막의 투과성을 높인다)

> 메탄올로 고정한 경우에는 이 조작은 실시하지 않아도 좋다. 또한 비특이적인 시그널도 많이 관찰되는 경우는, 이 때에 BSA 등을 이용하여 blocking을 실시하면 개선되는 경우가 있다 (「맺음말」 참조).

① 고정처리를 실시한 카버 글라스를 미리 PBS를 첨가해 둔 다른 dish로 옮겨, PBS로 2회 세정한다

② PBS를 제거하고, 0.2% Triton X-100 in PBS를 1 ㎖ 첨가한다. 실온에서 5분~10분 방치하고, 끝나면 PBS로 2회 세정한다

3 세포염색

① 모세관을 붙인 케이스와, 목적의 단백질에 대한 특이적인 항체 (1차 항체)를 적절한 농도에 PBS로 희석한 것을 카버 글라스 1장 당 100 ㎕ 준비한다

> 항체의 희석은 항체의 역가에 따라 다르지만, 대강 10~200배 희석 정도인 경우가 많다. 우선은 100배로 시험해 보고, 그다지 좋은 염색상이 얻어지지 않는다면 조건을 검토하여 최적의 조건을 정한다.

② 고정, permeabilization이 끝난 카버 글라스를 핀셋으로 끄집어내고, 여분의 PBS를 제거하여 세포가 존재하고 있는 면을 위로 하여 모세관의 위에 둔다. 금방 준비해 둔 항체 용액을 카버 글라스에 적하한다. 케이스의 뚜껑을 닫고, 실온에서 60분 방치한다 (그림 1 참조).

③ 케이스로부터 핀셋으로 카버 글라스를 끄집어내고, 원래의 dish에 다시 넣는다. PBS를 이용하여 세정하고, 5분 방치 ×3회 반복한다

④ 1차 항체에 대응 (결합)하고, 더욱이 형광물질로 표식되어 있는 항체 (2차 항체)를 1차 항체와 동일하게 적절한 농도에 PBS로 희석한 것을 카버 글라스 1장 당 100 ㎕ 준비한다

> 2차 항체는 형광물질로 희석되어 있기 때문에 사용하기 직전에 준비하고, 차광하여 둔다.

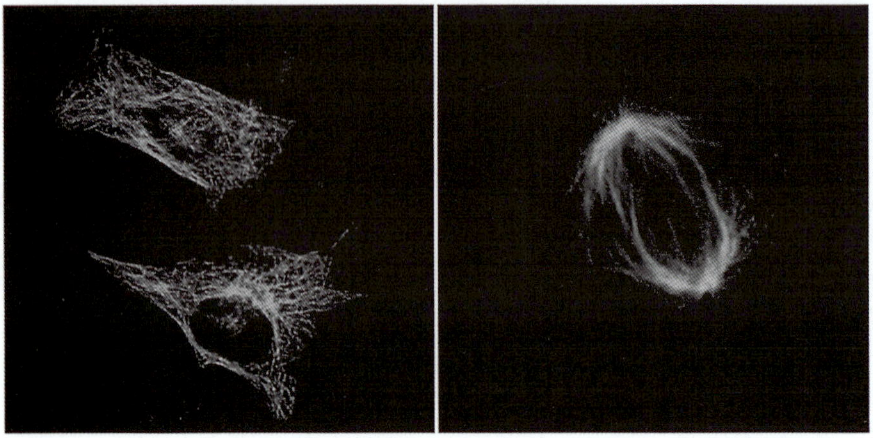

그림 2. Hela 세포에 있어서 미소관의 관찰
책 앞부분 color-6 참조

⑤ 세정이 끝난 카버 글라스를 핀셋으로 끄집어내어 여분의 PBS를 제거한 다음, 케이스에 붙여 둔 모세관 위에 둔다. 금방 준비해 둔 2차 항체의 용액을 카버 글라스 위에 적하한다. 케이스의 뚜껑을 닫고, 차광을 위해 케이스마다 알루미늄 호일로 싸서, 실온에서 30분간 방치한다

⑥ 케이스로부터 핀셋으로 카버 글라스를 끄집어내고, 원래의 dish에 다시 넣는다. PBS를 이용하여 세정하고, 알루미늄 호일로 차광하여 5분 방치 ×3회 반복한다

4 슬라이드 글라스로의 봉입

① 슬라이드 글라스를 준비하고, 적량의 마운트 용액을 적하해 둔다

② 세정이 끝난 카버 글라스를 핀셋으로 dish에서 끄집어내어, 여분의 PBS를 잘 제거하고, 세포의 면이 아래가 되도록 마운트 용액의 위에 올린다. 카버 글라스로부터 새어 나온 마운트 용액을 조심스럽게 종이로 닦고, 매니큐어로 네 곳의 변을 발라 봉입한다

> ☞ 기포가 들어가지 않도록 주의한다.

③ 현미경으로 관찰하기까지 4℃에서 차광하여 보존한다

> ☞ 가능한 한 신속하게 관찰하는 편이 좋지만, 이대로 2~3일 보존하는 것도 가능하다.

실험 예

HeKa 세포를 포름알데히드로 고정하고, 1차 항체에 마우스 항 β-tubulin 항체를, 2차 항체에 rhodamine으로 표식한 항 마우스 IgG 항체를 이용하여 세포염색한 것을 공초점현미경을 이용하여 관찰하였다 (그림 2 왼쪽). 동일한 방법으로 M 기의 HeLa 세포를 관찰하였다 (그림 2 오른쪽).

맺음말

우리들의 연구실에서 실시하고 있는 일반적인 세포염색법을 소개하였지만, 항체의 역가가 낮은 경우 등은 비특이적인 시그널이 나타나서 내재성 단백질의 국재가 확실히 알 수 없는 경우도 있다. 그와 같은 경우에는 프로토콜 **2**의 주의점에서 기술한 바와 같이 항체를 처리하기 전에 blocking을 하거나 항체의 희석용액에 직접 BSA나 계면활성제를 첨가하면 비특이적인 시그널이 크게 경감되는 경우가 있다. 우선은 일반적인 방법으로 시험하고, 그다지 깨끗한 염색상이 얻어지지 않는다면, 그와 같은 조건검토가 필요하다.

참고문헌

1) Celis, J. E. ed. : Cell Biology : A Laboratory Handbook. Second Edition. Volume 2 : Academic Press, 1998

제8장

동물세포에서의 단백질의 발현과 응용

제8장 동물세포에서의 단백질의 발현과 응용

1. 플라스미드를 이용한 일과성 발현

이 방법으로 무엇을 해석할 수 있을까?

세포에 어떤 단백질을 강제로 발현시켜, 그 때의 세포의 응답을 조사하는 것은 단백질의 기능을 조사하는데 있어서 대단히 중요하며, 극히 일반적인 방법이다. 여기서는 그 중에서도 플라스미드를 이용한 일과성 발현에 대하여 기술한다.

서론

플라스미드를 이용한 일과성 발현은, 그 발현계의 제작이 용이하며, 또한 일반적으로 하나의 세포 당 대량의 단백질이 발현되기 때문에, 그의 효과가 알기 쉽다. 따라서 형태변화 등 각각의 세포를 관찰하여 데이터를 얻을 수 있는 실험에 적합하다고 할 수 있으나, 이와 같은 장점이 있는 반면, 어느 세포에서도 도입할 수 있는 일반적인 방법이 확립되어 있지 않는 것이 단점이다. COS7이나 HEK293 등 높은 효율로 유전자 도입이 가능한 세포를 이용하면, 세포용해액을 조제함으로써, 면역침강법이나 효소활성의 측정 등, 생화학적인 해석에도 이용할 수 있다. 포유류 세포용의 발현 벡터는 여러가지 종류가 시판되고 있기 때문에, 목적에 적합한 플라스미드 벡터를 선택한다. 아래에 구체적인 방법으로, i) COS7으로의 electroporation 법, ii) NIH3T3 세포로의 calcium phosphate 법, iii) HEK293 세포로의 lipofection 법에 대하여 기술한다.

i) COS7으로의 electroporation 법

원리

전기적 쇼크로 세포막에 미세한 구멍을 만들어, 그곳에서 세포질 내로 플라스미드 DNA를 삽입한다. 이 방법은 혈구계 등의 부유세포로의 도입에도 널리 이용되고 있다.

준비물

1) 기구, 기계

- Gene Pulser (Bio-Rad 회사), 큐벳 (전극간격이 0.4 ㎝인 것)

2) 시약, 시료

- DMEM (Dubecco's Modified Eagle's Medium)
- 트립신 용액
- PBS-EDTA
- 플라스미드 DNA : Qiagen 회사 등의 키트로 정제한 것을 −20℃에서 보존

3) 시약의 조제

· PBS-EDTA

0.5 M EDTA 0.5 ㎖ (0.5 mM), 1 × PBS 500 ㎖을 autoclave 하여 실온에 보존

· 트립신 용액

상기의 PBS-EDTA (autoclave 이전의 것)에 분말의 트립신을 0.1% 되도록 첨가하고, 필터 멸균, -20℃에서 보존

프로토콜

① 10% FBS를 함유한 DMEM으로 COS7 세포를 배양한다

② 50% confluent 상태에서 배지를 aspirate 하고, PBS-EDTA로 한 번 세정한다

③ 트립신 용액을 첨가하고, 수 분 방치 (가볍게 흔들면 떨어지기 쉽다)

④ FBS를 함유한 배지를 첨가하여 현탁하고, 회수하여 1,000 rpm, 4℃에서 5분 원심분리 한다

⑤ 상등액을 aspirate 하고, 세포를 혈청이 포함되지 않은 DMEM으로 2회 세정한다

⑥ 세포 수를 측정한다

⑦ 혈청이 포함되지 않은 DMEM으로 0.5~1 × 10^7/㎖에 맞춘다

⑧ 10~20 ㎍의 플라스미드 DNA와 ⑦에서 얻은 세포 현탁액 800 ㎕를 혼합하고, 큐벳에 옮긴다

⑨ 0.23 kV, 960 ㎌로 pulse를 건다

> ☞ 세포의 종류에 따라 최적 조건은 다르기 때문에, 다른 세포를 사용할 때에는 Bio-Rad 회사에서 나와 있는 데이터집을 참고로 조건을 정하면 된다. 너무 약한 전장에서는 DNA가 충분히 삽입되지 않고, 너무 강하면 세포에 대한 손상이 커지게 된다. Electropoartion 후의 생세포율이 50% 정도의 조건이 좋다고 알려져 있다.

⑩ 10분 방치

⑪ 파스퇴르 피펫 등으로 큐벳에서 세포를 흡입하고*, 10% FBS를 포함한 DMEM으로 배양

> ☞ * Pulse에 의해 생긴 기포나 세포의 가스는 흡입하지 않는다. 세포가 큐벳의 바닥에 잠겨 있는 경우는 가볍게 흔들어 균일하게 만든다.

⑫ 세포가 접착되면 배양액을 교환한다

⑬ 36~48시간 후에 세포를 회수하고 해석

ii) NIH3T3 세포로의 인산 칼슘법

원리

플라스미드 DNA - 인산칼슘의 미세한 침전을 세포가 식 작용으로 흡입하는 것을 이용하고 있다.

준비물

(시약의 조제)

· Ca^{2+} 용액

$CaCl_2$ (Sigma 회사, C-7902) 2.94 g을 100 ㎖의 물에 용해하고 (0.2 M), 필터 멸균하여 1 ㎖ 씩 튜브에 분주한다. 액체질소로 급속 동결하여 -80℃에 보존

· 2 × HBS 용액

		(최종농도)
HEPES	1.19 g	(50 mM)
NaCl	1.64 g	(280 mM)
1 M KCl	1 ㎖	(10 mM)
150 mM Na_2HPO_4	1 ㎖	(1.5 mM)
glucose	0.2 g	(12 mM)
10 × PBS	1 ㎖	

NaOH로 pH를 7.05로 조정한 후, 물로 100 ㎖에 맞춘다. 이것을 필터 멸균하여 1 ㎖ 씩 튜브에 분주한다. 액체질소로 급속 동결하여 -80℃에 보존

프로토콜

(직경이 3.5 ㎝의 dish인 경우)

① 10% CS (calf serum)을 포함한 DMEM으로 NIH3T3 세포를 배양한다

② 배양액을 새로운 것으로 교환하고, 2~4시간 배양

> ☞ 배양액에 항생물질 (페니실린, 스트렙토마이신 등)이 들어 있어도 문제가 없다.

③ 6 ㎍의 플라스미드 DNA와 90 ㎕의 Ca^{2+} 용액을 혼합한다

④ ③의 혼합액에 90 ㎕의 2 × HBS 용액을 1분 정도에 걸쳐 신속하게 혼합하면서 조금씩 첨가한다

> ☞ 용액을 첨가하는데 사용한 마이크로 피펫의 tip으로 혼합하면서 첨가한다.

⑤ 10~15분 방치

⑥ 1 mℓ의 배양액을 첨가하여 잘 혼합한 후에. 이것을 세포의 배양액과 교환한다*

> * 이 단계에서 인산칼슘의 침전이 나타나기 때문에 위상차 현미경 (100 ×)으로 관찰하면 좋다. 배지가 백탁하여 입자가 대단히 세밀하게 보이는 정도가 좋고, 확실히 보이는 경우는 너무 크다. 침전의 크기는 2 × HBS의 pH와 DNA 농도에 크게 의존한다. 세포의 종류에 따라 최적조건은 다르기 때문에 다른 세포를 이용하는 경우에는 검토가 필요하다 (특히 2 × HBS의 pH).

⑦ 4시간 배양한 후 새로운 배양액으로 교환하고, 더욱이 20~72시간 배양 후, 회수 또는 고정한다

iii) HEK293 세포로의 lipofection 법

원리

전기적인 상호작용에 의해, 플라스미드 DNA와 양성 전하지질 등으로 구성된 지질이중막소포 (리포솜)의 복합체를 형성시켜, 식작용(endocytosis)이나 세포융합을 이용하여 세포 내로 DNA를 도입한다.

준비물

〈시약〉

- OPTI–MEM I (Invitrogen 회사)
- LipofectAMINE2000 (LF2000) Reagent (Invitrogen 회사)

프로토콜

① Transfection을 하기 전날에 2 × 10^5/well이 되도록 24 well plate에 세포를 접종한다*. 배지는 항생물질을 포함하지 않는 10% FBS/DMEM으로 500 μℓ로 한다

> * Transfection 하는 시점에서 90~95% confluent 되어 있는 것이 바람직하다.

② 각 dish 당 0.8 μg의 DNA와 50 μℓ의 OPTI–MEM을 혼합한다

③ 각 dish 당 2 μℓ의 LF2000*과 50 μℓ의 OPTI–MEM을 혼합하여, 실온에서 5분 방치한다

> * LF2000은 세포에 독성이 있기 때문에, 세포에 따라서는 상당히 죽는 경우도 있다. 그러한 경우는 LF2000의 양을 감소시켜 보면 좋다. 세포에 따라 DNA와 LF2000의 양에 최적조건이 있다. 주요한 세포에 대해서는 Invitrogen 회사의 홈페이지 (http://www.invitogen.com/content.cfm?pfile='lf2k.html'&cfid=2428134&cftoken=24814764)에 적합한 프로토콜이 게재되어 있기 때문에 참고하면 좋다.

④ ②와 ③을 혼합하여, 실온에서 20분 방치한다

⑤ 이 용액을 직접 세포에 첨가한다

⑥ 24시간 정도 배양하고, 회수, 고정 등을 실시한다

실험 예

NIH3T3 세포에 myc tag이 붙은 Rac 활성화형 변이체를 발현하는 플라스미드 벡터를 인산칼슘법으로 유전자를 도입하였다. 24시간 후에 고정하고, 항 myc 항체와 phalloidin으로 염색한 후, 형광현미경으로 관찰하였다. 유전자가 도입된 세포에서는 엽상 모양의 형성이 관찰되었다 (그림 1, 화살표).

맺음말

Electroporation 법은 고가의 기계를 필요로 하지만, 간편하며, 비교적 유전자 도입효율이 좋다. 또한 한 번에 대량의 세포에 유전자를 도입할 수 있는 장점이 있지만, 세포에 대한 손상이 크다는 단점이 있다.

인산 칼슘법은 특수한 장치나 기술을 사용하지 않고, 저렴한 시약을 이용하기 때문에 이전부터 이용되고 있지만, 도입효율은 그다지 높지 않다. 샘플 수가 많으면 조작에 시간이 소요되는 단점이 있지만 세포에 대한 손상은 비교적 적다.

Lipofection 법은 유전자 도입효율이 높고 대단히 간편하기 때문에 최근에는 가장 널리 사용되고 있는 방법이다. 그러나 일반적으로 시약이 고가이고 대량의 세포에 대한 유전자 도입에는 적합하지 않다. 또한 세포에 따라서는 손상을 입는 것도 있다. 몇 개 회사로부터 이 방법에 근거한 시약이 판매되고 있다 (Qiagen 회사 등).

어느 경우에서도 사용하는 세포나 목적에 적합한 방법을 선택하는 것이 중요하다.

actin filament　　　　Rac 활성화형 변이체

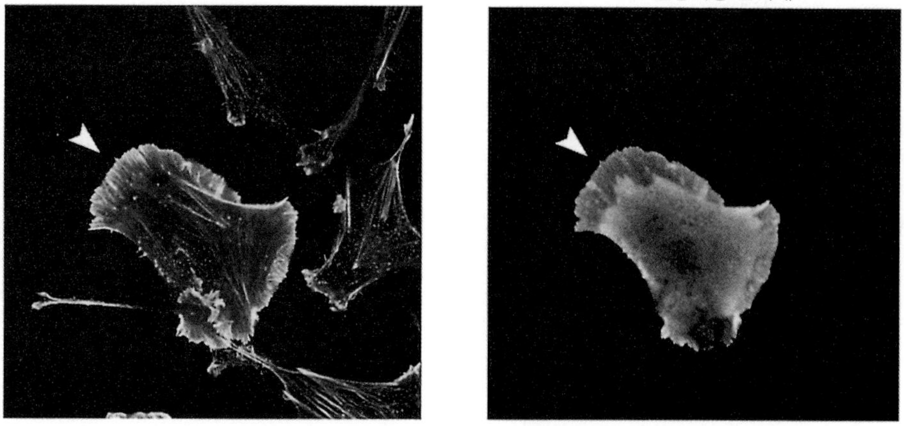

그림 1. NIH3T3 세포에 있어서 Rac 활성화형 변이체의 발현

참고문헌

1) Ausubel, F. M. : Current Protocols in Molecular Biology, 16-Ⅲ : EXPRESSION OF PROTEINS IN MAMMALIAN CELLS, John Wiley & Sons Inc., 1988

2) Invitrogen社ホームページ : http://www.invitrogen.com

2. 안정형질발현주의 제작법

이 방법으로 무엇을 해석할 수 있을까?

동물세포에서의 단백질 발현은 일과성 형질발현과 안정형질발현으로 분류된다. 안정형질발현에서는 모든 세포에서 유전자가 장기간 안정하고, 비교적 약하게 발현하기 때문에, 세포의 집단으로서의 성질의 해석이나, 장기간에 걸친 형질을 해석하는 경우에 적합한 방법이다.

서론

단백질의 기능을 조사할 때, 그의 단백질이 각각의 세포에서 어떻게 기능을 나타내는지를 알기 위하여, 유전자의 발현을 외래 유전자에 의해 제어하는 방법이 대단히 일반화 되어지고 있다. 동물세포에 단백질을 발현시키는 경우, 일과성 발현에서는 단백질의 발현이 단기간으로 한정되고, 발현양도 안정하지 않기 때문에 장기간에 걸친 해석에는 적합하지 않다. 또한 유전자가 도입되는 것은 일부의 세포에 한정되기 때문에 세포집단으로서의 성질을 조사하는 것은 어렵다. 안정형질발현은 약제 내성유전자로 스크리닝 함으로써 외래 유전자를 장기간 안정하게 발현하는 세포만을 분리할 수 있으며, 이들의 해석이 가능하다.

본 항에서 기술하는 안정 발현주를 수립하는 방법은 특별한 기술이나 지식을 필요로 하지 않고, 확실하게 유전자를 안정적으로 발현시킬 수 있는 점이 하나의 매력이다. 단 약제에 의한 스크리닝에 수 주간 정도 소요되기 때문에, 실제로 세포주를 얻기까지 1개월에서 2개월 정도의 시간이 소요되는 것이 가장 큰 단점이다.

원리

약제 내성유전자를 함유한 플라스미드 DNA를 적당한 방법으로 transfection 하면 세포 내로 들어간 DNA는 신속하게 핵 내로 이행되어 유전자를 발현한다. 이 중 일부의 DNA는 염색체에 삽입되어 안정적으로 외래 유전자를 유지할 수 있게 된다. 이와 같은 세포는 전체의 일부에 지나지 않기 때문에 목적 유전자와 동시에 도입된 약제 내성유전자로 스크리닝 함으로써 안정형질발현주만을 분리한다. 약제에 따라서도 다르지만 치사량의 항생물질이 있어도, 세포는 1, 2회 분열할 수 있기 때문에 확실한 스크리닝에는 2주간 이상을 필요로 한다. 표 1에 자주 사용되는 선택약제를 나타내었다.

준비물

- Clean bench
- CO_2 incubator
- 멸균 파스퇴르 피펫
- 핀셋
- 배양 dish, 혹은 배양 플라스크
- 24 well plate
- 96 well plate

표 1 약제내성에 의한 스크리닝에 이용되는 선택약제의 종류

약제	내성유전자	작용기전	특 징	사용농도 (㎍/㎖)
Hygromycin B	*hyg^r*	liposome의 기능저해	작용기전이 다른 것과 다르기 때문에 이중선택에 적합	25~1,000
G418 (= Geneticin)	*neo^r*	liposome의 기능저해	널리 사용되며, 신뢰성이 있고, 경제적	50~1,000
Zeocin Phelomycin	*bleor (Zeo^r)*	DNA에 intercalate 하여 DNA를 절단	광범위한 종에 고효율로 작용	50~1,000 10~80
Blasticidin S	*bsd*	peptide 결합의 형성을 저해	신속한 선택이 가능	2~10
Puromycin	*pac*	aminoacyl-tRNA와 길항	신속한 선택이 가능	2.5~100

- 원심분리기
- 스테인레스 제 페니실린 컵

> 건열멸균 해 두든지 사용직전에 알코올에 담그고 불에 구워 사용한다.

- 멸균 바셀린

> 비커에 넣고 알루미늄 상자에 뚜껑을 닫아 autoclave 한다.

- 약제 내성유전자와 목적 유전자를 함유한 플라스미드 DNA

> 표 1에 선택약제를 정리하였다. 각자의 목적에 적합한 약제를 선택 마커로서 이용한다.

- 적당한 transfection 시약 및 장치

> 전항 8장 1 참조.

- 배지

> 이용하는 세포에 적합한 배지를 준비하지만, 스크리닝에 이용하는 배지는 항생물질을 넣지 않는 편이 좋다.

- 멸균 PBS (-)
- 0.25% 트립신 용액
- 내성주 선택약제

> 약제를 구입하였을 때 부속되어 있는 데이터 시트를 참고로 적절한 조건에서 보존한다. G418은 100 ㎎/㎖의 농도로 증류수에 녹여, 여과멸균 한 후, 소분하여 -20℃에서 보존한다.

프로토콜

여기서는 약제 내성유전자로서 neo 유전자를 이용한 예를 기술한다.

1 Transfection

① 약제 내성유전자와 목적 유전자를 함유한 플라스미드 DNA를 transfection 한다

> Transfection의 방법은 세포에 맞추어 선택한다. 가능한 한 유전자 도입효율이 높은 transfection 법을 선택한다 (8장 1 참조).

② 24시간 후, 배지교환을 실시하고[*1], G418을 400~1,000 ㎍/㎖의 농도가 되도록 첨가한다[*2]

> *1 부착성의 세포는 상등액을 흡입하여 버리고 새로운 배지를 첨가한다. 부유성의 세포는 원심분리기로 세포를 침전시켜 상등액을 버리고 배지교환을 한다.
>
> *2 선택배지의 농도는 50% confluent의 세포에 양을 흔든 선택배지를 첨가하고, 1시간 후에 전멸하는 농도가 좋다. 그러나 도입된 유전자의 copy 수와 약제 내성능은 비례하기 때문에, 보다 copy 수가 많은 세포주의 취득을 목적으로 한다면, 선택약제의 농도를 올리면 좋지만, 약제의 독성이 문제가 되는 경우도 있기 때문에, 제일 처음에는 필요 최저농도로 선택한다. 세포에 대한 독성은 약제에 따라 상당히 다르다. G418은 약 1주간에 효과가 나타나지만, puromicin이나 hygromycin은 상당히 단시간에 효과가 나타난다. 약제에 대한 감수성은 세포에 따라 다르기 때문에, transfection 하기 전에, 그의 독성을 check 해 두는 것은 대단히 중요하다.

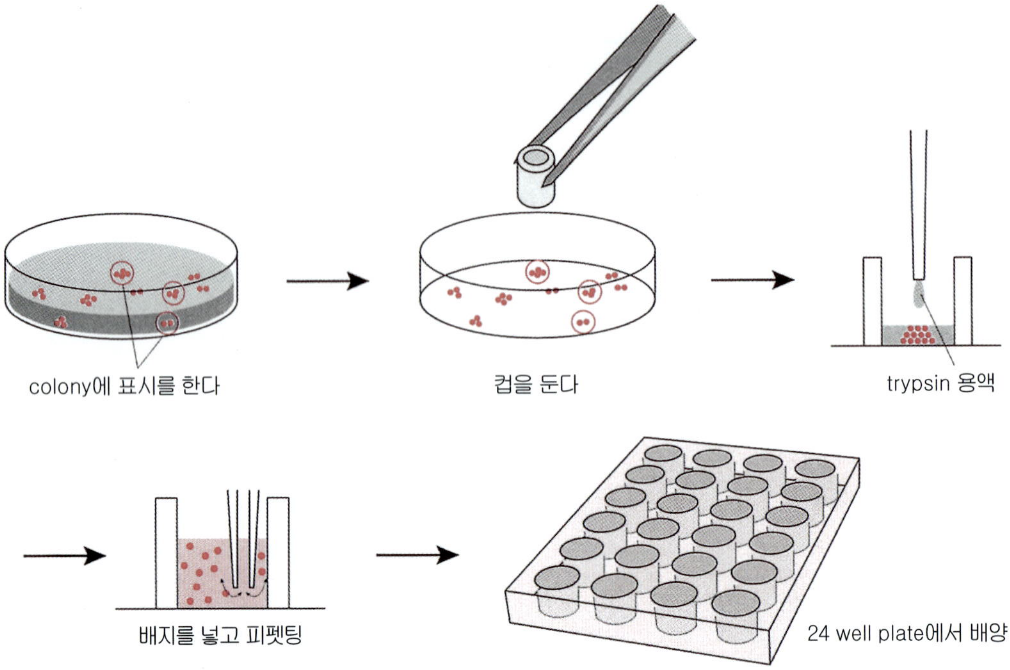

그림 1. 페니실린 컵 법

③ 3일마다 배지를 교환하고, G418을 소정의 농도로 첨가한다. 세포가 confluent에 도달하는 경우는 적절하게 계대를 실시한다

> ☞ 약제선택 개시 직후에는 약제의 독성이 나타나지 않기 때문에, 적어도 1회는 계대하게 된다. 여기서 150 ㎜ dish에 세포를 접종한다. 2주간 후에 적당한 밀도로 colony를 형성시키기 위해서는 접종할 때의 세포밀도가 중요하다. 이것은 해 보지 않으면 알 수 없는 경우가 많기 때문에, 미리 희석계열을 만들어 150 ㎜ dish 몇 장 정도에 접종하면 좋을 것이다.

2 약제 내성 clone의 분리

① Transfection으로부터 약 2주간 경과하면, 부착세포인 경우 colony, 부유세포라면 세포괴가 약제 내성 clone으로 형성된다

② 부착세포라면 페니실린 컵법 혹은 한계희석법, 부유세포[*1]라면 한계희석법으로 스크리닝을 실시한다[*2]

> ☞ *1 부유세포에는 메칠 셀룰로오스법이라는 방법도 있다.
> *2 클로닝을 하면 clone 간에 세포주의 성질이 다른 경우나, 목적의 유전자를 잘 발현하지 않는 경우가 자주 있기 때문에, 각자의 실험에 필요한 clone 수의 2배 정도의 clone을 확보하도록 한다. 단 clone 화를 하지 않고 bulk 그대로 실험에 이용하는 경우도 있다.

A) 페니실린 컵법 (그림 1)

① 다른 colony와 충분히 격리된 colony를 선택하고, colony를 둘러싸도록 dish 바닥에 매직으로 표시한다

② 배지를 aspirator로 제거하고, PBS(–)를 첨가한다

③ PBS(–)를 aspirator로 제거하고, 이 때 PBS(–)를 완전히 제거하지 않고 dish의 바닥 면이 약간 축축하도록 한다

④ 페니실린 컵 단면 전체에 얼룩이 발생하지 않도록 바셀린을 바른다

⑤ 매직으로 표시한 colony를 둘러싸도록 컵을 dish에 둔다

> ☞ 컵은 dish에 대하여 수직으로 두고, 그 후에 힘을 주거나 움직이면 colony가 망가지는 경우가 있다. 또한 용액이 새는 원인도 된다.

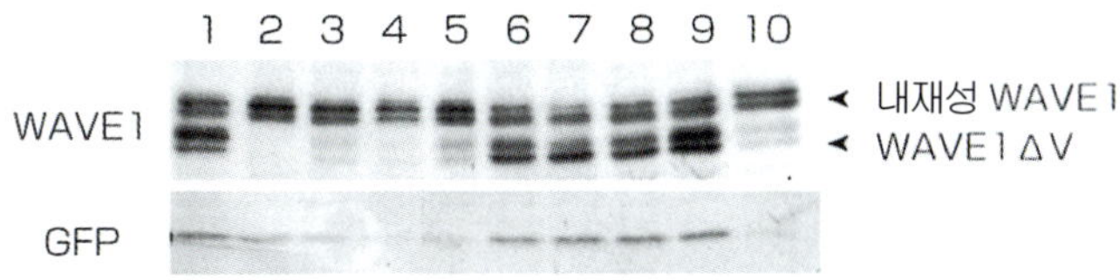

그림 2. WAVE1 변이체 안정 발현주의 Western blot

⑥ 표시한 모든 colony에 컵을 두고, 각각에 트립신 용액을 파스퇴르 피펫으로 1방울씩 첨가한다
⑦ 37℃에서 2분 incubate 한다
⑧ 마이크로 피펫으로 200 μl의 배지를 첨가하고, pipetting 하여 세포를 떨어지게 한 후, 24 well plate에 세포용액을 옮긴다
⑨ 배지를 첨가하고 배양한다
⑩ 충분히 세포가 증식하면 Western blot 등으로 목적의 유전자가 발현하고 있는지를 확인한다

B) 한계희석법

① 세포를 회수하여 세포 수를 계측하고, 1개/200 μl가 되도록 세포를 배지에 현탁한다
② 96 well plate에 200 μl 씩 접종한다
③ 현미경으로 세포가 1개씩 들어 있는 well에 표시를 하고 배양한다. 배양을 하는 과정에 다른 well에 비해 확실하게 증식이 늦은 것이나 빠른 것은 제외한다

> ☞ 세포가 하나인지 어떤지를 확인하는 것은 어렵지만, 1주간 정도 배양하면 1개의 세포가 들어 있었던 well로부터 원형의 colony가 성장한다.

④ 충분히 세포가 증식하면 Western blot 등으로 목적의 유전자가 발현하고 있는지 확인한다

실험 예

pIRES2-EGFP 벡터 (Clontech 회사)에 WAVE1의 변이체인 WAVE1ΔV의 cDNA를 삽입하고, B16 melanoma 세포에 transfection 하였다. 800 μg/ml의 G418을 포함한 배지에서 2주간 배양한 후에 페니실린 컵법으로 10개의 clone을 얻었다.

각각의 clone에 있어서 WAVE1ΔV의 발현양을 조사하기 위하여 WAVE1 및 GFP에 대한 항체를 이용하여 Western blot을 실시하였다 (그림 2). 고분자량 측의 band가 내재성의 WAVE1, 저분자량 측의 band가 WAVE1ΔV이다. 10개의 각 clone 간에 상당한 발현양의 차이가 나타난다. 또한 GFP와 WAVE1ΔV의 발현양이 거의 비례하고 있는 것을 알 수 있다.

맺음말

최근에는 외부자극에 의해 유전자 발현을 유도할 수 있는 계 (Invitrogen 회사 Ecdysone-Inducible Expression System, Clonetech 회사 Tet-On & Tet-Off Gene Expression System, Stratagene 회사 LacSwitch II Inducible mammalian Expression System 등)가 개발되어, 발현양을 외부자극으로 조절하는 것이 가능하게 되었고, 세포분화나 apoptosis, 세포주기 등의 연구에 새로운 가능성을 야기하고 있다. 또한 multicistronic mRNA를 합성할 수 있는 벡터가 개발되었다 (Clontech 회사 pIRES 시리즈). 이 pIRES 벡터는 하나의 프로모터로부터 같은 정도의 발현 수준에서, 2종류의 단백질을 발현할 수 있다. 그 때문에 복수의 단백질을 안정적으로 발현 할 수 있는 세포주를 단기간에 제작할 수 있게 되었다. 또한 GFP 등의 reporter 단백질을 삽입한 pIRES 벡터도 시판되고 있으며, 유전자 발현양을 시각적으로 관찰할 수 있도록 되었으며, FACS를 이용한 스크리닝도 가능하게 되었다.

향후에도 새로운 벡터의 개발로 안정형질발현주를 응용한 획기적인 방법론이 개발될 가능성도 있을 것이다.

참고문헌

1) 渡邊利雄：バイオ実験イラストレイテッド6「すくすく育て　細胞培養」, pp117-130, 秀潤社, 1996
2) 日本生化学会 編：基礎生化学実験法 3「タンパク質, II 機能・動態解析法」, pp115-116, 東京化学同人, 2001
3) Ausubel, F. M. et al. : Current Protocols In Molecular Biology, vol 1 & 2 : 9. 5, John Wiley & Sons Inc., 1987

3. 레트로바이러스를 이용한 발현

이 방법으로 무엇을 해석할 수 있을까?

레트로바이러스 벡터는 배양세포에 대한 유전자도입 실험이나 유전자치료 등에 널리 이용되고 있다. 안정한 장기적인 유전자발현, 높은 효율로 유전자도입이 가능하다. 또한 다른 방법으로는 어려운 초대배양세포나 생체 내의 세포에 유전자를 도입할 수 있다.

서론

레트로바이러스 벡터는 목적 유전자가 숙주의 염색체에 삽입되기 때문에 안정한 장기적인 유전자발현이 가능하며, 유전자 도입한 세포주의 수립에 널리 이용되어져 왔다. 최근에는 packaging 세포의 개량으로 높은 역가의 바이러스를 간단하게 얻을 수 있게 되어, transient 한 발현에도 이용되고 있다. 또한 바이러스 용액을 주입함으로써 생체 내에서의 유전자 발현도 가능하며, 발생의 연구 등에 이용되고 있다.

단 레트로바이러스 벡터에 의한 발현은 플라스미드를 이용한 일과성의 발현에 비해 목적 유전자의 발현양이 적기 때문에 높은 수준에서의 발현을 목적으로 하는 실험에는 적합하지 않다. 또한 효율적으로 packaging 되는 레트로바이러스 RNA의 크기에는 한계가 있기 때문에 큰 DNA 단편 (>11 kb)을 도입하는 것은 불가능하다. 바이러스 DNA 복합체가 세포핵에 들어가기 위해서는 세포분열이 필수이며, 세포증식이 정지한 세포에는 유전자 도입을 할 수 없는 특징도 있다.

재조합형의 레트로바이러스를 생산하는 실험은 일본 문부과학성 「재조합 DNA 실험지침」에 따를 필요가 있기 때문에 실험을 개시하기 전에 소속시설에서의 인가를 얻을 필요가 있다. 보통의 유전자를 이용한 실험에서는 P2 level에서의 사용이 가능하다.

원리

레트로바이러스는 RNA를 유전자로서 바이러스 입자 중에 가진다. 숙주에 감염하면 역전사효소의 작용으로 바이러스 RNA를 주형으로 이중사슬 DNA가 합성되어 숙주 염색체 중으로 삽입된다. 바이러스 DNA는 숙주세포의 RNA polymerase에 의해 전사되고, 바이러스 RNA 분자가 대량으로 생산된다. 이 RNA 분자의 번역으로 capsid, envelope, 역전사효소 (각각 gag, env, pol이라는 유전자로 code 됨)가 합성되고, 이들이 바이러스 RNA와 함께 새로운 바이러스 입자를 만들어 세포막으로부터 출아한다.

기본적인 실험의 흐름은 우선 gag, env, pol을 가진 packaging 세포에, 목적의 유전자를 삽입한 바이러스 벡터 (packaging 신호를 가지고 있지만 gag, env, pol이 없기 때문에, packaging 세포 중에서만 증식할 수 있음)를 도입한다. 이 세포는 바이러스 입자를 배양 상등액 중으로 생산하게 되고, 이 상등액을 이용하여 목적의 세포에 유전자를 도입한다.

Packaging 세포는 만들어지는 바이러스 입자의 종류에 따라 ecotropic (설치류의 세포에서만 감염가능), amphotropic (사람이나 원숭이를 포함한 많은 종류의 세포에 감염 가능)으로 구별된다. 또한 바이러스 벡터는 현재 여러 종류가 사용되고 있으며, 각각 특징을 가지고 있다. 본 항에서는 비교적 단기간으로 높은 역가의 바이러스를 제작할 수 있는 ecotropic packaging 세포인 BOSC23 세포를 이용한 시스템에 대하여 기술한다[1), 2)].

준비물

1) 기기·기구

- 일반적인 세포배양의 장치와 설비 : CO_2 incubator, 안전 캐비넷 등
- 플라스틱 dish
- 원심분리 튜브

2) 시약

- 배지
  10% FBS/DMEM
  100 units/㎖ 페니실린, 100 units/㎖ 스트렙토마이신, 2 mM L-글루타민을 포함
  OPTI-MEM I (Invitrogen 회사)
- LipofectAMINE 2000 (Invitrogen 회사)
- Polybrene (Sigma 회사)
  PBS에 1 ㎎/㎖이 되도록 용해하고 여과멸균 한 후 4℃에서 보존
- 선택배지
  25 ㎍/㎖ mycophenolic acid, 2 ㎍/ml aminopterin, 250 ㎍/㎖ xanthine, 15 ㎍/㎖ hypoxanthine, 6 ㎍/㎖ thymidine을 포함한 배지
- BOSC23 packaging 세포 (ATCC에서 구입가능)
- 플라스미드 DNA : Qiagen 회사 등의 키트로 정제한 것

프로토콜

1 바이러스 용액의 조제

① Transfection의 16~24시간 전에 직경 6 ㎝의 플라스틱 dish에 2 × 10^6개의 BOSC23 세포를 접종한다. 배지는 항생물질을 포함하지 않은 것을 3 ㎖로 한다

> ☞ · BOSC23 세포는 선택배지로 유지하고, transfection 2일전에는 보통의 10% FBS를 함유한 DMEM으로 교환해 둔다. 레트로바이러스의 생산은 packaging 세포의 상태에 크게 의존한다. 세포를 유지할 때에는 over confluent 하는 것을 피하고 약 20회 (2개월) 정도 계대하면 새로운 stock으로 교환한다.
> · BOSC23 세포가 괴를 만들지 않고, 따로따로 흐트러지도록 접종한다. transfection을 실시할 때에 80~90% confluent가 된다
> · BOSC23 세포는 대단히 떨어지기 쉽기 때문에 주의하여 실시한다. 배지를 직접 세포에 첨가하지 않고, dish 벽면에 따라 조용히 주입한다.

② 5 ㎍의 플라스미드 DNA를 300 ㎕의 OPTI-MEM I에 혼합한다 (Solution #1)

③ 300 ㎕의 OPTI-MEM I에 LipofectAMINE 2000을 20 ㎕ 첨가하여 천천히 혼합하고, 실온에서 5분 방치한다 (Solution #2)

④ Solution #2에 Solution #1을 조용히 혼합하고, 실온에서 20분 방치한다 (Solution #3)

⑤ Solution #3을 조용히 BOSC23 세포에 첨가한다

⑥ CO_2 incubator 안에서 24시간 배양한다

⑦ 10% FBS를 함유한 DMEM (항생물질을 제외한 것)으로 배지를 교환한다

⑧ 24시간 후 세포 상등액을 회수하고 바이러스 용액으로 사용한다

> ☞ 4℃에서 원심분리 하여 상등액을 회수하든지, 0.45 ㎛ pore의 syringe 필터를 이용하여 세포성분을 제거한다. 가능한 한 회수 직후에 목적세포에 대한 감염을 실시한다. 바이러스 titer의 반감기는 37℃에서 3~6시간으로 알려져 있다. 1~2시간 이내에 사용하는 경우에는 얼음 중에서 보존하고, 잠시 사용하지 않는 경우에는 드라이아이스 중에서 동결한 후, −80℃에서 보존한다. 동결한 바이러스 용액은 37℃에서 용해한 후 금방 사용한다. 동결융해를 반복하면 titer는 현저하게 저하하기 때문에 보존할 때에는 분주하여 필요한 만큼 녹이도록 한다.

2 바이러스의 감염

① 감염당일에 대수 증식기가 되도록 목적의 세포를 플라스틱 dish에 접종해 둔다

② 바이러스 용액에 polybrene을 5~10 ㎍/㎖을 첨가하고, 이것을 목적의 세포에 첨가하여 24시간 배양한다

> ☞ Polybrene은 세포독성이 있기 때문에 목적의 세포에 대한 독성이 높은 경우에는 incubate 시간, polybrene의 농도를 조절한다.

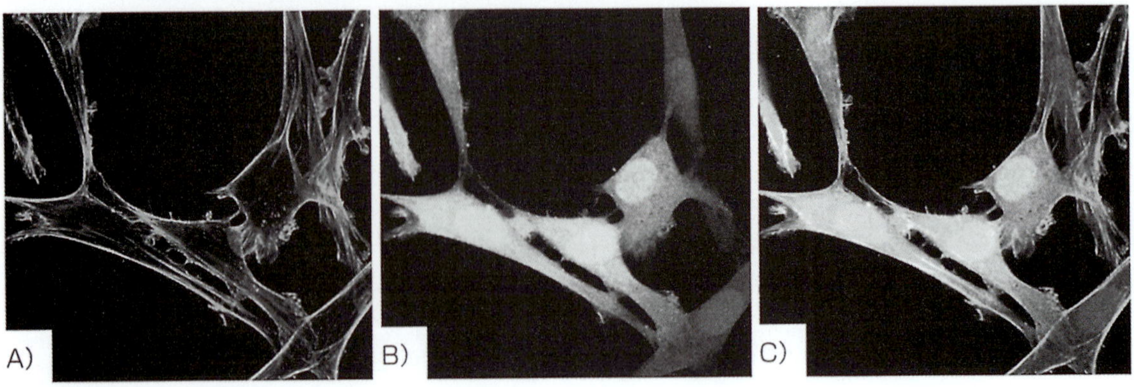

그림 1. NIH3T3 세포로의 GFP 유전자의 도입
A) rhodamine-phalloidin, B) GFP, C) A와 B의 화상을 병합한 것 (책 앞부분 color-7 참조)

③ 바이러스 용액을 제거하고, 세포를 배지로 세정한 후, 신선한 배지를 첨가하고 24시간 배양한다
④ 형광항체법이나 Western blot 등의 assay를 실시한다

실험 예

pMX 벡터 - 플라스미드에 녹색 형광 단백질 (GFP) cDNA를 삽입하여 바이러스를 제작하고, NIH3T3 세포에 감염시켰다. 36시간 후에 포르말린으로 고정하고 rhodamine-phalloidin으로 actin 필라멘트를 염색한 후, 공초점 레이저 현미경을 이용하여 세포를 관찰하였다 (그림 1). 그 결과, 거의 모든 세포에서 GFP의 형광이 관찰되고, 높은 효율로 유전자 도입이 이루어진 것이 확인되었다.

맺음말

설치류 이외의 세포에 대해 유전자 도입을 실시하는 데에 BOSC23 세포 대신에, amphotropic packaging 세포인 Bing 세포를 이용한다. 그러나 Bing 세포 (ATCC로부터 구입가능 : http://www. atcc.org)를 이용하여 얻어지는 바이러스의 역가는 BOSC23 세포의 것보다 상당히 낮다.

본 항에서 기술한 실험계는 대단히 간편하기 때문에, 단기간에 많은 종류의 유전자를 함유한 바이러스를 취급할 수 있다. 우리들은 복수의 종류의 바이러스를 동시에 목적세포에 감염시키는 것도 실시하고 있다. 또한 발현 클로닝 법[3), 4)] 등 여러 가지 실험에 응용이 가능하다.

1) 村松正實，山本 雅 編，改訂第 4 版　新 遺伝子工学ハンドブック，羊土社，2003 (印刷中)
2) Pear, W. S. et al. : Proc. Natl. Acad. Sci. USA, 90 : 8392-8396, 1993
3) Kitamura, T. et al. : Proc. Natl. Acad. Sci. USA, 92 : 9146-9150, 1995
4) Kitamura, T. : Int, J. Hematol., 67 : 351-359, 1998

제8장 동물세포에서의 단백질의 발현과 응용

4. 아데노바이러스를 이용한 발현

이 방법으로 무엇을 해석할 수 있을까?

아데노바이러스 벡터를 이용한 유전자 발현은, 대부분의 분화, 미분화 세포에 대해 높은 도입효율과 발현양을 가지며, 연구에서 유용한 도구로서, 또한 유전자치료의 한 방법으로 폭 넓게 이용되고 있다[1].

본 항에서는 Stratagene 회사의 AdEasy System을 이용한 재조합 아데노바이러스의 제작을 해설한다.

서론

아데노바이러스 벡터는 다른 유전자 도입법과 비교하여 다음과 같은 특징이 있다.

- 높은 역가의 재조합 바이러스 용액을 얻을 수 있으며, 목적 세포에 대한 높은 도입효율을 실현할 수 있다
- CMV 프로모터 등을 이용하여 높은 발현양을 얻을 수 있다
- 도입할 수 있는 동물종, 세포종이 넓다
- 증식세포뿐만 아니라 정지기의 세포에도 도입할 수 있다

예를 들면 8장 1의 플라스미드를 이용한 일과성의 발현법으로는 플라스미드를 도입하기 힘든 세포로의 유전자 도입이나 세포주기의 해석과 같이 높은 도입효율이 필요한 실험, 더욱이 동물개체로의 주입, 투여에 의한 유전자 발현이 가능하다.

단 레트로바이러스 벡터와는 달리 유전자의 자발적인 염색체 삽입능을 가지고 있지 않기 때문에 세포분열이 현저한 상태에서는 발현양이 빠르게 저하한다. 또한 바이러스 감염에 의한 세포로의 손상도 크게 있는 것을 염두에 두어야 한다.

재조합 아데노바이러스를 생산하는 실험은 일본 문부과학성 「재조합 DNA 실험지침」에 따를 필요가 있다. 실험을 시작하기 전에 소속기관에서 허가를 얻어야 한다. 재조합 아데노바이러스는 증식에 필요한 E1 유전자가 결실되어 있기 때문에 E1 유전자를 발현하고 있는 293 세포나 911 세포 이외에서의 증식능이 없으며, 2차감염이나 사람에서의 증식 가능성은 낮다. 따라서 보통의 실험에서는 P2 level에서 실시한다.

원리와 개요

1 목적 유전자의 벡터 삽입

벡터에 목적 유전자를 삽입한다. 본 시스템에서는 삽입하는 염기배열 중에 제한효소 *Pac* I, *Pme* I의 인식배열이 존재하고 있으면 안 되기 때문에 확인해 둔다. 벡터는 수 종류 존재하기 때문에 용도에 맞추어 선택할 것. 세포염색에서는 방해가 되는 경우가 있지만, GFP를 동시에 발현하는 pAdTrack-CMV (Stratagene 회사)나 pShuttle-IRES-hrGFP (Stratagene 회사)를 이용하면 바이러스의 염색정도가 한 눈에 알 수 있어 편리하다.

2 재조합

벡터를 *Pme* I으로 절단하고 backbone vector 벡터인 pAdEasy와 함께 대장균 BJ5183에 electroporation

법으로 도입한다. 대장균 내에서 재조합이 일어나기 때문에, mini-prep 법으로 확인한다.

3 바이러스의 제작 및 증식

Recombinant 벡터를 *Pac* I으로 절단하고 Lipofectamine을 이용하여 HEK293 세포에 유전자를 도입한다. 세포 내에서 바이러스가 만들어지기 때문에 1주간 후에 바이러스 용액을 회수하고, 다시 293 세포에 감염시켜 증폭 (amplify)한다.

준비물

1) 시약·시료

- pAdEasy kit (Stratagene 회사)
- LipofectAMINE (Invitrogen 회사 #18324-012)
- *Pac* I (NEB 회사 #RO547S)
- *Pme* I (NEB 회사 #RO560S)
- OPTI-MEM I (Invitrogen 회사 #31985-070)
- DMEM 배지
- LB + kanamycin (50 ㎍/㎖) 배지
- LB + 30 ㎍/㎖ streptomycin
- 멸균 WB (10% 글리세롤, 90% SQ)

2) 기구·기계

- 세포배양 용 dish (3.5 ㎝, 10 ㎝, 15 ㎝)
- 세포배양 용 플라스크 (50 ㎖)
- Electroporation 용 기기

프로토콜

1 Electro competent 대장균의 제작

① 소량의 대장균 BJ5183을 1.5 ㎖의 LB + 30 ㎍/㎖ streptomycin으로 하룻밤 전배양을 한다

② 1ℓ삼각 플라스크에 200 ㎖의 LB + streptomycin을 준비하여, BJ1583을 200 ㎕ 첨가하고, OD_{600} = 0.6~0.8이 될 때까지 4~5시간 37℃에서 배양한다

③ 50 ㎖ 튜브 4개에 분주하고, 10분~1시간 얼음 중에서 냉각한다

④ 3,000 rpm, 4℃에서 10분간 원심분리 하고, 침전을 200 ㎖의 얼음 중에서 냉각한 멸균 WB (10% 글리세롤, 90% SQ)로 세정한다

⑤ 3,000 rpm, 4℃에서 30분간 원심분리 한 후, 침전을 50 ㎖의 WB로 다시 세정한다. 이 때 1개의 50 ㎖의 튜브에 합쳐 모은다

⑥ 3,000 rpm, 4℃에서 30분간 원심분리 한 후, 침전을 합계로 400 ㎕ 정도가 되도록 WB로 현탁한다

⑦ 80 ㎕ (4개 샘플 분)정도씩 분주하고, -80℃에서 보존한다

2 Recombination (재조합)

① 벡터에 목적 유전자를 삽입한다. 단 삽입하는 배열 중에 *Pme* I 및 *Pac* I의 인식배열이 있으면 안 된다. 또한 control 용으로 빈 벡터로도 바이러스를 만든다

② 목적 유전자를 삽입한 벡터를 제한효소 *Pme* I으로 완전히 선형화 한다

벡터	100~500 ng
Pme I	0.5 ㎕
NEB buffer 4	2 ㎕
멸균 증류수	적당량
합계	20 ㎕

③ 37℃에서 하룻밤 반응시킨다. 그 후 페놀 추출, 에탄올 침전을 실시하고, 6 ㎕의 멸균 증류수에 녹인다

④ 1 ㎕의 pAdEasy (100 ng/㎕)와 혼합하고, 20 ㎕의 electro competent 대장균 BJ5183을 첨가하고, electroporation을 실시한다. 2㎜의 큐벳을 사용하여 2.5 kV, 200 Ω, 25 ㎌의 조건에서 실시한다

⑤ 500 ㎕의 LB 배지에서 37℃, 10~20분 배양 후, LB + Kan plate에 접종한다. Electroporation의 효율에 따라 다르지만 1 : 4 정도 나누어 2장으로 접종하면 실패는 없을 것이다

⑥ 약 24시간 후, 가능한 한 작은 colony를 10개 정도 pick up 하여 1.5 ㎖ LB + Kan 배지에서 배양한다

> ☞ Recombination이 일어난 대장균은 증식이 늦어진다. 큰 colony는 *Pme* I으로 잘라 남은 벡터에 의한 것이다

⑦ 다음날 mini-prep DNA를 조제하고 제한효소 *Pac* I + NEB buffer 1로 절단. 0.8% agarose 겔에서 전기영동을 실시한다. Recombination이 일어났다면 약 30 kb의 큰 단편과 3 kbp나 4.5 kbp의 작은 단편이 확인된다

⑧ Recombination이 일어난 대장균을 하룻밤 배

양하고 각 연구실의 프로토콜에 따라 유전자 도입용의 recombinant 플라스미드를 회수한다

> ☞ 본 연구실에서는 Qiagen 회사의 mini-prep kit (#27106)를 2~3개 사용하였다

3 바이러스의 제작

① 유전자 도입의 하루 전일에 HEK293 세포 2 × 10^6을 50 ㎖의 플라스크에 접종해 둔다. 유전자를 도입할 때에는 50~70% confluent 되어 있어야 한다

> ☞ HEK293 세포는 벗겨지기 쉽기 때문에 취급에 주의한다. 세포의 밀도는 약간 진한 것이 좋다. 2일에 1회, 1/4로 희석하여 계대를 실시한다

② Recombinant 플라스미드 4 ㎍을 제한효소 *Pac* I + NEB buffer 1로 절단한다. 2시간 정도 반응 후 에탄올 침전 하여 20 ㎕의 멸균 증류수에 녹인다

③ a. *Pac* I 절단 플라스미드 + 250 ㎕ OPTI-MEM I
b. LipofectAMINE 20 ㎕ + 250 ㎕ OPTI-MEM I
c. b를 혼합하여 실온에 15~30분간 방치한다

④ 그 사이에 HEK293 세포의 배지를 흡입하고, OPTI-MEM I로 세정하고 배지를 완전히 제거한다. 2.5 ㎖의 OPTI-MEM I을 첨가하고, CO_2 배양기에서 약 10분간 배양한다

⑤ LipofectAMINE-DNA 혼합액을 상기의 HEK293 세포에 첨가하고, CO_2 배양기에서 배양한다

⑥ 4시간 후, LipofectAMINE-DNA 혼합액이 들어간 배지를 흡입하고, DMEM 배지 (10% FBS 항생물질이 포함) 6 ㎖을 첨가한다. 더욱이 lipofection의 2일 후에 다시 한번 배지교환을 하면 세포가 건강한 상태로 오래 지속된다

> ☞ GFP를 발현하는 바이러스의 경우, lipofection의 다음 날 세포를 형광현미경으로 관찰하고 GFP의 형광이 관찰되면 우선은 lipofection 성공이다

⑦ Lipofection으로부터 1주간 후에 바이러스 용액을 회수한다. 바이러스는 배지 상등액 및 세포체내에 존재하기 때문에 pipetting으로 합쳐서 흡입하고 15 ㎖ 튜브에 옮긴다

⑧ 세포 내의 바이러스를 꺼내기 위해, 액체질소동결 → 용해 → vortex를 합계 4 cycle 반복하여 세포를 파쇄한다*. 3,000 rpm, 4℃에서 원심분리 하고 얻어진 상등액이 최초의 바이러스 용액이 된다

> ☞ * 용해 할 때에 바이러스 용액을 따뜻하게 되지 않도록 주의한다.

4 바이러스의 증폭

① 10 ㎝ dish, 50~70% confluent의 HEK293 세포에 DMEM 배지 (10% FBS 항생물질 포함) 5 ㎖ + 최초의 바이러스 용액 5 ㎖을 첨가한다

② GFP를 발현하는 형태의 벡터이면 다음날에 형광현미경으로 감염세포가 있는 것을 확인할 수 있다

> ☞ 보통 수십 개~수백 개. 단 이 시점에서 감염세포가 없어도 증폭을 반복하면 보이는 경우도 있다

③ 바이러스 용액을 첨가한 후 3일째 다시 앞에서 기술한 요령으로 바이러스 용액을 회수한다. 이것을 반복함으로써 바이러스를 증폭한다. 또한 도중에 세포용해액을 따로 만들어 Western blot 법으로 목적 유전자의 발현을 check 해 둔다. 충분히 증폭되었다면 바이러스를 감염시킨 다음 날에는 대부분의 HEK293 세포가 dish로부터 이탈되어 있는 상태가 확인된다

④ 고농도의 바이러스 용액을 얻기 위해 증폭된 바이러스 1~2 ㎖을 5~10장의 15 ㎝ dish, 90% confluent HEK293 세포에 감염시킨다

⑤ 절반의 세포가 dish로부터 이탈되면 (수일간 소요), pipetting으로 세포를 회수한다. 1,000 rpm, 4℃에서 5분간 원심분리 하고, 상등배지를 버린다. 세포를 DMEM (− FBS) 혹은 멸균 PBS 10~20 ㎖에 현탁하고, 앞에서 기술한 바와 같이 동결융해를 실시한다

⑥ 3,000 rpm, 4℃에서 10분간 원심분리 하고, 상등액을 소분하여, −20℃에서 보존한다

5 바이러스의 사용법의 실제

① 우선 사용하는 세포에 최적의 조건을 검색할 필요가 있다. 세포를 3.5 ㎝ dish에 6장 이상 준비한다

② 배지 2 ㎖에 대하여 1, 3, 10, 30, 100, 300 ㎕ 정도로 바이러스 용액을 첨가한다

③ 3~4시간 후, 배지교환을 실시한다

④ 다음 날 세포를 관찰한다. GFP를 발현하고 있는 바이러스이면 그대로 형광현미경으로 관찰한다. 그렇지 않은 경우 항체염색을 실시한다. 감염효율이 높고 동시에 세포에 대한 손상이 적

$$x=\log(10^{-4}\times3^{-1})-\{\frac{8}{8}+\frac{8}{8}+\frac{8}{8}+\frac{8}{8}+\frac{8}{8}+\frac{8}{8}+\frac{7}{8}+\frac{4}{8}+\frac{1}{8}-0.5\}\times\log3$$

$$=\log(10^{-4}\times3^{-1}\times3^{-7})=-4-8\log3=-7.817$$

$$\therefore TCID_{50}=10^{-7.817}$$

그림 1. 세포변성 종말점의 산출법

희석 바이러스 용액량이 50 ㎕이기 때문에, 이 농도 50 ㎕에서 1 PFU라고 생각하면 바이러스 원액의 역가는, 1 ㎖ ÷ 50 ㎕ ÷ $10^{-7.817}$ = 20 × $10^{7.817}$ = $10^{9.118}$ = 1.3 × 10^{9} (PFU/㎖)이 된다. 요컨대 8 예째가 절반 변성되면 1.3 × 10^{9} PFU/㎖이며, 7 예째의 절반까지라면 그의 1/3의 4.4 × 10^{8} PFU/㎖이 된다

은 바이러스 양을 확정한다

6 역가측정

① Option으로 영가측정의 방법도 기재해 둔다. HEK293 세포를 바이러스 1종류에 대해 10 ㎝ dish 1장 준비한다

② 재조합 바이러스를 DMEM + 5% FBS를 이용하여 1/10,000까지 희석한다

③ 콜라겐 코팅 96 well plate의 각 well에 50 ㎕ 씩 DMEM + 5% FBS를 넣고, 제일 첫 번째 열에 희석한 바이러스 용액을 25 ㎕ 씩 넣는다

④ 8 well 용 multi channel 피펫을 이용하여 제일 첫 번째 열의 75 ㎕에서부터 25 ㎕을 두 번째 열에 넣는다. 같은 작업을 11번째 열까지 반복하고, 제일 마지막의 25 ㎕는 버린다. 제일 마지막 12번째 열은 control로 한다

⑤ 10 ㎝ dish의 HEK293 세포를 DMEM + 5% FBS, 6 ㎖에 현탁하고, 50 ㎕ 씩 well에 넣는다

⑥ 3, 6, 9일 후에 각 well에 50 ㎕ 씩 DMEM + 10% FBS를 첨가한다

⑦ 12일 후에 세포변성의 종말점을 현미경으로 판정한다

⑧ Karber 식을 이용하여 50% 세포변성 종말점($TCID_{50}$)을 계산한다 (7 참조)

7 세포변성 종말점의 산출

HEK293 세포를 이용하여 본 방법으로 $TCID_{50}$을 산출한 결과 플라크 형성법으로 PFU를 구한 결과와 일치한다.

$TCID_{50}$ (/㎖) = PFU (/㎖)

Karber 식 : 구하는 $TCID_{50}$을 10^{X} 라고 하면,

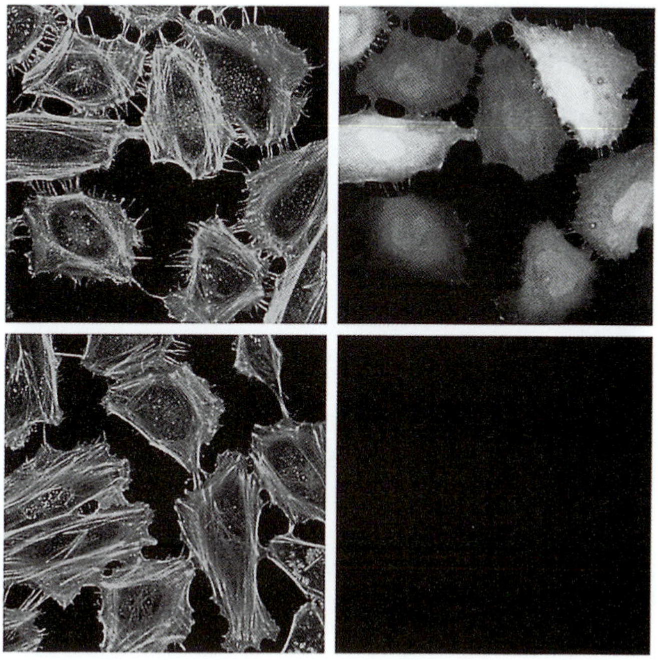

그림 2. 아데노바이러스에 의한 유전자 도입 실험 예
책 앞부분 color−8 참조

X = log a − [각 희석단계에 있어서 (변성 well 수/검체수)의 총합계 − 0.5] × log (희석율)
(단 a는 제일 첫 번째 열의 희석도 : $10^{-4} \times 3^{-1}$)

아래에 실험 예를 나타내었다 (그림 1).
희석 바이러스 용액량은 50 ㎕이므로, 이 농도 5 ㎕에서 1 PFU라고 생각되는 바이러스 원액의 역가는,
1 ㎖/50 ㎕/$10^{-7.817}$ = $10^{9.118}$ = 1.3×10^{9} (PFU/㎖)가 된다.

실험 예

HeLa 세포에 GFP 유전자 발현 아데노바이러스를 감염시켜, 2일 후에 포름알데히드 고정을 한 후, rhodamine − phalloidin 염색을 실시하였다. 위가 바이러스 감염세포, 아래가 control이다. 거의 모든 세포에서 GFP의 신호가 관찰되었다 (그림 2).

맺음말

용액 중에 있는 바이러스가 공기 중으로 날아가 감염을 일으키지 않지만, 취급할 때에는 RI 용액과 같은 주의가 필요하다. 예를 들면 피펫 끝의 기포가 튀는 순간, 에어로졸로서 날아가 벤치 내를 오염시킨다. 그와 같은 경우에는 envelop이 있는 바이러스 (레트로, HSV)는 70% 에탄올로, envelop이 없는 아데노바이러스는 5% SDS 선에서 닦으면 불활성화 된다.

최근에는 siRNA 용의 아데노바이러스 등도 개발되어 있으며, 상기와 같이 취급에 주의하면 극히 유용한 연구 도구이다.

참고문헌

1) Ali, M. et al. : Gene Therapy, 1 : 367-384, 1994
2) Stratagene社HP http://www.stratagene.com
AdEasy Systemについて http://www.coloncancer.org/adeasy.htm
3) 鐘ケ江裕美, 他 : バイオマニュアルUPシリーズ「遺伝子治療の基礎技術」 : pp88-90, 羊土社, 1996
4) 鐘ケ江裕美, 他 : バイオマニュアルシリーズ「遺伝子導入と発現解析法」 : pp43-58, 羊土社, 1994

5. Microinjection

이 방법으로 무엇을 해석할 수 있을까?

- 인산칼슘법, electroporation 법, lipofection 법 등의 유전자 도입법을 적용할 수 없는 세포주에 대하여 유전자 도입이 가능
- 세포 내에 직접 시료를 도입할 수 있으며, 목표로 하는 부위, 세포에 시료를 주입하는 것이 필요
- DNA 이외에도 RNA나 단백질 (항체 등), 또한 그들의 혼합물을 도입할 수 있기 때문에 시료에 제한이 없다

서론

유전자의 기능해석에 있어서, 그의 유전자 산물이 세포 내에서 어떻게 거동하는지는 대단히 중요한 요인이다. DNA를 살아 있는 세포에 도입하는 방법은 몇 가지 개발되어 있으며, 현재로서는 인산칼슘법, electroporation 법, lipofection 법이라는 유전자 도입법이 일반적으로, 많은 세포주에 응용되고 있다 (8장 1 참조). 그러나 세포주에 따라서는 이들 유전자 도입법을 적용할 수 없는 세포나, transfection 자체의 영향으로 세포가 분화, 형질전환을 일으키는 경우도 있으며, 반드시 모든 세포에 적용할 수는 없다.

본 항에서 소개하는 microinjection 법은 Graessmann 등에 의해 처음으로 유전자기능의 해석에 응용되어[1], 현재로는 폭 넓은 분야에서 유력한 기술로 적용되고 있다. 본 방법의 가장 큰 장점은 세포 내에 시료를 직접 주입하기 때문에, 용액인 경우 분자량, 분자의 종류에 제한이 없으며, 목표로 하는 부위, 세포에 시료를 도입할 수 있는 점일 것이다. 주입효율도 높고, 시료가 극히 소량으로 실험이 가능한 점도 장점이다. 그러나 수동으로 세포에 시료를 주입하기 때문에, 주입할 수 있는 세포의 수가 자연히 한정되고, 또한 주사침의 가동과 주입압을 제어해야 하기 때문에 특별한 장치를 필요로 하는 것을 결점으로 들 수 있다.

원리

원리는 극히 간단하며, 세포 내로 시료를 주입함으로써 세포에 미치는 영향을 조사하는 것이다. 그림 1에 나타낸 바와 같이 카버 글라스 위에 접착되어 있는 세포의 세포질, 핵을 조준하여 시료를 주입한다. 현미경의 stage 이동, 3차원 이동가능의 manipulator로 글라스 침 자체의 이동에 의해 목적의 세포에 시료를 주입하는 것이 가능하다.

준비물

1) 기구

- 글라스 침 (Eppendorf 회사 Femtotip Cat. No. 5242952.08)
- 원심 필터 (Millipore 회사 Ultrafree-MC 직경 0.1 ㎛)
- 모세관 (Eppendorf 회사 Microloader Cat. No.

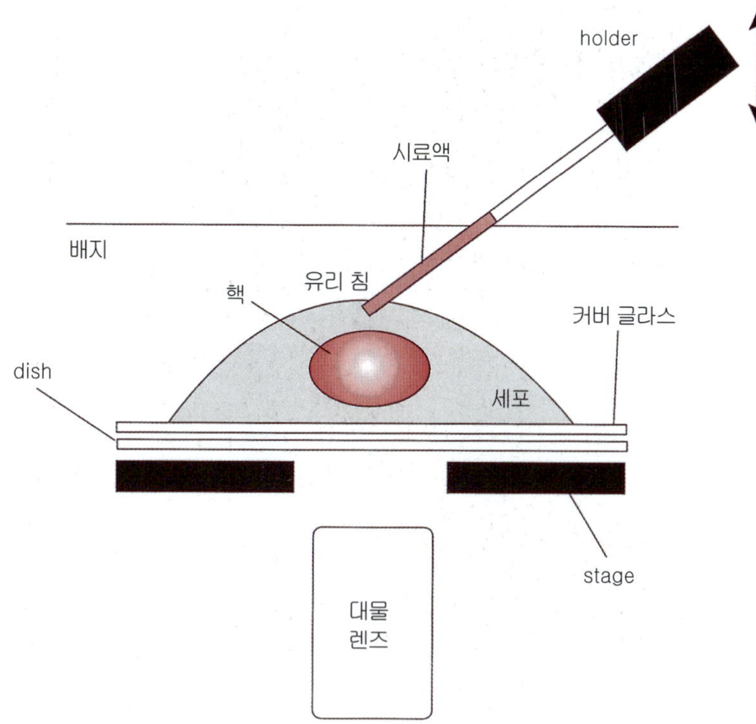

그림 1. 세포 · 유리 침 · 현미경의 위치관계

5242956.003)

· Manipulator

글라스 침의 유지·이동을 실시하기 위한 장치로, 전동 혹은 유압 manipulator가 시판되고 있다. Microinjection에서는 적어도 수직방향으로 1차원 구동이 가능한 것이 필요하다. 1 ㎛ 이내에서 제동할 수 있는 것이 바람직하다. 우리들의 연구부에서는 Eppendorf 회사의 Micromanipulator 5171을 사용하고 있다. 이것은 1 ㎛ 단위로 제동이 가능하며, 침의 하한을 설정할 수 있기 때문에 글라스 침이 기질이나 dish 바닥 면에 부딪혀 파손되는 경우가 적다

· Injector

시료 용액은 글라스 침 내로 도입된다. 대단히 미세한 관이기 때문에 글라스 침 내로 모세관 현상에 의해 배지가 유입되는 것을 방지하는 가압이 필요하며, 침 후방으로부터 가압하는 장치가 injector이다. 공기나 질소 가스로 가압하는 것이 시판되고 있다. 우리들의 연구부에서는 질소 가스를 이용하여, Eppendorf 회사의 Microinjector 5242를 사용하고 있다

· 현미경

하나하나의 세포를 관찰하면서 시료를 주입하기 때문에 작업은 현미경 하에서 실시한다. 일반적으로는 생세포를 높은 contrast로 관찰할 수 있는 도립형 위상차 현미경이 이용되고 있다. 글라스 침을 이동하는 manipulator 구동부위를 현미경 본체에 부설하기 때문에 방진은 확실히 할 것

2) 시약

· 1 M HEPES (pH 7.5)

HEPES	23.8 g

90 ㎖ 정도의 DW에 용해하고 KOH로 pH를 7.5로 한다

100 ㎖에 대하여 autoclave. 실온보존

· 주입시료 : PBS 용액으로 DNA, RNA, 단백질 혹은 그들의 혼합물을 microinjection 할 수 있다

프로토콜

① 세포를 배양용 플라스틱 dish에서 혹은 카버 글라스 위에서 배양한다

② 부착세포가 들어 있는 6 ㎝ dish에 신선한 배지를 10 ㎖ 넣고, 현미경 전체에 퍼지도록 한다

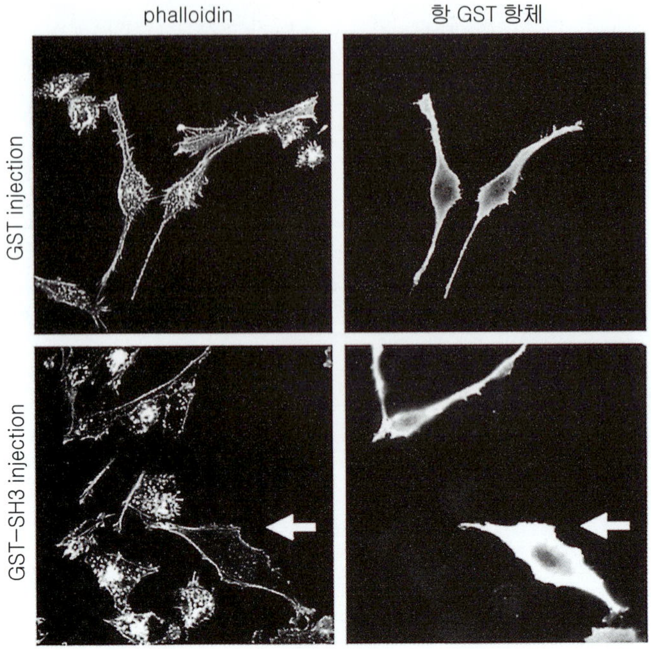

그림 2. Cortactin-SH3 domain에 의한 podosome 형성저해
문헌 2에서 인용

> ☞ 실험 조작 중의 배지의 pH 변화를 방지하기 위하여 HEPES를 최종농도 10~20 mM 정도로 첨가해 둔다.

③ 주입시료 용액을 원심 필터에 건다 (6,000 rpm, 2분)

> ☞ 글라스 침의 막힘을 방지하기 위하여 불용성 물질은 제거한다. 원심 필터가 없는 경우 시료 용액을 Microfuge로 고속회전수, 5분 원심분리 한 상등액을 이용한다.

④ 모세관에 원심 여과 후의 시료 용액을 넣고 글라스 침 내로 시료를 채운다

> ☞ 침의 끝 부분에 공기가 남지 않도록 침의 끝부분까지 시료 용액을 넣는다.

⑤ Injector에 접촉된 manipulator 구동부분에 글라스 침을 고정한다

> ☞ 침의 끝은 대단히 미세하여 파손되기 쉽다. Eppendorf 회사 제품의 모세관과 글라스 침을 이용하는 경우, 침 끝의 cap은 장착한 그대로 모세관으로 시료 용액을 채우고, 침 끝을 바로 아래로 향하게 하여 조금씩 cap의 나사를 느슨하게 하여 cap을 낙하시키면 파손을 방지할 수 있다.

⑥ 내부가 가압된 글라스 침의 끝을 dish의 배지 중에 담근다

> ☞ PBS 등의 염류를 고농도로 함유한 시료 용액은 염이 석출되기 쉽고, 석출한 염에 의한 막힘, 침 끝의 파손이 일어난다. 글라스 침은 manipulator에 고정한 후 신속히 배지에 넣어 침 끝의 건조를 방지한다.

⑦ 세포와 침 끝을 현미경으로 확인하면서, 침 끝을 세포에 접근시킨다

> ☞ 세포와 침 끝을 교대로 초점을 맞추어, 침 끝을 서서히 세포에 접근시킨다

⑧ 주입하고 싶은 세포를 선택하고 침을 내린다. 세포질, 핵 내로 침이 도달하면 시료 용액을 주입하고, 1회의 주입을 종료한다

> ☞ · 대부분의 microinjection 장치에서는 이 조작을 자동제어로 실시할 수 있다.
> · 세포는 정상 상태인 것을 선택한다. 떨어지기 쉬운 세포나 형태가 확실히 이상한 세포에는 주입하지 않을 것.

⑨ 다른 세포에 대해 ⑧의 조작을 반복한다

> ☞ 몇 개의 세포에 시험하여 적절한 주입압·시간을 검토한다. 주입압이 너무 높은 경우나 주입시간이 긴 경우에는 세포나 핵이 파열되는 경우가 있다.

⑩ 적절한 방법으로 주입 시료의 효과를 판정한다

☞ Microinjection이 확실히 이루어졌는지에 대한 판정은 FITC-dextran 등 label 된 분자를 시료 용액에 첨가하여 세포에 주입하고, 현미경으로 관찰함으로써 확인할 수 있다.

실험 예

랫드 섬유아세포인 3Y1 세포를 v-src로 형질전환 시킨 3Y1-src 세포에 GST, GST-cortactin SH3를 microinjection 하여, 3Y1-src 세포에 있어서 podosome 형성에 대한 영향을 검토하였다.

구체적으로는 1 ㎎/㎖의 농도가 되도록 각각의 단백질을 PBS로 희석, 시료 용액으로 microinjection을 실시하였다. Microinjection 종료 후 37℃ (5% CO_2)에서 30분간 배양한 후에 카버 글라스를 고정, rhodamine – phalloidin로 actin 섬유를, 항 GST 항체로 면역염색 하여 microinjection이 이루어진 세포를 판정하였다 (그림 2). GST-SH3 도메인을 injection 한 세포에서는 세포 바닥 면에 형성되는 dot 상의 podosome 형성이 억제되어 있었다 (그림 2 화살표).

맺음말

Microinjection은 주입하는 분자의 종류와 크기에 제한이 없으며, 시료도 소량으로 충분하지만 특수한 장치를 필요로 하며, 취급하는 세포의 수도 제한되는 단점이 있다. 따라서 많은 세포를 대상으로 유전자, 단백질의 효과를 검출하고 싶은 경우에는 다른 방법을 사용하는 것이 좋다.

그러나 일과성의 유전자 도입법으로는 아무리 해도 도입하고 싶은 유전자 산물이 발현하기까지 시간이 걸리며, 단시간에 있어서 단백질의 효과 판정은 곤란하다. 실 험 예에서 나타낸 바와 같이 단백질의 효과를 단시간에 판정하는 방법으로 microinjection은 대단히 유용한 방법의 하나로 생각된다.

참고문헌

1) Graessmann. M. &Graessmann. A. : Proc. Natl. Acad. Sci. USA. 73 : 366, 1976
2) Mizutani. K. et al. : Cancer Research, 62 : 669-674, 2002

6. 단백질의 도입 (protein transfection)

이 방법으로 무엇을 해석할 수 있을까?

단시간에 효율적으로 단백질을 세포 내로 도입할 수 있는 protein transfection은 단백질의 세포 내 국재나 분자 간 상호작용을 비롯한 신호전달연구에 응용되고 있다. 현재로는 단백질 분해에 관한 연구나 핵 내로의 전사인자의 도입에 의한 유전자 제어연구에도 이용되고 있다.

서론

플라스미드나 바이러스 벡터를 이용한 포유세포에서의 단백질의 발현은 분자의 기능해석을 위한 기본적인 분자생물학적 방법이다. 또한 전 항 8장 5에서 기술한 microinjection은, 접착세포에 있어서 유전자나 단백질을 직접 세포 내로 도입하는 방법이다. 그러나 이 방법에는 전용의 장치와 고도의 기술이 필요하다. 또한 대부분의 세포로의 도입은 어렵기 때문에 생화학적인 해석에는 적합하지 않다. Protein transfection은 시약을 이용한 새로운 단백질 도입방법이다. 이 방법에는 몇 가지 장점이 있다.

① 특별한 장치나 기술은 필요 없으며 간단하게 세포 내로 단백질을 도입할 수 있는 점. 원리, 방법 모두 lipofection에 의한 유전자 도입법과 아주 유사하며, 누구라도 간단하게 실험가능하다.

② 세포의 종류에 제한받지 않으며, 세포에 대한 물리적인 손상이 적은 점. COS-7 세포나 NIH-3T3 세포를 비롯하여, 암세포나 상피세포까지 널리 도입할 수 있기 때문에 편리하다. 우리들이 CHO 세포로 실험하였을 때에는 거의 60%의 세포에 단백질이 도입되어 있어 생화학적 해석도 가능하였다. 또한 시약에 다소 독성이 있지만, microinjection과 같이 세포가 손상을 받는 경우도 없다.

③ 단백질을 복수 동시로 도입하는 것이 가능한 점. 도입 가능한 단백질은 peptide로부터 분자량 500 kD 정도의 큰 분자까지 폭 넓기 때문에, 항체나 peptide를 이용한 저해실험, 유전자 발현이 어려운 분자량이 큰 분자의 도입 실험 등도 가능하다.

현재 Profect (Targeting Systems 회사), Pro-Ject (Pierce 회사), BioPORTER (Gene Therapy Systems 회사), 그리고 Chariot (Active motif 회사)의 4종류의 도입 시약이 시판되고 있다. 현재 apoptosis 시그널이나 고분자량 분자의 세포 내 국재에 대한 보고가 이루어져 있으며, 여러 가지 연구에 응용할 수 있는 방법이다[1), 2)].

원리

단백질 도입시약과 도입 단백질을 혼합하면 비공유적인 복합체가 형성된다. 이 복합체를 세포에 첨가하면 음으로 하전된 세포막 표면에 결합한다[3)]. 이 복합체는 세포막과 결합한 후 단백질을 세포질 중으로 방출한다(그림 1 오른쪽). 혹은 endocytosis에 의해 세포 내

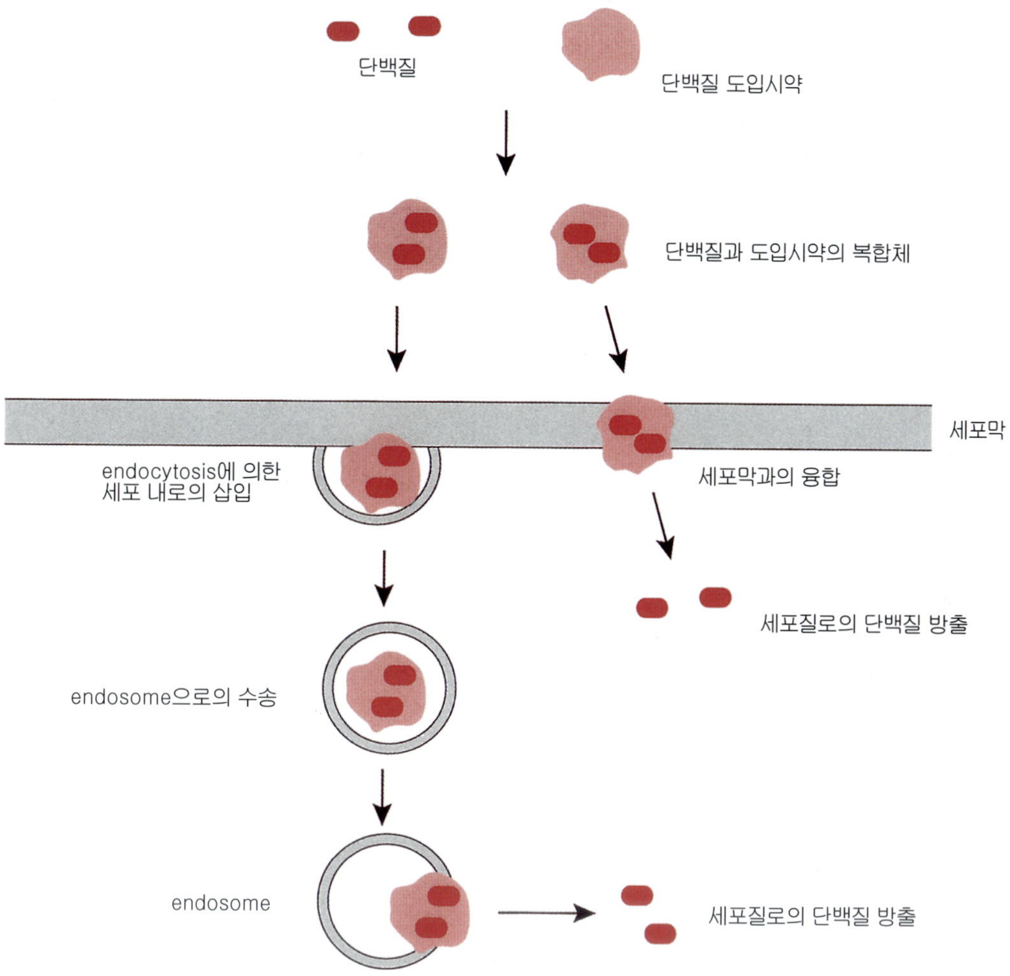

그림 1. 단백질 도입시약에 의한 세포 내로의 단백질 도입기구

로 삽입되어 복합체 그대로 endosome으로 운반된다. Endosome에 도달하면 복합체로부터 단백질이 분리되어 세포질 중으로 방출된다 (**그림 1 왼쪽**). 단백질은 분자량이 작은 단백질이면 2시간, 큰 것이라도 24시간 이내에 목적의 부위에 운반된다.

준비물

1) 기구·기계

- 일반적인 세포배양에 필요한 장치 (CO_2 incubator, clean bench 등)
- 멸균 필터 (Ultrafree-MC, 0.1 μM filter unit, Millipore 회사)

2) 시약

- 단백질 도입시약 (Targeting Systems 회사 Profect 등)
- 도입할 단백질
- OPTI-MEM I 배지 (Invitrogen 회사) 혹은 혈청이 들어 있지 않은 DMEM 배지
- PBS (−)

> ☞ 도입 단백질에 대해서는 정제 순도가 높은 것을 준비하고, 용매는 가능한 한 생리적인 조건에 가까운 [PBS (−)] 가 바람직하다. 염 농도가 너무 높은 경우 세포에 삼투압이 걸려 팽창할 가능성이 있기 때문에 투석하여 탈염시켜 놓는 것이 좋다. 또한 멸균 필터는 멸균 완료인 쪽이 좋다.

프로토콜

1 단백질 용액의 조제

① 필요에 따라 도입할 단백질을 PBS (−)로 20 ㎍/㎖부터 1 mg/㎖의 범위 내에서 희석한다

> ☞ 단백질 농도가 낮으면 도입 효과가 나타나지 않는 경우가 있다. 역으로 농도가 너무 높으면 시약과의 복합체를 형성할 때에 단백질이 응집될 가능성이 있다.

② 단백질 용액을 멸균 필터에 건다

2 단백질의 transfection

① 1.5 ㎖ 멸균 튜브에서 단백질과 Profect를 혼합한다*

단백질 용액	5 ㎕
Profect	5 ㎕
OPTI-MEM I100 ㎕ (3.5 ㎝ dish 경우)	

> ☞ * OPTI-MEM I의 대신에 무혈청의 DMEM 배지를 이용해도 좋다. 도입하는 단백질이 시그널 전달에 관한 분자인 경우는 DMEM이 좋다고 알려져 있다.

② Vortex를 최고 속도로 하여 30초간 교반한다

③ 실온에서 20~25분 incubate 한다. 이 사이에 세포를 OPTI-MEM I으로 2회 세정하여 둔다

④ 900 ㎕의 OPTI-MEM I을 첨가하여 잘 혼합한 후 다시 20초간 최대의 속도로 한 vortex로 교반한다

⑤ 세포로부터 2회째의 세정액을 완전히 aspirator로 제거하고, 혼합액을 1 ㎖ 첨가한다

⑥ CO_2 incubator 중에서 배양한다

> ☞ 배양시간은 도입할 단백질에 따라 다르다. 저분자량 분자나 효소의 경우는 2~3시간, 항체의 경우는 5~24시간이 좋다고 알려져 있다. 세포에 따라서도 다르기 때문에 조건검토가 필요하다. 우리들은 L6 세포의 경우 배양시간을 4~6시간으로 실시하고 있다.

⑦ 배양이 완료되면 세포를 OPTI-MEM I으로 4회 세정한 후 혈청이 들어 있는 배지로 교환하고 배양을 실시한다

> ☞ 도입시약은 세포 측에 독성이 강하기 때문에 완전히 제거할 필요가 있다. 최저 4회는 세정하는 편이 좋다.

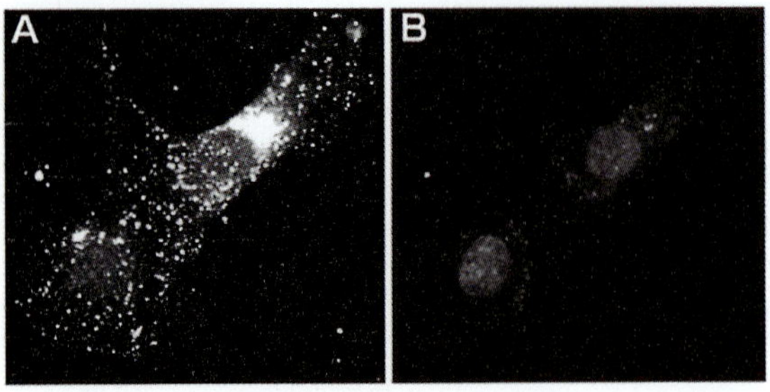

그림 2. Protein transfection에 의한 형광항체의 세포 내로의 형광항체 도입 예

실험 예

랫드 골격근 유래 L6 세포에 FITC label 된 마우스 유래 항 산양 IgG (80 ㎍/㎖)을, Profect-I를 이용하여 도입하고 경시적으로 관찰하였다. 도입 5시간 후에는 세포 내로 항체분자가 삽입되어 endosome 모양으로 국재하고 있는 것을 관찰할 수 있다 (그림 2A). 그림 2B는 세포의 위치를 알기 쉽도록 하기 위해 핵을 염색한 것이다.

맺음말

단백질 도입시약에 의해 간단하게 대량의 세포에 단백질을 도입할 수 있게 되었으며, 시그널 전달 연구의 분야에 있어서 보고가 이루어져 있다. 현재 세포막뿐만 아니라 핵막을 통과할 수 있는 Profect-2도 시판되고 있다. 시약의 독성이 있는 점 등 어려운 면도 있지만 유전자 발현의 경우, 보다 최적조건을 선택하기 쉬운 점 등 확실하고 재현성이 높은 결과를 얻을 수 있는 유용한 방법이라고 할 수 있다.

참고문헌

1) Fortugno, P. et al. : J. Cell. Sci., 115 : 575-585, 2002
2) Boyle, D. L. et al. : Mol. Vis., 8 : 226-234, 2002
3) Zelphati, O. et al. : J. Biol. Chem., 276 : 35103-35110, 2001

7. 형광 단백질의 구축, 발현과 생세포에서의 해석

이 방법으로 무엇을 해석할 수 있을까?

형광 단백질은 적절한 파장의 광으로 여기하면 형광을 나타낸다. 이 형광은 직접적으로 볼 수 있으며, 생물 종에 관계없이 장시간 안정하고 무해하다. 이와 같은 성질을 가진 형광 단백질을 이용함으로써 살아 있는 세포 중에 있어서 유전자 발현이나 단백질의 국재와 등을 실시간으로 보는 것이 가능하다.

서론

*Aequorea victoria*는 청녹색으로 빛을 내는 생체 발광 해파리이다. 그의 발광기구는 다음과 같이 되어 있다. Ca^{2+}에 의해 활성화 된 발광 단백질인 aequorin이 에너지를 방출한다. 그의 에너지에 의해 녹색 발광 단백질 (green fluorescent protein : GFP)이 여기되어 형광을 나타낸다[1)~3)]. 1992년에 GFP의 유전자가 분리되어[4)], 생물 종에 관계없이 이소적 발현이 가능하도록 개량이 진행되었다[5)]. 현재에는 GFP는 reporter로서 여러 가지 해석에 이용되고 있다.

GFP는 238개 아미노산으로 구성된 단백질이며 진핵세포, 원핵세포에 관계없이 세포 내에 발현하면, 다른 단백질, 기질, cofactor를 필요로 하지 않고 청색광이나 UV 광 조사에 의해 녹색의 형광을 나타낸다. 이와 같은 성질을 가진 GFP는 유전자 발현이나 단백질의 세포 내 국재 등의 해석에 있어서 그의 마력을 발휘한다. 이 때 생세포에 있어서 해석이 가능한 점이 GFP를 이용하는 최대의 장점이 되고 있다. 그 이외에 형광을 이용한 해석법으로 형광 항체법 (7장 5 참조)도 있지만, 이 경우의 대부분은 세포를 고정할 필요가 있다.

GFP는 여러 가지 변이를 부가함으로써 개량되어 청색형광 단백질 BFP, 시안색형광 단백질 CFP, 황색형광 단백질 YFP이라는 형광 단백질이 만들어졌다. 또한 해면동물 (*Discosoma* Sp.) (그림 1 B)의 착색조직, 세베 말미잘 (*Heteractis crispa*) (그림 1 C)의 착색조직으로부터 각각 DsRed나 HcRed라는 색소 단백질이 추출되어[6) 7)], 적색 형광 단백질로서 개량되었다. 이들 개량 형광 단백질을 조합함으로써, 복수의 유전자 발현이나 단백질의 세포 내 국재, 기능, 활성을 실시간으로 해석하는 것이 가능하게 되었다. 예를 들면, 살아 있는 세포를 이용한 FACS (fluorescence activated cell sorter) sorting (8장 12 참조)이나, 세포 내에서 일어나는 단백질 간의 상호작용 혹은 분자수준에서의 현상을 해석하는 유효한 수단인 형광 에너지 이동 (FRET : fluorescence resonance energy transfer)의 검출이 가능하게 되었다 (8장 10 참조). 또한 어떤 유전자와 함께 발현시킴으로써 단순히 그의 형광 단백질을 유전자 발현의 지표로서 사용할 수도 있다.

이와 같이 형광 단백질은 여러 가지 해석에 있어서 유용하고 우수한 reporter이다. 그러나 몇 가지 단점도 있다. 단백질의 해석에 있어서 보통 그의 단백질을

그림 1. 형광 및 색소 단백질을 발현하는 생물 (책 앞부분 color-9 참조)
A) *Aequorea Victoria* (http://www1.ocn.ne.jp/~moguri99/owan.files/image004.jpg로부터 인용)
B) *Discosoma* Sp.
C) *Heteractis crispa* (사진제공 : Walter Veneruz)

형광 단백질 복합체로서 발현시키지만, 형광 단백질은 이량체화 (DsRed는 사량체화)하는 경향이 있다. 또한 형광 단백질 자체가 융합되어 있는 단백질에 대하여 국재나 활성 등 어떤 영향을 미치는 경우도 있다. 따라서 융합시키는 단백질에 따라 형광 단백질의 존재를 무시할 수 없는 점이 있다. 또한 세포를 고정하여 형광을 보고 싶은 경우, 고정법에 따라서는 형광 단백질이 파괴되어 형광이 보이지 않은 경우가 있다. 형광 단백질을 사용하는 실험을 계획할 때에는 이상의 점에 대하여 주의할 필요가 있다.

원리

어떤 특정의 색의 광을 흡수하는데 필요한 구조단위를 발색단이라고 한다. 형광의 강도는 이 발색단의 형성효율에 비례한다. GFP 발색단의 구성요소는 단백질 1차배열의 Ser-Tyr-Gly로 구성되는 환상 tripeptide로 이루어진다. 그리고 그들이 완전한 GFP 단백질에 삽입되어 환상화 되고, 더욱이 산화함으로써 발색단이 되고 형광을 나타내게 된다. 결정구조 해석으로부터 GFP는 발색단을 포함한 α-helix를 에워싼 대단히 조밀한 β-can 구조를 취하고 있는 것이 명확하게 밝혀졌다[8) 9)]. 이 구조 때문에 발색단이 외계로부터 차단되어 형광을 나타내는 적절한 환경이 만들어진다. 발색단의 형성은 번역 후에 일어나기 때문에 합성 직후의 GFP는 형광을 나타내지 않는다. 야생형 GFP는 UV와 청색광을 흡수함으로써 여기된다. 흡수가 최대일 때의 파장은 395 nm와 470 nm에 있으며, 녹색광의 방사 피크 때의 파장은 509 nm, 어깨 (shoulder) 파장은 540 nm이다.

이 GFP 발색단에 변이를 도입하면 광흡수, 방사의 피크 시의 파장치가 이동한다. 이것을 이용하여 녹색 형광 이외의 형광을 나타내는 형광 단백질이 만들어진다. 예를 들면 발색단의 Tyr을 His로 치환하면 광흡수 파장, 방사파장의 피크가 각각 380 nm, 440 nm로 되어 청색형광을 나타내게 되며, Trp로 치환하면 광흡수 파장, 방사파장의 피크가 각각 433 nm (main)과 453 nm (minor), 475 nm (main)과 501 nm (minor)가 되어 시안색 형광을 나타내게 된다. 더욱이 다른 부분으로 변이를 첨가하여 발색단의 형성비율을 높일 수 있다. 이 경우, 결과적으로 형광이 강하게 되며 또한 발색까지의 시간도 단축된다. 예를 들면, 형광 단백질 발현 플라스미드 벡터를 세포에 도입하였을 때에 GFP로는 발색까지 하루가 필요하지만, 개량 형광 단백질로는 반나절도 필요하지 않다. DsRed나 HcRed도 동일하게 개량되어, 발색단 형성 성공률을 올리는 것에 성공하였다.

Clontech 회사는 이들 개량 형광 단백질의 제품화가 잘 되어 있으며, 특히 ECFP (시안), EGFP (녹색),

EYFP (황색), DsRed2 (적색), HcRed1 (원적색)이 자주 이용되고 있다 (그림 2). 보통 2색 형광해석의 경우는 EGFP와 DsRed2 (또는 HcRed1)이든지 ECFP와 EYFP의 조합이 이용되며, 3색 형광 해석의 경우는 ECFP, EYFP, HcRed1 (또는 DsRed2)의 조합이 이용된다. 또한 FRET를 검출할 때에는 ECFP와 EYFP를 조합하여 이용한다. 이 때 ECFP를 여기하면 에너지가 EYFP로 이동하여 황색형광을 나타낸다.

이들 형광 단백질은 그의 cDNA가 플라스미드 벡터에 삽입된 형태로 제공된다. 거기에 해석하고 싶은 프로모터나 단백질의 cDNA를 삽입하고, 그것을 세포에 도입함으로써 그의 세포 내에서 형광 단백질이 발현한다. 또한 플라스미드 벡터는 원핵생물, 효모나 포유동물세포에 최적으로 발현하도록 각각 설계되어 있기 때문에 발현시키는 세포의 종류에 따라 적합한 벡터를 선택할 필요가 있다.

형광 단백질의 용도

1 형광 단백질 그 자체를 지표로서

유전자 발현의 해석을 하고 싶을 때, 그의 프로모터 영역의 하류에 형광 단백질의 유전자를 삽입하여 두면, 형광 단백질의 형광을 검출함으로써, 그의 프로모터가 활성화되어 유전자 발현이 일어난 것을 확인할 수 있다. 그런데 Clontech 회사로부터 판매되고 있는 Fluorescent Timer는 DsRed로부터 만들어진 형광 단백질로서, 발현되어 금방 녹색형광을 나타내지만, 단백질이 성숙됨에 따라 수 시간 이내에 적색 형광을 나타낼 수 있는 성질을 가지고 있다. 이것을 이용하면 유전자 발현의 경시변화를 측정할 수 있어 배형성이나 세포분화에 있어서 유전자 발현의 개시에서 종결까지의 경과를 추적하는 것이 가능하다.

또한 어떤 단백질을 세포에서 발현시킬 때, 그의 단백질과 형광 단백질을 같이 발현시킴으로써 목적 단백질이 발현하고 있는 세포를 선택할 수 있다. 이 때 2가지 단백질은 동시에 발현해야 하지만 뇌심근염 바이러스의 IRES (internal ribosome entry site)를 이용한 발현 계 (Clontech 회사)나 pAdTrack (AdEasy 아데노 발현 시스템) 등을 이용함으로써 그것이 가능하다. 전자는 발현 카세트에 프로모터가 1개 포함되어 있지만, IRES를 통하여 1개의 mRNA로부터 2개의 open reading frame을 번역할 수 있기 때문에 발현시키기 싶은 단백질과 GFP의 동시발현이 가능하다. 후

형광 단백질	여기/방사 피크 (nm)
DsRed2	561/587
HcRed1	588/618 ± 4
EGFP	489/508
EYFP	514/527
ECFP	434/477

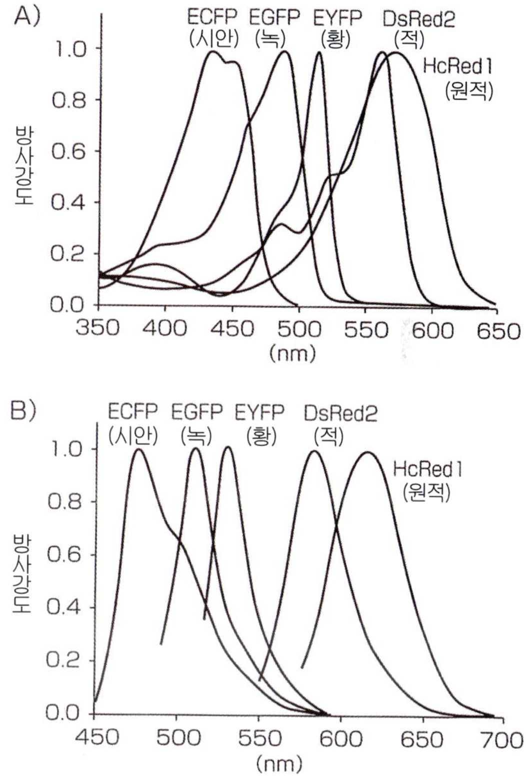

그림 2. ECFP, EGFP, EYFP, DsRed2, HcRed1의 흡수 · 방사 스펙트럼

A) 흡수 스펙트럼

B) 방사 스펙트럼. 곡선은 표준화 되어 있으며, 각 곡선은 각 형광 단백질의 신호강도를 상대비교 한 것이 아니라, 각 형광 단백질의 곡선의 최대치를 1.0으로 한 것이다. EGFP, ECFP, EYFP는 모두 *Aequorea victoria* 유래의 녹색 형광 단백질의 변이체이며, DsRed2, HcRed1은 각각 *Discosoma* sp. *Heteractis crispa* 유래의 비형광성 색소 단백질의 변이체이다

자는 발현 카세트에 cytomegalovirus 프로모터가 2개 있으며, 첫 번째는 GFP 유전자가 이미 삽입되어 있고, 다른 1개에 발현시키기 싫은 유전자를 삽입함으로써 동시발현이 가능하다.

2 융합 단백질로서

해석하고 싶은 단백질에 형광 단백질을 융합시킴으로써, 그의 단백질을 가시화 할 수 있으며, 실시간으로 그의 단백질의 국재화를 관찰할 수 있다. 또한 형광색이 다른 복수의 형광 단백질을 조합함으로써 복수의 단백질을 동시에 가시화 할 수 있다. FRET을 사용하면 분자 간 상호작용, 분자 내 결합에 의한 활성화 및 불활성화의 제어 등을 실시간으로 검증할 수 있다 (8장 10 참조). 더욱이 시판의 개량 GFP보다도 형광 강도가 30~100배 강하다. Venus와 같이 상당히 형광이 강한 형광 단백질을 이용하면 과소발현이라도 충분히 형광을 감지할 수 있으며, 과량발현의 경우 나타나는 artificial 한 국재나 활성 등을 억제하여 보다 생리적인 해석이 가능하다[10]. Venus는 fluorescent speckle microscopy에 응용도 가능하여 세포골격의 중합핵형성, 중합방향이나 탈중합이라는 dynamics를 직접 해석할 수 있는 점 등, 용도는 많다. 현재 여러 가지 형광 단백질 발현 벡터가 시판되고 있지만, 그 용도에 따라 형광 단백질을 N 말단 측에 융합시키거나 C 말단 측에 융합시킬지를 선택한다.

3 FACS sorting 해석 (8장 12 참조)

형광 단백질을 발현시킨 세포와 발현하지 않은 세포를 FACS로 분리할 수 있다. 또한 복수의 형광색의 형광 단백질을 조합하여 이용함으로써 복수의 세포집단으로 분리하는 것이 가능하게 되어 유전자 발현, 활성 상태 등의 차이가 있는 세포를 분리하는 것도 가능하다.

검출

형광을 검출하기 위해서는 형광현미경, 공초점 레이저 현미경이나 FACS를 주로 이용한다. 이들은 수은 램프, 크세논 램프나 아르곤 레이저, 크립톤 레이저를 광원으로 형광 단백질을 함유한 형광물질을 여기한다. 여기 측에도 인식 측에도 특유의 파장 광을 통과하도록 필터가 붙어 있으며, 복수 종류의 형광의 동시여기, 인식에 의해 형광이 인식불능이 되는 것을 방지하고 있다. HcRed 이외의 대부분의 형광 단백질의 형광을 인식하기 위한 필터 세트가 시판되고 있으며, 현미경 등의 검출기에 장착되어 있다. 그러나 복수의 형광색의 형광 단백질을 사용할 때에는 가능한 한 여기, 인식의 파장광이 서로 떨어져 있는 편이 인식 때에 일어나는 형광의 간섭 염려가 적다. 또한 그림 2로부터 여기파장의 특성으로부터 GFP 혹은 YFP를 여기하였을 때에 발현량에 따라서는 DsRed도 간섭에 의해 GFP 혹은 YFP로 인식되어 버릴 가능성이 있기 때문에 DsRed를 이용할 때에는 주의할 필요가 있다.

프로토콜

1 Endosome의 지표인 sorting nexin 3 (SNX3)을 GFP 융합 단백질로서 COS-7 세포에 발현시켜, endosome의 동태를 관찰하였다 (그림 3).

① SNX3의 cDNA를 플라스미드 벡터에 pEGFP C-1 (Clontech 회사)에 삽입한다
② 플라스미드를 정제하고, 그것을 인산칼슘법으로 COS-7 세포에 도입한다 (8장 1 참조). 이 때 유리 배양접시로 세포배양하면 도립현미경에서 유침렌즈를 이용하여 세포를 관찰할 수 있다
③ 형광현미경 아래에서 관찰한다

2 Clathrin 피포 소포의 지표인 clathrin-light chain을 GFP 단백질로서 Hela 세포에 발현시켜, photobleaching 법을 이용하여 소포수송의 동태를 관찰하였다 (그림 4).

① Clathrin-light chain의 cDNA를 플라스미드 벡터 pEGFP C-1 (Clontech 회사)에 삽입한다
② 플라스미드를 정제하고, 그것을 인산칼슘법으로 Hela 세포에 도입한다 (8장 1 참조)
③ 공초점 레이저 현미경 아래에서 GFP-clathrin-light chain을 발현하고 있는 세포의 한 점을 10초간의 레이저 조사로 소광시킨다 (photobleaching)
④ 5분 후 소광시킨 곳을 다시 한 번 관찰한다

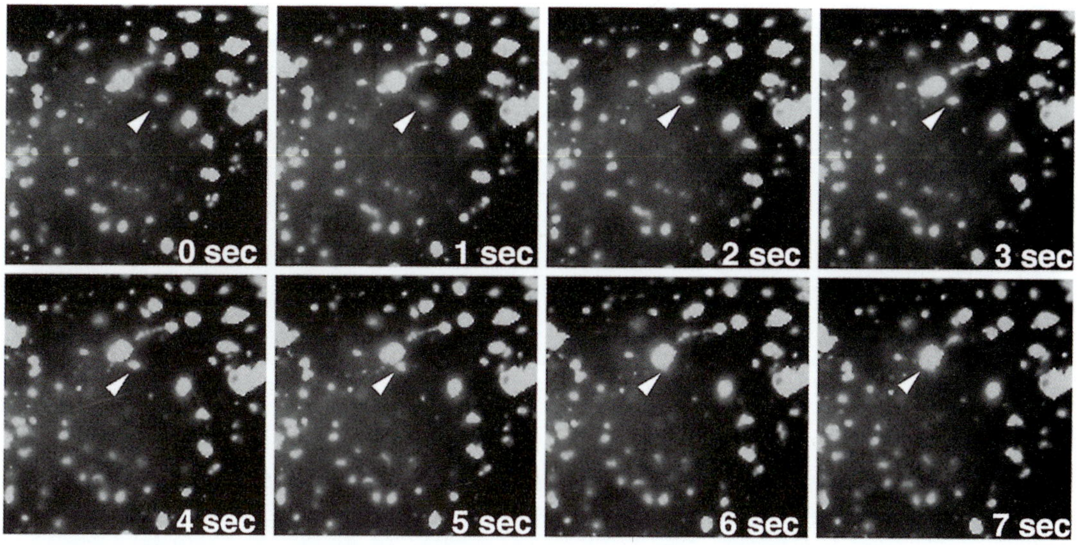

그림 3. EGFP-SNX3에 의한 endosome 동태의 관찰

실험 예

1 EGFP-SNX3에 의한 endosome 동태의 관찰

Endosome 지표인 SNX3을 EGFP 융합 단백질로서 COS-7 세포에 발현시켜 그의 국재의 경시변화를 관찰하였다. 백색으로 화살 표시한 EGFP-SNX-3의 국재가 시간과 함께 변화하고 있다 (그림 3).

2 EGFP-clathrin-light chain에 의한 소포 수송의 관찰

Clathrin 피포 소포의 지표인 clathrin-light chain을 EGFP 융합 단백질로서 Hela 세포에 발현시켜 세포 내의 백선으로 둘러싼 범위를 레이저 조사로 소광하였다 (photobleaching 법). 5분 후에 그 부분을 관찰하였다. 거기서는 소광되어 있지 않은 EGFP-clathrin-light chain을 함유한 clathrin 피포 소포가 재생되어 형광이 부활하였다 (그림 4A).

Control로서 0.2 M sucrose 처리한 세포를 소광시켜 관찰하였다 (그림 4B). 이 처리를 하면 clathrin이 소포에 고정되어 버려, 소광되어 있지 않은 EGFP-clathrin-light chain을 포함한 clathrin 피포 소포가 만들어지지 않는다.

맺음말

형광 단백질의 출현은 *in vivo, in situ*에 있어서 유전자 발현이나 단백질의 국재화를 실시간으로 관찰하는 것을 가능하게 만들었다. 그리고 형광 단백질을 발현하는 형질전환마우스 등도 제작되어 있으며, 개체 레벨에서의 유전자 발현의 해석에도 응용되고 있다. 이와 같이 형광 단백질은 살아 있는 세포 중에 있어서 단백질을 가시화, 검출하기 위한 우수한 시스템이지만, 적색 형광 단백질이 개발된 것도 바로 최근이며, 발전의 여지가 아직 있는 시스템이다. 앞으로도 개량개발을 진행하여 더욱 세련되어질 것이다. 그리고 향후에도 형광 단백질을 이용한 연구는 그의 특징을 살려 생명현상의 해명에 막대한 공헌을 할 것이다.

참고문헌

1) Shimomura, O. et al. : J. Cell. Comp. Physiol., 59 : 223-227, 1962
2) Morin, J. G. & Hastings, J. W. : J. Cell. Physiol., 77 : 313-318, 1971
3) Ward, W. W. et al. : Photochem. Photobiol., 31 : 611-615, 1980
4) Prasher, D. C. et al. : Gene, 111 : 229-233, 1992
5) Inouye, S. & Tsuji, F. I. : FEBS Letters, 341 : 277-280, 1994
6) Matz, M. V. et al. : Nature Biotechnol., 17 : 969-973, 1999

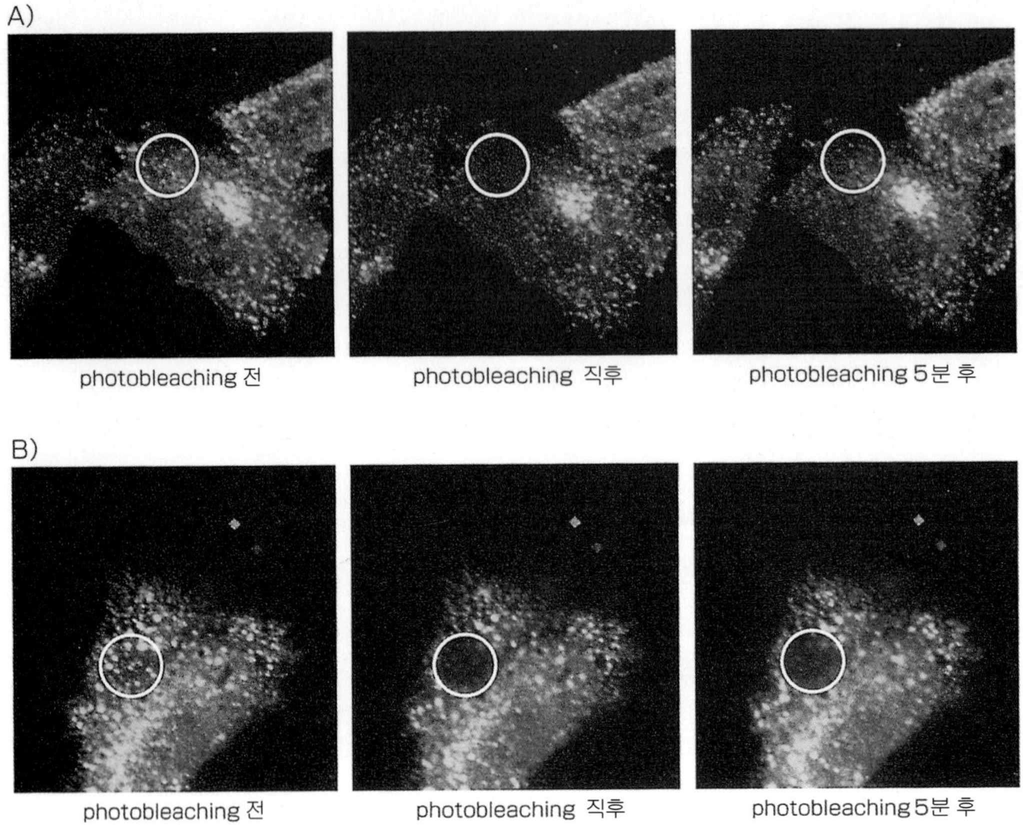

그림 4. EGFP-clathrin-light chain에 의한 소포수송의 관찰 (책 앞부분 color-10 참조)

7) Gurskaya, N. G. et al. : FEBS Lett., 507 : 16-20, 2001

8) Ormö, M. et al. : Science, 273 : 1392-1395, 1996

9) Yang, F. et al. : Nature Biotechnol., 14 : 1246-1251, 1996

10) Nagai, T. et al. : Nature Biotechnol., 20 : 87-90, 2002

11) 宮脇敦史 編：ポストゲノム時代の実験講座「GFPとバイオイメージング」，羊土社，2000

8. GFP-PLCδ1-PH, GFP-Akt-PH에 의한 이노시톨 인지질의 국재 관찰

이 방법으로 무엇을 해석할 수 있을까?

PH 도메인을 이용하여 이노시톨 인지질의 국재를 해석하는 방법이 확립되어, 지질대사를 동적으로 관찰하는 것이 가능하게 되었다. 국소적인 세포 내 이노시톨 인지질 대사를 가시화 하는 이 방법은 PI-3 kinase 시그널을 비롯한 인지질을 통한 세포 내 정보전달기구의 해석에 유용한 도구이다.

서론

이노시톨 인지질은 세포막의 구성성분이며 막에 삽입되는 지방성분과 외측의 이노시톨 고리로 구성된다. Phosphatidylinositol 4, 5-bisphosphate [PI (4, 5) P_2] 나 Phosphatidylinositol 3, 4, 5-trisphosphate [PIP_3] 는 이노시톨 지질이다. PI (4, 5) P_2는 actin 세포골격계나 세포 내 물질 수송을 조절한다. 또한 PIP_3는 세포증식이나 apoptosis의 제어에 필수분자이다. 이와 같이 이노시톨 인지질은 시그널 전달에 있어서 중요한 기능을 하고 있기 때문에, 그의 세포 내 국재를 아는 것은 대단히 중요하다. 지금까지도 형광 표식 한 지질을 사용하여 직접 관찰하는 방법 등, 지질의 동태를 관찰하는 방법이 고려되어 왔지만, 결정적인 방법은 발견되지 않았다. 이노시톨 인지질은 끊임없이 인산화와 탈인산화에 의한 수식을 받고 있기 때문이다. 최근 이노시톨 인지질에 결합하는 PH 도메인을 이용하여 그의 세포 내 동태를 관찰하는 방법이 확립되었다. GFP label 한 PH 도메인의 국재를 관찰함으로써 지질의 작용을 추적하는 방법이다. 이 방법에 의해 PIP_3가 세포유주 때 세포의 진행방향에 따라 국재하고, 뒤쪽을 향하여 농도구배를 만들고 있는 것이나 소포에 PI (4, 5) P_2가 많이 존재하여 endocytosis나 phagocytosis에 적극적으로 관여하고 있는 것이 명확하게 알려지게 되었다. 지질의 동태를 간접적으로 보기 위하여 조건검토가 필요한 것이나 PH 도메인이 dominant negative 방식으로 작용하여 지질의 기능을 제어하고 있는 것 등의 문제점도 있지만, 살아있는 세포에서 지질대사를 모니터 할 수 있는 획기적인 방법이라고 할 수 있다.

원리

최근 FYVE 도메인이나 ENTH 도메인 등의 이노시톨 인지질에 대한 결합 도메인이 발견되었다 (그림 1). PH 도메인은 약 100~120개의 아미노산으로 구성된 지질결합 도메인으로 효모에서 27종류, 포유동물에서 200 종류 이상의 분자에 존재하고 있다. Akt의 PH 도메인은 PIP_3에 결합하지만 PI (4, 5) P_2에는 결합하지 않는다. 한편 phospholipase (PLC) δ1의 PH 도메인은 PI (4, 5) P_2에 대해서만 높은 특이성을 나타낸다 (표 1 참조). GFP와 융합시킨 PH 도메인 단백질을 발현시키면 세포 내에서 지질과 결합하기 때문에 PH 도메인의 국재를 관찰함으로써 간접적으로 이노시톨 인지질의 국재를 관찰할 수 있게 된다. GFP를 융합

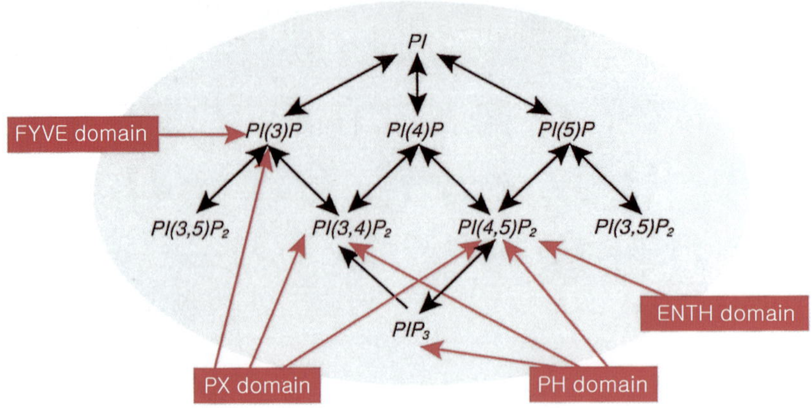

그림 1. 이노시톨 인지질 대사경로와 이노시톨 인지질에 대한 결합 domain
이노시톨 인지질 대사는 인산화와 탈인산화 (흑색 화살표)에 의해 조절되고 있다. 각각의 지질에 특이적으로 결합하는 domain이 존재한다. 적색 화살표는 이들 doamin의 결합 특이성을 나타낸 것이다

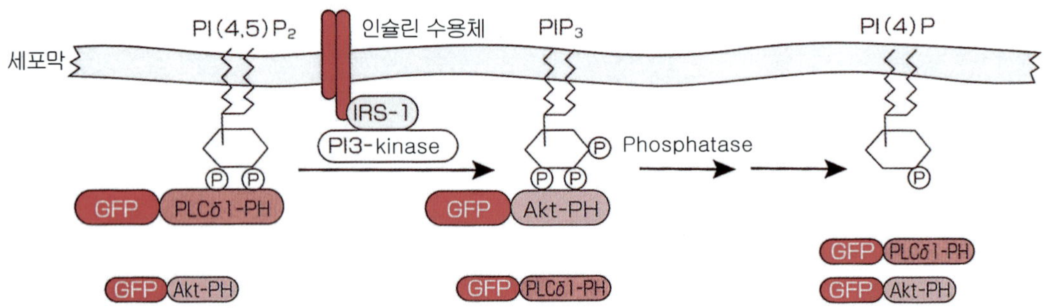

그림 2. GFP-Akt-PH 및 GFP-PLC-δ 1-PH에 의한 PIP_3, PI (4, 5) P_2의 국재 관찰의 원리
PLC-δ 1의 PH domain (GFP-PLC-δ 1-PH)은 PI (4, 5) P_2에, Akt의 PH domain (Akt-PH)은 PIP_3에 특이적으로 결합한다. 그러나 PI (4) P 등 그 이외의 지질에는 양쪽 모두 결합할 수 없다. 따라서 이들의 PH domain과 GFP와의 융합 단백질을 이용함으로써 PI (4, 5) P_2 및 PIP_3의 동태를 관찰할 수 있다

시킨 Akt의 PH 도메인 (GFP-Akt-PH)를 발현시키면 PIP_3가 국재하는 부분이, PLC δ 1의 PH 도메인 (GFP-PLC δ 1-PH)을 이용하면 PI (4, 5) P_2의 부분이 형광을 나타낸다고 하는 원리이다. 예를 들면 세포가 인슐린 자극을 받으면 1분 이내에 PI (4, 5) P_2로부터 PIP_3으로 인산화 되지만, GFP-Akt-PH는 생성된 PIP3에 결합하기 때문에 그 부분만을 관찰할 수 있다. PIP3이 탈인산화 되어 대사되면 신속하게 GFP-Akt-PH는 지질로부터 떨어진다 (그림 2). 이와 같은 PH 도메인의 높은 결합 특이성을 살려, 이들 지질의 세포 내 동태를 경시적으로 추적하는 것도 가능하다. 여기서는 GFP-PLC δ 1-PH, GFP-Akt-PH를 이용한 PI (4, 5) P_2, PIP_3의 국재관찰의 방법을 소개한다.

표 1. PH domain을 포함한 대표적인 분자와 지질에 대한 결합 특이성

분자	결합하는 지질
PLCδ1	PI (4, 5) P_2
Akt (PKB)	PIP_3, PI (3, 4) P_2
GRP-1	PIP_3
Btk	PIP_3
mSos-1	PIP_3, PI (4, 5) P_2
βARK-1	PIP_3, PI (4, 5) P_2
spectrin	PIP_3, PI (4, 5) P_2
OSBP-1	PI (4) P

준비물

1) 기구·기계

- 유전자 증폭에 필요한 장치 (유전자 증폭 장치, PCR 용 튜브)
- 세포 배양에 필요한 장치 (CO_2 incubator, 클린 벤치, 원심분리기)
- 필요하다면 유전자 도입에 필요한 기계
- 배양접시 (생세포를 관찰하는 경우는 바닥이 유리로 되어 있는 것)
- 형광 현미경

2) 시약

a) 발현 벡터의 구축에 필요한 것

- GFP 발현 벡터 (pEGFP-C 벡터, Clontech 회사 등)
- PCR primer (PLC δ 1이나 Akt의 PH 도메인에 특이적인 것)
- Taq polymerase 등 유전자 증폭에 필요한 장치나 시약
- DNA 정제에 필요한 시약 (Qiagen 회사 QIAquick Gel Extraction Kit)
- DNA ligation에 필요한 시약 (TaKaRa 회사의 DNA ligation kit Ver. 2)

b) 세포로의 유전자 도입에 필요한 것

- 배지나 trypsin 등 세포배양에 필요한 시약
- 유전자 도입 (electroporation이나 lipofection)에 필요한 시약 (Invitrogen 회사 LipofectAMINE 등)

프로토콜

(L6 세포를 생존한 상태에서 인슐린 자극에 의한 이노시톨 인지질의 동태를 확인하는 경우)

① PCR 법을 이용하여 PLC δ 1 및 Akt의 PH 도메인 부분을 증폭한다

> ☞ · 우리들은 PLC δ 1의 1~137번째의 아미노산 부분을 PLC δ 1-PH와 사람 Akt의 1~131번째의 아미노산을 Akt-PH 도메인으로 이용하고 있다. PCR 후는 sequencing으로 배열을 확인할 필요가 있다.
> · 여기서는 PIP_3의 probe로서 Akt의 PH 도메인을 이용하고 있지만, 그 이외에 사람 GRP1의 PH 도메인 (267~399번째 아미노산), 사람 ARNO (262~399번째)라도 좋다. PI (4, 5) P_2의 경우는 PLC δ 1의 PH 도메인이 주로 이용되고 있지만, 1~174 아미노산 등의 construct의 경우도 있다.

② Frame이 일치하도록 PLC δ 1 및 Akt의 PH의 DNA 단편을 pEGFP-C 벡터에 도입한다

> ☞ 유전자 증폭이나 발현 벡터의 구축에 관한 상세한 방법을 여기서는 할애하였다. 여러 가지 자세한 실험 프로토콜을 참조하기 바란다.

③ 바닥면이 유리로 되어 있는 배양접시에 50% confluent 정도로 증식한 L6 세포를 준비한다. 이 세포는 유전자 도입 4시간 정도 전에 10% 소 태아 혈청이 들어 있는 DMEM 배지 (고농도의 glucose를 포함)로 교환하여 둔다

④ 세포에 GFP-PLC δ 1 및 GFP-Akt-PH의 construct (3.5 ㎝ dish의 경우 0.5 ㎍)를 lipofection 등의 방법으로 유전자를 도입한다

> ☞ · 도입방법에는 electroporation이나 lipofection, microinjection 등이 있다. 8장 1에 자세한 설명이 있기 때문에 참고하기 바란다.
> · 과량으로 지나치게 발현시키는 경우, 형광 단백질이 응집되거나 세포 전체에 퍼지게 되어 construct의 나쁜 상만이 얻어지는 경우가 있다. 또한 지질에 완전히 결합하여 그의 작용을 block 한 결과 세포사를 일으키는 경우도 있다. 세포에 따라 발현효율이 다르기 때문에, 실제 실험에는 플라스미드의 양을 조절하여 최적조건을 검토하는 것이 바람직하다. 덧붙여 우리들은 NIH 3T3 세포에 도입할 때 3.5 ㎝의 배양 접시의 경우에 0.5 ㎍의 플라스미드를 표준으로 이용하고 있다.

⑤ 유전자 도입 후 24시간이 경과하면 2% 소 태아 혈청이 들어간 DMEM 배지에서 24시간 더 배양한다

⑥ PH 도메인의 발현을 형광 현미경으로 확인한 후, 세포에 인슐린 (100 ng/㎖)을 첨가하여 5~10초마다의 연속사진을 5분간 촬영한다

> ☞ 고정하여 확인하는 방법은 7장 5에, 생세포에서의 경시적인 관찰법은 8장 7에 상세한 방법이 기술되어 있다. 생세포에서의 관찰의 경우는 세포의 바닥면이 유리로 된 배양접시에서 배양할 필요가 있다. 지질의 동태는 초 단위로 크게 변화하기 때문에 가능한 한 세밀한 시간 간격으로 연속한 화상을 촬영하는 것이 바람직하다. 선명하게 세포막만의 형광이 얻어지는 상은 그다지 얻어지지 않기 때문에 많은 배양접시를 준비하여 촬영을 반복한다. 한편 고정하여 촬영하는 경우 대단히 잘 수행해야 하며, 배지를 제거한 후 즉시 고정액을 첨가하는 등의 고안이 필요하다. 또한 시간이 경과하면 형광이 약해지거나 확산되기 때문에 고정 후는 신속하게 관찰하는 것이 바람직하다.

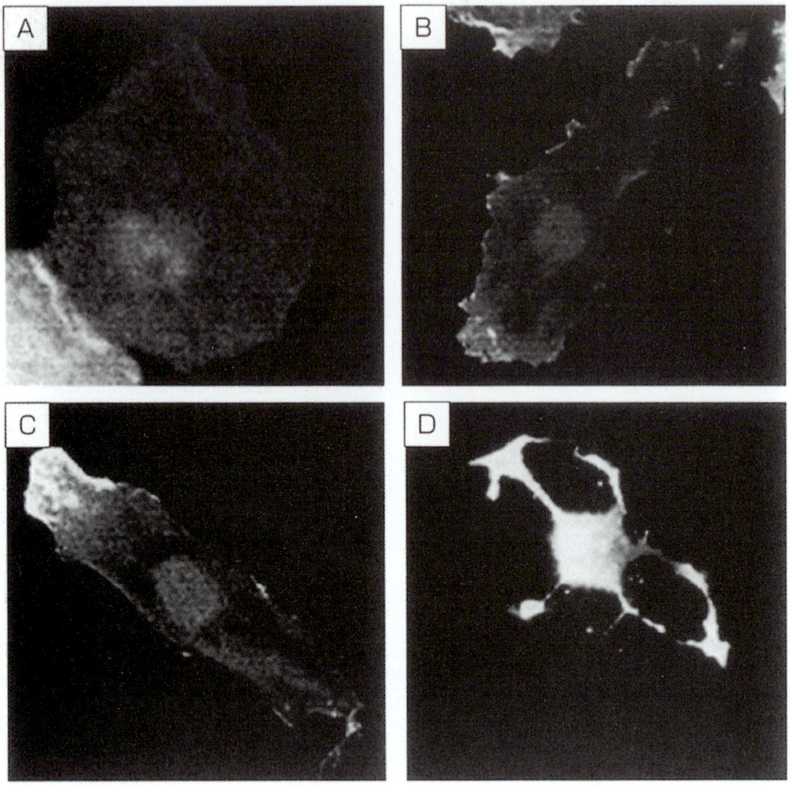

그림 3. L6 랫드 골격근 유래 세포에 있어서 인슐린 자극에 의한 PIP_3의 생산
GFP-Akt-PH를 이용하여 세포 내 PIP_3의 동태를 관찰한 그림

실험 예

골격근세포나 지방세포가 인슐린 자극을 받으면 30초 이내에 PIP_3가 세포막에서 생성된다 (그림 2 참조). 그림 3은 골격근 유래의 랫드 L6 세포에 GFP-Akt-PH를 liopfection 법으로 발현시켜, 2% 소 태아 혈청을 함유한 배지에서 24시간 더 배양한 후, 인슐린 자극 전 (그림 3A), 인슐린 자극 5분 후 (그림 3B, C)의 GFP-Akt-PH의 국재를 관찰한 것이다. 자극 전에는 세포질 전체에 퍼져 있던 GFP-Akt-PH가 인슐린 자극으로 PIP_3가 생성되면 세포막, 특히 막 변형 부분에 국재하는 것을 관찰할 수 있다 (그림 3B). 또한 같은 세포의 세포막 중에서도 PIP3·양에 차이가 있기 때문에 관찰할 수 있다 (그림 3C). 그러나 너무 과량으로 발현시키면 세포가 축퇴를 일으키는 경우도 있다 (그림 3D).

맺음말

이노시톨 인지질의 동태를 관찰하는 것이 가능해짐에 따라 세포 내에서의 지질의 국재가 존재하는 것을 증명하는 것이 가능하게 되었다. PH 도메인 이외에도 FYVE 도메인을 이용하여 PI (3) P를 모니터 하는 방법도 확립되어 있으며, 지질 결합 도메인의 결합 특이성이 명확해지면, 지질대사를 살아 잇는 상태로 상세하게 모니터 할 수 있는 때도 멀지 않은 것으로 생각된다. 또한 현재 FRET 법을 이용하여 이노시톨 인지질 대사를 가시화 하는 시도도 이루어지고 있다. 앞으로는 지질대사연구의 새로운 접근방법으로서, 암의 침윤전이 기구를 비롯하여 다양한 연구에 응용될 것으로 생각된다.

참고문헌

1) Ozaki, S. et al. : Proc. Natl. Acad. Sci. USA, 97 : 11286-11291, 2000
2) Tavere, J. M. et al. : J. Endocrinol., 170 : 297-306, 2001
3) Comer, F. I. & Parent, C. A. : Cell, 109 : 541-544, 2002
4) Botelho, R. J. et al. : J. Cell. Biol., 151 : 1353-1367, 2000
5) Lemmon, M. A. et al, : FEBS Lett., 513 : 71-76, 2002
6) van der Wal, J. et al. : J. Biol. Chem., 276 : 15337-15344, 2001

9. 직접 표식한 단백질의 도입과 관찰

이 방법으로 무엇을 해석할 수 있을까?

직접 표식한 단백질을 세포에 물리적으로 도입함으로써 특히 단시간에 단백질의 동태나 삽입을 조사할 수 있다.

서론

단백질의 세포 내 국재나 동태를 조사할 때, 형광 단백질 등의 tag와의 융합 단백질로서 단백질을 발현시켜, 형광 단백질 등의 tag를 추적함으로써 국재를 조사하는 방법이 많이 이용되고 있다 (8장 7 참조). GFP 등의 융합 단백질이라면 더욱이 label 하지 않고 관찰할 수 있어 대단히 편리하다. 그러나 융합 단백질로 하기에는 결점도 있다. Tag를 부가하기 때문에 목적의 단백질의 고차구조 형성에 영향을 주기 때문에 기능이 일부만이 반영되어 버리는 가능성이 있다. 보통은 이 가능성이 그다지 고려되지 않지만, 중대한 문제를 일으키는 경우도 있는 것으로 생각된다. 또한 tag를 부가하는 방법에서는 발현 플라스미드로서 도입하기 때문에 발현량의 조절을 하기 힘들다. 더욱이 항상 발현되기 때문에 단백질의 turnover나 자극 의존적인 국재변화를 추적하기에는 적합하지 않는 경우도 있다. 예를 들면 세포골격을 만드는 단백질인 미소관이나 actin의 동태를 조사할 때, GFP actin이나 GFP tubulin을 발현시킨 경우에서는 세포골격 전체가 label 되어 버리기 때문에 국소적인 중합을 포착하는 것이 힘들다. 화학적으로 형광 표식한 actin 이나 tubulin의 단백질을 도입하면, 도입 후의 자극에 의한 표식 단백질의 삽입으로부터 자극에 의한 반응의 시공간적인 분포를 알 수 있다.

이 방법은 화학적으로 단백질을 수식하기 때문에 적절한 관능기가 붙은 tag 이면 무엇이라도 이용할 수 있다. 이 때문에 biotin을 부가하거나 작고 안정한 형광표식을 붙일 수 있으면 좋은 결과를 도출하는 경우도 많지만 주의해야 할 점도 많이 있다. 하나는 수식할 때에 단백질이 변성될 가능성이다. 이것은 수식 후에 활성을 검정하면 피할 수 있다. 혹은 화학적으로 표식하지 않고 처음부터 GFP 등의 융합 단백질로서 발현시켜 정제한 것을 이용해도 좋다. 역으로 활성을 검정할 수 있으면 표식된 단백질의 거동은 거의 확실하다고 할 수 있다. 또한 미리 수식되는 아미노산을 동정하여 활성에 영향을 주지 않는 것을 확인할 필요가 있는 경우도 있다. 더욱이 대전제로서 화학적으로 표식하는 단백질은 양이 필요하다. 또한 단백질의 순도가 높지 않으면 무엇을 관찰하고 있는지 알 수가 없다.

표식 단백질을 얻을 때뿐만 아니라 도입할 때에도 주의가 필요하다. 표식 단백질을 microinjection 이나 세포막을 투과성으로 만드는 등의 처리에 의해 물리적으로 도입하기 때문에, 이들의 물리적인 손상을 고려할 필요가 있다. 보통은 어떤 방식의 control (표식 단백질을 넣지 않는 등)을 두면 좋다. 더욱이 표식을 추적함으로써 그의 단백질에 관한 지견을 얻지만, 표식한 단백질이 세포 내에서 분해되어 분해산물을 검출하고 있을 가능성에 유의해야 한다.

여기서는 actin을 형광 label 하는 방법을 소개하고 싶다.

원리

표식된 정제 단백질을 물리적으로 세포에 도입하고, 표식을 이용하여 단백질을 검출한다.

준비물

본 항에서는 세포골격을 구성하는 단백질의 하나인 actin을 rhodamine으로 형광 표식 하는 방법을 소개한다. 세포에 대한 injection은 8장 5 참조.

1) 시료

- 토끼 (가능하면 수컷) 3~3.5 kg : 1마리로부터 300 g의 갈은 고기가 얻어진다
- 수술용구 (해부용구)

〈저온실의 준비물〉

- 고기 가는 기계
- 유리봉
- 유리제품의 큰 rotor (직경 30 cm)
- 가제
- 3 ℓ 유리 비커 3개 이상

2) 시약 (가능한 한 사용시 조제)

- 아세톤 20 ℓ의 캔을 구입하여 저온실에 차게 하여 둔다
- H_2O (증류수) 30 ℓ 정도를 차게 하여 둔다
- 0.5 M K−PO_4

  0.5 M KH_2PO_4와 0.5 M K_2HPO_4를 약 2 : 1로 혼합하고 pH가 6.5가 되도록 조제한다
- 0.1% $NaHCO_3$
- 0.1 mM ATP (pH 7.0) (사용시 조제)
- 3 M KCl
- Superdex 200 26/60 (Amersham Biosciences 회사)
- Guba−Straub 용액

		(최종농도)
3 M KCl	150 mℓ	(0.3 M)
0.5 M K−PO_4 (pH 6.5)	450 mℓ	(0.15 M)
total	1.5 ℓ	

  차가운 H_2O로 1.5 ℓ로 만들어 찬 상태로 보관한다
- 10 mM ATP pH 7.0

  저온에서 신속하게 용해하고 0.1 N KOH로 pH를 조정한다.

  분주하여 −20℃에 보관한다
- G buffer

		(최종농도)
1 M Tris−HCl (pH 8.0)	5 mℓ	(5 mM)
1 M $CaCl_2$	0.2 mℓ	(0.2 mM)
10 mM ATP (pH 7.0)	20 mℓ	(0.2 mM)
1 M DTT	10 μℓ	(10 μM)
total	1 ℓ	

  1 ℓ에 차가운 H_2O로 mass up

  혼합한 후 pH를 확인한다
- Tetramethylrhodamine−5−iodoacetamide dihydroiodide : 5−TMRIA (Molecular Probe 회사 T−6006 등)

  12 mM이 되도록 DMSO에 용해하고, 소분하여 −20℃에 보관

프로토콜

1 아세톤 파우더의 제작

① 토끼에게 마취를 건 후 토끼의 경동맥을 잘라 방혈시켜 희생시킨다

> ☞ 경험자와 함께 작업하는 것이 바람직하다. 아세톤 파우더나 actin은 Sigma 회사나 Cytoskeleton 회사로부터 구입할 수 있지만 품질은 알 수 없다.

② 토끼털을 날리지 않기 위해 70% 알코올을 분무하여 털을 적신다. 털을 벗기고 등뼈의 양쪽에 있는 배근 (背筋 : 5 × 25 cm 정도의 큰 근육)과 등뼈의 아래에 좌우에 있는 장요근 (1.5 × 9 cm 정도의 가늘고 긴 근육)을 잘라 내어 랩을 깐 얼음 위에 둔다

③ 그 다음에는 저온실로 이동하여 작업한다

④ 신속하게 칼로 근을 제거한다. 2~3 cm 크기로 자른다

⑤ 고기 가는 기계에 넣어 간다. 1회 간 후, 기계에 남은 부분은 사용하지 않는 고기로 분류한다

⑥ 계량하여 250~300 g 인 것을 확인한다

⑦ 갈은 고기와 갈은 고기 중량의 3배량 (300 g의 갈은 고기에 대해 900 mℓ)의 Guba−Straub 용액을 3 ℓ의 폴리 비커에 넣는다. 3분마다 10초간 유리봉으로 천천히 교반한다. 여기서 전체의 용적을 폴리 비커의 메모리로부터 구한다

⑧ 정확히 20분 둔다

⑨ ⑦에서 읽은 용적의 1.5 배의 차가운 H_2O를 첨가한다 (미오신 추출의 정지)

⑩ 가제를 깐 rotor를 2 ℓ의 플라스틱제 메스실린더에 세우고 여과한다. 여과액은 버리지만 여기에서 미오신을 추출할 수 있다
⑪ 가제에 2.5 ℓ의 차가운 H_2O를 붓고 유리봉으로 15초 혼합한다
⑫ 그 다음에는 실온에서 작업한다
⑬ 가제에 2.5 ℓ의 H_2O를 첨가하고 유리봉으로 30초간 교반한 후, 약 15분간 추출 (방치)하고, 여과한다. 이 사이에 백색의 근을 유리봉으로 제거한다
⑭ 다시 한번 ⑬을 반복한다
⑮ Mixer에 잔사를 옮기고 소량의 H_2O를 첨가하여 homogenize 1초를 2~3회 실시한다 (너무 세밀하게 되지 않도록 주의한다)
⑯ 추출시간을 30분간으로 하고 ⑬과 동일한 조작을 3회 반복한다
⑰ 잔사에 0.1% $NaHCO_3$를 2.5 ℓ 첨가하고 교반하여 10분간 rotor 위에서 방치하고 여과한다
⑱ ⑰을 2회 반복한다 (근을 유리봉으로 제거한다)
⑲ 잔사에 H_2O를 2.5 ℓ 첨가하고 교반하여 금방 여과한다
⑳ 잔사에 H_2O를 2 ℓ 첨가하고 교반, 완전히 여과하여 가능한 한 수분을 감소시킨다 (상당히 팽윤되어 있어야 한다. 팽윤이 적으면 다시 한번 물로 세정한다)

> ☞ 이 시점에서 $NaHCO_3$로 세정하였을 때 보다 2배 정도 팽윤되어야 한다. 팽윤되지 않을 때에는 토끼의 도살 단계부터 다시 한다.

㉑ 잔사를 냉각해 두고 3 ℓ의 유리 비커에 500 mℓ 씩 3등분 한다
㉒ 저온실로 되돌아간다. 잔사를 넣은 3 ℓ의 비커 하나에 잘 냉각해 둔 아세톤 2.5 ℓ를 유리봉으로 저으면서 첨가한다. ㉒~㉔의 작업을 가능한 한 단시간에 실시하는 것이 포인트이기 때문에 기구를 잘 준비하여 3명 정도로 작업한다

> ☞ Actin은 이 탈수과정에서 변성되기 쉽기 때문에 가능한 한 신속하게 실시한다.

㉓ 곧바로 가제로 가볍게 두드린다 (짜지 않음)
㉔ 냉각해 둔 아세톤 2.5 ℓ를 유리봉으로 저으면서 첨가한다. 여기서 시간이 걸리면 아세톤 파우더가 굳어지기 때문에 주의한다
㉕ 유리 비커 하나씩 각각 ㉒~㉔의 작업을 실시한다
㉖ 유리 비커를 실온으로 되돌려 실온에서 2시간 방치한다
㉗ 아세톤을 버리고, 실온의 아세톤 2.5 ℓ를 첨가하여 2시간 실온에 둔다
㉘ 아세톤을 버리고 잔사가 중첩되지 않도록 여과지의 위에 두고 하룻밤 건조시킨다. 여기까지 12시간 소요된다
㉙ 다음날 아세톤 파우더를 모으고, 지퍼가 달린 비닐봉지에 넣어 −80℃에서 보존한다. 300 g의 갈은 고기로부터 아세톤 파우더가 생성된다. 아세톤 파우더는 1년간은 안정하다.

2 Actin의 정제

> ☞ Actin의 정제에서는 기본적으로 중합과 탈중합을 반복하고, 중합하는 분획을 pellet으로 회수하는 방법을 취한다

① 아세톤 파우더 4 g을 스푼의 끝으로 분쇄하여 더욱 세분화 한다
② 1 g의 아세톤 파우더를 비커에 옮기고 0.1 mM ATP (pH 7.0) (사용시 조제)를 120 mℓ 첨가하여, 얼음 위에서 stirrer bar로 천천히 교반하고 30분 추출한다 (이 조작으로 대부분의 아세톤 파우더가 팽윤한다)
③ 여과지로 여과하고, 상등액을 얻는다 (너무 강하게 팽윤하여 용액이 나오지 않을 때에는 손으로 짠다. G buffer를 넣어 세정하는 경우도 있다)
④ 0.22 ㎛ 필터에 통과시켜, 불순물을 제거한다. 불순물이 많은 경우는 3,000 rpm 정도로 원심분리한 상등액에 대하여 필터에 건다
⑤ 100,000 × g, 4℃에서 1시간 원심분리한다
⑥ Decantation으로 상등액을 모아 초원심분리용 튜브에 넣는다. 1/30 용량의 3 M KCl (KCl을 100 mM로 하여 중합시킴)을 첨가한다. 2시간 실온에서 방치한다
⑦ 100,000 × g, 4℃에서 1시간 원심분리한다
⑧ 상등액을 버리고 25 mℓ의 G buffer를 첨가한다. 30분 정도 불린 후 pipetting 혹은 테프론 homogenizer로 푼다
⑨ 2 ℓ의 G buffer로 2시간 투석한다
⑩ 얼음 위에 두고 초음파 (출력 6으로 10초를 30초 간격으로 3회)를 건다

⑪ 하룻밤 투석한다 (G actin으로 되돌림). 동시에 저온실에 겔 투과 칼럼 (Superdex 200 26/60)을 세팅하고 G buffer를 흘려 평형화해 둔다

⑫ 다시 원심분리 하고 상등액을 모은다 (G actin)

⑬ 5~7 mg/mℓ의 G actin이 얻어져야 한다. 겔 여과로 즉시 정제한다

⑭ 10 mℓ의 G actin을 겔 여과 칼럼에 apply 한다. 유속 2 mℓ/분 정도로 1분마다 fraction을 취한다

⑮ 피크는 깨끗한 삼각형이 되어야 한다 (실험 예 그림 1A 참조)

⑯ SDS-PAGE로 actin의 피크를 pool 한다. 표식하는 경우는 금방 표식으로 진행한다. 큰 피크가 actin으로, 그것보다 이전에 나오는 거의 대부분의 모르는 피크는 actin의 이량체나 그 이외의 actin 결합 단백질 등의 불순물이다.

⑰ G actin은 4℃에서 1시간 정도 안정하다. 동결 보존하는 경우는 (그다지 추천할 수 없지만) 가능한 한 세분하여 분주하고 급속 동결하고, −80℃나 가능하다면 액체질소 중에서 보존한다. 급속 동결은 튜브에 분주한 후 튜브를 액체질소에 넣는 것이 아니라 (이것은 동결하기까지 수 초 걸리기 때문에 급속 동결이 아님)튜브를 발포 스티로폼 등을 이용하여 액체질소 위에 세우고, 액체질소의 온도로 냉각한 튜브에 actin을 세게 불어 넣어 동결한다. 한 번에 100 $\mu\ell$ 이상 불어 넣을 수 없다

3 Actin의 tetramethylrhodamine 표식

① 1 mg/mℓ에 G actin을 G buffer로 희석한다 (약 20 μM이 됨)

② 12 mM tetramethylrhodamine/DMSO를 6배 당량 첨가한다 (6 ml의 G buffer에 대해 60 $\mu\ell$)

③ 4℃에서 하룻밤 차광하여 회전시켜 혼합한다

④ 15,000 rpm, 10분, 4℃로 원심분리하고 응집물 등을 제거한다

⑤ 1 M DDT, 1 M $MgCl_2$, 3 M KCl을 최종농도 5 mM DTT, 5 mM $MgCl_2$, 100 mM KCl이 되도록 첨가하고, 차광하여 실온에서 2시간 방치한다

⑥ 100,000 × g로 4℃, 1시간 원심분리 한다 (표식해도 중합활성을 가지고 있는 actin을 모음)

⑦ Pellet을 4 mℓ의 G buffer에 suspension하고, 이전과 같이 푼다

⑧ 하룻밤 G buffer로 투석하고, 다시 상등액을 모은다. 농도를 검정하고 4℃에서 보존한다. 동결하여 보존하는 경우는 (그다지 권장할 수 없지만) 가능한 한 세분하여 앞에서 기술한 바와 같이 급속 동결한다

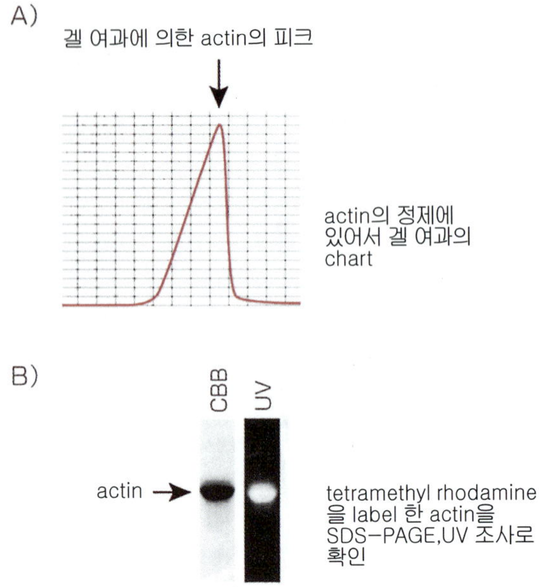

그림 1. Actin의 정제

4 세포로의 도입

이상과 같이 조제한 actin은 즉시 세포로의 injection 등에 사용할 수 있다. 이 경우는 actin의 Cys-374에 주로 표식 되어지는 것이 확인되어 있다. 도입하는 시스템에 actin이 미리 포함되어 있는 경우는 좋지만, label 한 actin 만으로는 중합하지 않는 것이 알려져 있기 때문에 주의가 필요하다. 시스템에 actin이 없는 경우는 표식한 actin을 최대 5~10%의 비율로 표식하지 않는 actin과 혼합하여 이용한다.

실험 예

1 Actin의 정제

Actin을 추출 후, 프로토콜에 있는 것처럼 겔 여과하였다. 겔 여과의 chart를 나타내었다 (그림 1A).

Actin을 rhodamine으로 label 한 후, SDS-PAGE

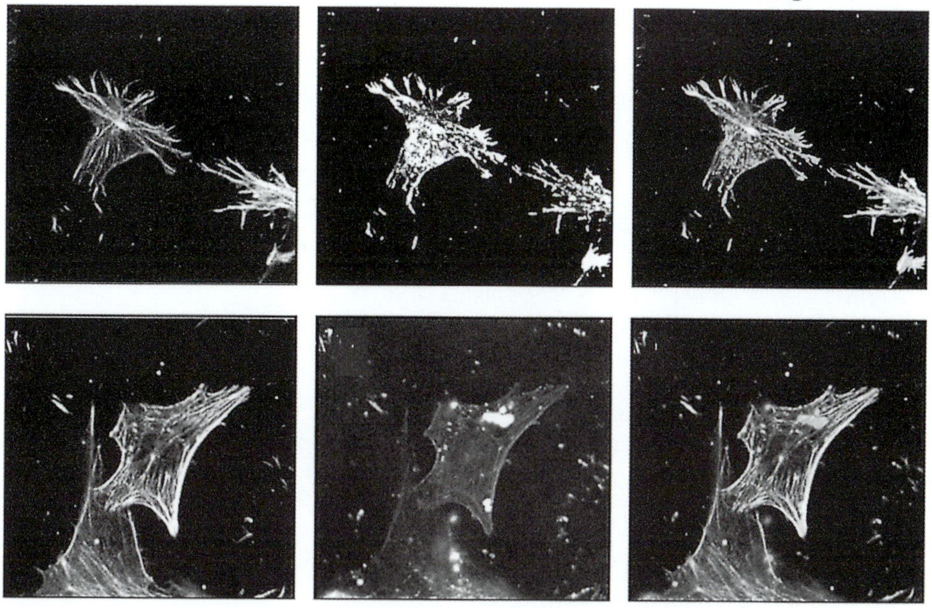

그림 2. 세포막 투과성 처리한 세포에 있어서 actin의 중합을 Cy3 label 한 actin으로 검토하였다
cdc42에 의해 활성화 된 N-WASP에 의한 actin의 중합에는 profilin이 필요한 것을 알 수 있다 (책 앞부분 color-11 참조)

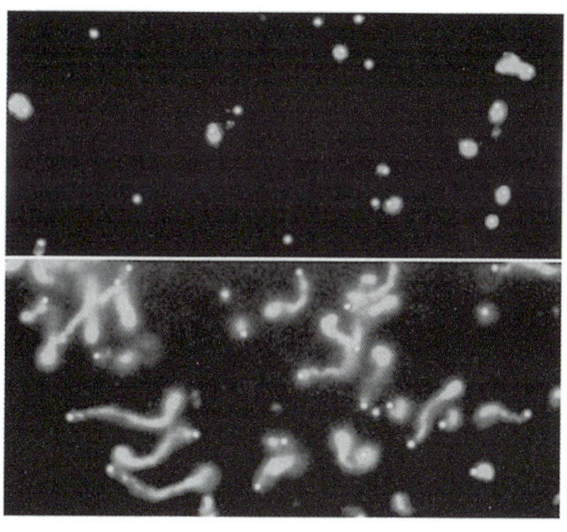

그림 3. 소 뇌 추출액 중에 있어서 N-WASP로 코팅한 beads의 actin comet 형성
Actin을 rhodamine으로 label 한 것으로 관찰하였다. Actin 중합에 의해 comet이 형성되어 있는 것을 알 수 있다. Basic 조성이 actin comet 형성에 필수적이다 (책 앞부분 color-12 참조)

하고 label을 UV Illuminator로 확인하였다 (그림 1B).

2 세포로의 permeabilize에 의한 도입

세포막을 계면활성제로 처리함으로써 막을 투과성(permeabilize)으로 만들고, profilin 의존적인 actin 중합을 Cy3로 표식한 actin의 삽입을 검토하였다 (그림 2). Cy3으로 표식한 actin을 적색으로, 세포가 원래 가지고 있던 actin을 포함한 actin 필라멘트 전체를 녹색으로 나타내었다. 야생형 profilin에서는 표식한 actin의 삽입이 일어나지만, 변이형 profilin에서는 일어나지 않는다. Cy3은 rhodamine과 유사한 형광을 나타낸다[5].

3 Actin comet 형성

N-WASP로 코팅한 플라스틱 beads를 소의 뇌 추출액에 rhodamine label 한 actin을 혼합한 것과 혼합하여, actin comet 형성을 rhodamine label 한

actin의 형광으로 관찰하였다 (그림 3). 상단은 전장 N-WASP, 하단은 △ basic 변이형 N-WASP에 의한 actin comet 형성 (문헌 4, 6 등). Rhodamine 표식한 actin에 의한 시그널을 적색으로, 플라스틱 beads를 녹색으로 표시.

맺음말

Actin의 경우는 앞에서 기술한 방법으로 label 하면 시스테인 374에 표식 되며 그의 생화학적인 성질도 확실히 알려져 있다. 미소관 등도 자주 label 되어 이용되며, 그의 성질이 잘 알려져 있다. 다른 단백질에서도 시스테인 등과 동일한 방법으로 표식할 수 있다. 그의 경우는 표식 후의 단백질의 활성에 주의할 필요가 있다.

최근에는 세포의 lysates 전체를 biotin으로 표식하고, 자극 의존적인 단백질의 세포골격으로의 삽입을 전체적으로 조사하는 등의 시도도 이루어지고 있다[3].

단백질의 표식은 다른 방면에도 응용할 수 있으며, 예를 들면 항체를 직접 표식 할 수 있으면 polyclonal 항체로도 다중염색 할 수 있다.

참고문헌

1) 竹縄忠臣 編：バイオマニュアルUPシリーズ「分子生物学研究のためのタンパク実験法　改訂第2版」，羊土社，1998
2) 馬淵一誠 編：バイオマニュアルUPシリーズ「細胞生物学の基礎技術」，羊土社，1997
3) Sawada, Y. & Sheetz, M. P. J. : Cell Biol., 156 : 609-615, 2002
4) Suetsugu, S. et al. : J. Biol Chem., 276 : 33175-33180, 2001
5) Suetsugu, S. et al. : EMBO J., 17 : 6516-6526, 1998
6) Suetsugu, S. et al. : Biochem. Biophys. Res. Commun., 282 : 739-744, 2001

제8장 동물세포에서의 단백질의 발현과 응용

10. FRET

이 방법으로 무엇을 해석할 수 있을까?

FRET이란 fluorescence resonance energy transfer (형광 공명 에너지 이동)의 약자이다. 최근 이 기술은 단백질-단백질 상호작용의 해석이나 단백질의 구조변화 등의 해석에 널리 이용되고 있다. 특히 생세포에서의 목적 단백질의 거동을 조사하는데 효과적인 방법이다.

서론

FRET이란 근접한 형광분자의 하나를 여기 하였을 때 형광분자 (donor)가 발광하는 에너지가 다른 한 쪽의 형광분자 (acceptor)로 이동하고, acceptor의 형광이 발광하는 현상이다. FRET을 이용한 해석의 가장 큰 장점은 살아 있는 세포에서의 단백질의 거동을 경시적으로 보는 것이다. 예를 들면 살아 있는 세포를 세포 증식인자 등으로 자극하였을 때에, 어떤 신호전달분자와 그의 target 분자가 어떤 시기에 세포의 어느 장소에서 결합하고 있는지를 해석할 수 있다. 또한 세포 내에서의 단백질의 고차구조의 변화를 검출하는 것도 가능하다. 단 생세포에서의 imaging을 목적으로 하는 경우에는 고가의 현미경 시스템과 결과를 얻을 때까지 상당한 노력이 필요하기 때문에 가볍게 시작할 수 있는 실험이 아니다. *In vitro*에서의 해석만을 목적으로 하는 경우에는 형광분광광도계가 있으면 충분하다.

원리

자세한 원리에 대해서는 다른 실험서를 참조하기 바란다[1) 2)]. 본 항에서는 ECFP-EYFP의 pair를 이용한 FRET에 대해서, 기본적인 부분만을 간결하게 소개한다. ECFP는 녹색 형광 단백질 (GFP)의 시안색소 변이체이며, EYFP는 황색 변이체이다. ECFP-ETFP pair에 의한 FRET의 경우, ECFP가 donor, EYFP가 acceptor이다. ECFP와 EYFP가 떨어져 존재하는 경우, ECFP를 여기한 경우에는 ECFP만 형광이 관찰되며 EYFP의 형광은 관찰되지 않는다. 그런데 ECFP와 EYFP의 거리가 충분히 근접한 경우에는 ECFP를 여기하면 그의 에너지가 EYFP에 전이되어 EYFP의 형광이 관찰되어진다. FRET의 효율은 거리의 6승에 반비례하고 보통 10 nm 이하의 거리에서 관찰된다. 따라서 목적의 단백질을 ECFP 융합 단백질 및 EYFP 융합 단백질로서 세포 내에서 발현시키면, 목적 단백질끼리 결합하였을 때에 (거리가 근접하였을 때에), FRET의 시그널이 관찰된다 (그림 1A). 또한 하나의 단백질에 ECFP 및 EYFP를 동시에 부가하여, 그의 단백질의 구조변화를 FRET의 시그널 변화로서 포착하는 것도 가능하다 (그림 1B).

준비물

- 보통의 세포배양에 필요한 기구 및 장치
- 형광분광광도계 (스펙트럼 측정이 가능한 것)
- 형광 현미경 시스템

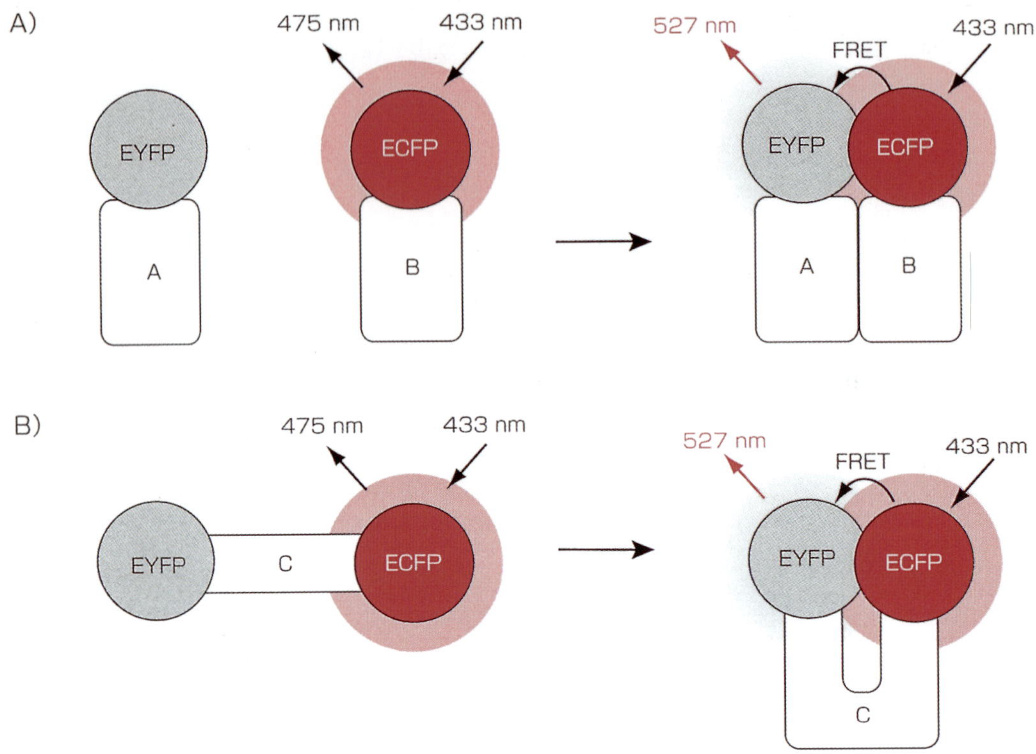

그림 1. FRET에 의한 단백질 간 상호작용 (A) 및 단백질의 고차구조변화 (B)의 검출
A) EYFP를 융합한 단백질 A와 ECFP를 융합한 단백질 B를 이용한 경우, 단백질 A와 단백질 B가 결합하면 EYFP와 ECFP의 거리가 가까워지기 때문에 ECFP로부터 EYFP로의 FRET이 일어난다
B) 단백질 C의 N 말단부분에 EYFP를, C 말단부분에 ECFP를 융합시킨 경우, 단백질 C의 고차구조가 변화하여 ECFP와 EYFP의 거리가 가까워졌을 때 FRET이 일어난다

예 : 도립현미경, 냉각 CCD 카메라, 크세논 램프, 필터호일, 여기필터, 형광필터, Dichroic Mirror, 이미지 소프트웨어, 보온 가능한 CO_2 chamber 등 (최저온 ECFP, EYFP의 형광을 관찰할 수 있는 현미경 시스템이 필요. 각각의 형광특성을 표 1에 나타내었다. FRET의 시그널을 검출하기 위해서는 ECFP를 여기하여, EYFP의 형광을 검출하는 필터 세트도 필요. Omega 회사 등으로부터 FRET의 필터세트도 판매되고 있음)

- ECFP, EYFP를 발현하는 진핵세포용 발현 벡터 (Clontech 회사의 pECFP, pEYFP 시리즈 등)
- 배양세포 (Hela, COS7 세포 등, 고효율로 유전자 도입 가능한 세포주가 좋다)
- Lysis buffer (20 mM tris-HCl pH 7.5, 150 mM NaCl, 0.5% Triton X-100)
- Proteinase K (TaKaRa 회사, #9033)

표 1 ECFP, EYFP의 형광특성

종류	여기파장	형광파장
ECFP	434 nm	477 nm
EYFP	514 nm	527 nm

프로토콜

1 발현 construct의 작성

상호작용을 조사하고 싶은 단백질을 code 하는 cDNA를 ECFP 및 EYFP 발현 벡터에 subcloning 한다. 그러나 이 때 몇 가지 주의가 필요하다. ECFP 및 EYFP는 분자량이 크기 때문에 (약 27 kD), 융합한 단백질의 구조나 목적 단백질과의 상호작용에 영향을 줄 가능성이 있다. N 말단 측, C 말단 측 어느 쪽에 부가하든지 linker의 배열이나 길이를 조정하는 등의 시행착오를 할 필요가 있다. 2개 분자 간에서의

FRET을 목적으로 하는 경우에는 ECFP 및 EYFP 융합 단백질의 상호작용이 정상으로 이루어지고 있는 것을 면역침강법 (9장 1 참조) 등으로 확인한다.

2 FRET의 확인

① Lipofection 법 등으로 발현용 플라스미드 DNA를 세포에 유전자 도입한다 (8장 1 참조)

> ☞ 2가지 단백질 간의 FRET을 관찰할 때에는 세포 내에서의 몰 비의 조절이 어렵다. Acceptor (EYFP 융합 단백질)에 대하여 donor (ECFP 융합 단백질)가 과량으로 존재하는 경우, FRET의 시그널이 작아져 버리기 때문에 주의가 필요.

② 24~48시간 후에 lysis buffer를 이용하여 세포용해액을 조제한다

> ☞ Protease 저해제 등을 첨가할 때에는 형광 스펙트럼에 영향을 주지 않는 것을 확인해 둔다.

③ 형광분광광도계로 433 nm에서 여기하였을 때의 450~550 nm의 형광 스펙트럼을 측정한다

> ☞ ECFP의 최대 형광파장은 477 nm로 EYFP는 527 nm이다. FRET이 일어났다면 527 nm에 피크가 나타나야 한다. Control로서 벡터만을 발현시킨 것, ECFP, EYFP만을 발현한 것도 측정하면 좋다.

④ Proteinase K를 0.1 μg/mℓ이 되도록 세포용해액에 첨가하고, 37℃에서 30분 배양한다

> ☞ ECFP나 EYFP는 proteinase K에 대하여 내성을 가지기 때문에 목적 단백질만이 분해되어 FRET 시그널이 소실되어야 한다. 물론 목적 단백질이 proteinase K에 내성이라면 이 방법은 사용할 수 없다.

⑤ 다시 형광 스펙트럼을 측정하여 proteinase K 처리하지 않은 세포용해액의 것과 비교한다

3 생세포에서의 FRET의 측정

① Lipofection 법 등으로 발현용 플라스미드 DNA를 세포에 유전자 도입한다 (8장 1 참조)

② 유전자 도입한 1일 후부터 현미경 관찰을 실시한다. 적당한 발현양의 세포를 선택하고, ECFP를 여기한 것, ECFP의 형광화상 (DD)와 EYFP의 형광화상 (DA)를 취득한다. 동시에 DA/DD의 ratio 화상이 표시되면 실험을 진행하기 쉽다. 여기광의 강도, 여기시간 등 측정조건을 설정한다

> ☞ DA의 시그널에는 ECFP의 형광이 상당히 들어가기 때문에 donor만을 발현시킨 세포를 관찰하고, 어느 정도의 양이 들어가는지 검토해 둔다. 또한 ECFP를 여기 할 때에 EYFP도 여기되어 버리는 경우도 있기 때문에 acceptor만을 발현시켜 관찰할 필요가 있다.

③ FRET 효율을 계산한다. 510~540 nm의 강한 녹색의 광을 세포에 조사하여 EYFP의 bleaching을 실시한다*1. DA의 화상을 취득하여 EYFP의 형광양이 0이 된 것을 확인한 후, DD와 DA의 화상을 취득한다*2. FRET의 효율은 다음 식으로부터 계산할 수 있다.

FRET 효율 E = (F1−F0)/F1

F1 : EYFP를 bleach 한 후의 donor (ECFP) 이미지

F0 : EYFP를 bleach 하기 전의 donor (ECFP) 이미지

> ☞ *1 : 이 정도의 광은 ECFP에 영향을 주지 않는다
> *2 : FRET의 시그널이 잘 검출되어 있으면 EYFP를 bleaching 한 후에 FRET 시그널은 감소하고 ECFP의 형광량은 그 만큼 증가되어야 한다.

실험 예

N 말단부분에 EYFP를, C 말단부분에 ECFP를 부가한 N-WASP의 발현 construct (NW FRET : 그림 2A)를 작성하고, FRET의 check를 검토하였다. N-WASP는 분자 내 상호작용에 의해 접힌 구조를 취하기 때문에, 이 construct에 있어서 FRET이 일어나는 것이 예상되었다. COS-7 세포에 유전자 도입하여 2일 후에 세포를 용해하고, 형광광도계를 이용하여 세포용해액의 형광 스펙트럼을 측정하였다. 433 nm에서 여기 하였을 때의 450~550 nm의 스펙트럼을 측정한 결과, 527 nm 부근에 EYFP의 시그널이 검출되어 FRET이 일어난 것이 확인되었다 (그림 2B). Proteinase K로 처리하여 N-WASP를 분해한 결과, 이 시그널은 소실되고 그 대신에 477 nm 부근의 ECFP의 발현양의 증가가 나타났다. 다음에 NW FRET을 발현하는 COS7 세포를 공초점 레이저 현미경 (Leica 회사, TSC SP2)으로 관찰하였다. ECFP와 EYFP의 화상을 취득한 후, 하나의 세포에 있어서 EYFP의 bleaching을 실시하였다 (그림 2C). 다시 ECFP와 EYFP의 화상을 취득한 결과, EYFP를 bleaching 한 세포에 있어서 ECFP의

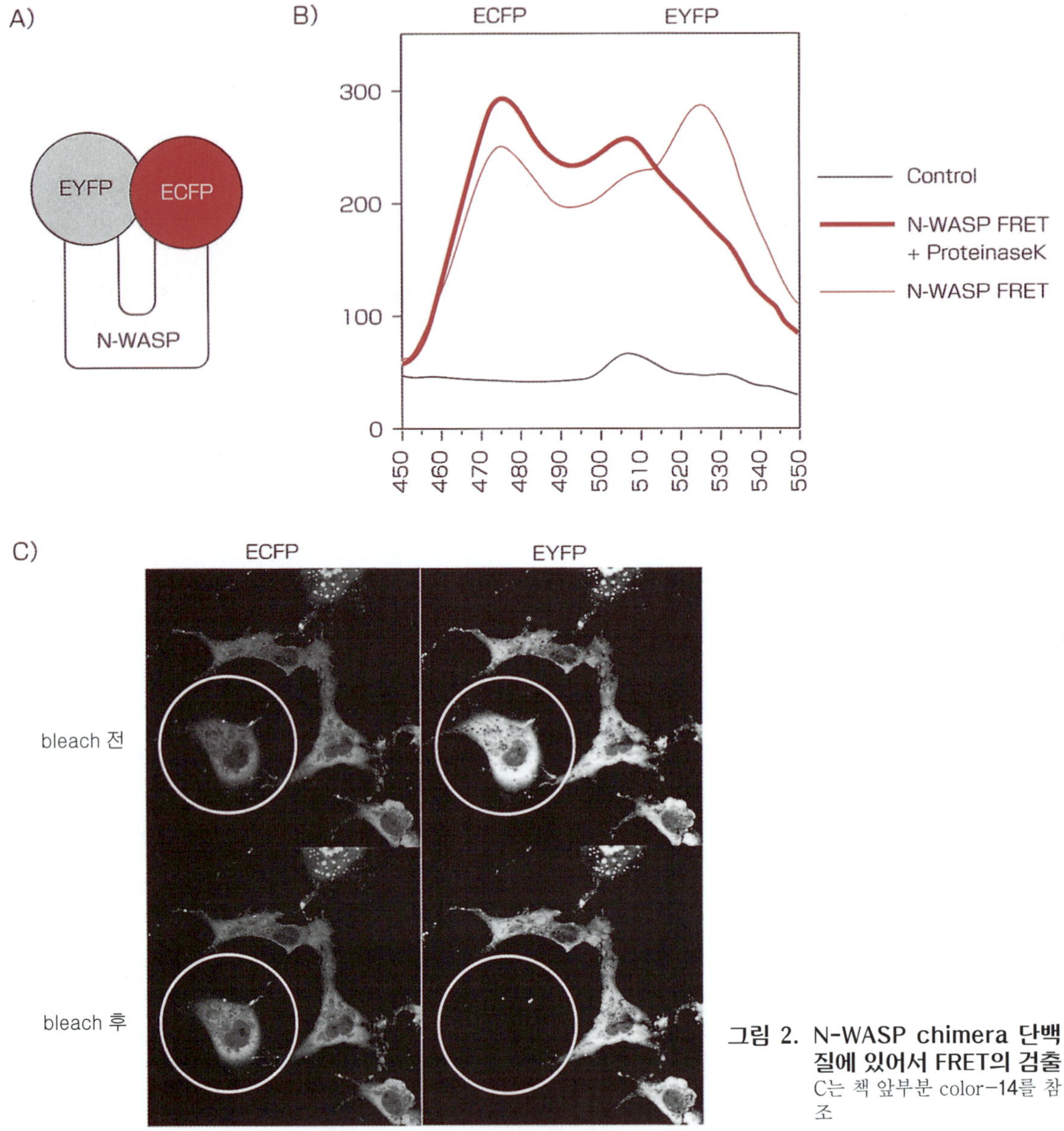

그림 2. N-WASP chimera 단백질에 있어서 FRET의 검출
C는 책 앞부분 color-14를 참조

시그널이 증가되어 있어 FRET이 일어난 것이 확인되었다. 이 때의 FRET 효율을 계산한 결과 약 15%였다.

맺음말

현재 이 기술은 급속한 추세로 보급되고 있으며, 생세포에 있어서 칼슘농도, 단백질의 활성화나 인산화를 모니터링 하는 시스템 등도 개발되어 있다[3)~7)]. 요컨대 아이디어에 따라서는 여러 가지 목적에 응용이 가능한 기술이다.

참고문헌

1) 宮脇敦史：実験医学, Vol.18 : pp1111-1119, 羊土社, 2000
2) 宮脇敦史 編：ポストゲノム時代の実験講座「GFP とバイオイメージング」, 羊土社, 2000
3) Miyawaki, et al. : Nature, 388 : 882-887, 1997
4) Mochizuki, et al. : Nature, 411 : 1065-1068, 2001
5) Kurokawa, et al. : J. Biol. Chem., 276 : 31305-31310, 2001
6) Itoh, et al. : Mol. Cell Biol., 22 : 6582-6591, 2002
7) Onuki, et al. : Proc. Natl. Acad. Sci. USA, 99 : 14761-14721, 2002

11. BRET

이 방법으로 무엇을 해석할 수 있을까?

BRET (bio-luminicence resonance energy transfer : 생체 발광 공명에너지 전이)는 생세포에서의 단백질 간 상호작용을 검출하기 위한 기술이다. FRET과 다른 여기 광원을 필요로 하지 않고, multi-well dish를 이용하여 많은 샘플을 취급할 수 있다. 따라서 세포 내에서의 목적 단백질의 거동을 여러 가지 조건에서 추적하는 것이 가능하다.

서론

BRET은 생물발광 donor로부터 형광 acceptor 단백질로의 에너지 전이를 기초로 하여 단백질 간 상호작용을 검출하기 위한 기술이다[1]. FRET과 큰 차이점은 donor로서 Renilla luciferase를 이용하고 있기 때문에, 특별한 발광원을 필요로 하지 않는 점이다. 따라서 FRET에 있어서 일어나는 donor 부분의 자가 발광, 광 산란, 광 퇴색, 세포로의 손상 등의 문제가 없다. 이것에 의해 FRET에 비해 background가 낮고 검출감도가 높게 된다. 또한 Renilla luciferase의 기질이 되는 coelenterazine 유도체는 세포막 투과성으로 독성이 없기 때문에, 생세포를 이용한 해석이 가능하다. 예를 들면 어떤 단백질 간의 결합을 변화시킬 수 있는 화합물의 high throughput screening 등에 유용할 수 있다. 단 얻어진 시그널은 FRET과 비교하여 작기 때문에 현미경을 이용한 생세포의 imaging 등에는 적합하지 않다. 실험의 흐름으로서는 우선 융합 단백질을 발현시키기 위한 플라스미드를 작성하고, 이것을 배양세포에 유전자 도입한 후, 기질을 첨가하여 발광도를 측정한다. 생세포에서 대량의 샘플을 측정하는 경우에는 395 ㎚와 510 ㎚의 발광을 연속해서 측정할 수 있는 microplate reader가 필요하다.

원리

이 방법에서는 Renilla luciferase를 donor로, 녹색 형광 단백질 (GFP)를 acceptor로 이용한다. Renilla luciferase는 그의 기질인 coelenterazine의 존재 하에서 395 ㎚를 피크로 하는 청색을 발광한다. GFP와 Renilla luciferase가 서로 근접하고 있는 경우, GFP가 이 청색광을 흡수하고, 510 ㎚의 녹색 형광을 나타낸다 (그림 1). 따라서 BRET의 시그널은 GFP의 녹색 광량을 Renilla luciferase의 청색 광량으로 나누어 구할 수 있다. 이 녹색광과 청색광의 비는 2가지 단백질이 근접함으로써 증가한다. 따라서 목적의 2가지 단백질을 Renilla luciferase 및 GFP 융합 단백질로서 세포에서 발현시킴으로써, 생세포에서의 단백질 간 상호작용을 검출할 수 있다.

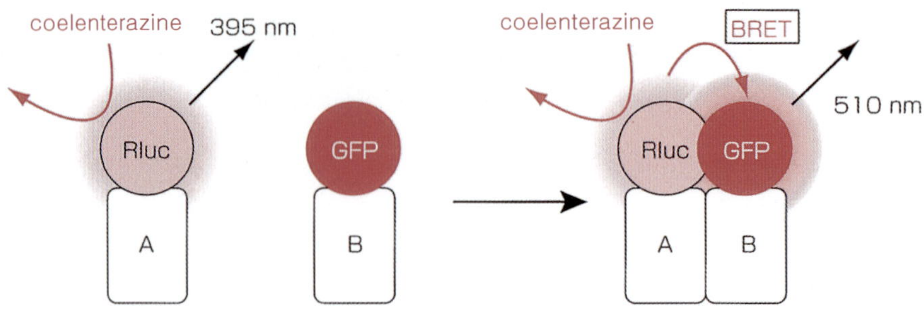

그림 1. BRET의 기본원리

Renilla luciferase (Rluc)를 융합시킨 단백질 A와 GFP를 융합시킨 단백질 B를 세포에 발현시킨다. 단백질 A와 단백질 B가 결합하면 Rluc와 GFP의 거리가 가까워지기 때문에, Rluc로부터 GFP로의 에너지 전이 (BRET)가 일어나고 GFP로부터의 녹색광이 나타난다

준비물

- Rluc 융합 단백질 발현 벡터
  pRluc-N1, -N2, -N3 (Cat. #6310200), pRluc-C1, -C2, C3 (Cat. #6310210), pRluc(h)-N1, N2, -N3 (Cat. #6310220), pRluc(h)-C1, -C2, C3 (Cat. #6310230) : Packard BioScience 회사
- pGFP-N1, -N2, -N3 (Cat. #6310240), pGFP-C1, -C2, C3 (Cat. #6310250) : Packard BioScience 회사
  각각의 벡터는 multicloning site의 프레임이 다른 3종류가 있으며, N은 Rluc 혹은 GFP의 상류에, C는 하류에 목적 단백질을 삽입한다. (h)는 codon을 사람화 한 Rluc 유전자를 함유한다
- 형광 multiwell plate reader
  적어도 395 nm와 510 nm의 형광을 연속해서 측정할 수 있는 것. Fusion universal microplate analyzer : Packard BioScience 회사
- 형광 측정이 가능한 microwell plate (Packard 96-well OptiPlate microplates, Packard BioScience 회사 : Cat. #6005290)
- LipofectAMINE 2000 (Invitrogen 회사 : Cat. #11668-027)
- BRET buffer : Dulbecco's Phosphate-Buffered Saline
  (D-PBS, Invitrogen 회사 Cat. #14287-080)에 2 μg/mℓ이 되도록 Aprotinin (Wako 회사)을 첨가한 것
- DeepBlueC (Packard BioScience 회사 : Cat. #6310100F, 6310101M)
  에탄올로 1mM의 stock 용액을 조제하여 -20℃에 보존
- HEK-293T 세포 (다른 세포라도 상관없지만, 높은 효율로 유전자 도입이 가능한 세포주를 선택한다)
- 보통의 세포배양을 할 수 있는 기기, 시약 등

프로토콜

1 발현 construct의 작성

Rluc 융합 단백질 발현 벡터와 GFP 융합 단백질 발현 벡터에 목적 유전자를 subcloning 한다

☞ 융합 단백질의 배향성과 조성은 그의 단백질의 발현과 활성에 영향을 주는 경우가 있다. 적절한 배향성 (N- 대 C- 말단)과 단백질의 조성 (GFP 대 Rluc)을 검토하기 때문에, 각 단백질 당 4종의 construct를 작성하는 것을 고려할 필요가 있다 (표 1). 또한 융합 단백질이 야생형의 단백질과 동일하게 상호작용 하는 것을 확인한다. 세포에 발현시켜 면역침강법 (9장 1 참조) 등을 이용하여 확인을 실시한다.

2 세포로의 유전자 도입

① 유전자 도입을 하기 전날, HEK-293T 세포를 3 × 10^6 개/10 cm dish에서, 하나의 샘플 당 3장의 dish에 접종한다*. 항생물질을 제외한 10% FBS/DMEM에서 배양한다

☞ 유전자 도입일에 40~50% confluent가 된다

표 1 GFP와 Rluc 융합 construct의 조합

상호작용의 조합	N 말단 GFP 융합 단백질	C 말단 GFP융합 단백질	N 말단 Rluc 융합 단백질	C 말단 Rluc 융합 단백질
1	단백질 A		단백질 B	
2	단백질 A			단백질 B
3		단백질 A	단백질 B	
4		단백질 A		단백질 B
5	단백질 B		단백질 A	
6	단백질 B			단백질 A
7		단백질 B	단백질 A	
8		단백질 B		단백질 A

② 하나의 dish 당 40 ㎕의 LipofectAMINE 2000과 3 ㎖ DMEM (혈청 제외)을 혼합하여 5분간 실온에서 방치

③ 40 ㎍의 발현 벡터 DNA를 ②에서 조제한 용액에 첨가하여 잘 혼합한 후 실온에서 20분 방치

> · Control을 설정할 것. DNA를 전혀 첨가하지 않은 background, GFP 발현 벡터 대신에 pCDNA 등을 첨가한 negative control, 그리고 Rluc와 GFP 발현 벡터를 혼합하는 비율은 검토해야 한다. 각각의 융합 단백질의 발현양이나 친화성, 내재성의 단백질량 등 여러 가지 요인이 영향을 주기 때문에, 조건검토를 실시하여 최적 비율로 유전자 도입을 실시한다. 또한 과잉량의 Rluc는 BRET 시그널 감소를 초래하기 때문에 GFP가 Rluc에 비해 과량으로 발현하고 있는 상황이 바람직하다.
> · 293 세포는 대단히 벗겨지기 쉽기 때문에 용액을 첨가할 때에는 조심스럽게 실시한다.

④ 세포에 직접 DNA 용액을 첨가한다

⑤ 48시간 CO_2 incubator 중에서 배양

3 BRET Assay

① 세포를 트립신으로 떼어내고 10% FBS/DMEM으로 회수한 후 2 × 10^6 개/㎖이 되도록 BRET buffer에 현탁한다

② 실온에서 1시간 방치

③ 1개 well 당 30 ㎕의 세포현탁액을 96 well OptiPlate에 옮긴다 (agonist 등을 첨가할 때에는 이 단계에서 실시함)

④ 최종농도 5 μM이 되도록 25 μM DeepBlueC를 well에 첨가한다

> DeepBlueC 용액은 BRET buffer로 25 μM이 되도록 사용직전에 희석한다. 희석한 DeepBlueC는 실온에서 약 1시간 안정하다.

⑤ 신속하게 plate를 형광 plate reader에 옮기고 측정을 개시한다. 조건은 1초/well, PMT : 1,100 volts, Gain : 100, Rluc emission : 410 ㎚ bandpass 80 ㎚ (Packard BioScience 회사 : Cat. #3400410), GFP emission : 515 ㎚ bandpass 30 ㎚ (Packard BioScience 회사 : Cat. #340515)

⑥ BRET 시그널은 아래와 같이 산출한다

$$\text{BRET 시그널} = \frac{\text{GFP 형광강도 (515 nm)} - \text{control 세포의 GFP 형광 강도 (515 nm)}}{\text{Rluc 형광강도 (410 nm)} - \text{control 세포의 Rluc 형광강도 (410 nm)}}$$

실험 예

V2 Vasopressin/β-arrestin2 vector kit (Cat. #6310301 : Packard BioScience 회사)를 이용하여 리간드 자극시의 Vasopressin 수용체와 β-arrestin의 상호작용을 해석하였다. HEK-293T 세포에 1 ㎍의 pV2 Vasopressin Receptor-Rluc (h)와 40 ㎍의 pGFP-β-arrestin2를 유전자 도입하고, [Arg8]-Vasopressin (8-AVP) 자극한 후, BRET의 시그널의 측정을 실시하였다. 그 결과 8-AVP 자극 의존적인 BRET 시그널의 증가가 관찰되었다 (그림 2). Control 세포에서는 시그널의 변화는 나타나지 않았다.

맺음말

이 기술은 지금까지 수용체의 활성화나 이량체화 등, 여러 가지 단백질 간 상호작용의 검출에 이용되어져 왔다[2)~4)]. 이 방법을 이용한 caspase 활성을 검출할 수 있는 벡터 시스템 등도 판매되고 있다 [pGFP-DEVD-Rluc (h)-Caspase-3 biosensor : Cat. #6310066, Packard BioScience 회사]. 또한 BRET 시그널 검출을 위한 demo kit (BRET demo kit : Cat. #6310556, Packard BioScience 회사)도 시판되고 있기 때문에 보유하고 있는 형광측정기가 BRET의 측정에 사용할 수 있는지 조사할 수 있다.

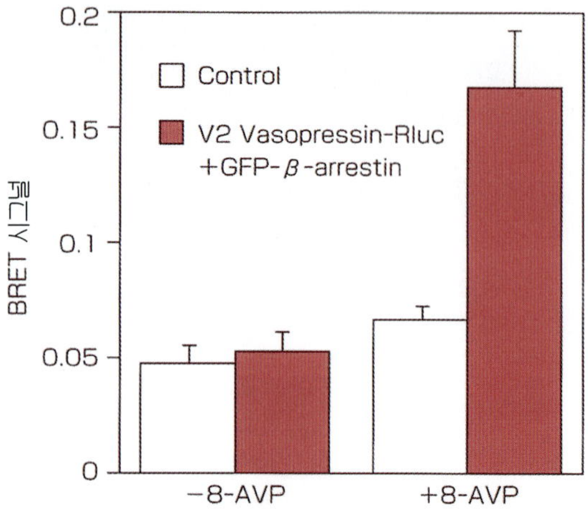

그림 2. BRET에 의한 Vasopressin 수용체와 β-arrestin의 결합 해석

참고문헌

1) Ward, W. W. & Cormier, M. J. : Photochem. Photobiol., 27 : 389-396, 1978

2) Xu, Y. et al. : Proc. Natl. Acad. Sci. USA, 96 : 151-156, 1999

3) Angers, S. et al. : Proc. Natl. Acad. Sci. USA, 97 : 3684-3689, 2000

4) Kroeger, K. M. et al. : J. Biol. Chem., 276 : 12736-12743, 2001

12. FACS를 이용한 발현세포의 Sorting

이 방법으로 무엇을 해석할 수 있을까?

유전자 도입효율이 낮은 세포에서도 GFP와 같이 형광을 나타내는 지표를 유전자에 붙여 발현시키면 유전자가 도입된 세포만을 FACS (fluorescence activated cell sorter)를 이용하여 단시간에 선택적으로 회수할 수 있다.

서론

FACS를 이용한 발현세포의 sorting에 의해 일시적으로 유전자를 발현시킨 것을 sorting 하여 금방 해석에 이용하거나, 레트로바이러스 등으로 안정적으로 유전자를 발현하고 있는 세포집단 중에서, 특히 높은 발현량을 가진 세포집단을 선택하여 보다 발현이 높은 세포주를 수립할 수 있다.

유전자의 세포 내 발현량이 높은 것을 선택적으로 회수할 수 있기 때문에, 예를 들면 혈구계 세포와 같은 도입효율이 낮은 세포의 해석에 적합하다. 또한 발현효율이 높은 것만을 해석에 이용할 수 있기 때문에, 유전자 도입의 효과를 검출하기 쉬운 것을 기대할 수 있다. 이와 같이 대단히 유용하지만 반면, 결점으로 대단히 고가의 sorting 기능을 가진 FACS 장치가 필요하며, 조작이 약간 어렵다는 것이다.

원리

여기서는 물방울 하전방식에 의한 sorting의 원리를 설명한다*. 이 방식은 Becton Dickinson 회사의 FACStar, FACSVantage, Coulter 회사의 EPICS ELITE, 일본분광의 FCS-1 등에 채용되고 있다.

우선 형광표식 된 세포를 물줄기와 함께 노즐로부터 분출시켜, 노즐 바로 아래에서 레이저를 조사하고 산란광과 형광으로 세포를 식별한다. 물줄기는 레이저 조사부 (레이저 hit point)의 하류에서 진동에 의해 물방울로 만들어진다.

목적 세포가 레이저 조사부를 통과할 때에 물줄기에 전하를 걸고, 목적 세포가 물방울로 만들어지기 전에 전하를 끊음으로써 목적 세포를 포함한 물방울을 선택적으로 하전시킨다.

하전 된 물방울은 낙하 도중에 플러스, 마이너스로 하전 된 2장의 편향판으로 끌어 당겨져, 낙하 방식이 좌우로 구부러져 양측에 설치된 수용기로 회수된다. 하전 되지 않은 물방울은 바로 아래쪽으로 낙하하여 폐액이 된다.

이 방식에서는 물방울은 플러스, 마이너스의 2종으로 하전 되기 때문에 동시에 2종류의 세포를 sorting 할 수 있다 (그림 1 참조).

> * 물방울 하전방식 이외에 cell capture 방식에 의한 sorting이 있으며, Becton Dickinson 회사의 FACSort와 FACSCalibur에서 채용하고 있다. 이 방법은 물방울 하전방식에 비해 취급이 간단하다는 것이 장점이지만, 동시에 sorting 할 수 있는 세포의 종류가 1종류이며, 또한 물방울 하전방식과 비교하면 매초 당 sorting 할 수 있는 세포 수가 적기 때문에 sorting에 시간이 걸리는 것이 단점이다.

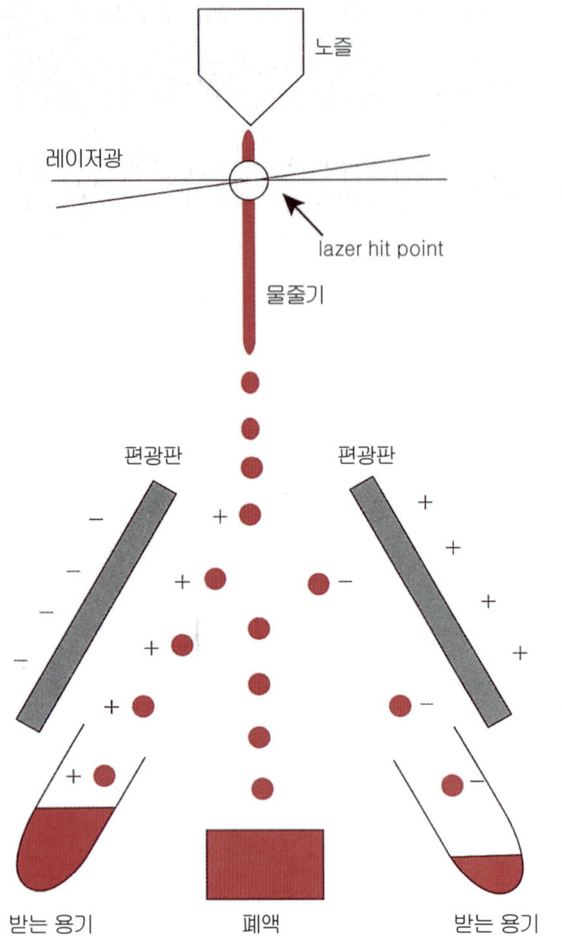

그림 1. 물방울 하전방식에 의한 sorting의 모식도
형광에 의해 식별된 세포를 함유한 물방울은 양 또는 음으로 하전 되어, 대전 (帶電)된 편광판에 의해 방향이 구부러져 받는 용기에 회수된다

준비물

1) 기기

· FACSVantage (Becton Dikinson 회사)

2) 시약류

· 70% 알코올
· PBS 4 ℓ (여과멸균 한 것)
· 멸균 증류수 2 ℓ (Autoclave도 가능)
50 ㎛ mesh
2 ㎛ 형광 beads (광축조정용)
· Pore size 0.45 ㎛ 필터 (Millipore 회사)
· 시험관
· 폴리프로필렌 튜브 (세포회수용)
· 세포에 적합한 배지

프로토콜

여기서는 Becton Dickinson 회사의 sorting 용 기기인 FACSVantage를 이용한 방법에 대하여 설명한다

1 기기의 가동

① 레이저용 냉각수, 레이저의 전원 등을 ON으로 한다

② 70 μM의 노즐을 끼운다

> ☞ 배양세포나 혈구계 세포의 분리에는 이것을 이용한다. 노즐의 장착이나 노즐을 끼우는 기기의 위치가 나쁘면, 물줄기와 레이저가 전혀 교차되지 않기 때문에 주의한다. 물줄기를 흘릴 때 레이저가 부딪히는 부분 (레이저 hit point)이 선명하게 보이도록 조정한다.

③ 시스 탱크 (sheath tank)에 멸균 증류수로 세정하고, 4 ℓ의 여과 멸균한 PBS를 넣는다. 시스 탱크의 출구에 멸균하고, 멸균 PBS로 적신 0.45 ㎛의 필터를 장착한다

④ Cell Quest를 ON으로 한다. 압력을 걸어 물을 흘린다

2 광축조정

2 μM의 beads를 흘려 광축의 조정을 실시한다. 각 검출 파라미터의 감도가 최적이 되도록 물줄기에 대한 레이저의 부딪힘 정도를 조정한다. 2 ㎛의 beads를 이용할 때에는 감쇠 필터를 벗겨 둔다

> ☞ 세포를 흘릴 때에는 감쇠 필터를 걸어 둔다.

3 멸균작업

샘플 튜브의 끝에 50 ㎛의 필터를 장착한다*.
유로계를 멸균하기 때문에 샘플 튜브에 70% 에탄올을 넣은 시험관을 세팅하고 10분 흘린다. 다음에 멸균 증류수를 동일하게 흘린다. 마지막으로 세포의 현탁에 사용하고 있는 배지를 5분 흘린다

> ☞ * P200의 지름의 굵은 쪽을 자르고, 자른 면을 구워 50 ㎛ mesh를 접착한 것을 샘플 튜브에 끼워 넣는다. 세포 조정 시에 mesh를 통해도 시간이 걸려 응집되는 경우도 있기 때문에 반드시 샘플 입구에 mesh를 통과하도록 한다.

3 Sorting을 위한 조건설정

① 배지를 샘플 튜브에 세팅한다

② Drop drive를 ON으로 하고 노즐에 진동을 걸어 물방울을 형성시킨다

③ Cell Quest의 sort control로부터 sort의 모드를 선택한다

> ☞ FACSVantage의 회수 모드는 주로 높은 순도와 표준적인 회수율을 특징으로 하는 Normal R 회수 모드와 순도는 낮지만 목적 세포의 회수율이 높은 Enrich 회수 모드가 있기 때문에 필요에 따라 나누어 사용한다.

④ 편향판에 전압을 걸어 센터 손잡이로 물이 aspirator의 입구 중심으로 흐르도록 한다

⑤ Test sort를 실시하여 물줄기를 좌우로 편향시켜 각 side stream이 하나가 되도록 phase를 조정한다

⑥ 불필요한 시험관을 세팅하고 각 side stream이 시험관에 들어가도록 전압을 조정한다

⑦ Cell Quest의 auto sort로 droplet delay를 설정한다

⑧ Test sort를 종료한다

5 Sorting 하고 싶은 세포군의 영역 설정

① GFP를 발현하지 않는 (음성 control)세포를 함유한 샘플*을 샘플 튜브에 세팅하고 세포를 흘려 음성영역을 결정한다

> ☞ 세포밀도는 1 × 10^6 개/mℓ 이하로 한다

② GFP 융합 단백질을 발현시킨 세포를 흘려, GFP의 형광을 히스토그램 혹은 dot blot으로 확인하고, GFP 양성의 영역을 sorting 하는 영역으로 설정한다

> ☞ 이 예에서는 형광 표식으로 녹색계 형광색소인 GFP를 사용하였다. GFP는 아르곤 레이저에 의해 488 nm에서 여기되고, 530 nm 전후의 band pass filter를 이용한다. 또한 적색계의 색소인 DsRed의 경우는, 아르곤 레이저로 여기하고, 580 nm 전후의 band pass filter (FL2)로 검출한다. 이용하는 형광색소에 따라 광원과 필터를 바꾼다

③ GFP 양성 영역의 세포의 분취위치 (오른쪽인지 왼쪽인지)를 결정한다

6 세포의 sorting

① 미리 2% BSA로 코팅한 폴리프로필렌 튜브*를 수용기에 세팅한다

> ☞ * 튜브에 들어 있는 세포가 벽면에 흡착하여 손실되지 않도록 세포를 받는 튜브는 폴리프로필렌 제를 이용한다. 더욱이 BSA로 코팅해 둔다. 또한 회수한 세포가 건조하게 되지 않도록 미리 1 mℓ의 배지를 넣어 둔다. 표시의 카운터 상 기대되는 세포수보다 손실이 있기 때문에, 다음의 단계로 진행할 때에는 세포 수를 카운터 한다

② 샘플의 주입 정도를 모니터링 하기 위해, 세포의 유속 표시를 카운트 모드로 해 둔다

③ 샘플을 잘 현탁하여 샘플 튜브에 세팅하고 sorting을 개시한다

④ Sorting 중에 때때로 샘플을 하부의 믹서로 교반한다. 필요한 수에 도달하면 sorting을 중지한다

> ☞ 복수의 샘플을 sorting 할 때에는 앞의 샘플을 sorting 한 후, 샘플 튜브의 액을 잠시 역류시켜 오염을 방지한다

실험 예

그림 2 참조.

memo

Sorting 중의 trouble로서 노즐의 끝에 세포 등이 막히기 때문에 물방울의 패턴이 변하거나, 물줄기가 구부러지는 경우가 있다. 이렇게 되면 전혀 다른 세포를 포함한 물방울이 회수되기도 하기 때문에 신속하게 sorting을 중지한다. 따라서 sorting 중은 물방울의 상태나 모니터 상의 세포의 광 산란이나 형광에 충분히 주의한다. 또한 회수 후는 FACS나 형광현미경으로 순도를 확인할 필요가 있다.

노즐의 초기 막힘은 노즐 부분에 FACSsafe 혹은 차아염소산, 다음에 증류수를 흡인시키면 해결되는 경우가 있다. 노즐 주변을 취급할 때에는 감전되지 않도록 편향판의 전압을 끊어 둔다. 이 경우 다시 한번 4에 있는 sorting을 위한 조건설정부터 다시 할 필요가 있다.

사용 후의 노즐은 끝을 위로 하여 증류수를 넣은 튜브에 넣고 초음파 세정한다. 또한 사용빈도가 높은 때에는 막힘을 피하기 위해 같은 노즐의 연속사용은 피하고 복수의 노즐을 교대로 사용하는 편이 좋다.

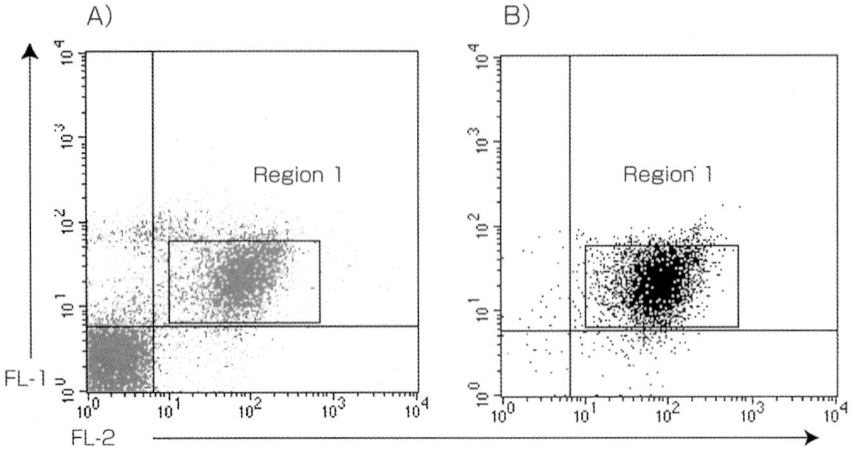

그림 2. FACS를 이용한 세포의 sorting 예

녹색계 색소 (FL1로 검출)와 적색계 색소 (FL2로 검출)를 이용하여, 동시에 형광표식 된 세포집단을 FL1/FL2 축으로 2차원으로 전개하였다 (A). 이 세포군 중에서 Region 1에 들어가는 집단을 FACS Vantage로 sorting 하였다. Sorting 후 (B)에서는 거의 Region 1 내의 형광강도를 가진 세포집단만이 선발되어 있다

맺음말

FACS를 이용한 발현세포의 sorting은 다소 조작에 대한 익숙함이 필요하지만, 특히 발현효율이 낮은 세포의 해석에는 대단히 유용한 것으로 생각된다.

최근 여기파장과 형광파장이 다른 형광색소가 개발되어 있다. 따라서 FACS 장치의 레이저광과 형광검출용 필터의 조합을 변경함으로써, 다른 형광색소가 붙은 복수의 유전자가 도입된 혼합세포군으로부터 특정의 세포군을 sorting 하는 것도 가능하다.

또한 최근 Becton Dickinson 회사로부터 신형 FACS인 FACSAria가 시판되었다.

이 장치는 기존의 FACS에서 필요했던 조사위치 조정이 필요하지 않고, FACSVantage에 비해 세포를 고속으로 처리할 수 있는 장점을 가지고 있다. 이와 같이 취급하기 쉽도록 기기가 개량되어, 향후 FACS를 이용한 세포의 sorting은 보다 간편하고 편리한 실험 도구가 될 것으로 생각된다.

참고문헌

1) Sørensen, T. U. et al. : Cytometry, 37 : 284-290, 1999
2) Matsui, S. et al. : J. Biol. Chem., 277 : 544-549, 2002
3) 中内啓光 編：フローサイトメトリー自由自在, pp3-23, 秀潤社, 1999

13. siRNA 도입에 의한 유전자 발현 저해

이 방법으로 무엇을 해석할 수 있을까?

siRNA (small interference RNA)는 짧은 RNA 단편을 이용한 특이적인 유전자 발현 저해를 실시하는 실험계이다. 지금까지 특이적으로 유전자·단백질의 기능을 저해하기 위해 표적 유전자의 dominant negative 변이체나 유전자 녁아웃 동물이 제작되어 왔지만, 의도하지 않은 세포 내 작용이 나타나거나 제작에 막대한 시간이 소요되는 등 각각의 단점을 지니고 있었다. siRNA는 간편하면서 특이적인 유전자 발현 저해를 실현하기 때문에, 지금까지의 연구에서 가장 일반적인 실험법의 하나가 될 것이다.

서론

어떤 유전자의 발현을 「임의의 장소에서 임의의 시기에 소실시키는 기술」은 「임의의 장소에서 임의의 시기에 발현시키는 기술」과 함께 유전자의 기능을 해석하는데 있어서 대단히 유용한 기술이며, 오랫동안 많은 연구자에게 희구되어 왔다. 물론 유전자 녁아웃 동물을 제작함으로써 완전히 그의 유전자를 가지지 않는 개체를 얻을 수 있지만, 완성까지 걸리는 시간과 노력, 자금이 너무 막대하다. 그 때문에 조금 더 단시간에 할 수 있으며 간편한 실험계를 찾아, 표적 유전자의 mRNA의 전사·번역 단계에 초점을 맞춘 기술이 연구되어져 왔다.

특이적인 유전자의 발현억제기술에 대하여 가장 초기에 개발된 것이, 표적 유전자의 antisense 배열 RNA를 세포에 도입하는 것이다. 계속해서 sense 배열 RNA로도 동일한 발현 억제가 생기는 것이 보고되었고, 더욱이 1998년에는 선충에 있어서 이중사슬의 RNA (dsRNA)를 도입한 경우에 억제효과가 더욱 높아지는 것이 확실하게 판명되었다[1]. 이 이중사슬 RNA를 이용한 유전자 발현 제어기술을 RNAi (RNA interference)라고 부르며 포유세포에도 응용이 기대되었지만, 30 bp 이상의 dsRNA를 포유세포에 도입하려고 하면 면역반응에 의해 apoptosis를 일으키고 세포가 죽어 버리는 단점이 있었다. 그러나 2000년이 되어 포유세포에 있어서도 RNAi가 생길 수 있는 메커니즘이 존재한다는 것이 확실하게 알려지게 되었고 RNAi 기술의 개량이 시도되어진 결과, 2001년에 dsRNA 길이를 더욱 짧게 (21~23 bp) 한 siRNA (small interference RNA)를 이용함으로써 포유세포에서도 세포독성을 나타내지 않고 RNAi를 생성시킬 수 있게 되었다[2]. 더욱이 그 한편에서 RNA 사슬이 짧아짐에 따라 유전자 발현 제어의 특이성이 높아지는 것이 확실하게 알려지게 되었으며, 현재에는 dsRNA 길이가 21 bp이고 각각 3' 말단이 2개 염기로 튀어 나온 siRNA가 특이적인 유전자 발현 제어에 가장 효과가 있다고 보고되어 있다[3]. (그림 1)

보통 siRNA를 이용하여 유전자 발현 제어를 실시하는 경우, 인공적으로 합성한 sense 사슬·antisense 사슬의 RNA를 annealing 시켜, 만들어진 이중사슬 siRNA를 transfection 시약을 이용하여 유전자를 도입한다. 이들 인공 RNA의 합성은 현재 여러 기업이 수탁을 실시하고 있으며, transfection 시약도 키트화 되

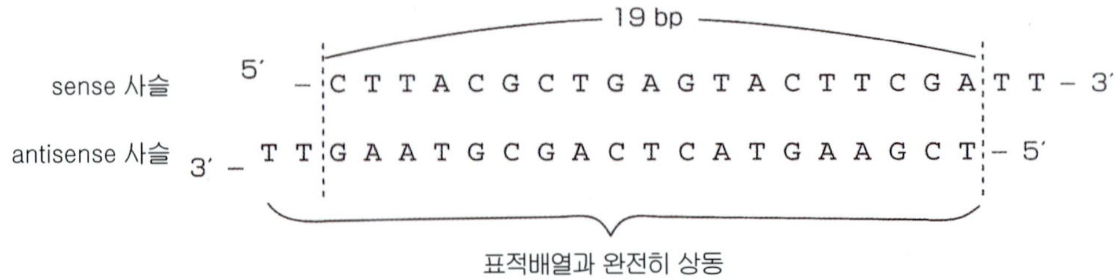

그림 1. 전형적인 siRNA 배열의 예

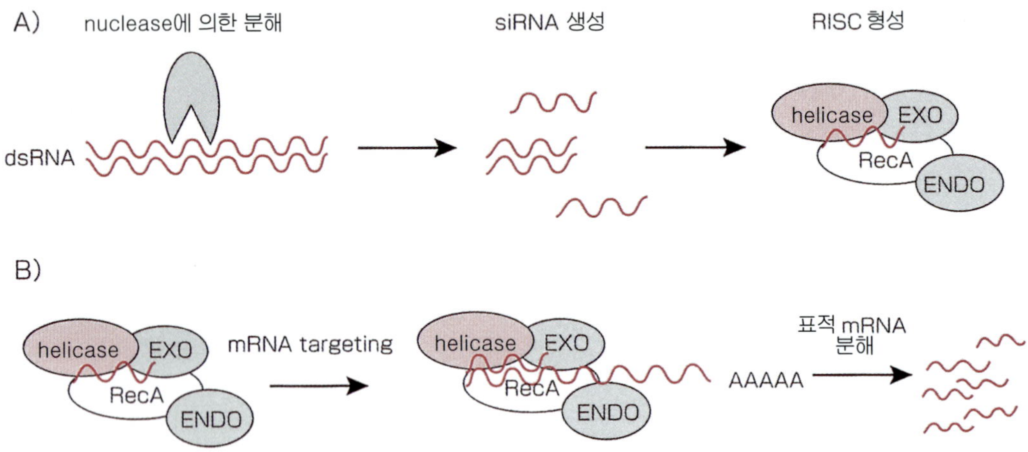

그림 2. dsRNA에 의한 유전자 발현 저해의 메커니즘
A) dsRNA의 분해와 RISC 형성
B) RISC에 의한 표적 mRNA 분해

어 판매되고 있기 때문에 문의하면 좋다. 또한 목적의 siRNA를 발현시킬 수 있는 플라스미드 벡터도 판매되고 있어[4], siRNA를 직접 transfection 하는 경우에 비해 취급하기가 쉬운 점이나 제어효과가 비교적 길게 지속되는 장점을 가지고 있다. 이와 같은 siRNA의 응용기술을 검토하는 것도 권장한다.

본 항에서는 합성 siRNA를 이용한 일반적인 siRNA법과 목적 siRNA를 발현할 수 있는 플라스미드 벡터-pSUPER™ (Oligoengine 회사, 참고문헌 5)를 이용한 유전자 발현 제어를 해설한다.

원리

Antisense RNA나 dsRNA가 어떤 메커니즘으로 특이적인 유전자 발현 제어 작용을 발휘하고 있는지는 오랫동안 알려져 있지 않았지만, 최근에 드디어 규명되었다[6] (그림 2). dsRNA의 작용 메커니즘에 대해 간단히 기술하면,

① 세포 내에 진입한 dsRNA가 내재성의 nuclease에 의해 21~23 bp의 siRNA로 분해된다

② siRNA와 nuclease 복합체가 결합하여 RNA-induced silencing complex (RISC)를 형성한다

③ 이 RISC가 siRNA와 상보배열을 가진 mRNA와 결합하여 절단함으로써 표적 유전자의 발현이 제어된다

라고 하는 메커니즘에 의한다. 따라서 특이적이면서 효과적인 유전자 발현 제어를 실시하기 위해서는, 이 siRNA의 배열을 어떻게 설계하는가가 중요하다. 그의 설계법에 대해서는 Max Planck 연구소의 Dr. Tschul의 홈페이지[7]을 참고하기 바란다. siRNA 배열의 설계에 있어서 중요한 포인트를 아래에 열거하였다.

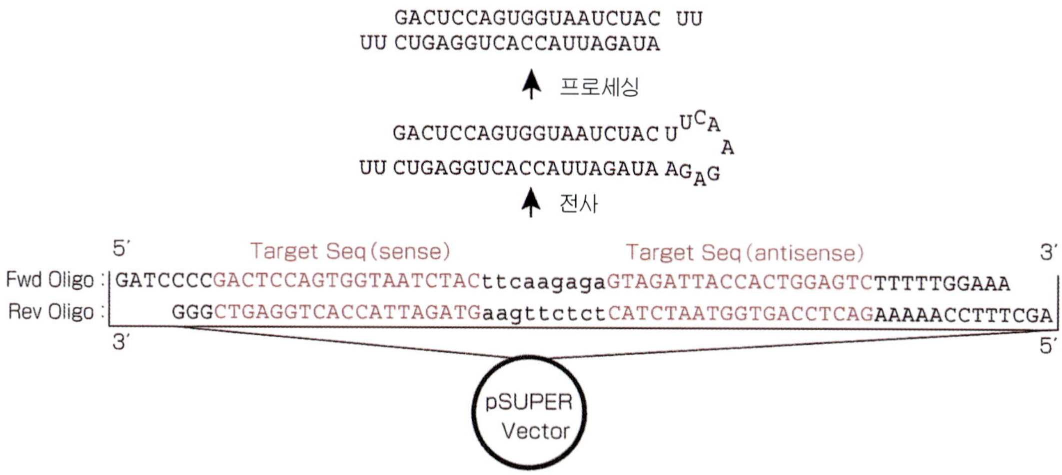

그림 3. pSUPER 벡터의 구조

1. siRNA 이중사슬 배열은 표적 유전자 mRNA의 exon 부분, cDNA 배열을 이용하여 작성한다. 5' 및 3'의 비번역영역은 이용하지 않는다.
2. 가능한 한 유전자의 5' 말단 측에 가까운 쪽에서 작성하는 것이 좋지만, 전사인자의 결합부위를 피하기 위해 개시 codon으로부터 50~100 bp 하류 이후의 배열로부터 선택한다.
3. 그의 배열 중에서 50% 정도 (30~70%)의 GC 함량을 가진 AA와 TT로 끼워진 19 bp의 이중사슬 배열 [AA (N19) TT로 표기]을 찾아 후보로 한다.
4. 그와 같은 배열이 없거나 혹은 적은 경우에는 다음 후보로서 50% 정도의 GC 함량을 가진 AA (N21) 혹은 CA (N21)의 이중사슬 배열을 찾는다
5. NCBI-Blast search를 이용하여, 3, 4에서 선택한 후보 이중사슬 배열을 각각 상동성 검색한다. 다른 유전자와 완전한 상동배열을 가진 후보는 제외한다.
6. 각 후보 이중사슬 배열 중에, guanine (G) 또는 cytosine (C)이 3개 이상 연속된 것은 특수한 입체구조를 취할 가능성이 있기 때문에 가능한 한 피한다 (단 G가 4개 연속된 배열이라도 RNAi의 효과가 있었던 예는 존재한다). 남은 것을 최종적인 후보 이중사슬 배열로 한다.

또한 siRNA 이중사슬 배열의 설계지원도구가 WEB 상에서 몇 개 공개되어 있다. Oligoengine 회사의 OligoEngine 등 사용하기 쉬운 도구도 있기 때문에 활용하면 좋다[5]. 또한 지금까지 공표되어 있는 siRNA 배열은 일본 바이오서비스의 홈페이지[8]에 정리되어 있기 때문에 그것도 참고하기 바란다. 또한 그 중에서 제일 보고가 많은 배열은 AAG (N18)이며, 그 다음은 AAC (N18)이다. 최종적으로는 이들 포인트를 종합하여, 후보배열에서 5~6 종류의 siRNA를 실제로 작성하고 비교하면서 실험에 이용하면 좋다.

다음에 siRNA를 세포 내에서 발현하는 플라스미드 벡터-pSUOER의 메커니즘에 대하여 해설한다 (그림 3).

pSUPER는 polymerase-III H1-RNA 유전자 프로모터를 가지며, 그의 하류에 siRNA의 sense 사슬 배열과 antisense 사슬 배열을 linker를 끼워 tandem 하게 삽입하여 이용한다. Polymerase-III H1-RNA 유전자 프로모터는 전사 산물에 poly A tail을 부가하지 않기 때문에, 표적 세포 내에 벡터가 transfection 되면, sense 사슬·linker·antisense 사슬의 배열만이 전사된다. 전사 산물은 sense 사슬·antisense 사슬이 linker 배열을 매개로 하여 헤어핀 구조를 취하며, 그의 헤어핀 부분이 nuclease에 의해 절단되고, 목적의 siRNA를 표적 세포 내에서 생성한다.

또한 이 시스템을 레트로바이러스 벡터에 삽입한 것이나 네오마이신 내성 유전자도 함께 삽입하여 siRNA를

안정하게 발현하는 clone을 약제 선택할 수 있는 벡터도 개발되어 있다. 그와 같은 응용기술도 검토해 보면 좋다.

준비물

1) 합성 RNA를 siRNA로 이용하는 경우

- 합성 RNA/DNA hybrid oligonucleotide (sense 사슬 및 antisense 사슬) (주 : 배열은 본문 참조)
- Control 실험용 합성 RNA (sense 사슬 및 antisense 사슬) (주 : 배열은 본문 참조)
- 합성 RNA 용 annealing buffer (주 : 합성 RNA를 구입 시에 첨가되어 있는 것도 가능)
  5 × annealing buffer : 500 mM potassium acetate, 150 mM HEPES−KOH pH 7.4, 10 mM magnesium acetate (prepared in DEPC−treated water)
- DEPC 처리수 (주 : 합성 RNA 구입 시에 첨가되어 있는 것도 가능)
- 합성 RNA 용 transfection 시약·키트 (Invitrogen 회사 OligofectAMINE 등)

2) pSUPER 플라스미드 벡터법

- pSUPER 벡터 (Oligoengine 회사)
- 합성 oligo DNA (sense 사슬 및 antisense 사슬) (주 : 배열은 본문 참조)
- Control 실험용 합성 DNA (sense 사슬 및 antisense 사슬) (주 : 배열은 본문 참조)
- Annealing buffer : 100 mM potassium acetate, 30 mM HEPES−KOH pH 7.4, 2 mM magnesium acetate (prepared in distilled water)
- DNA ligation kit (TaKaRa 회사 등, 자체제작도 가능)
- 플라스미드 DNA transfection kit (Invitrogen 회사 LipofectAMINE 2000 등)

프로토콜

1 siRNA 배열의 선택

① 실험에 이용하는 종의 표적 유전자의 cDNA 배열을 준비한다. siRNA는 1개 염기만 달라도 효과가 없어지는 경우도 있기 때문에, 어떤 세포나 동물에서 실험해야 할지 고려할 것

② 「원리」에서 나타낸 순서로, 표적 유전자의 siRNA 배열을 설계한다. Sense 사슬·antisense 사슬 모두 21 bp로, 양쪽 모두 3' 말단이 2 bp 돌출되어 있는 구조로 되어 있는 것에 주의할 것. 이 단계에서는 sense 사슬은 (N21)의 구조를, antisense 사슬은 (N19) TT [혹은 (N19) TG]의 구조로 되어 있어야 한다. 또한 각 배열을 BLAST homology search에 걸어 sense 사슬도 antisense 사슬도 다른 유전자와 완전히 상동하지 않은 것을 확인할 것. 단순한 것이지만 배열을 잘못 옮겨 적지 않도록 하는 것이 중요하다

③ 더욱이 설계한 sense 사슬·antisense 사슬의 3' 말단을 각각 TT로 치환한다 [sense 사슬도 antisense 사슬도 (N19) TT의 구조가 됨] (그림 1). 이것은 이중 사슬의 돌출부분이 양측 모두 TT로 되어 있고, RISC에 삽입될 확률이 같이 되도록 만들기 위한 것과, 모든 배열이 (N19) TT의 형태로 되어 관리하기 쉽기 때문이다[*1].
또한 antisense 사슬의 3' 말단의 1개 염기를 변화시켜도 표적 mRNA의 인식에 영향을 주지 않는 것이 알려져 있지만, 그 이외의 장소를 변화시키면 억제효과가 없어지기 때문에 주의할 것[*2].

> *1 항상 3' 말단에 TT를 부가함으로써, 배열의 5'→3' 방향과 3'→5' 방향을 잘못 취급하는 것이 없어지기 때문이다. 수탁 합성 기업의 조사에서는 이와 같은 잘못이 많이 발생한다고 알려져 있다.
> *2 Sense 사슬은 표적 mRNA의 인식에 관여하지 않기 때문에 말단의 배열을 변경해도 좋다.

④ ②와 ③에서 설계한 이중사슬 배열 AA (N19) TT의 N19의 부분에 대하여, GC 함량을 변화시키지 않고 random 하게 변형한 배열을 작성하여, control 실험용 배열로 한다. 각 control 배열을 BLAST homology search에 걸어 다른 유전자와 완전히 상동하지 않는 것을 확인한다

⑤ 상기와 같이 설계한 siRNA 배열 (sense·antisense와 control용 sense·antisense로 4개)을 5~6 세트 준비한다. 효과가 없는 siRNA 배열도 빈번하게 눈에 띄기 때문에 복수의 배열을 시험하는 것은 대단히 중요하다

2 합성 dsRNA를 siRNA로 이용하는 경우

① 설계한 siRNA 배열을 3' 말단의 TT를 제거하고 thymine (T)를 uracil (U)로 치환하여 합성한다. RNA/DNA hybrid oligonucleotide의 수탁생

산은 여러 기업에서 실시하고 있기 때문에 가격이나 납기를 고려하여 적당히 선택하면 된다

> ☞ Control siRNA의 합성은 효과가 있었던 siRNA의 배열에 대해서만 나중에 실시하는 것이 연구비의 절약 상 좋다고 생각된다.

② RNA/DNA hybrid oligonucleotide를 DEPC 처리수에 각각 용해한다 (최종농도 50 μM). 완전히 건조된 RNA는 극히 용해되기 어렵기 때문에, 때때로 얼음 위에서 냉각하면서 vortex에 걸어 시간을 두고 녹인다. 미세한 부유물이 완전히 보이지 않을 때까지 용해시킨다

> ☞ 한번 동결융해 하면 녹기 쉽게 되는 경우도 있다.

③ sense 사슬·antisense 사슬 각각 20 μl와 10 μl의 5 × annealing buffer를 혼합하고, 90℃에서 1분간 가열한 후, 37℃에서 1시간 방치하여 annealing 시킨다. 그대로 transfection에 사용가능하지만, −20℃에서 동결보존도 할 수 있다. 과도한 동결융해는 피할 것

④ 표적세포를 준비하고, Invitrogen 회사의 OligofectAMINE 등의 transfection kit 등을 이용하여 siRNA를 도입한다. 프로토콜은 각 키트에 따르지만, 일반적으로 유전자발현 제어효과는 transfection의 2일 후부터 1주간 정도 지속한다. 세포를 회수 혹은 고정하여 Western blot이나 RT-PCR을 이용하여 유전자 발현양을 정량한다.

> ☞ 유전자 도입효율을 좋게 하기 위해, transfection 조건의 세부검토가 필요하다.

⑤ 장기간에 걸쳐 유전자 발현을 억제시키는 경우는 정기적으로 siRNA의 transfection을 반복하면 좋지만 세포가 손상되기 쉽기 때문에 주의할 것

3 pSUPER 플라스미드 벡터법에 의한 siRNA의 발현

① 설계한 siRNA의 이중사슬 배열로부터 헤어핀 구조 및 양쪽 말단에 *Bgl* II, *Hind* III의 절단부분과 cohesive 배열을 부가한 64 bp의 DNA oligonucleotide (Fwd Oligo, Rev Oligo)를 설계한다 (그림 3)

> ☞ 단 상류 측에는 *Bgl* II와 결합할 수 있는 배열이 있어서, *Bgl* II의 인식배열이 아닌 점에 주의.

② Fwd Oligo, Rev Oligo를 합성한다. 그 때 각 oligonucleotide의 5' 말단을 인산화 수식하도록 해 두면, 나중에 말단 인산화를 할 수고가 생략되어 편하다

③ Fwd Oligo, Rev Oligo를 멸균수에 각각 3 mg/ml이 되도록 용해하고, 각 1 μl와 annealing buffer 48 μl를 첨가하여 90℃에서 4분간 가열한 후, 70℃에서 10분 보온하고, 마지막으로 실온에서 방치하여 식힌다. 5' 말단 인산화 oligonucleotide를 사용하지 않는 경우는, poly-nucleotide kinase (PNK)를 이용하여 말단을 인산화 한다. ligation에 이용할 때까지 4℃ 혹은 −20℃에서 보존한다

④ 환상의 pSUPER 벡터를 *Bgl* II, *Hind* III로 절단하고, 직선화 된 DNA를 agarose 겔로부터 잘라 정제한다

⑤ 직선화 된 pSUPER 벡터와 annealing된 oligonucleotide를 혼합하여 일반적인 방법에 따라 ligation 한다. 계속해서 대장균에 transfection 하여 cloning 한다. Self ligation이 많은 경우에는 벡터를 alkaline phosphatase로 전처리해도 좋으며 (oligonucleotide 내에 *Bgl* II site가 없으면) ligation 후의 반응액을 *Bgl* II로 절단해도 좋다

> ☞ Insert가 정확하게 들어간 경우, 벡터 측의 *Bgl* II site는 파괴되기 때문에, *Bgl* II 처리로 self ligation의 환상 플라스미드는 제거된다

⑥ 얻어진 siRNA 발현 벡터의 insert 배열을 T7 및 T3 primer를 이용하여 sequence를 읽고 변이가 없는 지 확인한다

⑦ 양호한 siRNA 발현 플라스미드를 대장균에서 대량으로 복제시켜 회수한다. Qiagen 회사의 Plasmid Midi kit 등의 DNA 회수 키트를 이용하는 것이 간편하고 품질도 좋다

⑧ 표적 세포를 준비하고, Invitrogen 회사의 LipofectAMINE 2000 등의 transfection kit 등을 이용하여 플라스미드를 transfection 한다. 프로토콜은 각 키트에 따르지만, 일반적으로 유전자발현 제어효과는 transfection 2일 후부터 1주간 정도 지속한다. 세포를 회수 혹은 고정하여 Western blot 이나 RT-PCR을 이용하여 유전자 발현양을 정량한다*. 플라스미드에 네오마

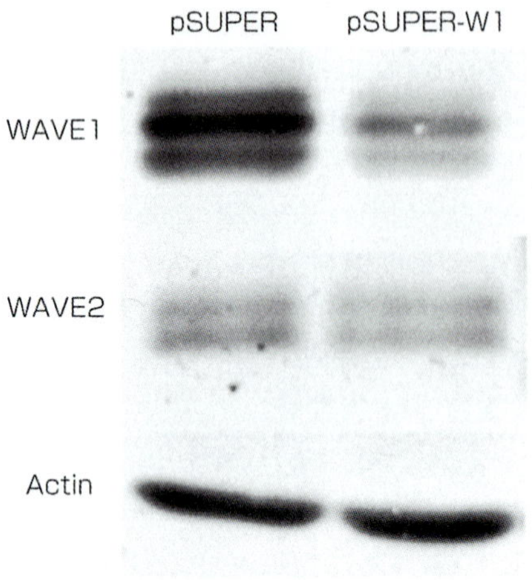

그림 4. pSUPER 벡터에 의한 WAVE 1의 발현저해 실험

이신 내성 유전자 등이 붙어 있으면 약제 선택함으로써 안정하게 발현하는 세포주를 얻는 것도 가능하다

> * 유전자 도입 효율을 좋게 하기 위해 transfection 조건의 세부검토가 필요하다.

실험 예

마우스 melanoma 세포 (clone B16F10)에 WAVE1 유전자를 표적으로 pSUPER 벡터법에 의해 siRNA를 도입하고 유전자 발현 저해를 실시하였다 (pSUPER-W1 : 그림 4). Control 세포군 (pSUPER)과 함께 세포용해액을 Western blot 한 결과를 나타내었다. pSUPER-W1에서는 WAVE1 특이적으로 단백질의 발현양이 감소하고, WAVE2나 actin의 발현양에 변화는 나타나지 않는다.

맺음말

특이적인 유전자 발현 저해를 반드시 생성하는 siRNA 배열을 선택하는 방법은 아직 확립되어 있지 않기 때문에, 실험비용은 들지만 복수의 후보배열을 비교하여 실험하는 것이 중요하다. 아직 발전단계에 있는 실험계이기 때문에 실험 전에 최신의 논문·총설 등을 참조하기 바란다.

참고문헌

1) Fire, A. et al. : Nature, 391 : 806-811, 1998
2) Elbashir, S. M. et al. : Nature, 411 : 494-498, 2001
3) Elbashir, S. M. et al. : Genes Dev., 15 : 188-200, 201
4) Brummelkamp, T. R. et al. : Science, 296 : 550-553, 2002
5) Oligoengine社 HP : http://www.oligoengine.com
6) Hammond, S. M. et al. : Nature Review Genetics, 2 : 110-119
7) Dr. Tschul氏の HP : http://www.mpibpc.gwdg.de/abteilungen/100/105/sirna.html
8) 日本バイオサービス社 HP : http://www.jbios.co.jp/RNAisequence.htm
9) 多比良和誠 編 : 注目のバイオ実験シリーズ「RNAi実験プロトコール」, 羊土社, 2003

제9장

단백질 간 상호작용 분석과 단백질 성질의 해석

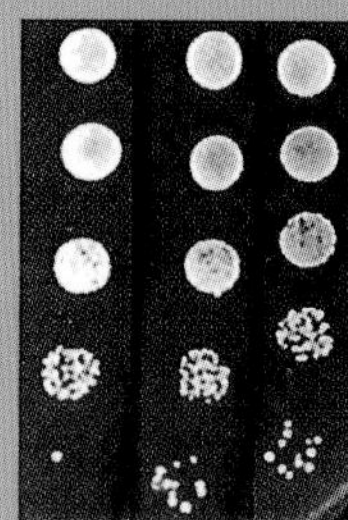

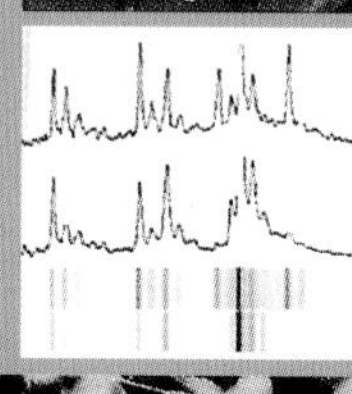

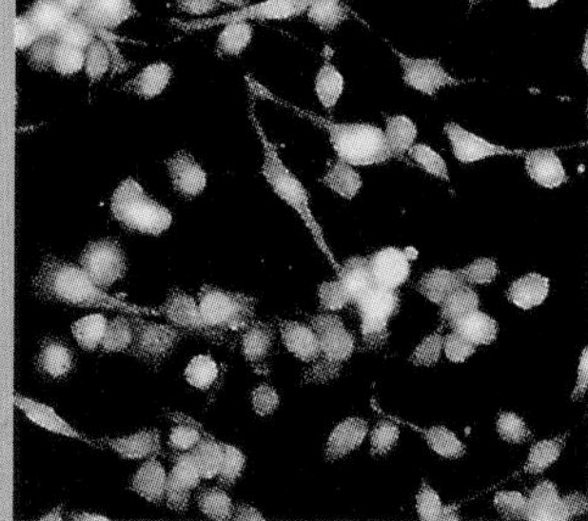

제9장 단백질 간 상호작용 분석과 단백질 성질의 해석

1. 면역침강법

이 방법으로 무엇을 해석할 수 있을까?

어떤 단백질이 다른 단백질과 결합하는 것을 확인하였을 때, 그것이 실제로 생체 내에서 복합체를 형성하고 있는지, 그것을 증명할 수 있는지 없는지에 따라 그의 결합이 가지는 의미는 크게 변한다. *In vitro*에서의 결합을 입증하는 가장 강력한 수단의 하나가 여기서 기술하는 면역침강법이다.

서론

면역침강법 (Immunoprecipitation, IP)이란 특이적인 항원-항체반응 및 항체의 비가변 부분인 Fc 부분에 특이적으로 결합하는 protein 이나 protein G (이들은 agarose beads에 공유결합 하고 있으며, 원심분리에 의해 간단하게 용액과 분리됨)를 이용함으로써 사용한 항체에 대응하는 항원 단백질만을 분리, 정제하는 방법이다. 현재에는 단순히 항원 단백질만을 분리, 정제하는 것만 아니라 오히려 「세정」의 강도나 사용하는 lysate의 계면활성제를 적당히 약화시킴으로써, 항체에 직접 결합하는 항원 단백질과 함께 복합체를 만들고 있는 단백질을 검출하고, *in vivo*에서의 단백질-단백질 상호작용을 입증할 때에 가장 자주 사용된다 (단일 단백질을 정제하는 데에 있어서는 본 책의 6장을 참조하기 바람). 그 때문에 *in vitro*에서의 결합만을 입증할 수 있는 pull-down assay (다음 항 9장 2 참조)에 비해, 검출되었을 때의 의미부여는 크다. 단 면역침강법을 실시하는데 있어서는 역시 좋은 항체가 없으면 실시할 수 없으며, 유전자만 입수되면 GST 융합 단백질을 발현시켜 그것을 이용하여 실시할 수 있는 pull-down assay와 비교하여 성공률이 낮은 것이 단점이다. 이용하는 항체는 Western blot 보다 높은 titer (10^7~10^8 mol-1)를 필요로 하며 동시에 특이성도 어느 정도 이상이 요구된다. 시판의 항체의 경우, Western blot이나 세포, 조직염색과 나란히 면역침강법에 사용하는 항체가 기재되어 있기 때문에 우선 그것을 체크하는 것이 바람직하다. 혹시 그와 같은 항체를 입수할 수 없는 경우, tag이 붙은 항체를 사용하게 된다. 단 이 경우, 어떠한 방법으로 tag이 붙은 유전자를 도입할 필요가 있으며, 또한 tag이 붙어 있기 때문에 단백질 복합체에 영향이 없다고 단정할 수 없다.

또한 앞에서 기술한 바와 같이 세정에 이용하는 buffer, 세정회수, 가용화 buffer의 조성 등에 따라 분리할 수 있는 단백질 복합체의 양상이 변화한다. 아래에 기재되어 있는 것은 본 연구실에서 범용되는 프로토콜이지만, 이용하는 단백질이나 용도에 따라 최적조건이 변할 가능성이 있는 것에 유의하기 바란다.

원리

1 Lysate의 회수

면역침강을 실시하는 준비단계로 우선 세포 혹은 조직으로부터 단백질 용액을 얻을 필요가 있다. 여기서 어떤 농도, 조성의 용액을 얻을지에 따라 나중의 면역침강의 결과도 변한다. Lysate에는 그림 1A와 같이 여러 가지 단백질이 포함되어 있다.

2 항원-항체 반응

Lysate에 목적으로 하는 단백질을 인식하는 항체를 첨가함으로써 항원-항체반응을 일으킨다 (그림 1B).

3 Beads와 항체와의 결합

이 상태로는 용액 내의 항체를 분리할 수 없기 때문에, 그것을 가능하도록, protein A 또는 protein G를 공유결합 시킨 agarose beads를 첨가한다. Protein A 또는 protein G는 항체의 Fc 부분을 특이적으로 인식하여 결합하기 때문에, 이 조작에 의해 항체가 beads에 결합한 형태가 되고 분리할 수 있게 된다 (그림 1C).

4 분리, 정제

원심분리 함으로써 beads를 아래로 떨어뜨리고, 상등액을 제거하여 분리한다. 더욱이 wash buffer를 첨가하고 혼합하여 세정하고, 비특이적으로 결합하고 있는 단백질을 어느 정도 제거한다 (그림 1D).

5 정제한 단백질 복합체의 해석

단백질 복합체에 포함되어 있는 것을 beads로부터 단백질을 용출시키고, SDS-PAGE로 분리하여 해석한다. 검출방법으로는 Western blotting (기지의 경우로 항체를 가지고 있을 때)이나 CBB 염색 등이 이용된다. CBB 염색하여 미지의 band를 검출한 경우, MS로 동정할 수도 있다 (본 책 3장 2, 7장 1, 3장 4 참조).

준비물

1) 기구·기계류

- 원심분리기 (TOMY 회사 MX-160 등)
- Rotary shaker
- Cryopress

2) 시약·시료

- 세포 또는 조직의 lysate
- 항체 + protein A 또는 protein G beads : protein A와 protein G 중 어느 것이 적절한지는 항체의 종류에 따라 다르다 (프로토콜 *2*-②, 표 2 참조). 또한 FLAG 등 tag로서 이용하는 항체의 경우, 이미 beads에 결합된 것이 시판되고 있다 (Sigma 회사 A2220)

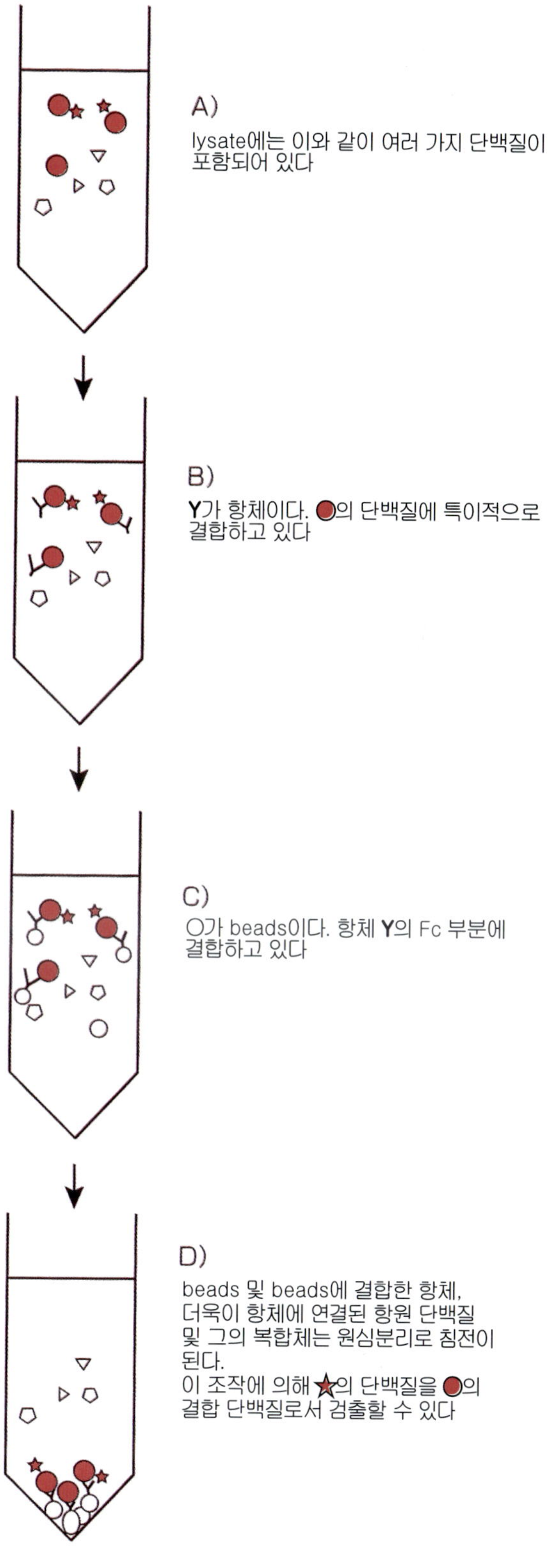

그림 1. 면역침강법의 원리

표 1 각종 계면활성제의 강도

계면활성제	CMC
SDS	2.30
DOC	1.5
Triton X-100	0.3
Nonidet P-40	0.05~0.3
Tween 20	0.059

CMC : critical micellar concentration
= micelle을 형성하는 최저농도. 클수록 일반적으로 가용화 능력이 강하다
SDS : sodium dodecylsulfate
DOC : sodium deoxycholic acid

·wash 용 buffer

3) 시약의 조제

·Lysis buffer (최종농도)

1 M Tris-HCl (pH 7.5)	12.5 mℓ	(25 mM)
5 M NaCl	10 mℓ	(100 mM)
0.5 M EDTA	2 mℓ	(2 mM)
Triton X-100	2.5 mℓ	(0.5%)
total	500 mℓ	

사용 전에 이용하는 만큼 따로 소분하여 잘 냉각해 둔다. 더욱이 직전에

- PMSF (최종농도 1 mM, 100 mM EtOH 용액을 −20℃로 보존해 둔 것을 1/100 vol 첨가하면 좋다)
- Leupeptin (최종농도 10 μg/mℓ, 1/1,000배 용액을 stock 용액으로 만들어 −20℃에 보존)
- Aprotinin (Leupeptin과 동일)

이라는 protease inhibitor를 첨가한다

☞ ① PMSF는 수용액에 첨가한 후의 반감기가 15분이기 때문에 첨가하면 즉시 사용할 것.
② 위에 기재한 lysis (가용화) buffer는 비교적 부드러운 것으로 항원-항체 반응을 그다지 저해하지 않는다. 단 그것은 역으로 말하면 가용화 하는 능력도 그다지 강하지 않은 것으로, 물질에 따라서는 완전히 가용화 되지 않는 경우도 있다. 그런 경우는 RIPA buffer와 같은 비교적 가용화 능력이 강한 buffer를 이용하면 좋다. 가용화 능력은 주로 포함되어 있는 계면활성제에 의존한다 (표 1).
③ 또한 단백질에 따라서는 Mg^{2+}, Ca^{2+} 등의 2가 이온이 없으면 입체구조가 불완전하게 되어 버리는 것도 있기 때문에 (저분자량 G 단백질 등), 그와 같은 단백질을 대상으로 할 때에는 Mg^{2+}, Ca^{2+} 등을 가용화 buffer에 첨가함과 동시에 2가 이온 chelate 제인 EDTA 등을 사용하지 않는 것이 필수조건이다.

프로토콜

1 조직 또는 배양세포로부터 lysate의 회수

☆ 이하의 조작은 전부 얼음 위 혹은 저온실에서 실시할 것.

A) 배양세포

① 배양세포의 medium을 수류 aspirator 등으로 제거하고, 미리 냉각해 둔 PBS로 2회 정도 세정한다.
② Lysis buffer를 첨가하고 (10 cm dish의 경우 1 mℓ 정도, 원하는 lysate의 농도에 따라 적절하게 증감 가능), 1분 정도 방치한 후 고무 폴리스맨 혹은 cell scraper로 세포를 벗기고, dish 가장자리에 모은다. 세포와 lysate의 혼합물을 마이크로 피펫으로 suspension 하고, 적당한 크기의 튜브에 회수한다
③ 15,000 rpm, 10분 정도 원심분리 하고, 상등액을 새로운 튜브에 옮긴다. 금방 사용하지 않을 때에는 여기서 액체질소를 이용하여 순간 동결시켜, −80℃에서 보존한다

☞ 원심분리 하기 전의 단계에서 순간 동결하고 보존하는 것도 가능하다. 이 경우는 용해시킨 후에 원심분리 하고, 상등액을 취하여 lysate로 한다. 어느 경우든 상등액을 취할 때에 침전이나 불용분획은 절대 취하면 안 된다. 이들이 혼입되면 정확한 결과를 얻을 수 없다.

B) 조직

① 조직을 액체질소로 순간 동결시킨다
② 액체질소 중에서 Cryopress를 이용하여 파쇄하고, lysis buffer 중에서 homogenizer를 이용하여 homogenize 한다
③ 초원심분리 하고*, 상등액을 분리한다. 이것이 lysate가 된다

☞ * 조직의 종류나 양에 따라 다르지만, 예를 들면 마우스 1마리의 장기를 이용한 경우,
〈15,000 rpm 10분 4℃로 원심분리→상등액을 회수〉
↓
〈35,000 rpm 30분 4℃로 원심분리→상등액을 회수〉
등과 같이 보통의 원심분리에서 시작하여, 깨끗이 침전이나 불용성 분획이 분리되어 있으면 여기서 회수하고, 그것으로 깨끗이 분리되지 않으면 다시 초원심분리를 실시하는 단계를 밟아 가는 것이 좋을 것이다.

표 2 각종 동물의 Ig에 대한 protein A, G 및 L의 결합능

Species	항체 글로불린	protein A	protein G	protein L
사람	IgA	+	−	++
	IgA1	+	−	++
	IgA2	+	−	++
	IgD	−	−	++
	IgE	++	−	++
	IgG	+++	+++	++
	IgM	−	−	++
마우스	IgG1	+	++	++
	IgG2a	++	++	++
	IgG2b	++	++	++
	IgG3	+	++	++
	IgM	−	−	++
랫트	IgG1	+	+	++
	IgG2a	−	++	++
	IgG2b	−	++	++
	IgG2c	+	++	++
양	IgG	+	++	−
소	IgG	−	++	−
토끼	IgG	++	++	+

2 면역침강

☆ 이하의 조작은 전부 얼음 위 혹은 저온실에서 실시할 것.

① Lysate를 1.5 ㎖의 튜브에 옮기고, lysate 1 ㎖에 대해 항체 5~10 ㎍[*1]을 첨가한다. 저온실에 있어서 rotary shaker를 이용하여 1~2시간[*2] 정도 혼합한다

*1 여기서 기술한 항체의 양은 어디까지나 표준이며, 항체의 titer나 특이성에 따라 적량은 변한다. 또한 control로서 반드시 normal IgG (monoclonal 항체의 경우)나 비면역 토끼 유래의 Ig (polyclonal 항체의 경우)에서도 같은 조작을 실시할 것. 이것이 없으면 구하고자 하는 단백질과 IgG에 비특이적으로 결합하는 단백질이 구별되지 않는다. 또한 protein A나 G에 결합하는 단백질도 있기 때문에, 이들을 미리 제거하기 위해, 상등액에 항체를 첨가하기 전에 미리 protein A나 G beads를 첨가하여, 잠시 rotary shaker로 회전한 후에 원심분리 하고, 그의 상등액만을 면역침강에 이용하는 단계를 사이에 끼우는 것도 가능하다.

*2 사람에 따라서는 overnight로 이 단계를 실시하고 있는 사람도 있지만, 1~2시간으로 대부분 충분하다. 오히려 길게 하면 4℃라고 해도 분해가 다소 일어나기 때문에 overnight로 실시하는 것은 그다지 추천하지 않는다.

② Protein A 또는 G beads를 50 ㎕ 첨가하고, 1시간 정도 혼합한다

Protein A와 protein G 중 어느 쪽을 이용해야 할지는 항체의 종류에 따라 달라진다. 표 2를 참조한 후 적절한 쪽을 이용하면 된다 (최근 protein L 등도 새로이 등장하였음). 또한 beads는 대단히 흡수되기 힘들기 때문에 tip의 끝을 잘라 입구를 크게 하여 둔다.
또한 FLAG, myc 등 tag 항원으로 범용된 것에 대해서는 이미 항체가 beads에 결합한 상태의 것이 시판되고 있다. 이들을 사용하면 lysate에 갑자기 첨가하여 2~4시간 정도 혼합하고, 나중은 세정하는 것만으로 종료하기 때문에, 수고하지 않아 편하다. 또한 이들은 SDS-PAGE 하고 CBB 염색하였을 때, 항체분자의 band가 보통의 면역침강법과 비교하여 나타나기 힘들며, 항체분자의 band에 의해 목적으로 하는 band가 덮일 위험성이 적어 좋다는 장점이 있기 때문에, 입수가능하다면 구입하여 사용하는 것을 권장한다.

③ 원심분리기에서 5,000 rpm, 1초 정도 원심분리하고, beads를 침전시켜 상등액을 제거한다

④ 가용화 buffer[*]를 1 ㎖ 첨가하고, pipetting 또는 반전하여 혼합→원심분리→상등액 제거를 5회 반복한다

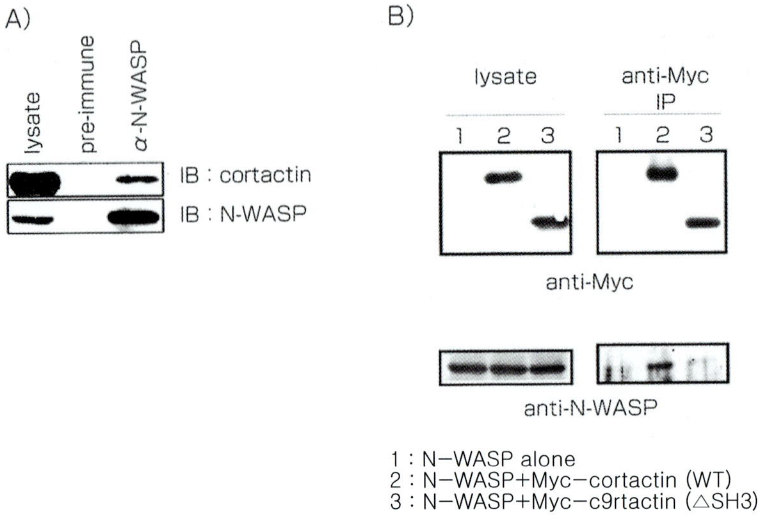

그림 2. N-WASP와 cortactin과의 면역침강법을 이용한 *in vivo*에서의 결합

> ☞ * 사용하고 있는 가용화 buffer의 detergent가 너무 강하거나, 그의 농도가 너무 약하면 중요한 결합 단백질까지 세정과정에서 버려진다. 그와 같을 때에는 별도로 세정용의 buffer로서 detergent의 조성을 변화시킨 것을 사용하면 좋다. 또한 세정의 회수도 목적에 따라 3~6회 정도로 변경할 수 있다.

실험 예

그림 2는 실제로 면역침강법을 이용하여 단백질 복합체의 존재를 나타낸 예이다.

그림 2A는 내재성의 N-WASP를 항 N-WASP 항체로 면역침강하고, SDS-PAGE 후 Western blot으로 cortactin이 N-WASP 복합체에 있는 것을 나타내고 있다 (pre-immune이란 면역전의 토끼의 혈청을 이용하여 면역침강 한 결과임).

그림 2B는 Cos-7 세포에 N-WASP 또는 N-WASP 이외에 Myc tag을 붙인 cortactin의 전체 길이 또는 SH3 도메인이 결핍된 것을 발현시켜, SH3 도메인이 없으면 N-WASP에 결합하지 않는 것을 나타내고 있다. 이와 같이 면역침강법을 이용함으로써 단백질-단백질 상호작용을 확실하게 나타낼 수 있다.

참고문헌

1) Mizutani, K. et. al. : Cancer Res., 62 : 669-674. 2002
2) Bjorck, L. & Kronvall, G. J. : Immunol., 133 : 964-974. 1984

2. 융합 단백질을 이용한 결합 단백질의 탐색

이 방법으로 무엇을 해석할 수 있을까?

융합 단백질을 이용하여 결합 단백질의 동정 및 신규 결합 단백질의 탐색을 실시할 수 있다. 또한 GST, maltose 결합 단백질 (MBP), histidine tag (6 × His tag) 등, 융합시키는 단백질을 골라 사용함으로써 결합영역의 동정이 가능하다.

서론

단백질의 기능해석을 실시하는 경우, 그의 단백질이 다른 어떤 단백질과 결합하는지는, 단백질의 생체 내에서의 기능을 이해하는데 있어서 필수적인 것이다. 결합 단백질을 검출하는 방법으로서는 여러 가지가 있지만 (다른 항 참조), 본 항에서 소개하는 융합 단백질을 이용한 것은 가장 간편하고 강력한 것 중 하나이다. 융합 단백질을 효율 좋게 대량으로 발현시키는 것이 가능하다면, 감도가 좋은 affinity column을 제작할 수 있고, 효율 좋게 모든 결합 단백질을 탐색하는 것이 가능하게 된다. 또한 융합 단백질은 일반적으로 가용화 하기 쉬우며, 변성제를 이용하지 않고 정제할 수 있기 때문에 단백질이 정상의 입체구조를 유지할 수 있다고 생각된다. 결합 단백질이 미지라도 peptide sequencing이나 질량분석을 실시하기 위한 충분한 양의 단백질을 얻는 것을 기대할 수 있다. 다른 방법에 의한 결합 단백질의 탐색법과 비교하면, 면역침강법이나 항체 칼럼은 직접 *in vivo*에서의 결합을 검출할 수 있는 면에서는 우수하지만, 역가가 높은 항체를 얻기 위해서는 시간과 노력이 필요하다. Peptide column은 결합배열을 동정할 필요가 있으며, 기능해석의 초기 단계에서 이용하는 기회는 적다.

융합 단백질을 이용하여 결합 단백질을 탐색할 때에 주의해야 할 점은, 어디까지나 *in vitro*에서의 결합에 의한 것이며, 정말로 그들의 단백질이 생체 내에서 복합체를 형성하고 있는 지를 다른 방법으로 확인할 필요가 있다는 것이다.

여기서는 GST 융합 단백질 (6장 1 참조)을 이용하여, 임의의 단백질과의 결합을 검출하는 방법 및 미지의 결합 단백질을 탐색하는 방법을 소개한다. 또한 tag를 골라 사용함으로써 각각의 단백질의 결합영역을 정하는 방법도 소개한다.

원리

조사하고 싶은 단백질의 GST 융합 단백질 발현계를 구축하면, 그들을 대량발현, 정제하여 glutathione-sepharose 4B (Amersham Biosciences 회사) beads에 결합시킨다. Beads를 칼럼에 채우고, 세포나 조직의 용해액 혹은 정제한 단백질 용해액을 첨가하여 결합 단백질을 칼럼에 흡착시킨 후, 용출 buffer로 용출하고 SDS-PAGE로 해석을 실시한다.

준비물

단백질의 정제에 관해서는 6장 1과 동일하며, 실제의 결합영역에 이용하는 buffer, 세포용해액의 조제는 9장 1과 동일하다.

프로토콜

1 표적 단백질의 동정 (pull-down assay)

이 방법은 융합 단백질과 결합한다고 추정되는 단백질과의 결합을 검출하는 방법이다. 이 때문에 결합이 추정되는 단백질을 인식하는 항체 혹은 항체가 없는 경우는 myc, FLAG, HA 등 tag를 붙인 발현계가 있는 것이 필수이다.

① Glutathione−sepharose 4B beads 50 μℓ를 lysis buffer 500 μℓ로 세정하고, 15,000 rpm으로 10초 원심분리 하여, 상등액을 버린다

> ☞ 새로운 beads는 50% 에탄올을 함유한 용액에 보존되어 있기 때문에, buffer로 한 번 세정할 필요가 있다.

② Lysis buffer (x μℓ)와 10~50 μg의 GST 융합 단백질을 함유한 용액 (y μℓ)을 합쳐, 합계 500 μℓ의 용액을 beads에 첨가한다 (x + y = 500)

> ☞ · 정제한 GST 융합 단백질을 glutathione−sepharose 4B와 혼합해도 좋다. 가능한 한 융합 단백질은 새로운 것이 좋기 때문에, 그 때마다 발현시키는 것을 권장한다.
> · control로서 GST 단백질을 결합시킨 beads도 준비한다
> · beads에 결합시키는 단백질의 양은 실험에 따라 최적화 할 필요가 있다. 어디까지나 여기서 열거한 양은 표준이다.

③ 4℃에서 2시간, rotator로 혼합한다

④ 15,000 rpm으로 10초 원심분리하고 상등액을 버린다

⑤ Lysis buffer 500 μℓ를 첨가하고, beads를 현탁한다

⑥ 15,000 rpm으로 10초간 원심분리 하고, 상등액을 버린다

⑦ 상기 ⑤, ⑥의 단계를 5회 반복하고, beads를 세정한다. 제일 마지막 세정 후는 lysis buffer를 가능한 한 제거한다

⑧ 세포나 조직의 용해액 500 μℓ를 첨가한다

> ☞ 15 cm dish에서 50~70%의 confluent의 세포에 대하여 1 mℓ의 lysis buffer로 회수한 세포용해액 500 μℓ를 이용한다

⑨ 4℃에서 2시간, rotator로 혼합한다

⑩ 15,000 rpm으로 10초간 원심분리 하고, 상등액을 버린다. 상기 ⑤, ⑥의 단계를 5회 반복하고, beads를 세정한다. 제일 마지막 세정 후는 lysis buffer를 가능한 한 제거한다

⑪ 직접 beads에 50 μℓ의 2 × SDS−PAGE의 샘플 buffer를 첨가한다

⑫ Western blot으로 단백질의 결합을 검출한다

2 미지 결합 단백질의 검색

① Glutathione−sepharose 4B beads 1 mℓ을 튜브에 옮기고, lysis buffer 20 mℓ로 세정, 3,000 rpm으로 5분간 원심분리 하여 상등액을 제거한다

> ☞ 새로운 beads는 50% 에탄올을 함유한 용액에 보존되어 있기 때문에 buffer로 한 번 세정할 필요가 있다.

② Lysis buffer에 5 mg의 GST 융합 단백질을 함유한 용액을 합쳐, 합계 10 mℓ의 용액을 beads에 첨가한다

> ☞ · 정제한 GST 융합 단백질을 glutathione−sepharose 4B와 혼합해도 좋다. 가능한 한 융합 단백질은 새로운 것이 좋기 때문에, 그 때마다 발현시키는 것을 권장한다.
> · control로서 GST 단백질을 결합시킨 beads도 준비한다
> · beads에 결합시키는 단백질의 양은 실험에 따라 최적화 할 필요가 있다. 어디까지나 여기서 열거한 양은 표준이다.

③ 4℃에서 2시간, rotator로 혼합한다

④ 3,000 rpm으로 2분 원심분리하고 상등액을 제거한다

⑤ Beads를 칼럼에 채우고, 10 mℓ의 lysis buffer를 첨가하여 아래로 흘려 칼럼을 세정한다

> ☞ 3,000 rpm으로 2분간 원심분리 하여 상등액을 제거하고, lysis buffer로 세정하는 방법으로 세정을 반복해도 좋다.

⑥ 세정을 5회 반복한다

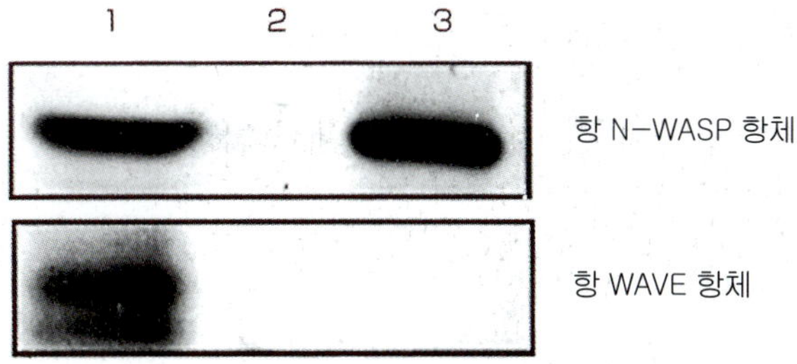

1 : 세포용해 샘플
2 : GST에 의한 pull-down
3 : GST-SH3에 의한 pull-down

그림 1. Cortactin의 SH3 domain에 의한 pull-down assay

3Y1-src 세포의 세포 용해액으로 pull-down assay를 실시하였다. 항 N-WASP 항체, 항 WAVE 항체로 Western blot을 실시한 결과, cortactin의 SH3 doamin은 N-WASP와는 결합하지만, WAVE와는 결합하지 않는 것이 밝혀졌다 (문헌 3으로부터 변형)

⑦ 세포나 조직의 용해액을 첨가한다[*1]. 3회 정도 반복하여 칼럼을 통과시켜 완전히 흡착시킨다[*2]

> *1 15 ㎝ dish에서 50~70%의 confluent의 세포에 대하여 1 ㎖의 lysis buffer로 회수한 세포용해액을 10~20장만큼 준비하고, 그것을 초원심분리 (35,000 rpm, 4℃, 30분) 한 것을 10 ㎖ 이용한다.
> *2 Beads와 용해액의 혼합액을 튜브에 넣고, 4℃에서 2시간 rotator에서 혼합해도 좋다.

⑧ 10 ㎖의 lysis buffer를 첨가하여 아래로 흘려 칼럼을 세정한다

> Control과 비교하여 비특이적인 결합이 많은 경우는, 세정에 이용하는 lysis buffer의 염농도 (예를 들면 0.5 M NaCl)를 높인다. 계면활성제 (예를 들면 1% Triton X-100)를 첨가하는 등의 방법을 시도한다.

⑨ 세정을 5회 반복한다

⑩ 1 ㎖의 10 mM glutathione/50 mM Tris-HCl (pH 7.5)로 용출한다

> 5회 정도 용출시키고, 각각의 분획을 받아 둔다.

⑪ SDS-PAGE에 의해 해석한다

⑫ CBB 염색 등으로 검출되기 때문에 원하는 미지의 band는 peptide sequencing, 질량해석을 실시하여 동정한다

> peptide sequencing에 대해서는 다른 실험서[1) 2)], 질량분석에 대해서는 3장을 참고하기 바란다.

3 결합영역의 결정

① *1*의 ①로부터 ⑦과 같은 순서로 GST 결합 단백질을 beads에 결합시킨다

② 6 × His tag이나 MBP 융합 단백질로서 정제한 단백질[*]을 함유한 용액을 500 ㎕ 첨가하고, 4℃에서 2시간, rotator로 혼합한다

> 6 × His tag의 단백질의 정제에 관해서는 6장 1을 참조할 것. MBP에 관해서는 New England Biolabs 회사의 홈페이지에서 원리, 정제에 관한 기재가 있기 때문에 그들을 참조하기 바란다. (http://www.neb.com/neb/products/pfp/pfp.html)

③ 15,000 rpm에서 10초 원심분리 하고, 상등액을 버린다. lysis buffer를 500 ㎕ 첨가하여 beads를 세정한다

④ Beads 세정을 5회 반복한다. 제일 마지막의 세정 후는 lysis buffer를 가능한 한 제거한다

⑤ 직접 beads에 50 ㎕의 × 2 SDS-PAGE의 샘플 buffer를 첨가한다

⑥ Western blot으로 단백질의 결합을 검출한다

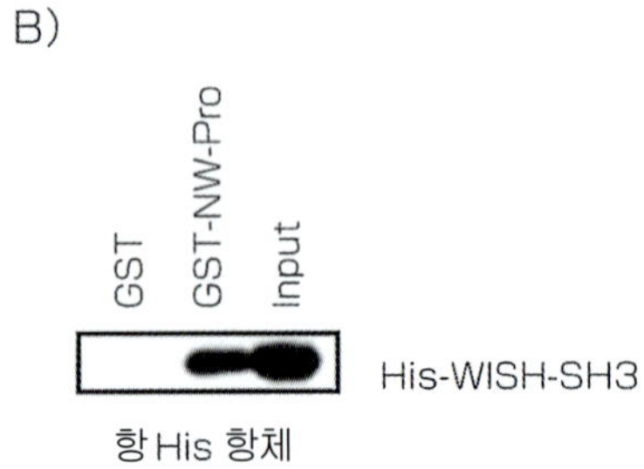

그림 2. WISH의 N-WASP 결합영역의 특정
A) WISH의 결합 단백질을 GST 융합 단백질로서 발현시켜, N-WASP와 결합하는 영역을 검토하였다. 전장 (Full) 및 SH3 domain에서는 N-WASP와의 결합을 확인할 수 있었지만, 그 이외의 영역에서는 결합하지 않는 것이 명확하게 나타났다
B) N-WASP의 proline rich 영역을 GST 융합 단백질로서 발현시켜 (GST-NW-Pro), histidine tag 융합 단백질로서 발현시킨 WISH의 SH domain과의 결합을 확인하였다 (문헌 4로부터 변형)

실험 예

1 Cortactin의 SH3 도메인에 의한 pull-down assay

Cortactin의 SH3 도메인에 결합하는 단백질을 동정하였다. 이 SH3 도메인은 세포골격계에 관여하는 분자 중, N-WASP와는 결합하지만 WAVE와는 결합하지 않는 것이 명확하게 밝혀졌다. N-WASP와 cortactin의 결합은 면역침강에 의해서도 확인되어 있다 (그림 1).

2 WISH의 N-WASP 결합영역의 결정[4)]

WISH의 N-WASP 결합영역을 결정하였다. WISH의 전체 길이 (Full) 및 SH3 도메인은 N-WASP와 결합하지만, 그 이외의 영역 (Pro, Mid, Leu, C)에서는 N-WASP와 결합하지 않는다. 또한 그의 결합은 N-WASP의 proline이 풍부한 영역과 (GST-NW-Pro) WISH의 SH3 도메인 (His-WISH-SH3)에 의한 것이 명확하게 밝혀졌다. N-WASP와 WISH의 결합은 면역침강에 의해서도 확인되어 있다 (그림 2).

맺음말

결합표적이 되는 단백질을 동정하는 것은, 기능 미지의 단백질이 생체 내에서 어떤 단백질과 결합하고, 어떤 생리작용을 담당하고 있는지에 대한 힌트를 준다. 결합하고 있을 것으로 보이는 분자가 있으면, *1*의 방법을 이용하여 target을 한정해도 좋을 것이며, 전혀 단서가 없으면 *2*의 방법으로 결합 단백질을 전체적으로 검출하는 방법이 좋을 것이다. 그러나 이들 방법으로 얻어진 결과만으로는 생체 내에서 정말로 그들의 단백질이 결합하여 복합체를 형성하고 있는지에 대한 여부까지는 단정할 수 없다. 어디까지나 *in vitro*에서의 결합을 확인할 수 있을 뿐이며, *in vivo*에서의 결합을 확인하기 위해서는 면역침강법 등의 다른 수단을 이용해야 한다. 따라서 기능해석의 초기 단계에 있어서 본 항에서 소개한 실험은 대단히 유용하며, 이후의 실험목표를 세우기 위한 유익한 정보를 줄 수 있는 것으로 생각된다.

참고문헌

1) 日本生化学会 編：続生化学実験講座 2「タンパク質の化学」(上), pp347-373, 東京化学同人, 1987
2) 平野 久：ブロッティングとシークエンシング：遺伝子クローニングのためのタンパク質構造解析, pp57-69, 東京化学同人, 1993
3) Mizutani, K. et al.：Cancer Research, 62：669-674, 2002
4) Fukuoka, M. et al.：J. Cell Biol., 152：471-482, 2001

제9장 단백질 간 상호작용 분석과 단백질 성질의 해석

3. 효모 Two-Hybrid 법

이 방법으로 무엇을 해석할 수 있을까?

단백질의 기능해석에 있어서, 그의 단백질과 회합하는 표적 단백질의 동정은 대단히 중요하다. Two-hybrid 법은 단백질 간 상호작용을 출아효모를 이용하여 검출하는 방법이며, 표적 단백질의 검색이나 기지의 단백질끼리의 결합영역의 결정 등에 이용되고 있다.

본 항에서는 Clontech 회사의 MATCHMAKER GAL4 Two-Hybrid System3을 근거로 해설하지만, GAL4 시스템을 이용한 방법이라면 순서는 동일하다.

서론

cDNA library를 이용한 two-hybrid 법은, 결합 단백질의 검색에 대단히 중요한 도구이며, 많은 연구실에서 이용되고 있다. 단백질의 회합의 검출에는 그 밖에 pull-down assay 법이나 Far Western blotting 법이 있지만, 이들과 비교하여 two-hybrid 법은 효모의 핵 내라고 하는 특수하지만 보다 생리적인 조건 하에서의 회합을 검출할 수 있는 것으로 알려져 있다. 또한 mass를 이용한 결합 단백질의 동정과 비교하여, cDNA를 (전체 길이로는 없을지도 모르지만) 금방 입수할 수 있다는 장점이 있다.

Two-hybrid 법은 1개월 정도의 오랜 기간을 필요로 하기 때문에 솜씨 좋게 실시하는 것이 중요하다.

원리

전사인자 GAL4는 DNA 결합영역과 전사활성화 영역이라는 2개의 독립된 영역을 가지며, 본 시스템에서는 이것을 이용한다. Reporter 효모에, DNA 결합영역과 목적 단백질의 융합 단백질 및 전사활성화 영역과 표적 단백질의 융합 단백질을 발현시킨다. 혹시 목적 단백질과 표적 단백질이 회합하면, GAL4의 전사인자로서의 기능이 부활되어, reporter 유전자가 발현하게 된다. 본 항에서 사용하는 reporter 효모 AH109는 히스티딘 합성에 필수의 효소를 code 하는 *HIS3* 유전자나 아데닌 합성에 필수의 효소를 code 하는 *ADE2* 유전자에 변이를 가지며, 히스티딘, 아데닌 요구성으로 되어 있다. 그리고 reporter 유전자로서 *HIS3*, *ADE2*, *MEL1* (→ α-gal 활성) 및 *lacZ* (→ β-gal 활성)가 삽입되어 있기 때문에, 목적 단백질과 표적 단백질이 회합한 경우에서만, 그의 효모는 히스티딘, 아데닌 비요구성으로 되어, X-α, β-gal 염색으로 청색을 나타낸다 (그림 1). cDNA library를 이용하여 결합 단백질을 검색하는 경우, 목적 단백질을 bait, library 측을 prey라고 부른다. Reporter 효모는 트립토판, leucine 요구성으로 되어 있어, bait 측 플라스미드 *TRP1* 유전자나 prey 측 플라스미드의 *LEU2* 유전자를 선택 지표로 이용한다.

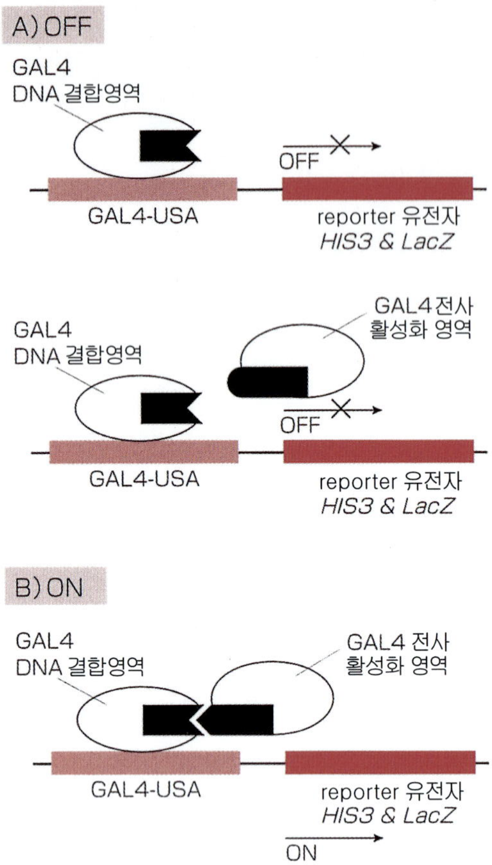

그림 1. Reporter 유전자의 전사활성화의 원리

준비물

1) 기구, 시약

- ·MATCHMAKER GAL4 Two-Hybrid System3 (Clontech 회사)
- ·Bait 측 플라스미드 : pGBKT7 (Clontech 회사 : 그림 2)
- ·Prey 측 cDNA library : pACT2, pGADT7 (그림 2)에 삽입된 것
- ·Reporter 효모 : AH190 (Clontech 회사)
- ·Filter paper : ϕ 90 ㎜·Nitrocellulose filter : ϕ 82 ㎜
- ·산 처리가 끝난 glass beads (Sigma 회사 #G-8772)

2) 시약, 배지의 제작

·YPDA 액체배지

yeast extract	4 g
bactopeptone	8 g
adenine sulfate (Ade)	40 ㎎

360 ㎖의 증류수에 용해하고, autoclave 멸균 후, 따로 필터멸균 한 20% glucose를 40 ㎖ 첨가한다. 실온보존

·아미노산 Mix (아미노산은 L 형)

uracil	1 g
arginine hydrochloride	1 g
aspartic acid	1 g
cysteine hydrochloride hydrate	1.5 g
glutamic acid	1 g
isoleucine	0.5 g
lysine hydrochloride	1 g
methionine	0.5 g
phenylalanine	0.5 g
proline	0.5 g
tyrosine	0.5 g
serine	4 g
threonine	2 g
valine	1.5 g

잘게 부수어 잘 혼합한다. 실온보존

·SD (−W, L, H, Ade) 액체배지

yeast nitrogen base w/o amino acids (Difco 회사)	3.35 g
아미노산 mix	0.85 g

450 ml의 증류수에 용해하고 autoclave 멸균 후, 따로 필터멸균 한 20% glucose를 50 ㎖ 첨가한다. 실온보존

·100 × Ade 용액

2 ㎎/㎖. 필요에 따라 SD 배지에 첨가한다. 필터 멸균 후, 실온보존

·100 × Trp 용액

10 ㎎/㎖. 필요에 따라 SD 배지에 첨가한다. 필터 멸균 후, 실온보존

·100 × Leu 용액

10 ㎎/㎖. 필요에 따라 SD 배지에 첨가한다. 필터 멸균 후, 실온보존

·100 × His 용액

5 ㎎/㎖. 필요에 따라 SD 배지에 첨가한다. 필터 멸균 후, 실온보존

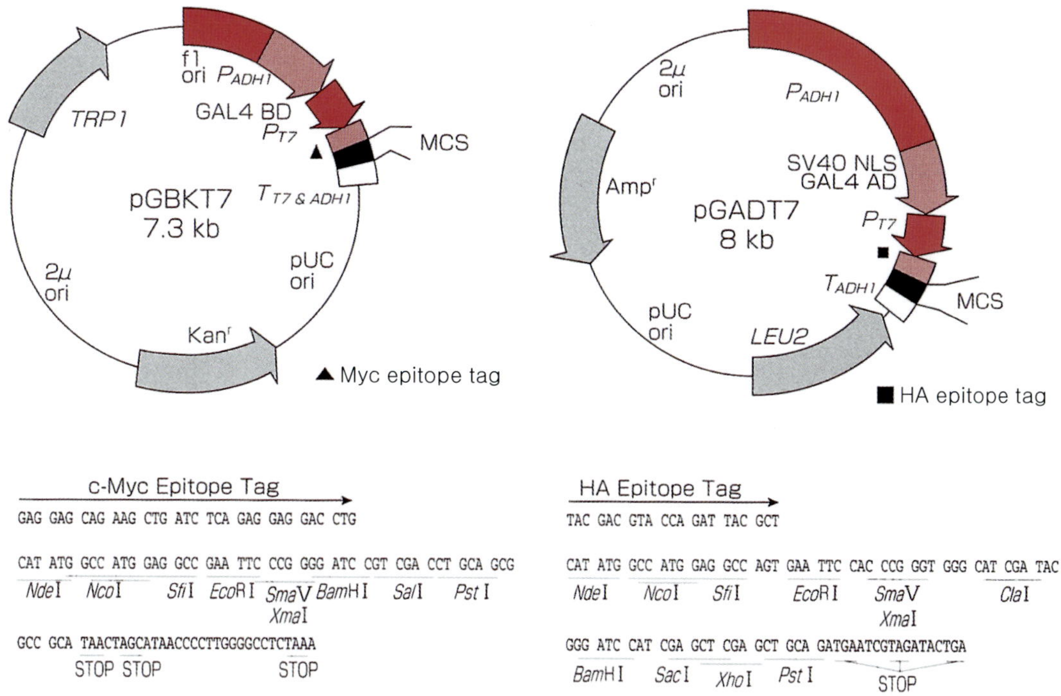

그림 2. Vector map (Clontech 회사 HP로부터)

·2.5 M 3-AT (3-amino-1, 2, 4-triazole) :
His3의 inhibitor이다. 필터 멸균 후, 실온보존

·고체배지 (plate)
YPDA 액체배지에 2%의 Agar를 첨가한다. SD plate를 만드는 경우에는 더욱이 10 N NaOH를 1 ℓ당 250 μℓ 첨가한다.
필요량으로는

SD (-Trp) 10 ㎝ dish	10장
SD (-Trp, Leu) 10 ㎝ dish	20장
SD (-Trp, Leu, His, Ade, + X-α-gal) 15 ㎝ dish	50장

·10 × LiOAc (1 M LiOAc pH 7.5)
초산으로 pH 조정 후, 필터 멸균, 실온보존

·10 × TE(최종농도)

1 M Tris-HCl (pH 7.5)	50 mℓ	(100 mM)
0.5 M EDTA	10 mℓ	(10 mM)

SQ H_2O를 첨가하여 total 500 mℓ로 만든다
autoclave 멸균 후, 실온보존

·LiTE
10 × LiOAc 1 mℓ + 10 × TE 1 mℓ + 멸균수 8 mℓ, 사용시 조제

·LiPEG
10 × LiOAc 1 mℓ + 10 × TE 1 mℓ + 50% PEG 8 mℓ, 사용시 조제

·Carrier DNA
salmon sperm DNA를 10 mg/mℓ로 TE에 용해. 초음파 파쇄를 1분 정도 실시한다.
95℃, 10분 boil 후, -20℃ 보존.
초음파 파쇄의 정도가 다른 것을 여러 종류 준비하고, 가장 transformation 효율이 좋은 것을 사용하면 좋다.

·Z 용액

		(최종농도)
Na_2HPO_4	4.3 g	(60 mM)
NaH_2PO_4	1.25 g	(40 mM)
2 M KCl	1 mℓ	(10 mM)
1 M $MgSO_4$	200 μℓ	(1 mM)

SQ H_2O를 첨가하여 total 200 mℓ로 만든다
pH 7.0으로 맞추고, 필터 멸균 후 실온보존

·X-gal 용액

100 mg/mℓ로 DMF에 녹인다. 차광하고, −20℃ 보존

·X-α-gal 용액

20 mg/mℓ로 DMF에 녹인다. 55℃까지 냉각한 한천배지에 1/1,000 양 첨가한다

·Yeast breaking buffer

		(최종농도)
Triton X-100	2 mℓ	(2%)
SDS	1 g	(1%)
5 M NaCl	2 mℓ	(100 mM)
0.5 M EDTA	200 μℓ	(1 mM)
1 M Tris-HCl (pH 8.0)	1 mℓ	(10 mM)

SQ H_2O를 첨가하여 total 100 mℓ로 한다.
필터멸균 후, 실온보존

프로토콜

1 Bait를 발현하는 reporter 효모주의 제작

① 효모 AH109를 YPDA 액체배지 1.5 mℓ, 30℃에서 진탕배양 (180 rpm)하고, YPDA 고체배지에 plating 한다. 30℃에서 24시간 이상 배양한다

② Colony를 pipetting 하고, 더욱이 YPDA 액체배지에서 하룻밤 배양. 보관할 때에는 냉각하면서 10%가 되도록 DMSO를 첨가하고, 액체질소에서 급속 동결 후, −80℃에서 보존한다

③ 10 mℓ의 YPDA 배지가 들어 있는 50 mℓ 튜브 2개로 하룻밤 배양한다

④ OD_{600} + 0.10~0.15가 되도록 100 mℓ의 YPDA 배지에 첨가하고, OD_{600} = 0.6이 될 때까지 4~6시간, 30℃에서 배양한다

⑤ 50 mℓ 튜브 2개에 옮긴 후, 1,800 rpm, 5분 원심분리 한다

⑥ 침전을 100 mℓ TE로 세정하고, 1,800 rpm, 5분 원심분리 한다. 침전을 15 mℓ LiTE로 세정하고, 1개로 합하여 동일하게 원심분리 한다

⑦ 침전과 거의 같은 양의 LiTE로 현탁 (competent 효모)

⑧ Eppendorf 튜브에 carrier DNA 50 μg (10 mg/mℓ)와 pGBKT7 플라스미드 1 μg을 혼합하여, 거기에 competent 효모 50 μℓ를 첨가한다

> ☞ Assay 용의 bait을 삽입한 벡터만이 아니라, 확인용의 빈 벡터도 transformation 한다. 또한 벡터가 없는 그냥 효모도 준비하여 colony가 생기지 않는 것을 확인한다.

⑨ LiPEG 300 μℓ를 혼합하고, 30℃, 30분, 온화하게 진탕배양 한다

⑩ 42℃, 15분, heat shock을 실시한다

⑪ 원심분리 하여 TE 1ml로 세정한다. 다시 원심분리 하고, TE 1 mℓ에 현탁 후, SD (−W) plate에 접종한다

> ☞ 보통 수 10 μℓ 정도로 충분한 수의 colony가 생긴다. 또한 titer가 낮아도 좋다면, 큰 colony를 취하고, TE로 세정한 후 50 μℓ의 LiTE에 현탁함으로써, 즉석의 competent 효모로 하는 것도 가능하다.

2 β-Gal assay

① Bait 단독으로는 β-gal 활성이 없는 것을 확인한다. 몇 개의 colony를 pick up하여, 2장 (assay용과 보존용)의 SD (−W) plate에 화선배양 한다 (24시간 이상). Positive control 및 negative control이 되는 효모 (키트에 부속)도 같은 plate에 배양해 둔다

② Nitrocellulose filter를 plate 상에 올리고, 천천히 떼어 내면서 효모를 transfer 한다

③ Colony 부착 면을 위로 하여 aluminium foil로 만든 배에 태워 액체질소에 30초간 띄우고, 5초간 잠기게 한다*. 천천히 끄집어내어 그대로 용해시킨다

> ☞ * 갑자기 잠기게 하면 효모가 벗겨지기 때문에 잠시 띄우고 동결한다.

④ 그 동안에 10 cm dish의 뚜껑을 뒤집어 filter paper를 올려 두고, 1 mg/mℓ의 X-gal을 포함한 Z 용액 1.5 mℓ을 염색한다

⑤ Colony 부착 면을 위로 향하게 하고 nitrocellulose filter를 filter paper 상에 올려 dish로 뚜껑을 닫아 어두운 곳에서 30℃에서 색반응을 관찰한다

> ☞ Positive control은 30분 정도에서 청색으로 될 것이다. 하룻밤 반응시켜도 청색으로 되지 않으면 (negative control 정도), 활성이 없다고 본다. 2 mg/mℓ의 X-α-gal (DMF) 100 μℓ를 SD (−W) plate에 도포한 것을 사용하여, α-gal 활성을 관찰해도 좋다.

3 cDNA library의 transformation

① Bait 단백질을 발현하는 reporter 유전자의 colony를 SD (−W) 60 mℓ로 하룻밤 배양한다

② OD_{600} = 0.10~0.15가 되도록 400 ㎖의 YPDA 배지에 첨가하고, OD_{600} = 0.6이 될 때까지 30℃에서 진탕배양 한다

③ 2,500 rpm, 5분으로 균을 모으고, 멸균수 200 ㎖로 세정하고 다시 원심분리

④ 4 ㎖ LiTE에 현탁한다 (competent 효모)

⑤ 50 ㎖ 튜브에 carrier DNA 4 ㎎과 library 플라스미드 300 ㎍ (1 ㎎/㎖)을 혼합하여 두고, 거기에 competent 효모를 첨가한다

⑥ LiPEG 300 ㎕를 혼합하고, 30℃, 30분, 온화하게 (80 rpm 정도) 진탕배양 한다

⑦ Autoclave 멸균 해 둔 500 ㎖의 비커에 옮기고, 42℃, 15분 heat shock을 실시한다

⑧ 얼음 위에서 냉각 후, YPDA 액체배지 약 50 ㎖을 사용하여 회수하고, 원심분리 한다. 침전을 400 ㎖의 YPDA 액체배지에 현탁하고, 1시간, 30℃에서 배양한다

⑨ 10 ㎕를 취해, 90 ㎕의 SD 배지로 희석 후, 전량을 10 ㎝ SD (−W, L) plate 1장에 접종한다 (check 용)

> ☞ 예를 들면 100개의 colony가 생기면, 4×10^6개의 library 플라스미드가 스크리닝 된 것으로 한다. 6×10^6개는 스크리닝 하는 것이 좋다.

⑩ 남은 효모를 원심분리 하여 모으고, SD 배지 10 ㎖에 현탁. 200 ㎕ 씩 50장의 SD (−W, L, H, Ade, + X−α−gal) plate에 접종한다

> ☞ 배양초기는 background의 colony도 보이지만, 1주간 이상 경과하면 positive clone의 colony가 충분히 커지고 구별된다. background가 높으면 최종농도 10 mM 정도의 3−AT를 배지에 첨가해도 좋다.
> 또한 bait과 prey의 상호작용이 약한 경우, 아데닌을 첨가한 배지를 사용하는 경우도 있다.

⑪ 30℃에서 1시간 배양한다

> ☞ Plate가 건조되지 않도록 축축한 킴타올과 함께 상자에 넣어, 그것을 항온배양기의 안에 넣는다.

4 효모로부터 library 플라스미드의 회수

① 스크리닝으로 X−α−gal 활성 positive의 colony를 집어내어, SD (−L) 배지 1.5 ㎖에서 하룻밤 배양한다

> ☞ 이것에 의해 bait 측의 플라스미드는 탈락된다.

② 1.5 ㎖ 튜브에 균을 모으고, 한 번 TE로 세정한다. 침전을 yeast breaking buffer 200 ㎕에 현탁한다. Glass beads 0.3 g과 phenol/chloroform 200 ㎕를 첨가하고, vortex를 최대로 하여 2분 정도 교반한다

③ 실온에서 14,000 rpm, 5분간 원심분리 하고, 상등액 150 ㎕를 다른 튜브에 옮긴다

④ −20℃로 냉각해 둔 에탄올 300 ㎕를 혼합하고, 15,000 rpm, 10분간 원심분리 한다

⑤ 침전을 70% 에탄올 1 ㎖로 2회 세정하고 건조 후, TE 10 ㎕에 용해한다

⑥ 1 ㎕를 electropoartion으로 대장균에 도입한다*.
Bait 플라스미드가 Kan 내성, library 플라스미드가 Amp 내성이기 때문에, Amp plate에 접종한다. 혹시 같은 약제 내성의 플라스미드라면, LeuB 변이주 (HB101, MH4 등)에 electropoartion하고, M9−Leu plate에 접종한다

> ☞ * 효모로부터의 플라스미드의 수량이 적기 때문에, electroporation을 실시하고 있다. Clontech 회사로부터 Yeast Plasmid Isolation Kit (#K1611−1)이 판매되고 있다.

⑦ (효모로부터 얻은 library 플라스미드에는 표적 유전자 이외의 플라스미드가 혼입되어 있는 경우가 있기 때문에 확인한다)
각 샘플로부터 2개 colony를 취하여, 대장균으로부터 mini−prep DNA를 조제한다

⑧ 적당한 제한효소 (library 플라스미드가 pACT2인 경우, 본 연구실에서는 EcoR−I−Xho I을 사용함)로 절단하고, band의 패턴을 비교한다.
2개의 패턴이 동일하다면, 양쪽 모두 표적 유전자의 플라스미드일 것이다. 다르다면, 2개 중 한 쪽은 혼입된 (bait와 상호작용 하지 않는) 플라스미드일 것이기 때문에, 계속해서 2개 정도 colony를 취하여 같은 작업을 한다

> ☞ 효모로부터 추출한 플라스미드를 주형으로 하여, cDNA insert를 끼운 형태로 설계한 primer로 PCR함으로써, 하나의 효모 colony에 몇 종류의 library 플라스미드가 포함되어 유지되고 있는지를 알 수 있다.

⑨ Spin column 등을 이용하여 정제 library 플라스미드를 조제한다

5 양성 clone의 확인

① 4에서 얻은 library 플라스미드를 sequencing 한다. Primer로는 GAL4의 전사활성화 영역의 배열을 이용한 것이나, T7 primer가 이용된다 (kit에 부속되어 있음)

> ☞ 동일한 clone이 많이 나올 것 같은 경우는 효모로부터 추출한 플라스미드를 주형으로 하여 그의 유전자에 대한 PCR을 실시하여 제거한다.

② 1의 bait를 삽입한 벡터 및 빈 벡터를 transformation한 효모로부터 competent 효모를 제작하고, sequencing한 library 플라스미드로 transformation한다

③ 2와 동일하게 β-gal 혹은 α-gal 활성을 측정한다. 빈 벡터에서는 활성이 없고, bait을 삽입한 벡터에서만 활성이 있으면 좋다. 이 활성의 재현성을 확인할 수 없는 경우는 위양성으로 한다 (자주 있음)

④ 계속해서 배양세포에 bait 및 prey 단백질을 발현시켜, 면역침강법으로 공침전 (co-precipitation) 되는 것을 확인한다

실험 예

WAVE1의 proline rich 영역을 bait으로 yeast two-hybrid를 실시하고, 결합 단백질로서 IRSp53을 동정하였다[3].

맺음말

Two-hybrid 법으로 검출한 결합은 다른 실험방법으로 확인할 필요가 있다. 특히 양쪽 단백질의 세포 내 국재가 다른 경우, 인산화 등의 번역 후 수식에 의한 상호작용의 제어도 생각해야 한다.

또한 본 방법은 시간이 걸리며 번잡한 것이 단점 중 하나이지만, 최근에는 여러 가지로 고안되어 간소화가 진행되고 있다. 예를 들면 Clontech 회사의 Pre-transformed MATCHMAKER cDNA Libraries는 효모 Y187에 이미 library가 도입되어 있어, 이것과 bait을 삽입한 AH109를 혼합하는 것만으로 접합을 일으키고 스크리닝을 개시할 수 있도록 되어 있다. 그 이외에도 각 회사로부터 여러 가지 키트가 판매되고 있기 때문에 참고하기 바란다.

참고문헌

1）久下周佐, 他：「新 遺伝子工学ハンドブック　改訂第2版」（村松正實, 山本 雅 編）, pp66-74, 1996

2）川端正博：実験医学, Vol.13, No.17 : 2111-2120, 1995

3）Miki, H. et al. : Nature, 408 : 732-735, 2000

제9장 단백질 간 상호작용 분석과 단백질 성질의 해석

4. 효모 Three-Hybrid 법

이 방법으로 무엇을 해석할 수 있을까?

3종류의 단백질로 구성된 단백질 복합체를 검출할 수 있다. 게다가 보통의 효모 two-hybrid 법으로는 취급할 수 없는 인산화 의존적인 단백질 간 결합이나 RNA 결합 단백질의 동정에 응용할 수 있다.

서론

전 항에서 해설한 효모 two-hybrid 법은 단백질 간 상호작용을 *in vivo*에서 검출하는 대단히 우수한 시험계이지만, 그것을 더욱 발전시킨 것이 본 항에서 소개하는 three-hybrid 법이다. Two-hybrid 법에서는 prey 및 bait이라는 2종류의 단백질끼리의 결합만을 취급할 수 있었지만, three-hybrid 법에서는 그들의 결합에 영향을 미치는 제 3의 인자로서 취급할 수 있는 것은, 양자의 결합을 매개하는 adapter 단백질을 비롯하여, bait 혹은 prey 단백질의 인산화를 실시하는 단백질 kinase, RNA나 어떤 종류의 약제 등의 저분자량 화합물에 이르기까지 극히 다양하다. 본 항에서는 본 시스템을 이용한 단백질 간 상호작용을 안정화 하는 adapter 단백질의 기능 검토를 소개한다.

원리

여기서는 현재까지 실시되고 있는 three-hybrid 법 중에서도 실적이 축적되어 있는 2가지 시스템, ① adapter 단백질을 통한 bait과 prey 단백질의 결합과, ② hybrid RNA를 이용한 RNA 결합 단백질의 동정의 원리를 소개한다.

① 제 3의 단백질을 통한, 기본적으로는 전 항 9장 3에서 소개한 GAL4 시스템을 이용한 two-hybrid 법과 그의 원리는 동일하다. Three-hybrid 법에서는 bait 측의 벡터로서 Clontech 회사로부터 시판되고 있는 pBridgeTM 벡터를 이용한다 (그림 1). 이 벡터는 multi-cloning site (MCS)를 2곳 가지고 있으며, bait 단백질 이외에 다른 하나의 단백질을 발현시킬 수 있다. 이 제 3의 단백질의 발현은 methionine promoter에 의해 제어되고 있으며, methionine 불함유 배지에서 발현이 유도된다.

② RNA 결합 단백질의 동정에는 Invitrogen 회사로부터 시판되고 있는 RNA-protein Hybrid HunterTM System을 이용한다 (그림 2). 이 시스템은 LexA-B42에 의한 two-hybrid 법을 기초로 하여 설계되어 있다. 보통의 two-hybrid 법에서 bait 단백질로서 이용되는 LexA DNA 결합 도메인은, MS2 coat 단백질과의 융합 단백질로서 미리 효모 L40uraMS2 주의 염색체에 삽입되어 항상 발현되고 있다. MS2는 M13 박테리오파지의 coat 단백질로서, 자신의 게놈상의 21개 염기로 구성된 RNA stem-loop에 결합하는 것이 알려져 있다. 이 시스템에서의 bait은 RNA

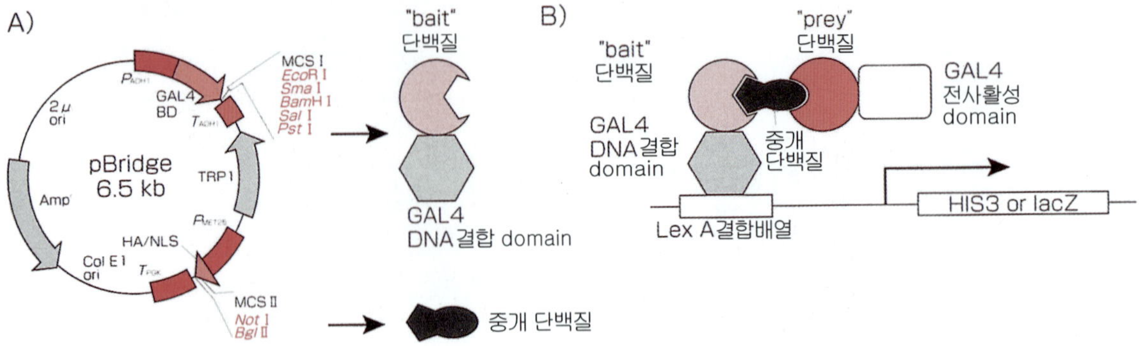

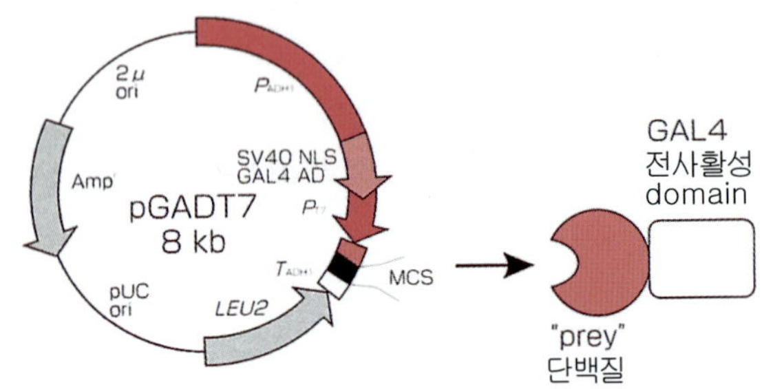

그림 1. pBridge를 이용한 제 3의 단백질 (중개 단백질)을 통한 bait과 prey 단백질의 상호작용

A) pBridge 벡터의 MCS I로부터 bait 융합 단백질이 발현하며, MCS II로부터 중개 단백질이 발현한다. Library 측의 벡터로부터는 prey 융합 단백질이 발현한다. 이 경우, bait과 prey는 그대로는 결합할 수 없다 (혹은 대단히 약하게만 결합할 수 있음). B) 중개 단백질이 bait, prey의 양쪽을 매개함으로써 삼중의 단백질 복합체가 형성되어 marker 유전자의 발현이 관찰된다

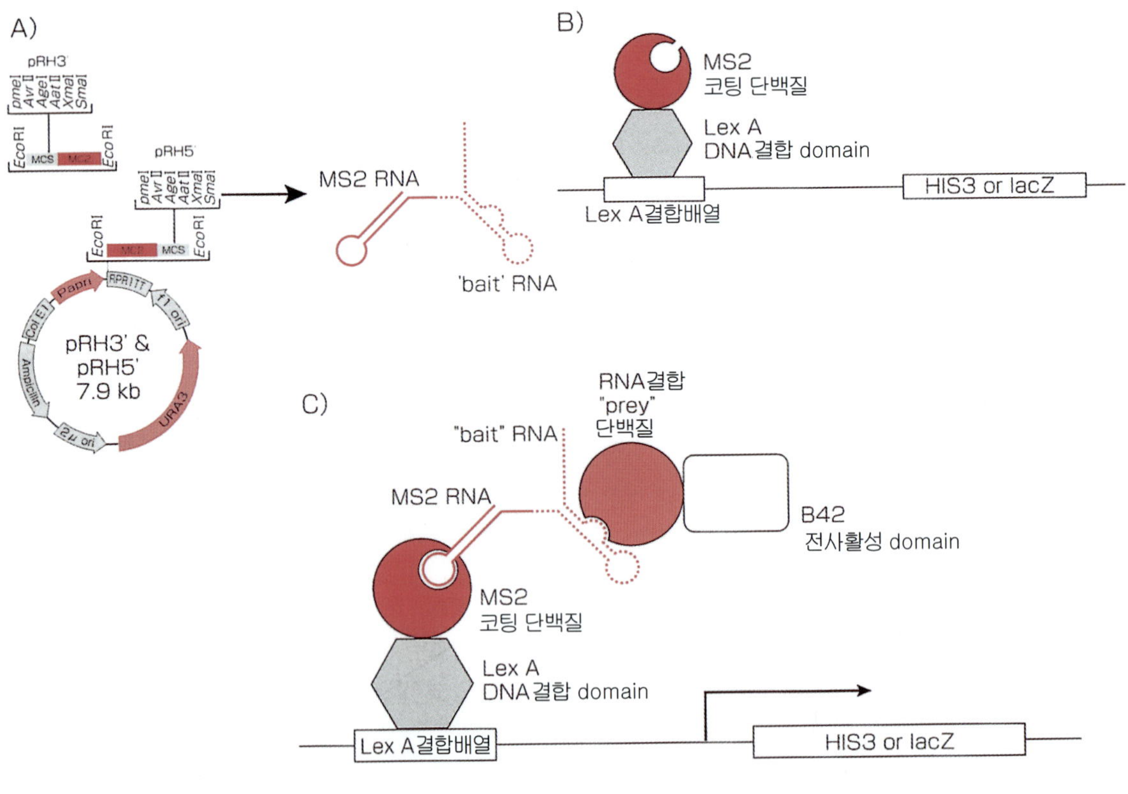

그림 2. RNA-protein Hybrid HunterTM System에 의한 RNA 결합 단백질의 동정

A) pRH3' 혹은 pRH5'에 subcloning 한 bait RNA를 code 하는 DNA는 MS2 RNA와의 hybrid RNA로서 발현된다. B) MS2 코팅 단백질과 LexA DNA 결합 domain과의 융합 단백질은 효모 염색체에 code 되고 있으며, ADH1 promoter에 의해 구성적으로 발현되고 있다. C) Library에 code 되어진 prey 단백질이 bait RNA와 결합한 경우에만 RNA를 통한 복합체가 형성되어 marker 유전자의 전사, 발현이 유도된다

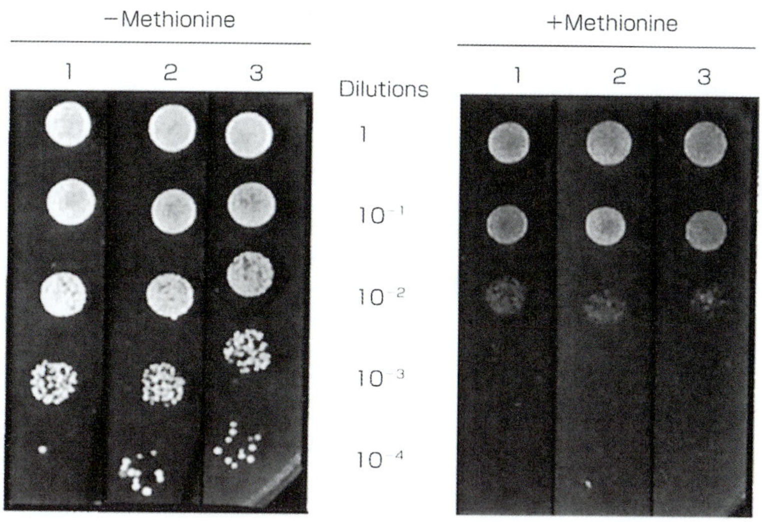

그림 3. Three-hybrid 법을 이용한 cdk7-MAT1-cyclin H의 상호작용의 검토 예
Cyclin H 비존재 하 (+ Methionine) 및 존재 하 (− Methionine) 조건에 있어서 cdk7−MAT1의 상호작용을 효모의 희석계열을 만들어 검토하였다. Cyclin H 존재 하에서는 cdk7−MAT1의 상호작용이 안정하기 때문에 낮은 농도의 효모에 있어서도 증식이 나타난다 (문헌 1로부터 변형)

이며, pRH3' 혹은 pRH5'를 이용함으로써 M13과의「hybrid RNA」로서 발현시킨다. 이 벡터는 URA3 유전자를 가지고 있으며, L40uraMS2 주에 도입되어 Ura 비요구성으로 선택된다. Prey 측은 B42 활성화 도메인과 library의 융합 단백질이며, prey 단백질이 목적 RNA와 결합하는 경우에서만, RNA를 통한 LexA−B42 복합체가 형성되어 HIS3/LacZ 유전자의 전사를 유도한다.

준비물

〈시약·기구〉

9장 3을 참조할 것.

프로토콜

pBridge를 이용한 중개 단백질에 의한 영향의 검토

기지의 단백질 간 상호작용에 미치는 제 3의 단백질의 영향을 검토하기 위하여, cdk7과 MAT1의 결합을 예로 들어, 그것에 주는 cyclin H의 영향을 검토한다. 플라스미드 DNA의 transformation은 전 항 9장 3을 참조할 것.

① pBridge 벡터의 MCS I에 cdk7의 cDNA를 삽입하고, MCS II에 cyclin H의 cDNA를 삽입하여 효모에 transformation 한다 [cdk 7을 GAL4 DNA 결합 도메인 (DBD)과의 융합 단백질로 하고, cyclin H를 methionine 비존재 하에서 발현이 유도되도록 함]

② pACT2 혹은 pGADT7에 MAT1의 cDNA를 삽입하고, ①의 효모에 transformation 한다

③ 1, 10^{-1}, 10^{-2}, 10^{-3}, 10^{-4} 배로 희석하고, SD (−Trp, Leu, His, Met, Ade) ± Met plate* 각각에 접종한다

> ☞ * Methionine 농도는 1 mM을 기본으로 실시하고, colony의 발생 상태에 따라 검토한다.

④ 3~5일 후에 발생한 colony 수를 비교한다

> ☞ 발생한 colony에 대하여 β−gal assay를 실시하고, 양쪽의 결합효율을 비교한다.

실험 예

Cdk7을 bait, MAT1을 prey로 한 two−hybrid 시스템에, methionine 불포함 배지에서 배양하여 cyclin H의 발현을 유도하였다. cdk7과 MAT1의 결합은 대단

히 약하지만 (그림 3, 오른쪽), methionine 비존재 하에서는 발현유도 된 cyclin H가 양자의 결합을 안정화하고 있는 것을 알 수 있다 (그림 3, 왼쪽).

맺음말

Three-hybrid 법이 스크리닝 법으로 실제로 성공하고 있는 예는, 단백질 kinase에 결합하는 단백질이나, 특정의 RNA 배열에 결합하는 단백질을 탐색한 경우 등, 일부에 한정된다. Two-hybrid 법이 거의 필수적인 방법으로 받아 들여져 많은 성과를 올리고 있는 것과는 조금 대조적인 감도 있다. 그러나 three-hybrid 법에 도입할 수 있는 것은 단백질이나 핵산 등의 생체분자만이 아니라, 특정의 결합을 저해하는 화합물도 포함되기 때문에, 본 방법은 약물 스크리닝에도 응용될 수 있는 가능성을 가지고 있다. 향후에는 보다 광범위한 분야에 응용되어질 것으로 기대된다.

참고문헌

1) Tirode, F. et al. : J. Biol. Chem., 272 : 22995-22999, 1997

2) Sen Gupta, D. et al. : Proc. Natl. Acad. Sci. USA, 93 : 8496-8501, 1996

3) Brachmann, R. & Boeke, J. : Curr. Opin. Biotechnol., 8 : 561-568, 1997

제9장 단백질 간 상호작용 분석과 단백질 성질의 해석

5. *In vivo* 단백질 간 상호작용 검출법 (β-lactamase를 이용한 Protein Fragment Complementation Assay : PCA)

이 방법으로 무엇을 해석할 수 있을까?

단백질 간 상호작용 (결합)을 *in vivo*에서 검출한다. 특히 세포질이나 세포막 등, 단백질 본래의 세포 내 국재조건 하에서의 상호작용을 관찰할 수 있다.

서론

단백질 간 상호작용을 검출하는 방법으로서는, 현재까지 수많은 방법이 보고, 실용화 되어 있다. 그 중에서도 protein fragment complementation assay (PCA)는 강력한 방법의 하나로 널리 이용되고 있다. 효모를 이용한 two-hybrid 법은 PCA 법의 전형이지만, 그의 원리상 bait와 prey의 쌍방이 핵 내에 국재하는 것이 필요조건이 된다 (9장 3 참조). 벡터 측에 디자인 된 NLS (핵 이행 시그널)에 의해 목적 단백질은 강제적으로 핵 내로 이행되지만, 그것은 목적 단백질의 생리적인 세포 내 국재조건을 반영하지 않게 된다. 또한 2종류의 단백질의 *in vivo*에서의 결합을 검출한다는 관점에서 보면, 「면역침강법에 의한 공침전」도 세포를 파쇄하여 세포질, 세포막, 세포 내 소기관에 국재하는 모든 단백질을 추출액 중에서 가용화 하고 혼합하게 되어, 특수한 조건 하에서의 현상이라고 할 수 있다. 그것에 비해 본 방법은 세포를 파쇄하지 않고 생리조건 하에서 2가지 단백질의 상호작용을 검출할 수 있다. 이와 같은 장점으로부터 본 방법은 생체 내에서의 단백질 간 상호작용을 표적으로 한 저해제의 개발 등에 크게 공헌할 것으로 기대하고 있다.

원리

PCA 법에서는 하나의 기능 단백질 A (효소, 전사인자 등)를 2개의 단편 A1, A2로 분할하고, 각각을 임의의 단백질 (예를 들면 X 및 Y)과 연결한 임의의 단백질 X, Y가 결합하면 기능 단백질 A의 기능이 회복하여, 그의 활성을 검출함으로써 X, Y의 결합을 판정하는 원리에 근거하고 있다. 본 항에서 소개하는 것은, 기능 단백질 A에 β-lactamase를 채용한 방법이다 (그림 1).

β-Lactamase는 세균 유래의 β-lactam 고리 절단효소로서, ampicillin이나 cephalosporin 등의 항생물질을 분해하는 활성을 가지기 때문에 항생물질 내성 유전자로서 플라스미드 벡터의 선택 등에 널리 이용되고 있는 효소이다. 아미노 말단 측의 α 197 단편 (25~197 잔기)과 카르복실 말단 측의 ω 198 단편 (198~288 잔기)으로 분할하고, 각각을 다른 단백질과의 융합 단백질로서 발현시키면, 그의 양쪽이 결합하는 경우에만 β-lactamase 단백질의 입체구조가 회복되어 활성을 나타낸다. β-lactamase 활성은 세포 투과성의 형광 probe CCF2/AM (CCF2 acetoxymethyl ester)에 의해 검출된다. CCf2/AM은 cephalosporin 분자 내의 양쪽 말단에 2종류의 다른

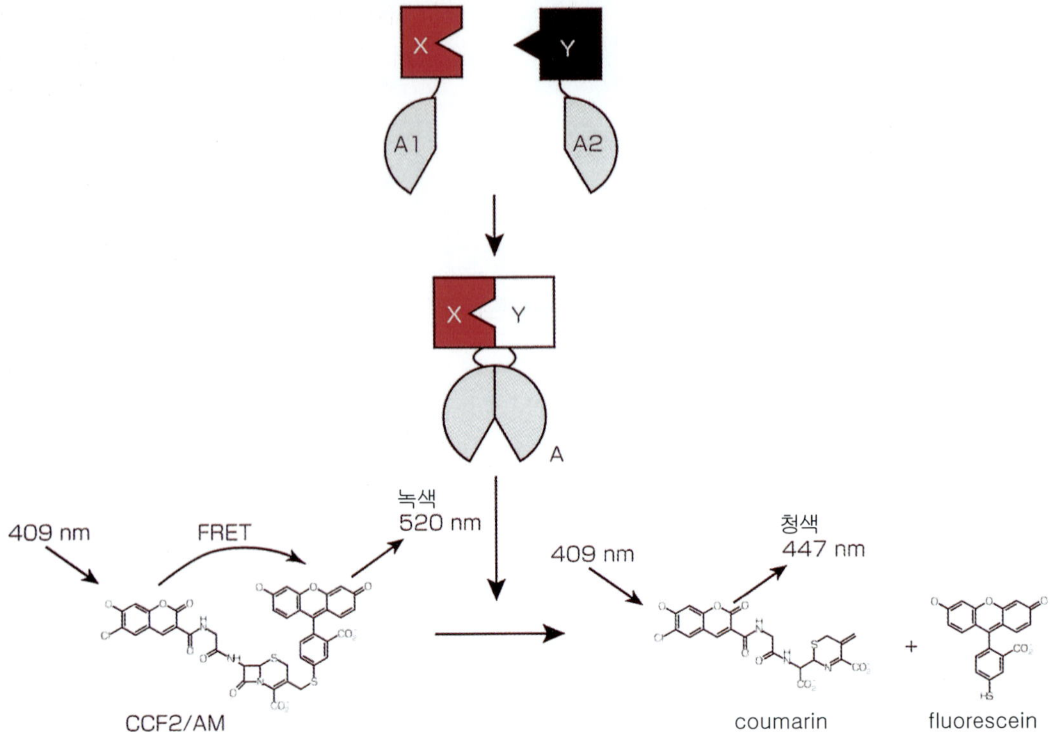

그림 1. PCA 법의 원리

단백질 X, Y의 상호작용에 의해 기능을 회복한 β-lactamase (A)에 의해 형광 probe CCF2/AM은 coumarin과 fluorescein으로 분해된다. 이 때 coumarin의 여기파장 (409 ㎚)으로 여기하면 447 ㎚의 청색 형광을 나타낸다. 한편 X와 Y가 상호작용하지 않은 경우 CCF2/AM의 분해는 일어나지 않기 때문에, 같은 파장으로 여기하면 520 ㎚의 녹색형광을 나타낸다

형광물질, coumarin과 fluorescein을 부가한 구조를 가지고 있으며, 전자를 donor, 후자를 acceptor로 하는 분자 내 FRET (fluorescence resonance energy transfer)을 가진다. 즉 coumarin을 409 ㎚에서 여기하면, fluorescein 유래의 520 ㎚의 형광을 나타내게 된다. 그러나 CCF2가 β-lactamase 활성에 의한 분해를 받으면, 양쪽이 해리하여 FRET은 관찰되지 않게 되기 때문에, 같은 여기에 의해 coumarin 본래의 447 ㎚의 형광을 나타내게 된다. 실제로는 녹색의 형광상이 청색으로 변화하는 것으로 β-lactamase 활성을 관찰한다.

준비물

1) 시약

- Nitrocefin (Becton Dickinson 회사)
- CCF2/AM (PanVera 회사)
- PBS
- 100 mM 인산 buffer
- HEPES 생리식염수 (HBS)

		(최종농도)
1 M HEPES-NaOH (pH 7.35)	5 ㎖	(10 mM)
1 M sucrose	3 ㎖	(6 mM)
1 M glucose	5 ㎖	(10 mM)
5 M NaCl	14 ㎖	(140 mM)
1 M KCl	2.5 ㎖	(5 mM)
1 M $MgCl_2$	1 ㎖	(2 mM)
1 M $CaCl_2$	1 ㎖	(2 mM)

4℃ 보존 (실온으로 되돌려 사용)

- 세포 내 단백질 발현법에 필요한 시약 (8장 1, 8장 3을 참조할 것)

2) 기구·기계

- 세포배양기기
- Microtiter plate
- Plate reader
- 도립형 형광현미경 등의 생세포 관찰장치 (여기 405 ㎚, 형광 460 ㎚ 및 515 ㎚에서 관찰 가능할 것)

프로토콜

1 융합 단백질의 construction

① *Hind* III–*Kpn* I–*Not* I–*Xho* I 배열에 상당한 oligonucleotide를 pcDNA3.1 벡터 내로 ligate 한다

> 벡터의 construction에 이용하는 제한효소 사이트는 해석하는 단백질의 cDNA 배열에 따라 적절한 것을 선택한다. 또한 발현 플라스미드 벡터도 일과성인 것 (pcDNA3.1, pCMV 등)에서 레트로바이러스 벡터나 아데노바이러스 벡터를 이용한 고효율의 것까지 적절하게 선택하여 임의의 배양세포에 도입할 수 있다.

② 대장균 유래의 β–lactamase인 TEM–1*의 전반영역 α 197 (25~197 잔기)과 후반영역 ω 198 (198~288 잔기)의 각각을 PCR 등으로 증폭하고, 임의의 벡터에 삽입한다. 이 때 α 197은 5', 3' 측에 각각 Hind III 및 *Kpn* I 사이트를, ω 198에는 동일하게 *Not* I 및 *Xho* I 사이트를 부가하도록 primer를 이용한다

> 적당한 Amp 내성 플라스미드 벡터를 template로 하여 간단히 얻을 수 있다. 이것에 계속해서, 단백질의 안정성과 활성을 높이기 위해 「M182T」의 점 돌연변이를 도입해 둔다.

③ ②의 배열을 확인 후, ①의 벡터에 각각 삽입한다

④ (GlyGlyGlyGlySer) × 3의 15개 잔기를 code하는 oligonucleotide를 양쪽 벡터의 *Kpn* I–*Not* I 사이트에 ligate 한다. 각각을 pα197, pω198이라 부른다

> 이 linker 배열을 삽입함으로써, 목적 단백질이 TEM–1 양쪽 fragment의 입체구조의 회복을 방해하지 않도록 한다.

⑤ 결합이 예상되는 2가지 목적 단백질을 pα197의 *Not* I–*Xho* I 사이트, pω198의 *Hind* III–*Kpn* I 사이트에 ligate 한다

> 이 프로토콜에서는 목적 단백질이 「α197의 카르복실 말단 측, ω198의 아미노 말단 측」에 연결한 융합 단백질이 되지만, 반드시 이 위치관계를 지킬 필요는 없다. 반대 측에 연결한 쪽이 높은 β–lactamase 활성을 가지는 경우도 있기 때문에 2가지를 제작하는 것을 권장한다.

2 세포 추출액 중의 β–lactamase 활성 측정

포유류 세포에서는 내재성의 β–lactamase 활성을 가지지 않는다. 따라서 세포 추출액 전체의 β–lactamase 활성을 측정함으로써, 앞에서 기술한 construct가 활성을 회복하고 있는지를 *in vitro*에서 확인할 수 있다.

① HEK293 세포를 1 × 10^5 cells/well이 되도록 12–well plate에 접종한다

② **2**에 의해 제작한 양쪽 벡터를 임의의 방법으로 세포 내로 도입하고 48시간 co–expression 시킨다

> Western blot으로 단백질의 발현을 확인하는 것도 권장한다.

③ Trysin 처리로 세포 (1 × 10^6 cells)를 회수한 후 PBS로 2회 세정하고, 100 μl의 100 mM 인산 완충액 (pH 7.0)을 첨가하여 현탁한다

④ 동결·융해를 3회 반복하여 세포를 파쇄한 후, 16,000 × g, 2분, 4℃에서 원심분리 하고, 상등액을 「세포 추출액」으로 한다

⑤ 96 well titer plate에, 아래와 같은 조성으로 반응액을 조제한다

100 mM phosphate buffer	100 μl
10 mM nitrocefin*	2 μl
증류수	78 μl
세포 추출액	20 μl
total	200 μl

> * Nitrocefin은 우선 DMSO 등의 유기계 용매에 용해한 후 증류수로 10 mM이 되도록 현탁한다.

⑥ 실온에서 반응시켜, 20분까지 plate reader로 OD_{492}를 모니터 한다

⑦ 반응 직선의 기울기로부터, 세포 추출액의 단백질량 당의 β–lactamase 활성을 산출한다

> 약 0.05 OD/min 이상 활성이 나타나면 충분하다고 생각된다. 목적 단백질을 ligate 하지 않은 빈 벡터, 한쪽만이 목적 단백질을 ligate 한 조합, 목적 단백질의 결합을 상실시키는 변이를 도입한 경우 등, negative control을 설정하고 비교하는 것이 중요하다.

3 생세포 내에서의 단백질 간 결합의 관찰

2에서 β–lactamase 활성이 확인된 construct의 조합을 이용하여, 생세포 내에서의 결합을 경시적으로 관찰한다.

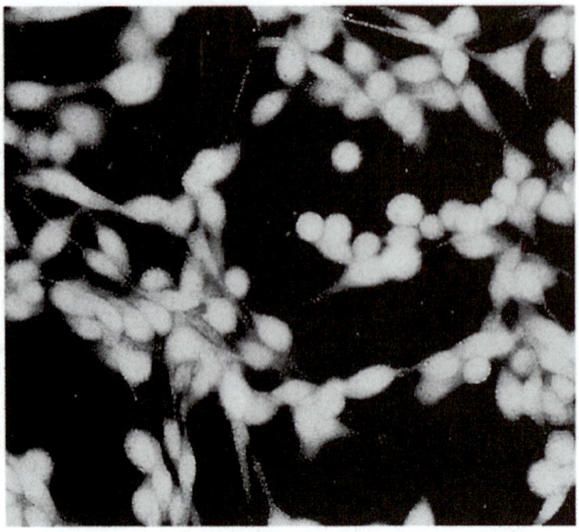

그림 2. PCA 법을 이용한 FKBP12와 FRAP과의 상호작용 검출의 예
C2C12 세포에 FKBP-12-β 197과 ω 198-FRB (FRAP 내의 FKBP 결합 domain)를 같이 발현시켜, 50 nM rapamycin을 첨가하고 2시간 후에 관찰하였다. Rapamycin을 첨가하지 않는 세포에서는 세포 내에 삽입된 CCF2가 녹색의 형광을 나타내는 것에 비해, rapamycin 첨가 후의 세포에서는 β-lactamase 활성에 의해 CCF2가 분해되어 청색의 형광을 나타내고 있다 (책 앞부분 color-15 참조 : 문헌 2로부터 인용)

① HEK293 세포 (1 × 10^5 cells)를 35 ㎜ glass bottom dish 상에 접종한다
② 7에서 제작한 2종류의 벡터를 세포 내로 도입하고 48시간 배양한다
③ 세포를 PBS로 2회 세정한다
④ HBS로 1회 세정한다
⑤ 1.5 μM CCF2/AM in HBS를 첨가하고 실온에서 1시간 배양한다
⑥ HBS로 2회 세정한다
⑦ 형광현미경 하에서 405 ㎚ 여기에서의 형광 460 ㎚ 및 515 ㎚의 상을 경시적으로 관찰한다

실험 예

그림 2를 참조.

맺음말

본 방법의 prototype으로 β-galactosidase를 이용한 시스템이 확립되어 있었다. 이 시스템은 β-galactosidase의 사량체 형성에 동반된 효소활성의 회복을 이용한 것이지만, 결합 단백질 측에 의한 입체장애가 β-galactosidase 사량체의 형성을 저해하는 것이나, background가 높은 것 등의 단점을 내포하고 있었다. 그것과 비교하여, β-lactamase는 분자량 약 29 kD이며, 분할한 각 fragment는 약 15 kD로서 대단히 compact 한 구조를 취한다. 또한 최근에 세포 투과성의 형광 지시 화합물 CCF2/AM이 개발됨으로써, β-lactamase는 생세포에 있어서 PCA 법의 가장 우수한 지시 효소로서 주목을 받고 있다. 본 방법은 세포막 수용체와 같은 막 관통 단백질에도 응용가능 하며, 또한 high throughput 한 판정 시스템과 조합하면 저해제 등의 스크리닝에도 응용가능 할 것이다. 향후 점차 본 방법의 중요성이 증가할 것으로 생각된다.

참고문헌

1) Zlokarnik, G. et al. : Science, 279 : 84-88, 1998
2) Wehrman, T. et al. : Proc. Natl. Acad. Sci. USA, 99 : 3469-3474, 2002
3) Rossi, F. et al. : Proc. Natl. Acad. Sci. USA, 94 : 8405-8410, 1997
4) Galarneau, A. et al. : Nat. Biotechnol., 20 : 619-622, 2002

6. Protein Microarray 해석

이 방법으로 무엇을 해석할 수 있을까?

단백질 대규모 해석의 도구로서 protein chip이 주목을 받고 있다. 그러나 여러 가지 방법으로 개발이 시도되고 있음에도 불구하고, 거의 대부분이 아직 제품화에 이르고 있지 않다.

Protein chip을 제작하여 해석한 예[1]는 보고되어 있기 때문에, 기술적으로 할 수 없는 것은 아니지만, 그것을 위해서는 고가의 장비가 필요하며, 노력도 필요하고, 쉽사리 일반적으로 이용되지 않고 있다. 본 항에서는 protein chip을 제작하여, 단백질 간 상호작용 해석을 실시하는 방법을 소개함과 동시에 protein chip 개발의 현황에 대해서도 해설한다. 이미 제품화 되어 있는 것이나 개발 중의 상품도 포함하여 여러 가지의 것이 있다. 향후 제품화 되어, 구입을 검토할 때의 참고가 되었으면 한다.

서론

DNA microarray 등장으로 대규모의 유전자 발현 해석이 가능해지고, 질병의 진단이나 치료약의 개발에 응용하는 것이 가능하게 되었다. 이것에 대한 영향으로 단백질 발현과 단백질 간 상호작용의 대규모 해석이 주목을 받고 있다. 각각의 단백질을 조사하려면 ELISA나 Western blotting 등으로도 평가할 수 있지만, 대규모로 단백질의 발현량이나 결합 단백질의 해석하기에는 이러한 기존의 방법으로는 막대한 노력이 필요하다. 이러한 수요를 한번에 해결하는 방법으로 최근 각광을 받고 있는 것이 protein microarray 해석이다.

Protein microarray 해석에서는 DNA microarray 해석과 동일하게 유리 혹은 실리콘 등으로 만들어진 하나의 작은 chip 상에 많은 종류의 단백질이나 항체 등을 1종류씩 고정화 한 protein chip을 이용한다. 이 chip 상에 해석하고 싶은 샘플을 첨가하여 결합하는 단백질을 검출함으로써, 단백질의 발현량이나 결합 단백질 등을 대규모로 해석할 수 있다 (그림 1).

그러나 protein microarray에서는 DNA microarray와 다르게 생물학적 활성을 유지한 그대로 단백질을 표면상에 고정하는 것이나 비특이적인 흡착을 없애는 점이 어렵다. 입수할 수 있는 것도 적다. 저자가 아는 한도 내에서는 현재 가능한 것은 시판의 chip에 단백질을 "인쇄"하여 형광 샘플과 반응시켜 스캐너로 검출하던지 Cihergen 회사 (일본에서는 Sumisho 바이오사이언스가 판매)의 "protein chip system"을 사용하는 것이다. Cihergen 회사의 것은 당초 추정하고 있었던 protein chip과는 다른 것이지만, 단백질의 대규모 발현 해석으로 질병의 지표 탐색에 이용할 수 있는 점 등, 이미 응용 예도 소개되고 있다[2]. 또한 Cihergen 회사로부터 biological chip도 판매되고 있어 단백질 간 상호작용의 해석도 가능하다.

본 항에서는 시판의 시약, 기기를 이용하여 protein chip을 제작하고, protein microarray 해석을 실시하는 예를 소개하는 것 이외에, 현재 제품화 되어 있는

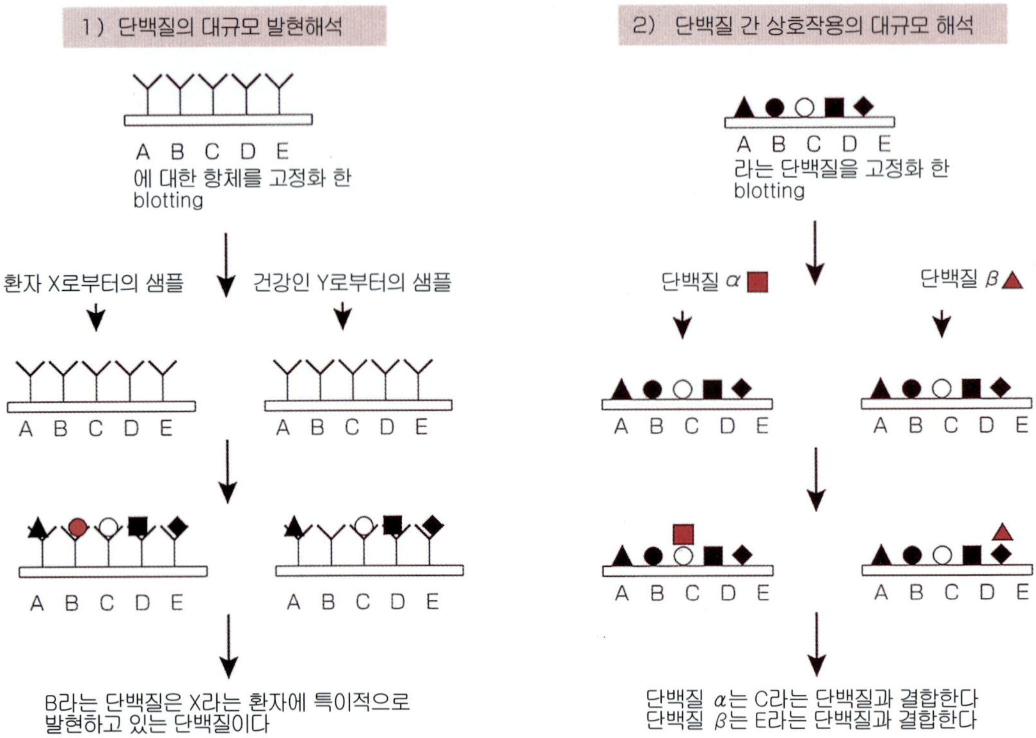

그림 1. Protein microarray에 의해 가능해진 대규모 해석의 전형적인 예

1) 단백질의 대규모 발현해석 : 여러 가지 항체를 고정화 한 protein chip 상에서 건강인 유래의 샘플 (단백질 혼합물)과 환자 유래의 샘플과를 각각 반응시켜 결합의 유무를 검출한다. 항체는 어느 단백질과 결합할지를 알고 있기 때문에 환자의 샘플에서만 발현이 나타나는 단백질이 어느 것인지를 동정할 수 있다

2) 단백질 간 상호작용의 대규모 해석 : 여러 가지 종류의 단백질을 고정화 한 protein chip 상에서 해석하고 싶은 분자를 반응시킨다. Chip 상에서 결합하고 있는 단백질을 검출함으로써, 그의 분자와 결합하는 단백질이 어느 것인지를 동정할 수 있다

것이나 개발 중이지만 향후에 유망할 것 같은 몇 개의 protein chip의 방법론도 병행하여 해석한다.

원리

그림 2에 나타낸 바와 같이 protein microarray에 있어서는 단백질을 chip 상에 고정하고, 목적 단백질과 반응시키며, 그리고 시그널을 검출하거나 동정하는 것이 기본적인 흐름이 되고 있다. 아래에 각각의 step에 있어서 어떠한 방법론으로 개발이 진행되고 있는지를 요약하였다. 자세한 것은 문헌 3, 4를 참조하기 바란다.

1 단백질을 chip 상에 고정한다

1) 단백질을 chip 상에 고정하기 위해 적절한 "chip 표면의 소재"를 선택 (Surface Chemistry)

Chip 표면은 알데히드나 poly lysine으로 코팅하는 경우가 많다. 그 후 시판의 microarray를 이용하여, chip 표면에 단백질을 "인쇄" 하여 protein chip을 제작한다. 나노미터 수준의 크기에 단백질을 "인쇄" 하는 기술도 이미 보고되어 있다[5]. Surface plasmon resonance (SPR) (memo①)로 검출하는 경우 등은 금으로 코팅하는 경우도 있다.

그 이외에 독자의 방법으로 개발을 실시하고 있는 예로서 아래와 같은 것을 들 수 있다.

① 고체상태보다도 액체 중의 쪽이 단백질의 활성을 유지하기 쉽다는 점에 주목하여, 아크릴아미드

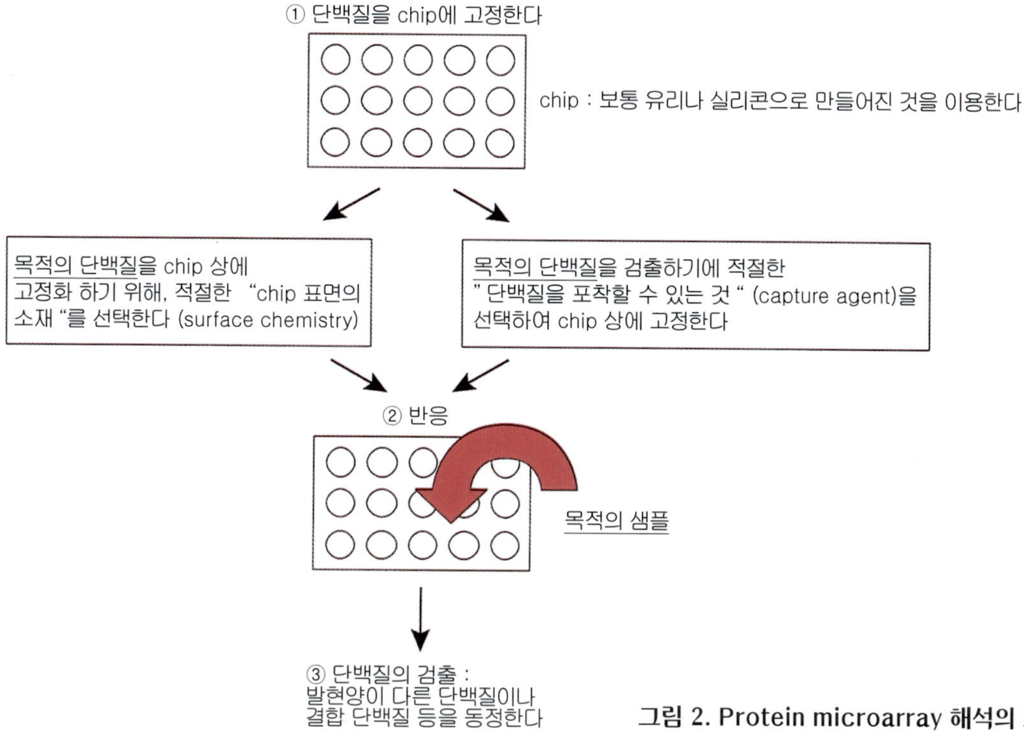

그림 2. Protein microarray 해석의 흐름

겔 중에 들어 있는 단백질을 고정화 하고, 용액 중에서 반응시키는 방법을 Packard 회사가 개발 중이다.

② ①과 동일한 이유로 photolithography 등에 의해 실리콘 chip 상에 well을 만들고, 이 작은 well 중에서 용액상태로 반응을 실시하는 방법을 Zyomyx 회사가 개발 중이다.

2) 목적 단백질을 검출하기에 적절한 "단백질을 포착할 수 있는 것" (capture agent)을 선택하여 chip 상에 고정화 한다

시그널의 유무로 단백질의 동정이 가능하기 때문에 항체를 고정화 하는 경우가 많다. 그 이외에도 아래와 같은 방법으로 개발이 이루어지고 있다.

① Phage display peptide를 이용하는 방법 (Zyomyx 회사 등)

② Aptamer (memo②)를 이용하는 방법 (Somalogic 회사 개발 중)

③ mRNA-단백질 복합체 (PROfusion)6)을 이용하는 방법 : Phylos 회사 개발 중

2 목적의 샘플과 반응시킨다

목적의 샘플을 chip 상에 첨가하고 반응시킨다.

3 단백질의 검출 : 발현량이 다른 단백질이나 결합 단백질을 동정한다

화학발광이나 형광 label이 자주 이용되지만, 그 이외에도 아래와 같은 방법이 검토되어, 그 중에서 몇 가지는 실용화 되어 있다.

① 질량분석계 (MS : memo③)를 이용하여 단백질을 분리하고 동정한다 (그림 3). 이 방법의 경우 혼합물로부터 목적 단백질을 동정할 수 있는 것이 장점이다 (Ciphergen 회사로부터 제품화 : memo④).

② Surface plasmon resonance (SPR)를 이용하여 결합의 유무 등을 검출한다. 이 방법의 경우 단백질을 label 할 필요는 없고 비특이적인 시그널을 억제할 수 있다 (HTS Biosystems 회사로부터 제품화 : memo⑤).

이와 같이 각 회사가 여러 가지 방법으로 protein chip의 개발을 진행하거나, 그 중에는 제품화 되어

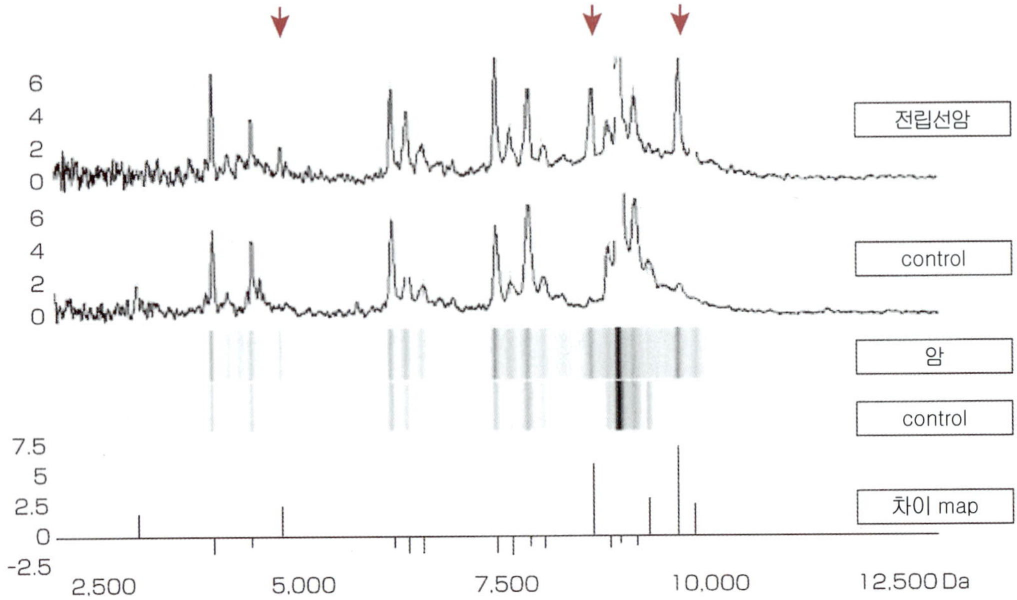

그림 3. Ciphergen 회사의 protein chip system을 이용한 전립선암 지표 단백질의 탐색
전립선암 환자의 혈청과 control을 비교하였다. 위가 raw data이고 아래가 그것을 색으로 변환하여 이미지 화 한 것. 화살표가 지표 후보. Ciphergen 회사 홈페이지 (http://www.ciphergen.co.jp/products.html)에서 인용하여 변형

있는 것도 있지만, 여기서는 시판의 시약이나 기기(Microarrayer)를 이용하여 단백질을 시판의 chip에 "인쇄 (printing)" 하여 protein chip을 제작하여 protein microarray 해석을 실시하는 예를 소개한다. 자세한 것은 TeleChem International 회사의 홈페이지 (http://arrayit.com/Products/Buffers/

memo

① Surface plasmon resonance (SPR) : 금으로 코팅한 glass chip 상에서 반응 후, 레이저로 scan 하여 검출한다. 금 부분에서 광선은 반사하지만 이 때 표면에 흡착되어 있는 분자의 크기에 따라 반사각은 여러 가지로 된다. 이 반사각을 측정함으로써 결합하였는지 여부를 판정하는 방법.

② Aptamer : Aptamer란 단백지에 특이적으로 결합하는 oligonucleotide로서, 항체 등보다 특이성이 높다고 알려져 있다. Oligonucleotide이기 때문에 DNA microarray와 동일하게 하여 chip을 제작할 수 있다.

③ 질량분석계 (MS) : 분자 내의 질량을 고감도로 측정한다. Peptide나 단백질의 질량을 측정한 후, 데이터베이스에 조회함으로써 그것이 무엇인지를 동정할 수 있다.

④ Ciphergen 회사의 protein chip system (그림 3) : 자세한 것은 홈페이지 (http://www.ciphergen.co.jp)를 참고하기 바란다.
Ciphergen 회사의 protein chip은 전형적인 protein microarray와는 다르다. 소수성, 양이온교환, 음이온교환 등의 역할을 가진 chip이 수 종류 있으며, 목적에 따라 샘플을 조분획 한다. 이것을 질량분석계에 넣어 단백질을 분리하고 발현이 다른 것을 탐색한다 (그림 3). 단백질이나 항체를 1종류씩 chip 상에 고정화 하는 것이 아니고, chip 상에는 조분획된 단백질 군이 결합하도록 만들어 두고, 이들을 모두 합쳐 질량분석계로 해석함으로써, 발현량이 다른 단백질을 조사하는 점이 포인트이다. 이 방법을 이용하여 췌장암의 지표 단백질 등이 이미 동정되어 있다[2]. Biological chip이라는 것도 있으며, 이것은 carbonyldiimidazole이나 에폭시의 활성기를 표면에 가지며, 항체나 목적 단백질을 고정하여 protein chip으로 이용할 수 있다.

⑤ HTS Biosystems 회사의 Flex Chip : 전형적인 protein microarray이다. 금으로 코팅한 chip 상에 단백질이나 항체를 고정화 하고, 샘플과 반응시켜 결합을 SPR에 의해 검출한다.

printing_Buffers/PPB/ppb.html)를 참고하기 바란다. 그 이외에도 이러한 기기를 판매하고 있는 회사가 몇 개 있다. 응용 예는 문헌 1을 참고하기 바란다.

준비물

- 단백질을 올리는 chip : SuperEpoxy Microarray Substrates (TeleChem International 회사)
- Chip에 올리는 단백질 (0.2~1 mg/mℓ로 조제)
- PBS
- 반응액 : PBS−0.5% BSA
- Blocking 용액 : PBS−1% BSA
- Protein Printing Buffer (TeleChem International 회사)
- Microarrayer : 단백질을 chip 상에 "print" 한 것 : SpotBotRPersonal Microarrayer (TeleChem International 회사)
- 형광 표식 (Cy3, Cy5 등) 한 샘플
- 형광 이미지를 입력할 수 있는 스캐너 및 해석 소프트웨어 (Perkin Elmer 회사, Virt다 회사, Axon 회사 등)

프로토콜

① 0.2~1 mg/mℓ의 PBS에 녹인 단백질 용액을 조제한다 (필요에 따라 protease나 phosphatse의 저해제를 첨가함). 이 때 불용물이나 침전물은 원심분리나 여과로 제거

② 96 혹은 384 well plate에 well 당 4 $\mu\ell$의 단백질 용액을 넣는다

③ 이 plate에 well 당 4 $\mu\ell$의 Protein Printing Buffer를 첨가하여 pipetting으로 혼합한다

④ Microarrayer를 이용하여 단백질을 chip 상에 "인쇄" 한다

⑤ "인쇄" 된 protein chip을 blocking 용액 중에서 부드럽게 진탕하면서 30분 배양 (blocking)

⑥ Protein chip을 세정, PBS로 2분 × 3회

⑦ 형광표식 한 샘플을 protein chip에 적하하고, 카버 글라스를 씌워 반응시킨다. 반응은 PBS−0.5% BSA 중에서 60분 실시한다. 이 때 건조하지 않도록 주의한다 [전용의 incubator도 시판되고 있다 : Hybridization cassettes (TeleChem International 회사)]

⑧ Protein chip을 세정. PBS로 5분 × 3회

⑨ 표면의 buffer를 제거 : 전용의 기기도 시판되고 있다 [Microarray High−Speed Centrifuge (TeleChem International 회사)]

⑩ Protein chip을 array 해석용의 스캐너 [Scan Array Express (Perkin Elmer 회사) 등] 로 해석한다

실험 예

항체를 고정한 protein chip의 형광항체에 의한 검출을 실시한 예를 나타내었다 (TeleChem International 회사 홈페이지로부터 발췌)

10개의 monoclonal 항체 및 polyclonal 항체 (QED Biosciences 회사)를 0.1~0.5 mg/mℓ이 되도록 Protein Printing Puffer에 녹이고, SpotBot Personal Micrarrayer를 이용하여, SuperEpoxy substrates에 5회 "인쇄" 하였다. PBS−1% BSA로 30분 blocking 한 후, PBS로 2분 × 3회 세정하고, PBS−0.5% BSA로 1,000배 희석한 Cy3−goat anti rabbit IgG 항체 및 Cy5−goat anti−mouse IgG 항체로 1시간 배양하였다. 그 후 이 protein chip을 PBS로 5분 × 3회 세정하고, ChipReader Microarray Scanner (Virt다 Vision 회사)로 scan 하고, 화상해석을 Quantarray software (Perkin Elmer 회사)에 의해 실시하였다 (그림 4).

맺음말

Protein microarray 해석은 대규모의 단백질 발현해석 및 단백질 간 상호작용해석을 가능한 것으로 기대되고 있다. 그러나 지금까지 기술한 바와 같이 현재로는 단백질을 chip에 "인쇄" 하던지 Ciphergen 회사의 protein chip system을 이용하는 정도 이외에는 방법이 없다. 이들 방법은 고가의 기기가 필요한 것뿐만 아니라, 그 이외의 단백질의 대규모 해석과 비교하여 우수하다고 하기 어렵다. 예를 들면 대규모 발현해석의 경우, 2차원 전기영동법이나 다차원 액체 크로마토그래피−MS/MS 해석 등의 방법이 있고, 단백질 간 상호작용의 경우도 9장 다른 항에서 소개되고 있는 많은 방법이 있으며, 현 시점에서는 이들 쪽이 우수할지도 모르겠다. 그러나 프로테옴 해석이라는 관점에 서서, 먼 미래의 일이 될지 모르지만, 최종목표를 어느 때, 어

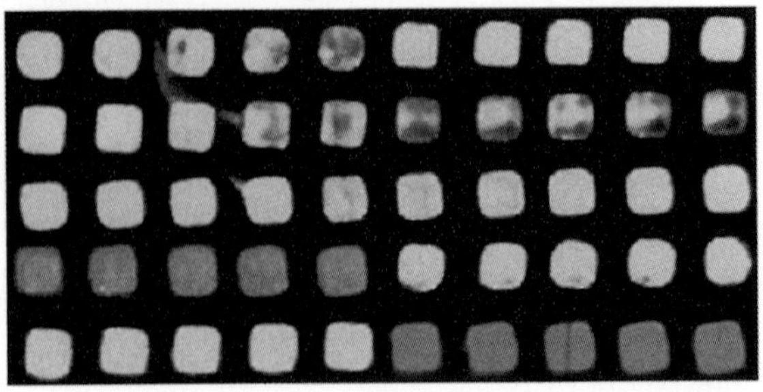

그림 4. 항체를 고정한 protein chip의 형광항체에 의한 검출
TeleChem International 회사 홈페이지 (http://arrayit.com/Products/Buffers/Printing_Buffers/PPB/ppb.html)로부터 인용 (책 앞부분 color-13 참조)

느 세포나 조직에서 발현하고 있는 모든 단백질의 전체 해석 (발현이나 단백질 간 상호작용)으로 한 경우에는, 생체 내에서 발현하고 있는 단백질로부터의 approach에 있어서 검출한계라고 하는 것은 피할 수 없기 때문에, 기존의 방법만으로는 한계가 있다. 재조합 단백질이나 항체를 이용하여 보다 고감도로 발현과 상호작용의 대규모 해석을 실시하는 potential을 가지고 있다는 점에서, 장래에는 protein microarray가 대단히 유망하다. 현재는 과도기의 영역이며, 향후 어떤 식으로 이 분야가 발전할지는 알 수 없다. 현재 존재하는 protein chip이 점점 사용되고, 이용자들의 엄격한 평가를 극복하여, 이것이 표준적인 방법이 될 지도 모르겠다. 혹은 현재 개발 중인 것에는 몇 가지 대단히 좋은 아이디어를 가진 것도 있기 때문에, 이러한 후속 제품이 인정을 받아 한 번에 표준적인 방법이 될 지도 모르겠다. 어찌되었던 혹시 우수한 protein chip이 표준적인 방법으로 많은 사람에게 이용될 수 있다면, 지금까지 생각할 수 없었던 연구가 가능하게 되고, 생명과학연구가 혁명적으로 변화한다는 potential은 현재에도 가지고 있다고 생각하기 때문에, 그의 동향에는 눈을 뗄 수가 없다. 따뜻하게 보살펴 좋은 제품이 나오거나 인정받을 수 있기를 기대하고 있다.

참고문헌

1) Zhu, H. et al. : Science, 293 : 2101-2105, 2001
2) Rosty, C. et al. : Cancer. Res., 62 : 1868-1875, 2002
3) Mitchell, P. : Nat. Biotech., 20 : 225-229, 2002
4) Walter, G. et al. : Trends. Mol. Med., 8 : 250-253, 2002
5) Lee, K-B. et al. : Science, 295 : 1702-1705, 2002
6) Weng, S. et al. : Proteomics, 2 : 48-57, 2002

제9장 단백질 간 상호작용 분석과 단백질 성질의 해석

7. BIACORE에 의한 단백질 상호작용의 해석

이 방법으로 무엇을 해석할 수 있을까?

BIACORE를 이용하면 표면 플라스몬 공명이라는 방법을 원리로서 단백질, DNA, 당, 지질 등의 모든 물질 간 상호작용을 측정할 수 있다. 이 방법의 장점은 물질 간 상호작용을 경시적으로 수식 없이 측정할 수 있다. 이 때문에 단순히 물질 간 상호작용을 조사하는 것만이 아니라 결합정수나 해리정수를 비교적 간단하게 조사할 수 있다.

서론

BIACORE는 표면 플라스몬 공명을 원리로 한다. 측정에 있어서는 상호작용을 조사하는 2가지 물질 중에서 한 쪽을 sensor chip에 고정하고, 다른 한 쪽을 용액 중에 녹여, sensor chip에 injection 한다. BIACORE의 실험에서는 sensor chip에 고정화 한 것을 ligand, 용액으로 하여 흘리는 것을 analyte 라고 부른다. 양자가 상호작용 하면 sensor chip에 고정화 한 물질의 질량이 변화함으로써 표면 플라스몬 공명이 변화한다. 따라서 표면 플라스몬 공명을 기록함으로써 결합과 해리를 모니터 한다. 이 표면 플라스몬 공명의 시그널을 sensor gram이라고 부르는 그래프에 표시한다. BIACORE를 이용하면 비교적 소량의 시료를 이용하여 결합특이성, affinity의 강도, 결합해리의 속도, 농도 등의 정보를 얻을 수 있다.

원리

표면 플라스몬 공명은 금속표면에 있는 특정의 편광을 조사한 경우에 반사광 측에 나타나는 에너지의 손실로서 관찰된다. BIACORE에서는 760 ㎚의 파장의 빛을 금으로 코팅한 유리제품의 chip의 금과 유리의 계면에서 모두 반사하도록 조사한다. 그렇게 하면 금속 측에서 evanescent 파라고 부르는 에너지파가 생긴다. Evanescent 파의 에너지는 표면 플라스몬 공명에 사용되기 때문에, 반사광 측에는 특정의 반사각도에 에너지의 손실이 나타난다. 이 반사각도는 금속 막 표면에 있는 물질의 굴절율에 의존하여 일어난다. 이 때문에 sensor chip 표면에 고정화 한 리간드에 analyte가 결합하면 굴절율이 변화한다. 따라서 에너지의 손실이 나타나는 반사각도가 변화하고, 이것을 모니터 함으로써 물질 간의 결합과 해리를 모니터 한다. 반사각도 0.1도의 변화를 1,000 resonance unit (RU)로 정의하고 있다. 반사각도의 변화는 sensor chip 표면의 단백질의 농도와 상관관계가 있으며 1,000 RU의 변화는 sensor chip 표면의 1 ng/㎟ 단백질량 변화에 상당한 것으로 알려져 있다.

따라서 BIACORE에서 얻어진 시그널은 금속 막 표면의 물질의 굴절율에 의존하기 때문에, BIACORE에서 얻어진 시그널은 sensor chip 표면의 단백질뿐만 아니라, 유로에 포함되는 용매의 염이나 여러 가지 물질로부터의 굴절율의 합계로 얻어지는 점에 유의할 필요가 있다.

준비물

1) 기기

· BIACORE 시스템

· Sensor chip (BIACORE 회사 홈페이지 : www.biacore.co.jp 참조). 그 이외에도 세포를 고정화 할 수 있는 chip 등이 존재한다

Sensor Chip CM5 : 가장 널리 사용되고 있는 sensor chip. carboxydextran 표면을 가지고 있다

Sensor Chip SA : 비오틴 화 한 모든 샘플의 고정화. 미리 steptoavidin이 고정화 되어 있다

Sensor Chip NTA : 금속 chelate 형성을 통하여 His-tag 리간드를 고정화 할 수 있다

Sensor Chip HPA : 당지질, 인지질의 고정화, 소수성 표면을 가진 표면에 지질이중막을 형성 할 수 있다

2) 시료

· 리간드

· Analyte*

Analyte는 상호작용이 특이적인 경우는 미정제라도 좋다. 리간드는 가능한 한 정제한 것을 이용한다. 특히 상호작용이 약한 경우는 고농도의 analyte가 필요하다. 같이 0.22 ㎛의 필터로 미립자를 제거하던지, 15,000 rpm 이상에서 10분 원심분리 하여 상등액을 튜브에 옮겨 이용한다

> * 결합정수 등 반응속도론적인 해석을 하는 경우는 미리 어느 정도의 Kd로 결합하는지 pull-down assay 등으로 추정해 둘 필요가 있다. 혹시 상호작용이 약하고 Kd가 μM 정도인 경우, 단백질 농도가 10 nM 정도에서는 결합 시그널이 나타나지 않는다. 일반적으로 2개 분자의 상호작용의 경우,
>
> $A + B \leftrightarrow AB$
>
> $$Kd = \frac{[A] \cdot [B]}{[AB]}$$
>
> Kd가 1 μM에서는 A, B 모두 10 nM에서 반응시킨 경우, AB는 불과 0.5 nM밖에 만들어지지 않는다. 즉 B가 고정화 되어 있다고 하면, (고체상이라는 것을 무시하면) B 중에 5% 밖에 결합하지 않는다. 즉 확실한 시그널을 얻기가 힘들게 된다.

3) 시약

· 고정화 시약

CM5 chip에 고정화 하는 경우는 EDC, NHS, 에탄올아민을 포함한 amine coupling kit를 이용한다

· Running buffer

표준적인 running buffer로서는 HBS buffer (10 mM HEPES, pH 7.4, 0.15 M NaCl, 3 mM EDTA, 0.005% Tween 20)가 자주 이용된다. 유로계에 대한 비특이적인 흡착을 방지하기 위해 소량의 계면활성제를 반드시 넣는다

· Coupling buffer

고정화 할 때에 리간드를 suspension 하는 여러 가지 pH buffer. 프로토콜 **1** 고정화의 항 참조

· 재생용액

Sensor chip에 고정화 한 analyte를 용출하고, sensor chip을 재생하여 사용하는 데에 이용한다. 고염농도의 용액이나 다른 pH의 용액이 자주 이용된다. 리간드를 실활시키지 않고 analyte를 제거할 수 있는 것을 선택한다 (2 M $MgCl_2$나 0.2 M glycine pH 2.0 등)

프로토콜

BIACORE 시스템의 취급에 대해서는 시스템에 부속된 매뉴얼을 참고하기 바란다. 여기서는 조작의 대강의 흐름에 대하여 기술한다.

1 Chip으로의 고정화

여기서는 가장 일반적으로 이용되고 있는 CM5 chip으로의 리간드가 되는 단백질의 고정화에 대하여 해설한다.

1) Pre-concentration

CM5 chip의 표면은 음으로 하전되어 있다. 따라서 등전점보다 낮은 pH의 buffer에 리간드 단백질을 녹이면 단백질은 양으로 하전 되고, 음으로 하전 된 chip의 표면에 효율적으로 농축 할 수 있다. 이것을 pre-concentration이라고 한다. 리간드 단백질의 등전점을 알 수 없는 경우, 여러 가지 pH의 buffer를 준비하고, 전처리 되어 있지 않은 chip에 (고정화 시약을 넣지 않은 경우 단백질은 공유결합 되지 않음) 단백질을 순차적으로 injection한다. Sensor gram 상에 가장 상승이 큰 것이 가장 잘 농축되는 pH이다.

2) 리간드의 고정화

Amine coupling kit에 의한 amine coupling 의 프로그램은 BIACORE에 부속되어 있는 소프트웨어에 포함되어 있다. 없는 경우는 amine

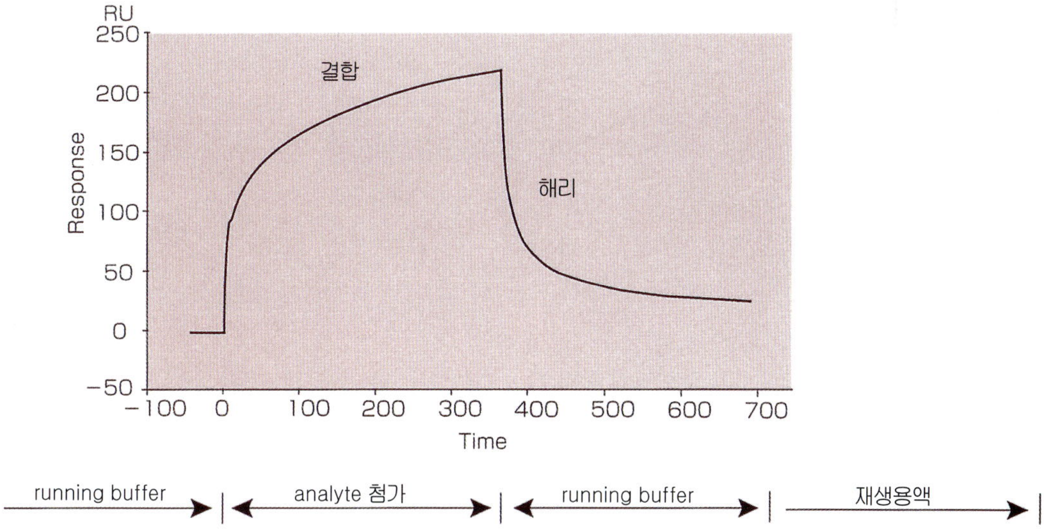

그림 1. BIACORE의 sensor gram

coupling kit의 설명서에 따라 프로그래밍 한다.

① 카르복실기의 활성화 : EDC, NHS 용액 각각 200 $\mu\ell$를 혼합하여 injection

② 리간드의 결합 : 앞에서 기술한 pre-concentration의 조건으로 조정한 리간드 용액 100 $\mu\ell$를 injection

③ 미반응 활성기의 blocking : 1 M 에탄올아민 100 $\mu\ell$를 injection

④ 재생액의 첨가 : 재생액 50 $\mu\ell$ 비특이적인 결합을 제거. 반응 종료 후와 반응 전의 RU의 차이가 sensor 표면에 대한 리간드의 고정화 양이다

> ☞ 리간드의 고정화 양에 대하여, 결합의 유무를 조사하는 실험의 경우는 고정화 양을 많게 (1,000~5,000 RU 정도) 고정화 하며, 정량적으로 반응속도정수를 구하는 실험에서는 가능한 한 적게 (100~1,000 RU 정도) 고정화 하는 것이 표준이다. 고정화 양은 리간드의 결합반응시간 및 리간드 용액의 농도를 변경하면 조절할 수 있다.

2 상호작용의 측정과 sensor chip의 재생

1) 상호작용의 측정

리간드를 고정화 한 sensor chip에 analyte 용액을 injection 하여 sensor gram (그림 1)을 얻는다. 얻어진 sensor gram의 반응곡선, 결합량을 보고 아래의 조건을 검토한다. 표준적인 실험조건은 아래와 같다 (memo)

· 유속 10 $\mu\ell$/분

· Analyte 농도 Kd 전후의 농도. Kd를 알 수 없는 경우는 10 $\mu g/m\ell$ 정도부터 시도해 본다. Kd가 큰

memo

Analyte를 첨가하였을 때, 용액조성이 analyte 만큼 다르기 때문에 sensor gram의 변화는 반드시 관찰된다(용매효과). Analyte의 첨가와 동반하여 RU는 analyte와 리간드의 결합이 나타나면 서서히 증가할 것이다(그림 1). 그러나 analyte의 첨가와 동반하여 sensor gram의 변화가 첨가시간의 초기에만 관찰되는 경우는 주의가 필요하다. 이것에는 2가지 원인을 생각할 수 있다. 하나는 결합이 강하고, 동시에 고정화 한 리간드가 적은 경우로서 금방 리간드가 analyte에 포화되어 버리는 경우이다. 이 경우는 analyte의 농도를 낮추어 다시 측정하면 RU의 상승이 완만하게 된다. 다른 한 가지 원인은 analyte와 리간드의 결합이 약하고, 용매효과만이 나타나는 경우이다. 이 경우는 계속해서 analyte의 농도를 낮추더라도 커브의 형태는 거의 변하지 않는다. 리간드의 결합량을 증가시키던지 analyte의 농도를 높게 해 본다. 따라서 측정 후 sensor gram으로부터 Kd 등 반응속도론 정수를 구하는 경우, 결합이 약해고 강한 것처럼 계산되는 경우가 있기 때문에 주의가 필요하다. 이러한 점을 피하기 위해 미리 다른 방법으로 대강의 Kd를 추정해 두는 것이 중요하다. BIACORE에서는 반드시 analyte의 농도는 최저 5점 이상 취하며, 복수의 sensor gram으로부터 정수를 구하는 것이 중요하다.

경우는 고농도의 analyte 용액이 없으면 결합이 나타나지 않는다

·Analyte 첨가시간 1분

2) Sensor chip의 재생

상호작용 측정 후, 재생용액을 injection 하고, 결합한 analyte를 용출한다. 재생용액은 pH 혹은 염농도를 변화시킨 용액을 이용한다. 재생 한 sensor chip은 반복하여 사용할 수 있다

☞ 제생은 몇 회라도 가능하지 않기 때문에 control로 하는 analyte로 리간드가 정상인 것을 수시로 확인한다. 리간드를 고정화 한 sensor chip은 BIACORE 시스템으로부터 끄집어내어도 보존할 수 있지만, 리간드가 건조되어 버리면 사용할 수 없는 경우가 있다. 그러한 경우는 chip마다 buffer에 담구어 둔다. 수일간에 걸쳐 같은 chip과 리간드로 측정하는 경우는 BIACORE 시스템에 chip을 장착한 그대로 running buffer를 계속 흘리는 편이 좋다.

3 데이터 해석 및 정수의 산출

BIACORE 부속의 BIAevaluation을 이용하여 복수의 sensor gram으로부터 동시에 해리정수 K_D 등의 반응속도론 정수를 구하는 것이 가능하다. 자신이 계산하는 경우는, 예를 들면 다음과 같이 실시한다.

각각의 sensor gram으로부터 「관찰한 결합속도정수」 k_{obs}를 구하여, 선형해석에 의해 결합속도정수 k_a, 해리속도정수 k_d, 해리정수 K_D (=k_d/k_a)를 구한다. 그의 경우는 결합 시 (analyte를 injection하고 있을 때) RU의 기울기 dR/dt (직선이 되어 있는 곳을 선택)가 k_{obs}가 된다.

$k_{obs} = k_a \cdot C + k_d$ (C는 analyte의 농도)

k_{obs}와 analyte 농도 C를 plot하여 결합속도정수 k_a, 해리속도정수 k_d를 구하고, 계속해서 해리정수 K_D (=k_d/k_a)를 얻는다.

실험 예

Arp2/3 복합체와 N-WASP의 VCA 도메인의 결합을 검토하였다[4].

① VCA를 리간드로서 이용하여 chip에 고정화 하였다. 이 경우는 VCA를 GST 융합 단백질로서 발현시켜, 항 GST 항체를 고정화 한 CM5 chip에 GST-VCA를 고정화 하고 있다.

② VCA와 Arp2/3 복합체의 결합을 검토하였다. Arp 2/3 복합체를 analyte로서 ①의 chip에 주입하였다. 얻어진 sensor gram으로부터 GST만을 이용하여 동일하게 얻어진 sensor gram을 빼서 plot 하였다 (BIAevaluation 소프트웨어로 쉽게 할 수 있음 : 그림 2 위).

③ 여러 가지 농도의 Arp2/3복합체를 리간드로서 이용하고, K_D를 산출하였다 (그림 2 아래).

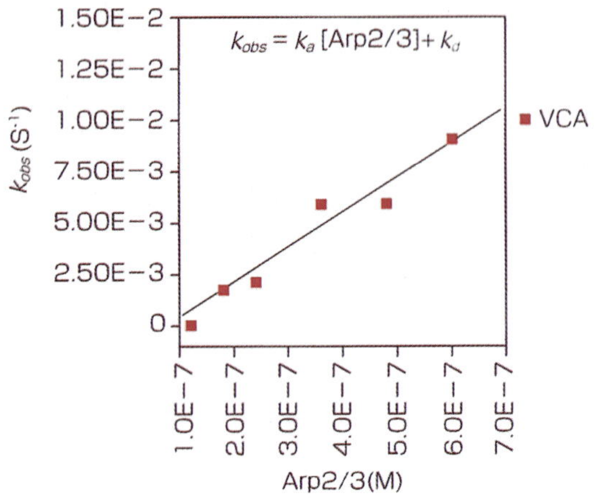

	k_a	k_d	K_D=k_d/k_a	r
VCA	1.2E4	2.7E−5	2.3E−9	0.98

그림 2. NWASP의 VCA domain과 Arp2/3 복합체의 결합

맺음말

BIACORE를 이요한 해석은, 다른 방법에 비해 비교적 간단하게 결합정수 등을 구할 수 있다. 그러나 분자간 상호작용에 관한 대강의 지식이 필요하다.

참고문헌

1）竹縄忠臣 編：バイオマニュアルUPシリーズ「分子生物学研究のためのタンパク実験法　改訂第２版」，羊土社，1998

2）BIACORE付属の各種マニュアル

3）BIACORE社HP　http://www.biacore.co.jp/

4）Suetsugu, S. : J. Biol. Chem., 276, : 33175-33180, 2001

8. 단백질과 lipid와의 상호작용 해석

이 방법으로 무엇을 해석할 수 있을까?

최근 신규 이노시톨 인지질 결합 domain이 차례로 발견되어, 단백질-지질 결합이 단백질의 여러 가지 기능의 제어에 대단히 중요한 것이 명확하게 밝혀졌다. 본 항에서는 단백질과 lipid, 특이 이노시톨 인지질과의 상호작용을 ELISA를 이용한 방법으로 해설한다.

서론

Pleckstrin homology (PH) domain이 이노시톨 인지질 결합 domain 인 것이 발견된 이후, 연속해서 발견된 신규 이노시톨 인지질 결합 domain은, 최근의 이노시톨 인지질을 통한 시그널 전달, 소포수송 연구의 진보, 발전에 크게 공헌하고 있다. Phosphatidyl inositol은 그의 독특한 구조로 인해 인산화, 탈인산화를 받으며, 현재까지 여러 가지 인산화 이노시톨 인지질 (phosphoinositides)이 발견되어 있다. 각각의 이노시톨 인지질은 독자적인 기능을 가지고 있는 것으로 생각되고 있다. 예를 들면, PI (3, 4, 5)P_3는 증식인자 등의 자극 의존적으로 세포막의 내막상에서 국소적으로 증가하는데 비해, PI3P는 항상적으로 endosome에 존재한다. 각각이 직접적인 상호작용을 통해 표적 단백질을 그의 영역에 recruit 하여, 국소적으로 그들 단백질이 자극 의존적 또는 항상적으로 기능을 발휘할 수 있도록 하고 있다 (그림 1). 이와 같은 배경에 의해 이노시톨 인지질 결합 domain을 동정하는 방법, 또한 그의 결합 특이성을 조사하는 방법이 중요시되어 많은 해석 방법이 탄생하였다. 본 항에서는 이들 중에서 비교적 간편하고, 지금까지 동정되어 있는 모든 이노시톨 인지질 결합 domain에서 재현성이 좋고, 보다 높은 특이성을 검출할 수 있는 ELISA를 이용한 방법을 해설한다.

원리

① Lipid를 에탄올로 녹여 ELISA plate에 코팅한다
② Plate에 대한 비특이적인 흡착을 방지하기 위한 blocking을 실시한 후, GST 융합 단백질과 incubate 한다
③ GST를 인식하는 glutathione (GSH)에 peroxidase (PO)가 결합한 시약 GSH-PO를 반응시킨 후, peroxidase의 효소활성을 이용한 발색반응을 실시하고, 결합 단백질을 검출한다

준비물

1) 기구·기계

- ELISA plate (Dynatech 회사 Immulon)
- ELISA plate reader (Bio-Rad 회사)

2) 시약·시료

- Lipid : phosphatidyl ethanolamine (PE), phosphatidylcholine (PC), phosphatidyl serine (PS), phosphatidic acid (PA), phosphatidylinositol (PI) (이하 Sigma 회사)
- 이노시톨 인지질
PI3P, PI4P, PI5P, PI (3, 5) P_2, PI (3, 4) P_2,

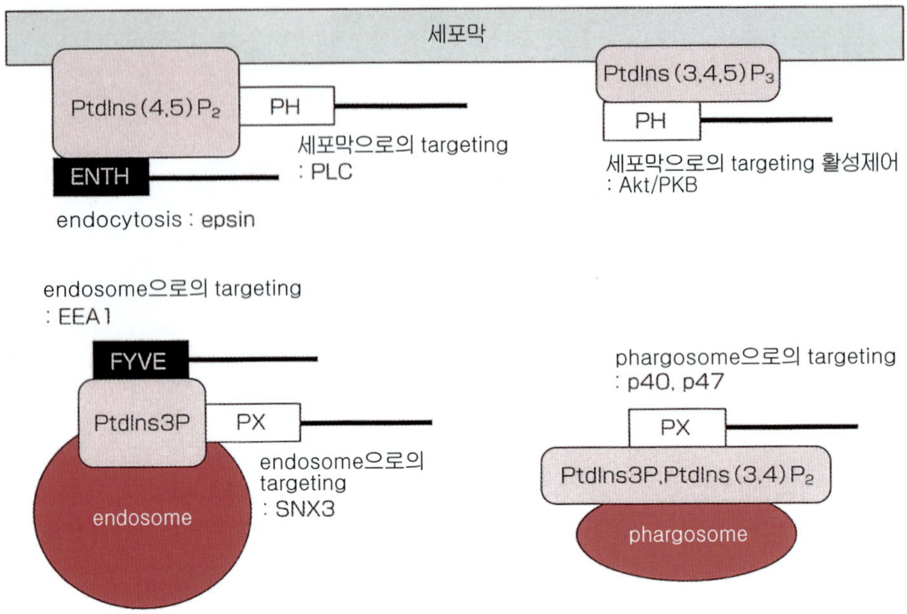

그림 1. 이노시톨 인지질에 의한 단백질의 targeting과 활성제어

PI (4, 5) P_2, PI (3, 4, 5) P_3, 모든 diC16 (Cell Signals, Inc)

- BSA (bovine serum albumin)
- Tween 20
- GSH-PO (Sigma 회사)
- Orthophenylenediamine dihydrochloride (OPD)
- 과산화수소 (H_2O_2)
- 8 N H_2SO_4
- PBS (−)

		(최종농도)
NaCl	8.0 g	(137 mM)
KCl	0.2 g	(2.7 mM)
KH_2PO_4	0.2 g	(1.5 mM)
Na_2HPO_4	2.9 g	(8.1 mM)

DW로 1 ℓ로 mass up

- Citric acid buffer

citric acid	0.51 g
Na_2HPO_4	1.84 g

DW로 100 mℓ로 mass up

- 발색용 buffer (사용 시 조제)

4 mg의 OPD를 10 mℓ의 citric acid buffer에 녹인다. 용해하기 어려운 경우는 sonication으로 녹여도 좋다. H_2O_2를 3.3 μℓ 첨가하여 잘 교반한다

프로토콜

① Base의 lipid (PE/PC)의 비가 1/1 (total 2.0 μg)이 되도록 조정하고, 거기에 조사하고 싶은 인지질 (%)을 첨가하여, N_2 gas 등으로 유기용매를 제거하고, 에탄올에 녹인다

> ☞ Base가 되는 lipid를 첨가하는 것은 비특이적인 결합을 감소시키기 위함이다 (memo 참조). 이것을 첨가함으로써, 목적으로 하는 인지질 단독의 경우보다 생체 내의 막 구조에 가깝게 되어 비특이적인 결합이 감소하는 것으로 생각된다. 이 비율은 base가 되는 lipid의 성질 (예를 들면 source 등) 등에 좌우된다. 프로토콜 상의 비율은 우리들이 성공하고 있는 조건이다. 이 비율로 잘 되지 않으면, 조건검토, 예를 들면 비율을 변경하든지 base가 되는 lipid의 조성을 검토해야 한다. 중요한 것은 positive control이 확실하게 나타나는 조건을 찾는 것이다. 목적으로 하고 있는 이노시톨 인지질의 농도도 또한 그렇다. 우리들은 목적의 인지질을 10% 첨가하고 있다.

② ELISA plate에 녹인 lipid를 1 well 당 200 μℓ 코팅하고, 실온에서 에탄올을 완전히 제거한다

> ☞ Overnight로 에탄올을 증발시켜도 좋다.

③ 5% BSA in PBS (−)를 1 well 당 200 μℓ 첨가하고, 3시간 이상 실온에서 blocking*을 실시

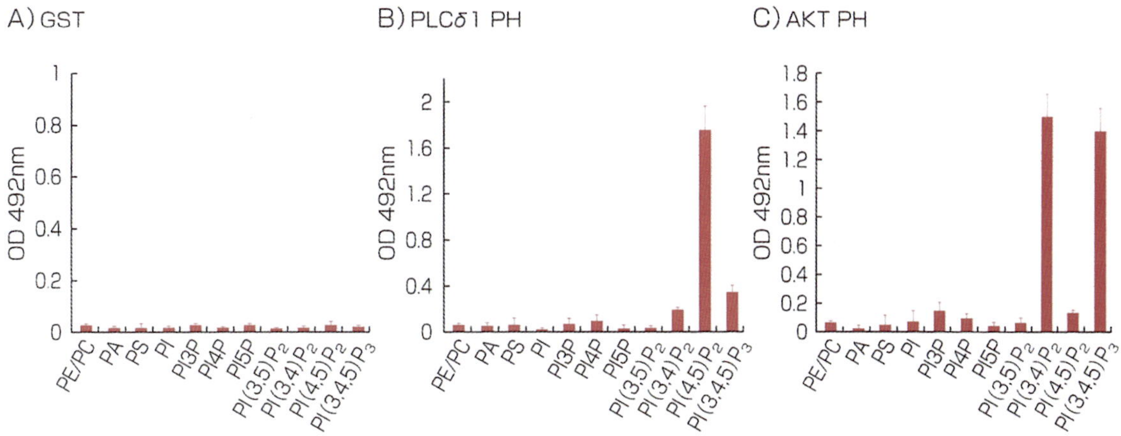

그림 2. ELISA 법에 의한 단백질과 이노시톨 인지질과의 상호작용의 실험 예
GST만으로는 어느 lipid에도 결합하고 있지 않지만, PLC δ 1, Akt의 PH domain은 각각의 이노시톨 인지질에 특이적으로 결합하고 있다

한다

> ☞ * Blocking의 시간은 길면 길수록 깨끗한 결과를 얻을 수 있다.

④ GST 융합 단백질을 5% BSA in PBS (−)에 녹이고, 1 well 당 200 ㎕ 첨가하여 45분 실온에서 반응시킨다

> ☞ 첨가하는 단백질의 농도는 그의 단백질의 성질을 고려해야만 하는 경우도 있다. 예를 들면 plate에 흡착하기 쉬운 단백질도 있기 때문이다. 최초에는 1.0~4.0 ㎍/㎖ 농도로 시도하면 좋다. 신호가 너무 강해 background가 생기면 서서히 농도를 낮추면 좋게 된다. 또한 장시간 반응시키지 않는 것이 좋다. Background가 발생하기 쉽기 때문이다.

⑤ 0.05% Tween 20 in PBS (−)로 plate를 4회 세정한다

⑥ GSH-PO를 1 ㎍/㎖이 되도록 5% BSA in PBS (−)에 녹이고, 1 well 당 200 ㎕ 첨가하여 실온에서 30분 반응시킨다

> ☞ GSH-PO는 미리 250 ㎍~1 ㎎/㎖의 농도가 되도록 증류수로 녹여 4℃에 보존해 둔다. 수개월은 안정하다.

⑦ 0.05% Tween 20 in PBS (−)로 plate를 8회 세정한다

⑧ 발색용 buffer를 1 well 당 150 ㎕ 첨가하여 발색을 실시한다

> ☞ 발색용 buffer는 사용직전에 조제한다. 그 편이 안정한 결과가 얻어진다.

⑨ 8 N H_2SO_4를 50 ㎕ 첨가하여 발색반응을 중지한다

> ☞ 고농도의 황산이기 때문에 취급에 특별히 주의한다.

⑩ ELISA plate reader를 이용하여 492 nm의 파장을 측정한다

실험 예

ELISA를 이용한 실험 예로서, PLC δ1, AKT/PKB의 PH domain과 인산화 이노시톨과의 결합을 나타내었다. PLC δ1의 PH domain은 PI (4, 5) P_2에, AKT/PKB의 PH domain은 PI (3, 4) P_2, PI (3, 4, 5) P_3에 특이적으로 결합하는 것으로 알려져 있다 (그림 2).

맺음말

본 항에서는 간편하고 재현성이 높은 ELISA를 이용한 단백질과 lipid와의 상호작용 해석법에 대하여 기술하였다. 여기서는 주로 인산화 이노시톨을 중심으로 기술하였지만, 다른 lipid, 예를 들면 PS에 결합하는 단백질도 이 방법을 이용하여 조사할 수 있으며, 다른 lipid와의 상호작용을 해석하는 것에도 본 방법은 대단히 유용하다[1]. 그 이외에도 특이성은 그다지 좋지 않

지만 시판 중인 membrane을 이용한 간편한 overlay assay 법이 있다. Echelon 회사로부터 판매되고 있으며, 이것을 사용한 논문도 몇 편 보고되어 있다[2]. 또한 liposome을 이용한 해석법도 있어 조건검토는 어렵지만, 실험이 잘 되는 조건을 발견한다면 대단히 감도가 우수하고 깨끗한 결과가 얻어진다[3]. 이들 방법은 본 항에서는 모두 기술할 수 없기 때문에 논문을 참고하기 바란다.

단백질이 어느 lipid에 결합하는지에 대한 정보를 얻는 것은 기능을 조사하는데 있어서 생각하지도 못한 단서가 되는 경우가 많다. 여러분들이 조사하고 있는 단백질에 PH domain 등의 기지의 lipid 결합 domain이 존재한다면 lipid 결합능을 조사해 볼 것을 추천한다.

참고문헌

1) Hanayama, R. et al. : Nature, 417 : 182-187, 2002
2) Bin Zheng, et al. : Science, 294 : 1939-1942, 2001
3) Itoh, T. et al. : Science, 291 : 1047-1051, 2001

memo

〈비특이적인 결합에 대하여〉

단백질과 lipid와의 상호작용을 해석하는데 있어서 최대의 난점은 비특이적인 결합이다. 단백질끼리의 결합보다도 훨씬 비특이적인 결합이 나타나기 쉽다는 것을 충분히 인지해 둘 필요가 있다. 신뢰할 수 있는 데이터를 얻기 위해서는 negative control은 물론이며, 적어도 2종류의 positive control이 필요하다. 왜냐하면 domain의 종류에 따라서는 비특이적인 결합이 나타나기 쉬운 것과, 그렇지 않고 대단히 깨끗한 결과가 나타나는 것도 있기 때문이다. 우리들의 경험으로부터 PI3P에 결합하는 domain은 깨끗한 결과가 얻어지는 경우가 많다. 실제 PI3P에 결합하는 SNX3의 PX domain은 base의 lipid를 넣지 않아도 특이적으로 PI3P에 결합하지만, AKT의 PH domain은 비특이적으로 다른 lipid에도 결합한다. 하여간에 positive control이 깨끗이 나타나는 조건에서 실험하는 것이 중요하다.

제9장 단백질 간 상호작용 분석과 단백질 성질의 해석

9. 단백질과 핵산의 상호작용의 해석 (Gel Shift 법)

이 방법으로 무엇을 해석할 수 있을까?

특정의 DNA 배열을 인식하여 결합하는 단백질 (전사인자)과 이중 사슬 DNA와의 결합을 간편하고 감도 좋게 검출할 수 있다.

서론

DNA 결합 단백질과 DNA와의 복합체를 검출한다. 흥미 있는 DNA 배열에 결합하는 전사인자의 해석이나 그들의 활성의 상태를 조사하는데 적합하다.

다른 일반적인 DNA 결합인자 탐색법인 DNase I foot print 법에 비해 조작이 간단할 뿐만 아니라 감도가 좋기 때문에 비교적 DNA 결합능이 낮은 분자의 검색도 가능한 특징을 가지고 있다. 따라서 흥미가 있는 DNA 결합인자의 해석을 실시하려고 할 때 제일 첫 번째 선택이 될 것으로 생각된다. 또한 특정의 전사인자의 세포에서의 활성화 상태를 비교하는 것에도 자주 이용된다.

반면 정량성이 좋지 않기 때문에 결과는 luciferase assay와 같은 다른 방법에 의한 실험결과와 조합하여 해석할 필요가 있다.

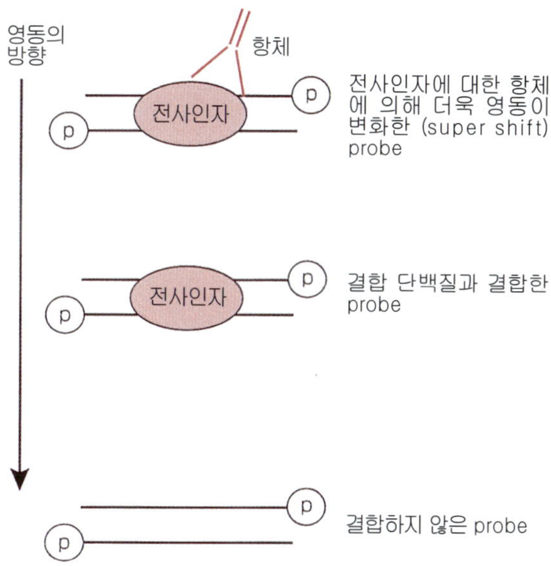

그림 1. Gel shift 법의 원리

방사능 물질로 표식한 DNA가 전사인자와 결합하면 free 한 DNA보다 영동이 늦은 위치에서 band가 검출된다. 또한 전사인자에 대한 항체를 첨가한 경우 band가 더욱 shift 한다

원리

방사성 물질로 표식한 이중 사슬 DNA를 핵 추출액과 혼합하여, 비변성 polyacrylamide 겔에서 전기영동을 실시한다. 비결합 상태의 이중 사슬 DNA에 비하여, DNA–단백질 복합체는 고분자량 쪽으로 shift 하기 때문에, 고유의 band로서 검출된다.

DNA–단백질 복합체는, 결합하는 단백질 (전사인자 등)의 분자량이나 전기적 특성에 따라 그의 영동거리가 변화하기 때문에, 동일한 DNA 배열을 인식하는 전사인자 family 간에도, 그의 영동도의 차이로부터 구별할 수 있다.

또한 전사인자가 특정되어 있는 경우에는, 미리 전사인자에 대한 항체를 반응액 중에 첨가해 두면, DNA와 전사인자와 그의 항체가 3중 복합체를 형성하여 band가 더욱 고분자량 측으로 shift (super shift)하기 때문에, DNA-단백질 복합체 중에 그의 전사인자가 포함되어 있는 것을 확인할 수 있다 (그림 1 참조).

준비물

1) 기구

- 겔 판 (15 ㎝ × 15 ㎝)
- 전기영동장치

2) 시약

- Buffer A (최종농도)

1 M HEPES-KOH (pH 7.9)	100 ㎕	(10 mM)
2 M KCl	50 ㎕	(10 mM)
500 mM EDTA (pH 8.0)	4 ㎕	(0.2 mM)
10% NP-40	400 ㎕	(0.4%)
10 ㎎/㎖ Aprotinin	5 ㎕	(5 ㎍/㎖)
5 ㎎/㎖ Leupeptin	10 ㎕	(10 ㎍/㎖)
1 M DTT	10 ㎕	(1 mM)
100 mM PMSF	50 ㎕	(0.5 mM)

SQ H_2O로 10 ㎖로 한다. 사용 시 조제하여 얼음 위에 둔다

- 4/3 × Buffer B (최종농도)

1 M HEPES-KOH (pH 7.9)	240 ㎕	(20 mM)
5 M NaCl	960 ㎕	(0.4 M)
500 mM EDTA (pH 8.0)	48 ㎕	(2 mM)
10 ㎎/㎖ Aprotinin	6 ㎕	(5 ㎍/㎖)
5 ㎎/㎖ Leupeptin	12 ㎕	(5 ㎍/㎖)
1 M DTT	12 ㎕	(1 mM)
100 mM PMSF	60 ㎕	(0.5 mM)

SQ H_2O로 9 ㎖로 한다. 사용 시 조제하여 얼음 위에 둔다

- 투석 Buffer (최종농도)

1 M HEPES-KOH (pH 7.9)	12 ㎖	(20 mM)
2 M KCl	15 ㎖	(50 mM)
500 mM EDTA (pH 8.0)	1.2 ㎖	(1 mM)
1 M DTT	600 ㎕	(1 mM)
100 mM PMSF	3 ㎖	(0.5 mM)

SQ H_2O로 600 ㎖로 한다. 사용 시 조제하여 얼음 위에 둔다

- 2 × Binding Buffer (최종농도)

1 M HEPES-KOH (pH 7.9)	200 ㎕	(20 mM)
2 M KCl	250 ㎕	(50 mM)
50% Glycerol	1 ㎖	(5%)
500 mM EDTA (pH 8.0)	20 ㎕	(1 mM)
1 M DTT	100 ㎕	(10 mM)

SQ H_2O로 5 ㎖로 한다. 실온에서 사용 시 조제

- 영동 겔 (5% 겔)

30% acrylamide + 0.811% bis-acrylamide	8.33 ㎖
10 × TBE	2.5 ㎖
SQ H_2O	39 ㎖
10% APS	350 ㎕
TEMED	21 ㎕
Total	50 ㎖

TEMED를 첨가한 후, 금방 겔 판에 붓는다

- 10 × TBE

Tris	108 g
Boric acid	55 g
500 mM EDTA (pH 8.0)	40 ㎖

SQ H_2O로 1 ℓ로 한 후, autoclave 하여, 실온보존

- 5 × Dye (최종농도 1 ×)

50% Glycerol	2 ㎖	(5%)
500 mM EDTA (pH 8.0)	40 ㎕	(1 mM)
10% SDS	200 ㎕	(0.1%)
Bromophenol blue	5 ㎎	(0.25 ㎎/㎖)

SQ H_2O로 4 ㎖로 한다. 소분하여 −20℃ 보존

3) 기타

- Poly dI-dC (Amersham Biosciences 회사, code No. 27-7880)
- BSA
- Random Primer DNA labeling kit Ver. 2.0 (TaKaRa 회사, code No. 6045)
- ^{32}P-dCTP (Amersham Biosciences 회사, code No. AA0005)
- Sephadex G-50 (Amersham Biosciences 회사, code No. 17-0573-01)
- 투석막

프로토콜

1 Probe의 제작

1) Labeling의 원리

상보적인 oligo DNA를 5' 말단이 2~4개 염기

돌출하도록 겹치지 않게 하여 annealing 시킨다. Klenow fragment의 5'→3' polymerase 활성을 이용하여 3' 측의 부족 부분을 채운다. 이 때 삽입되는 핵산에 radioisotope labeling 된 핵산을 이용하면 probe의 양측이 labeling 된다. 이 방법에서는 복수의 labeling 된 핵산이 도입할 수 있기 때문에 T4 polynucleotide kinase에 의한 말단 표식보다 높은 비활성의 probe를 얻을 수 있다. 여기서는 표식 핵산으로 ^{32}P-dCTP를 이용한 예를 설명하지만, 삽입되는 핵산에 dCTP가 없는 경우나 비활성을 높이고 싶은 경우에는 다른 ^{32}P-dNTP나, 복수의 ^{32}P-dNTP를 이용한다 (그림 2 참조).

① DNA 결합 부위를 포함한 약 20~30개 염기 배열의 3' 측을 2~4개 염기가 결여된 합성 oligo DNA를 설계한다

> ☞ 합성 oligo DNA 이외에 절단 후 5' 측이 돌출될 수 있도록 PCR 산물을 제한효소로 처리한 것도 사용할 수 있다.

② 95℃에서 5분 끓인 후 천천히 냉각하여 5' 말단이 2~4개 염기가 돌출되도록 겹치지 않게 하여 annealing 시킨 합성 oligo DNA (10 pmol)의 3' 말단을 ^{32}P-dCTP와 Random Primer DNA labeling kit를 사용하여 방사성 물질로 표식한다

10 μM Oligo DNA	1 μℓ	(10 pmol)
dNTP mix	2.5 μℓ	
^{32}P-dCTP	5 μℓ	
10 × Buffer	2.5 μℓ	
Klenow fragment	1 μℓ	
SQ H_2O	13 μℓ	
Total	25 μℓ	

37℃, 30분 반응시킨다. 최종농도가 30 mM이 되도록 EDTA를 첨가하고 반응을 정지시킨다

③ 미반응의 ^{32}P-dCTP를 제거하고, 표식 probe를 정제하기 위해 1.5 mℓ의 tip에 Sephadex G-50을 채운 간이 칼럼에 반응 후의 DNA 용액을 첨가하고, TE를 첨가해 가면서 100 μℓ씩 분취한다. 각 분획의 방사활성을 scintillation counter로 측정하고, 최초 피크의 분획을 probe로서 이용한다*. 이 분취방법에서는 대략 5~7번째 분획에 최초의 피크가 나온다

> ☞ * Label은 1 × 10^5 cpm/μℓ 정도의 비활성이 있으면 충분하다. 남은 probe는 −20℃에 보존하며, 2주간 이내에는 재이용할 수 있다.

2 핵 추출물의 정제

> ☞ 핵 추출 방법은 이 예에서는 혈구계 세포 1 × 10^7의 스케일이기 때문에, 세포 수나 세포의 종류에 따라 적절히 시약의 양을 변경한다. 또한 목적으로 하는 전사인자에 따라서는 정제의 방법이 다른 경우가 있기 때문에 적절한 논문을 참고한다.

① 한번 cold PBS로 세정한 1 × 10^7 cells에 150 μℓ의 buffer A를 첨가하고, 기포가 발생하지 않도록 천천히 현탁한다

② 얼음 위에서 10분간 방치한다

③ 3,000 rpm, 4℃, 5분간 원심분리 한다

④ 침전에 150 μℓ의 buffer A를 첨가하고 천천히 현탁한다

⑤ 3,000 rpm, 4℃, 5분간 원심분리 한다

⑥ ④, ⑤를 다시 한번 반복한다

⑦ 침전의 체적의 3배량의 4/3 × buffer B를 첨가하고 현탁한다

⑧ 얼음 위에서 30분간 방치한다

⑨ 10,000 rpm, 4℃, 20분간 원심분리 한다

⑩ 상등액을 PCR 튜브에 옮긴다*. 튜브의 뚜껑을 가위 등으로 자르고, 투석막을 씌워 막이 느슨해지지 않도록 고무로 감는다. 튜브를 뒤집어 투석 buffer에 넣는다. 4℃ (저온실)에서 하룻밤 투석한다

> ☞ * 샘플의 양이 적기 때문에 손실을 피하기 위해 PCR 튜브에 의한 방법을 이용하고 있다. 물론 샘플의 양이 많을 때에는 보통의 투석 튜브에 의한 방법으로 하면 좋다.

⑪ 단백질량을 정량하고, 핵 추출물로 한다. 사용하지 않는 것은 동결융해의 방지를 피하기 위해 소분하여 −80℃에 보존한다

3 DNA와 핵 추출물과의 결합반응

방사성 물질 표식 DNA probe	1 μℓ	
핵 추출물 (2~5 μg)	X μℓ	(X≤7 μℓ)
2 ×Binding buffer	10 μℓ	
10 mg/mℓ BSA	1 μℓ	
2 mg/mℓ Poly dI-dC	1 μℓ	
SQ H_2O	7~X μℓ	
Total	20 μℓ	

이상을 혼합하여 20~30분 실온에서 반응

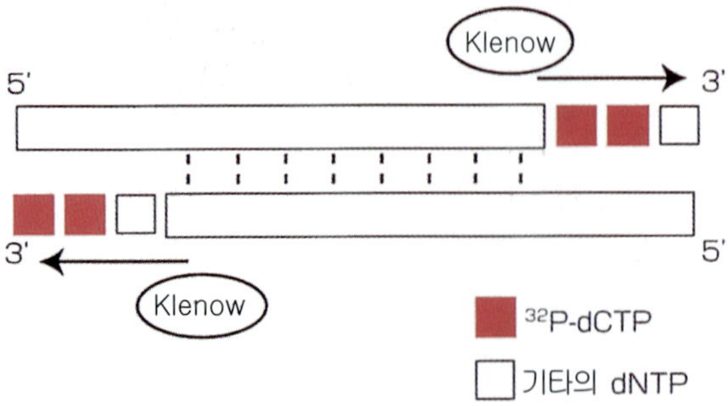

그림 2. Labelling의 원리
5'이 돌출되도록 annealing 시킨 합성 oligo DNA, 혹은 절단 후 5'이 돌출되도록 제한효소로 절단한 PCR 산물의 3' 측 부족부분을 방사능 물질로 표식 한 핵산과 Klenow fragment를 이용하여 채움으로써 방사능 물질로 표식 된 probe를 제작한다

4 영동

① 샘플을 1×DNA 용 dye와 혼합하고 well에 apply 한다

② 0.5 × TBE를 영동 buffer로 이용하고, 100 V 정전압으로 dye가 겔 전체의 3분의 2에서 4분의 3 정도로 진행할 때까지 4℃에서 영동한다. 거의 2시간 정도 걸린다

> ☞ 샘플을 apply 하기 전에 4℃에서 30분, prerun 해둔다. 영동이 너무 지나치면 단백질과 결합하지 않는 표식 probe가 아래의 영동조로 새어 나가 오염되기 때문에 주의한다.

5 검출

겔을 여과지로 옮겨 랩을 씌우고 겔 dryer에서 70℃, 90분 건조시킨 후, imaging plate 또는 X선 필름에 감광시킨다.

DNA와 핵 추출물과의 결합반응 시에 과량 (10배 이상)의 label 되어 있지 않은 DNA (competitor)를 부가하면 band가 소실되고, 또한 결합배열에 변이를 넣어 결합능력을 없앤 DNA로는 없어지지 않은 것이 특정의 염기배열과 핵단백질의 복합체를 나타내는 band이다.

실험 예

마우스의 비장 B 세포를 항 IgM 항체로 자극하고 AP-1의 활성을 조사하였다.

IgM의 자극에 의해 위의 band가 증가하고, 그의 band는 그의 아래에 옅게 나타난 비특이적인 band와 다르며, 비표식 probe (competitor)의 첨가로 소실되고, 변이형 비표식 probe의 첨가로는 소실되지 않는 점으로부터 AP-1 특이적인 복합체를 나타내는 band인 것을 알 수 있다 (그림 3).

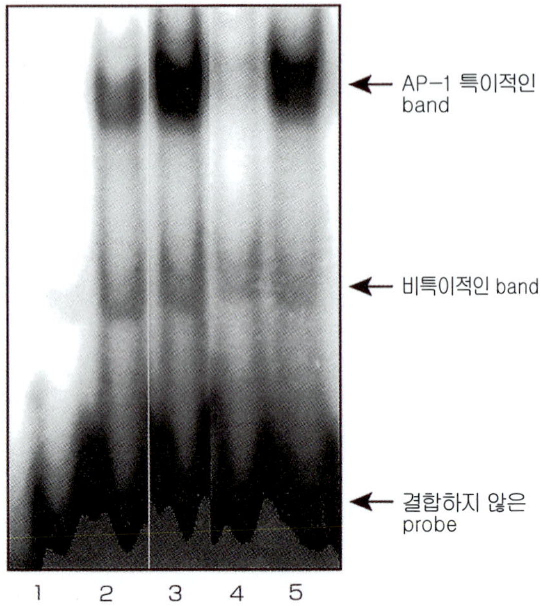

그림 3. Gel shift의 예
비장 B 세포로부터 핵 추출물을 정제하여, AP-1을 인식하는 oligo DNA를 probe로서 gel shift 법을 실시하여 Image Analyzer로 해석한 것
lane 1 : probe 만을 흘린 것
lane 2 : 자극 전
lane 3 : 항 IgM 항체 자극한 것
lane 4 : 항 IgM 항체 자극한 것에 과량 (× 30)의 비표식 probe를 첨가한 것
lane 5 : 항 IgM 항체 자극한 것에 과량 (× 30)의 AP-1 결합능을 제거한 변이형 비표식 probe를 첨가한 것

맺음말

Gel shift 법은 신속하며 감도가 좋고, 인식하는 염기배열의 특이성이나 전사인자의 특정 혹은 자극에 따른 특정의 전사인자의 활성화 등, 얻어지는 정보가 많기 때문에 향후에도 중요한 해석법이 될 것으로 생각된다.

참고문헌

1) Petro, J. B. et al. : J. Exp. Med., 191 : 1745-1754, 2000
2) 田村隆明 編 : バイオマニュアルシリーズ5「転写因子研究法」, pp107-112, 羊土社, 1993

10. Activity Gel 법 (In-gel protein kinase assay)

이 방법으로 무엇을 해석할 수 있을까?

Protein kinase의 존재를 SDS-PAGE 겔 상의 band로서 검출할 수 있다. 임의의 기질을 인산화 하는 protein kinase의 존재와 분자량을 알 수 있다.

서론

연구대상으로 하는 단백질, 혹은 그의 일부 peptide 배열이 *in vivo* 혹은 *in vitro*에서 인산화가 되는 것을 알았을 때, 그의 인산화를 일으키는 protein kinase를 동정하는 것은 중요하다. 고전적으로는 그의 인산화 활성을 지표로 하여 protein kinase의 활성을 정제하고, 단백질 수준에서의 동정을 하는 것이 상례였다. 이와 같은 작업을 실시하기 전에 보다 간편하게 protein kinase의 존재와 SDS-PAGE 상에서 알 수 있으면 유리하다. 또한 활성 단백질을 정제한 최종단계에 있어서 그의 band가 목적으로 하는 protein kinase인지를 판정하는 것도 중요한 기술이라고 할 수 있다. 이러한 요구를 충족하기 위하여 SDS-PAGE에 의해 전개한 protein kinase의 활성을 겔 내에서 직접 검출하는 것이 본 항에서 소개하는 activity gel 법이다.

원리

기질 단백질이나 기질 peptide를 함유한 SDS-PAGE 겔을 제작하고, 활성을 소지한 단백질 시료를 전개한다. 겔로부터 SDS를 제거하고 변성처리를 실시한 후 천천히 변성제를 제거함으로써 겔에 전개한 단백질을 재생한다. γ-^{32}P-ATP를 겔 내에 침투시키고 인산화 반응을 실시하여, 겔 내에 동일하게 존재하는 기질에 들어간 방사활성을 측정함으로써 protein kinase 활성의 장소를 특정한다.

준비물

1) 시약

- Buffer A : 20 mM Tris-HCl (pH 8.0), 4 mM β-mercaptoethanol
- 탈 SDS buffer : 20 mM Tris-HCl (pH 8.0), 20% (v/v) isopropanol
- 변성액 : 6 M Guanidine hydrochloride in buffer A
- 재생액 : 0.03% Tween 20 (w/v) in buffer A
- Kinase 반응액 : 20 mM Tris-HCl (pH 7.5), 5 mM $MgCl_2$, 2 mM DTT, 1 mM EGTA
- 세정액 : Trichloroacetic acid, 1% sodium pyrophosphate
- SDS sample buffer (3장 2 참조)

2) 기구·기계

- SDS-PAGE 용 기구, 기계 세트
- Shaker
- RI 용 플라스틱 케이스
- Gel dryer
- X선 필름 및 현상장치

프로토콜

① 분리 겔 중에 0.2 mg/mℓ 기질 단백질 혹은 peptide가 포함되도록 겔을 제작한다

> ☞ 분리 겔을 제작할 때 APS, TEMED를 첨가하기 전 시점에서 이 농도가 되도록 기질을 첨가한다. 농축 겔에는 기질을 포함시킬 필요는 없다.

② 세포추출액 혹은 활성을 함유한 단백질 시료를 SDS 샘플 buffer 중에서 95℃, 5분간 처리한다

③ 30 mℓ의 탈 SDS buffer 중에 겔을 담구어 20분간 진탕한다. Buffer를 교환하여 2, 3회 반복하고 겔 내의 SDS를 제거한다

④ 30 mℓ의 변성액에 겔을 담구어 15분간 진탕한다. 용액을 교환하여 2회 실시한다

⑤ 30 mℓ의 재생액에 겔을 담구어 15분간 진탕한다. 용액을 교환하여 8회 실시한다

> ☞ 4℃에서 하룻밤 정도에 걸쳐 천천히 용액의 교환을 실시해도 좋지만, 반드시 그럴 필요는 없다. 최후의 재생액 교환 후에 4℃에서 하룻밤 방치하고, 다음날 인산화 반응을 실시할 수도 있다.

⑥ 30 mℓ의 kinase 반응액에 겔을 담구어 30분간 진탕한다. 한번 용액을 교환하여 최종적으로 용액량이 10 mℓ이 되도록 한다

⑦ 최종농도가 25 μM ATP*, 25 μCi γ-^{32}P-ATP가 되도록 각각을 첨가하고, 실온에서 1시간 방치한다

> ☞ * 겔의 체적도 고려하여 첨가하는 ATP의 양을 산출할 것. 예를 들면 겔의 체적이 7 mℓ이라면 전체의 용액량은 17 mℓ로서 계산한다.

⑧ 반응액을 버리고 세정액과 교환하여 반응을 중지한다. 15분간 진탕하여 겔을 세정한다. 용액을 교환하여 10회 정도 세정한다

> ☞ Geiger counter로 세정액에서 나오는 방사활성을 체크하면서 실시한다. Background 수준으로 될 때까지 실시할 것.

⑨ Gel dryer로 겔을 건조시키고, X선 필름에 감광하여 인산화가 일어난 위치를 검출한다

맺음말

SDS-PAGE로 전개한 단백질 시료의 활성을 재생하는 것은 보다 직접적으로 단백질 kinase를 검색하기 위해 대단히 유용하다. 이 방법을 응용한 형태로서 겔을 수 mm 간격의 슬라이스로 나누고, 단백질 band를 검출한 후, 변성→재생 처리를 실시하여 활성을 검출한 예도 보고되어 있다. 지용성의 기질 등과 같이 겔 내로 잘 확산되지 않는 경우에는 이와 같은 방법도 유용할 것이다. 하여간 어느 경우에 있어서도 활성을 가진 단백질 kinase가 단독으로 충분한 활성을 가지지 않으면 충분한 감도로 이것을 검출하는 것은 어렵다. 그러나 잘 진행되면 대단히 유용한 방법이 되기 때문에 우선은 한번 시도하는 것이 좋을 것이다.

참고문헌

1) Kameshita, I. & Fujisawa, H. : Anal. Biochem., 183 : 139-143, 1989

2) Campos-Gonzarez, R. & Glenney, Jr., J. R. : J. Biol. Chem., 267 : 14535-14538, 1992

3) Mori, I. C. & Muto, S. : Plant Physiol., 113 : 833-839, 1997

INDEX

국문